碳酸盐岩储层表征

(第二版)

[美] F.J.卢西亚 著

夏义平 黄忠范 李明杰 徐礼贵 郑良合 柯宗强 等译

石油工业出版社

内 容 提 要

本书阐述了碳酸盐岩中原始沉积结构以及成岩作用后的岩石组构对岩石物理性质的影响，以及构建储层模型的方法，通过具体实例介绍了石灰岩储层、白云岩储层和连通孔洞型储层的模型构建和结果。

本书可供从事碳酸盐岩储层研究、碳酸盐岩油气藏勘探和开发的科技工作者参考。

图书在版编目（CIP）数据

碳酸盐岩储层表征（第二版）/ [美] F.J. 卢西亚著. 夏义平等译.
北京：石油工业出版社，2011.3
ISBN 978-7-5021-7507-8
原文书名：Carbonate Reservoir Characterization

Ⅰ. 碳…
Ⅱ. ①卢… ②夏…
Ⅲ. 碳酸盐岩－储集层－研究
Ⅳ. P618.130.2

中国版本图书馆 CIP 数据核字（2009）第 222528 号
版权登记号：图字 01-2011-0596
Translation from the English language edition：
Carbonate Reservoir Characterization by F. Jerry Lucia
Copyright © Springer-Verlag Berlin Heidelberg 1999，2007
Springer is a part of Springer Science+Business Media
All Rights Reserved

出版发行：石油工业出版社
　　　　　（北京安定门外安华里2区1号　100011）
　　　　　网　　址：www.petropub.com
　　　　　编辑部：(010) 64523544　图书营销中心：(010) 64523633
经　　销：全国新华书店
印　　刷：北京中石油彩色印刷有限责任公司

2011年3月第2版　2018年11月第2次印刷
889×1194毫米　开本：1/16　印张：14.75
字数：330千字

定价：90.00元
（如出现印装质量问题，我社图书营销中心负责调换）
版权所有，翻印必究

译 者 的 话

《碳酸盐岩储层表征》一书，详细阐述了碳酸盐岩中原始沉积结构以及成岩作用后的岩石组构对岩石物理性质的影响；介绍了构建储层模型的方法，并按石灰岩储层、白云岩储层和连通孔洞型储层，分别以具体的实例，详细说明储层模型的构建和储层模拟的结果。

全书突出碳酸盐岩岩石物理性质与岩石组构的关系、地质数据与油藏工程数据的综合，并应用了层序地层学理念、现代碳酸盐岩沉积研究成果、大量的露头和地下实测数据以及各类碳酸盐岩储层实例。译者希望它能够对我国从事碳酸盐岩储层研究、碳酸盐岩油气藏勘探和开发的科技工作者有所启示。

《碳酸盐岩储层表征》中文的翻译工作由中国石油天然气集团公司东方地球物理勘探有限责任公司组织，参加并完成翻译工作的人员有夏义平、黄忠范、徐礼贵、李明杰、柯宗强和郑良合等同志。全书由黄忠范统一校译。夏义平、袁秉衡、李明杰、徐礼贵完成审读。刘东艳同志完成图件扫描和中文标注工作。

由于水平所限，书中难免有疏漏和不足之处，敬请读者批评指正。

前　言

本书主要适用于对构建地质模型感兴趣的地质学家、地球物理学家、岩石物理学家以及油藏工程人员，构建的地质模型可以转变为碳酸盐岩储层的流动模型。本书第一版，致力于构建改进的碳酸盐岩储层模型的方法和途径。根据第一次出版以来的大量研究成果，在该版中深化了对相关方法的讨论。每一章都增加了新的信息，尤其在电缆测井和地质统计学方面。这次再版还增加了数个新油田的研究成果，说明了这些方法在构建储层模型中的应用。

与本书的第一版相同，地质数据和油藏工程数据的综合是本书探讨的核心。连接地质模型与工程流体流动模型之间的基本纽带是岩石物理性质与岩石组构之间的关系。孔隙的几何形态控制流动特性，而根据观察，孔隙的几何形态受岩石的地质演化控制。因此，岩石组构研究实现了地质数据和油藏工程数据的综合。

毫无疑问，该方法是一种"岩石组构方法"。它衍生自 G.E.Archie(Gus) 所发表的著作，后面列出了他的几篇文章，推荐给读者阅读。该作者对专业领域非常熟悉，曾在 1954 年被 Gus 聘用进入 Shell 石油公司，并在休斯敦的 Shell 开发研究实验室工作多年。Gus 首次提出将岩石物理性质与岩石组构相结合的理念，Ray Murray 和我将这一理念进一步推广到碳酸盐岩，而 Robert Sneider 则将其深入推广到碎屑岩领域。

本书将给出该方法在石灰岩、白云岩以及连通孔洞型储层领域的应用现状。书中的章节较第一版作了调整，新增过去九年的研究成果。储层表征首先关注的是研发适用于流体流动计算机模拟的三维岩石物性图像（与第一版相同），第 1 章综述岩石物性数据及其获得方法。第 2 章讨论岩石组构、孔隙度、渗透率和饱和度之间的关系，这是描述储层特征的岩石组构法的核心。第 3 章讨论应用岩石组构法、渗透率转换和毛细管压力模型计算粒间孔隙度、渗透率和初始水饱和度的方法，应用电缆测井数据识别地质和岩石组构岩相是本章中的新增内容。第 4 章讨论应用层序地层学和沉积模型在三维空间进行岩相配置。成岩作用和沉积作用是控制岩石中孔隙大小和分布的主要因素。第 6、7、8 章回顾了石灰岩的成岩作用、白云化以及大气淡水成岩作用。第 5 章为新增内容，主要介绍在岩石组构流动层和层序地层学约束下，应用地质统计学方法研究三维空间内岩石物理性质的分布状态。第 6、7、8 章分别介绍这一方法在描述石灰岩储层、白云岩储层和连通孔洞型储层的应用实例。

本书中的大多数研究是作者和同事过去 20 年中在得克萨斯大学经济地质所（位于奥斯汀市，现隶属于杰克森地球科学学院）完成的。我的同事，地质学家 Charlie Kerans 和 Steve Ruppel 允许我发表他们地表地质和地下地质研究的部分成果，油藏工程师 James Jennings 和 Fred Wang 对本书的出版作出了贡献，对此，我深表谢意。尤其是 James Jennings，他的帮助使我对碳酸盐岩中岩石物理性质的变化以及应用地质统计学方法做岩石物理性质的分布和优化研究有了更深的领悟。我们的合作研究形成了本书中的储层表征方法。

本研究受经济地质所碳酸盐岩储层表征研究实验室（RCRL）资助。该实验室自成立16年来，一直得到多家公司的资助，包括Chevron-Texaco、Exxon-Mobil，BP，Shell-阿曼生产开发公司，Altura-Oxy Permian，Marathon以及Saudi Aramco。曾资助过RCRL的公司还包括Conoco-Phillips，Anadarko，Statoil，ENI、TOTAL，Norsk Hydro，Kinder Morgan和Pioneer。

感谢Amanda Masterson对本书编辑出版所提供的帮助。书中如有错误，是我对她提出的意见没能作准确的修正所致。

F. Jerry Lucia
2007年5月
于得克萨斯州奥斯汀市

参 考 文 献

Archie G E. 1952. Classification of carbonate reservoir rocks and petrophysical considerations. AAPG Bull 36, 2:278-298

Archie G E. 1942. The electrical resistivity log as an aid in determining some reservoir characteristics. Trans AIME, 146:54-62

Archie G E. 1950. Introtution to petrophysics of reservoir rocks. AAPG Bull 34, 5:943-961

目 录

1 岩石的物理性质 ... 1
  1.1 引言 ... 1
  1.2 孔隙度 ... 1
  1.3 渗透率 ... 4
  1.4 孔隙大小和流体饱和度 ... 6
  1.5 相对渗透率 ... 12
  1.6 小结 ... 14
  参考文献 ... 14

2 岩石组构分类 ... 16
  2.1 引言 ... 16
  2.2 孔隙空间的命名和分类 ... 16
  2.3 岩石组构与岩石物理性质分类 ... 19
  2.4 岩石组构与岩石物理性质的关系 ... 23
  2.5 小结 ... 39
  参考文献 ... 41

3 电缆测井 ... 44
  3.1 引言 ... 44
  3.2 岩心描述 ... 44
  3.3 岩心分析 ... 45
  3.4 岩心—测井数据校正 ... 45
  3.5 测井数据求取渗透率 ... 66
  3.6 原始水饱和度 ... 67
  3.7 小结 ... 68
  参考文献 ... 70

4 沉积结构与岩石物理特征 ... 73
  4.1 引言 ... 73
  4.2 碳酸盐沉积物的特性 ... 73
  4.3 层序地层格架 ... 79
  4.4 实例 ... 87
  4.5 小结 ... 91
  参考文献 ... 92

5 输入流动模拟器的储层模型 ············ 95
5.1 引言 ············ 95
5.2 地质统计方法 ············ 97
5.3 变化范围和平均属性 ············ 98
5.4 劳伊河谷储层模拟研究 ············ 106
5.5 构建储层模型的工作流程 ············ 111
5.6 小结 ············ 118
参考文献 ············ 119

6 石灰岩储层 ············ 122
6.1 引言 ············ 122
6.2 胶结作用、压实作用以及选择性溶解作用 ············ 124
6.3 石灰岩储层实例 ············ 131
参考文献 ············ 144

7 白云岩储层 ············ 147
7.1 引言 ············ 147
7.2 白云石化 ············ 148
7.3 蒸发岩矿化 ············ 157
7.4 油田实例——白云岩/石灰岩储层 ············ 160
7.5 油田实例——白云岩储层 ············ 167
参考文献 ············ 201

8 连通孔洞型储层 ············ 207
8.1 引言 ············ 207
8.2 小型溶解、坍塌和微破裂作用 ············ 208
8.3 大规模溶解、坍塌和破裂作用 ············ 212
参考文献 ············ 226

1 岩石的物理性质

1.1 引言

储层表征的主要目的是建立岩石物理性质的三维图像。本章主要内容是回顾孔隙度、渗透率、相对渗透率、毛细管作用和饱和度等岩石物理性质的基本定义和实验室测定。孔隙大小的分布通常都以这些参数间的相互关系进行表示。

1.2 孔隙度

孔隙度是岩石中可以储集油气空间的测量值，它是一种重要的岩石性质。碳酸盐岩储层的孔隙度通常为1%～35%。在美国，白云岩储层的平均孔隙度为10%，而石灰岩储层的平均孔隙度是12%（Schmoker 等，1985）。

孔隙度定义为岩石中孔隙体积与岩石总体积的比值。

$$孔隙度 = \frac{孔隙体积}{岩石总体积} = \frac{岩石总体积 - 矿物体积}{岩石总体积} \tag{1.1}$$

工程计算中常用小数表示孔隙度。但地质家常用百分值表示孔隙度（孔隙度×100%）。"有效孔隙度"或"连通的孔隙空间"常表示流体可流动的孔隙度。当然，在一定程度上，所有的孔隙空间都是连通的。问题的关键是孔隙空间是如何连通的，这也是本书重点关注的问题之一。

孔隙度是一个标量，是用于定义样品大小的总体积的函数。因此，假如将洞穴视为总体积，则卡尔斯巴德（Carlsbad）洞穴的孔隙度就是100%，而包含卡尔斯巴德洞穴的地层的孔隙度实际上相当小，地层孔隙度的大小与视为岩石总体积一部分的洞穴周围地层的体积大小有关。用"边界体积"作为总体积计算洞穴的孔隙度，求得的孔隙度值仅为孔洞的0.5%（Sasowsky，个人交流）。因此，孔隙度经常是一个数字，其值的大小与选定的总体积有关。术语"孔隙度"常被错误地用于替代词"孔隙空间"，孔隙空间是指岩石中空的部分。孔隙度是一个测量值，肉眼看不到孔隙度。能观察到的是孔隙空间（或孔隙）。错误地使用这些术语会引起误解，尤其在讨论"孔隙度的成因"时，孔隙度的成因是孔隙空间的成因，或者是孔隙度的演化史。

确定孔隙度有两种途径：肉眼观察和实验室测定。肉眼观察确定的总孔隙度最多也只能算作是一种估计。因为用肉眼确定的孔隙度大小取决于观察所用的方法：放大倍数越高，则见到的孔隙空间越多。例如，常用低倍显微镜目测估计岩心薄片的孔隙度。阿尔奇分类（Archie，1952）已提供了用结构准则与肉眼观察相结合的方法确定岩石的总孔隙度。用计点法可测定岩石薄片的可见孔隙度，或者用图像分析软件计算在薄片图像中见到的孔隙空间的方法，也可以得到可见孔隙度，其中，以薄片作为总体积。目测法得到的可见孔隙度估算值是极不准确的，需要对计点值进行校正。通常情况下，目测的孔隙度估算值是计点孔隙度值的两倍。由于目测方法不能见到非常小的孔隙空间，所以，实验室的孔隙度测定值都高于目测孔隙度估算值。然而，当所有的孔隙空间都比较大时（如颗粒灰岩），计点值与测定的孔隙度值相当。

岩样孔隙度实验室测定需要知道所测岩石的总体积，以及孔隙体积或者基质体积（矿物体积）。总体积常用非润湿液体（如汞）体积置换法测定，形态规则的样品体积也可以直接测定。有多种方法可以获得孔隙体积，如果矿物是已知的，矿物体积可以根据颗粒密度和样品的重量求取，孔隙体积等于总体积减去矿物体积。测定孔隙度最精确的方法是氦膨胀法，将干燥的样品放置在体积已知的容器内，容器中气体的体积保持不变，在有样品与无样品状况下分别测量气体的压力，压力差指示孔隙体积。测量报告中有各种样品的颗粒密度，孔隙度值的精度可以根据这些颗粒密度测定值与已知矿物密度值的符合程度进行判断。对于白云岩样品而言，如果报告中的相对密度值低于 2.8，说明指示的孔隙度偏低。在极高压力下注入汞可用于测定孔隙度，但是，这是一种破坏性的方法，只有在特殊环境中才可使用。流体累加法是一种古老的技术，它是根据从岩心中脱出流体的体积测量孔隙体积，这种方法极不精确，目前已不再应用，但老的孔隙度值可能是用这种不精确的方法测定的。

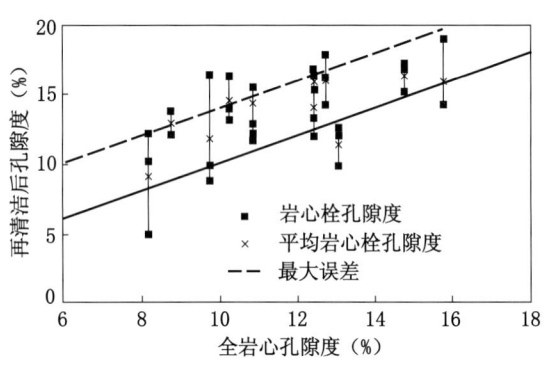

图 1.1　全岩心孔隙度值与再清洁岩心栓孔隙度值的对比图
前者比后者小 0～4%

完全清除样品中的流体是精确测定孔隙度值的关键。任何保存下来的没有被脱出的流体都会成为矿物体积的一部分，使测得的孔隙度偏低。例如塞米诺尔圣安德列斯（Seminole San Andres）油田的样品，其内的流体就没有完全清除（Lucia 等，1995）。因为怀疑全岩心分析的孔隙度值偏低，所以从各个样品钻取了岩栓，并在工业实验室作了清洁，将岩栓中的水和油全部脱净，对 11 个全岩心样品作了重新分析，除一个样品外，其他样品的平均孔隙度都比全岩心的孔隙度高 2 个百分点（图 1.1）。

含有石膏的被测样品在实验室测定过程的高温条件下，产生脱水石膏——半水合物形式的烧石膏（见方程 1.2），并产生孔隙空间和游离水，所有这些都会使孔隙度测量出现很大的误差（表 1.1）。孔隙空间的增加是由于烧石膏（相对密度是 2.70）的摩尔体积小于石膏（相对密度是 2.35）所致（Bebout 等，1987）。为了阻止这类孔隙度反应的发生，在进行岩心分析时要使温度保持在 70℃以下（Hurd 和 Fitch，1959）。

$$\text{石膏}(CaSO_4 \cdot 2H_2O) + \text{热} = \text{烧石膏}(CaSO_4 \cdot 0.5H_2O) + 1.5\,H_2O \tag{1.2}$$

测定孔隙度应该在原位应力条件下进行。由于碳酸盐岩具有可压缩性，孔隙度会随着作用应力的增大而减小。通常的实验室方法是增大围压，而使孔隙压力保持不变。对于古生代和许多中生代储层而言，孔隙度的最终减小量通常很小（2%）（图1.2），环境条件下的孔隙度测定结果已经足够（Harari 等，1995）。然而，对所有高孔隙碳酸盐岩的孔隙度测定值，都应该检测由于围压增大而出现的孔隙度损失。

表 1.1　含石膏白云岩样品受热时的孔隙度增量（据 Hurd 和 Fitch，1959）

石膏（%）	低温分析孔隙度（%）	高温分析孔隙度（%）	孔隙度增量（%）
4.3	2.8	3.7	0.9
14.6	2.5	8.4	5.9
14.9	3.4	8.9	5.5
11.0	6.4	11.2	4.8

粒间（intergrain）孔是沉积岩的常见孔隙类型。粒间孔隙度并不取决于颗粒的大小，而是与颗粒的分选性有关。单位体积球状颗粒立方堆积的沉积物其孔隙度可达到47.6%（图1.3（a）），立方堆积是粒间孔隙最大的颗粒排列方式；斜方堆积是球状颗粒的最紧密堆积形式，单位体积的粒间孔隙度为25.9%（图1.3（b））。未固结砂岩中可以见到分选性对孔隙度的影响，分选极好的未固结砂岩的孔隙度是42%，而分选性差的砂岩的孔隙度只有27%（Beard 和 Weyl，1973）。

在碳酸盐沉积中，颗粒形态、粒内孔隙

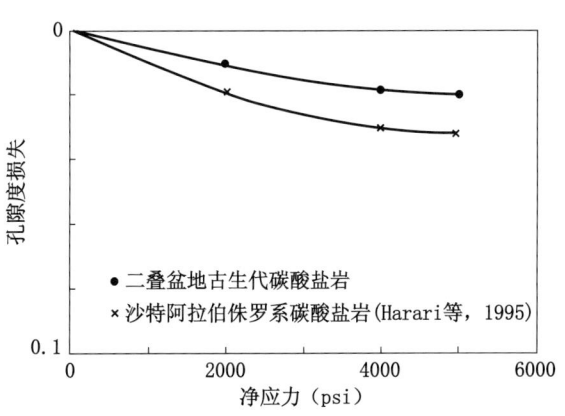

图 1.2　封闭压力对古生界和侏罗系碳酸盐岩储层孔隙度的影响
孔隙度损失定义为封闭的孔隙度/非封闭的孔隙度

度的存在以及颗粒的分选性都对孔隙度有很大的影响。贝壳和似球粒是组成碳酸盐岩的颗粒，其内含有的孔隙空间大大增加了岩石的总孔隙度（Dunham，1962）。现代鲕粒灰岩的孔隙度可以达到45%，但与硅质碎屑岩不同的是，当分选性变差时，碳酸盐岩的孔隙度却可以达到70%（Enos 和 Sawatski，1981）。孔隙度的增大在很大程度上与泥粒级文石晶体的针状外形有关。因此，碳酸盐岩的孔隙度、颗粒大小以及分选性之间不存在简单的对应关系。

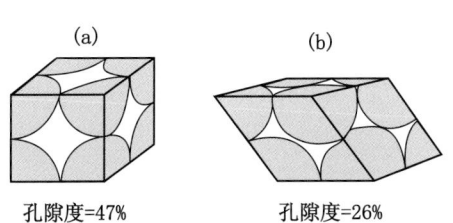

图 1.3　球体立方堆积孔隙度（a）与球体斜方堆积孔隙度（b）对比图
孔隙度与颗粒堆积方式有关，孔隙大小受控于球体的大小和堆积的方式

尽管孔隙度与组构之间不存在简单的对应关系，但实际上，粒间孔隙的大小随颗粒变小和颗粒堆积更紧密而明显变小，孔隙度也随颗粒的更紧密堆积而变小，并使颗粒间的孔隙大小与颗粒大小、分选性以及颗粒间孔隙度有关。粒内（intragrain）孔隙空间的大小和体积与

沉积物类型以及它沉积后的演化有关。

1.3 渗透率

渗透率是与油气藏中油气采收率有关的一种重要的岩石物理特性。岩石的渗透率值可以小于0.01mD，也可大于1D。0.1mD被视为可以生产原油的下限值。高产油气藏的渗透率通常达到达西级。

渗透率用达西定律表达为：

$$Q = A\left(\frac{k}{\mu}\right)\left(\frac{\Delta P}{L}\right) \tag{1.3}$$

式中，Q是流动速率，k是渗透率，μ是流体黏度，$(\Delta P)/L$是通过平置样品的势能降，A是样品的横截面积。渗透率是岩石属性，黏度是流体属性，$\Delta P/L$是流动能量的测定值。

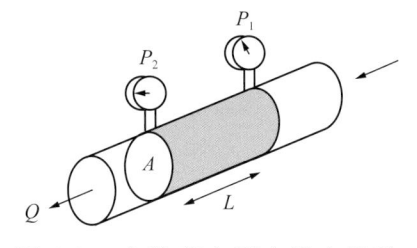

图1.4 实验室中测定岩心栓渗透率的方法

样品水平放置以消除重力的影响

在实验室中，将样品放置在一个密封的套筒（哈斯勒套筒）内，让一种已知黏度的流体流过这一水平放置的长度和直径都已知的样品来测量该样品的渗透率。被测样品可以是一整段岩心（通常长6in），也可以是从岩心中钻取的岩心栓（1in），测定流经样品的压力降和流动速率，并据此应用达西方程（图1.4）计算样品的渗透率。通常情况下，空气和咸水都可用作流体，当保持高的流动速率时，用两种流体所测得的渗透率具有可比性，当流动速率低时，样品的空气渗透率高于咸水渗透率。这是由于气体不会像液体那样黏附在孔隙壁上，而且，气体沿孔隙壁的滑移量（动力转动能量消耗）会导致渗透率对压力的明显依赖性，这就叫做克林肯伯格（Klinkenberg）效应，对于低渗透率岩石尤为重要。

也可以用小型空气渗透率仪器测定岩石的渗透率值（Hurst和Goggin, 1995）。这种仪器是为测定露头或岩心薄片等流动面上的渗透率值而设计的，它能够快速并经济地获得渗透率值。但是，该测定方法不如哈斯勒套筒（Hasseler Sleeve）方法精确。这种仪器由一个压力箱，一个压力计，一根带有特殊喷嘴或探针（专为紧紧固定岩样设计）的塑料软管组成，用流入岩样的气体压力和流动速率测定值计算岩石的渗透率。

测定渗透率时，应当将样品放置在一定的围压下，最合适的围压应该相当于储层原始状态下的压力。碳酸盐岩样品中含有小裂隙（可能是原生的也可能是次生的）和缝合面（原生的）时，这尤为重要。因为在不封闭的状况下，这些裂缝和缝合面就会成为流体流动的通道，从而导致过高的渗透率值。

渗透率是矢量，可以用数来衡量。水平渗透率随方向而变化，垂向渗透率通常小于水平渗透率，因此，渗透率通常表示为X，Y，Z方向的矢量。在用全岩心样品分析时，岩心分析报告中通常给出三个渗透率值：两个水平方向渗透率值，一个垂直方向渗透率值。当用岩心栓作样品时，报告只给出一个水平渗透率值。两个水平测量值的测定方向相差90°，通常表达为最大渗透率以及与最大渗透率方向成90°角方向的渗透率值。

渗透率与测量样品的体积以及取样方向有关。达西定律表明，渗透率是样品横截面积和沿被固定长度方向的压力降的函数。对碳酸盐岩储层而言，渗透率随样品大小不同而不同。用取自志留系碳酸盐岩岩丘的含有大型孔洞的岩心样品这一极端的例子，可以说明采样的问题（图1.5）。由于存在大型的连通孔洞，这个样品的渗透率应该很大，但岩心报告中的渗透率却小于0.1mD。这是基于一个岩心栓（1in）的测量值，由于测量全岩心样品的渗透率值非常困难，所以只能用这一渗透率值。因此，在使用实验室测定结果之前，必须了解这些结果是如何获得的。作为一个规则，在使用碳酸盐岩储层的岩心数据时，除非你见到岩心，并获知岩样是如何从岩心中获得的，否则应该慎用。

图1.5 取自密执安州志留系礁体的岩心样品含有的大型孔洞

其岩心栓的实测渗透率小于0.1 mD，明显低于该样品的渗透率

用压力恢复分析的方法，可以在试井过程中测定渗透率。生产时，油井压力降低，关井时，可以测出压力增加的速率。压力增加的速率是储层有效渗透率的函数。测试层段的有效平均渗透率可用下式计算：

$$斜率（psi/lg\ cycle）=162.6（q\mu B_0/kh） \quad (1.4)$$

式中，q是流动速率，产液量bbl/d；μ为原油黏度，cP；B_0是产油量桶数/产液量桶数；k是渗透率，mD；h是储层有效厚度，ft。

压力恢复测试不仅可以计算有效渗透率，也可用于计算储层压力和井筒污染（井壁污染效应，图1.6）。在关井一段时间（Δt）后，根据流入钻杆测试工具或者流入生产井孔的液量，可以获得赫诺压力恢复曲线，用赫诺压力恢复曲线可以分析流动速率和压力的变化。赫诺压力恢复曲线是压力与无量纲时间（$(t+\Delta t)/\Delta t$）对数间的关系图。通过将直线外延至0（lg1），可确定储层的压力。根据初始压力恢复期的恢复曲线偏离，计算

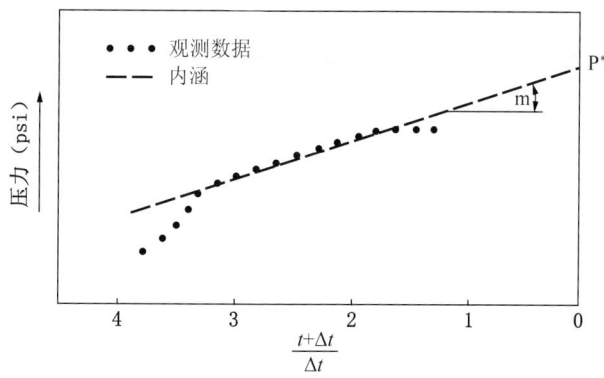

图1.6 赫诺压力曲线恢复曲线（据Dake，1987）

直线的斜率是渗透率—英尺（kh）的函数

井壁阻力系数。渗透率可以表达为流体的传导系数，它可以用渗透率—英尺（kh）表示，kh 除以测试段的垂向高（长）度，就能得到岩石的有效渗透率值。假如不知道储层确切的体积和高（长）度，所得的有效渗透率会出现很大误差。

1.4 孔隙大小和流体饱和度

孔隙大小是影响渗透率与油气饱和度的共同因素。以前，曾经用一系列不同半径的毛细管渗透率模型描述孔隙空间。毛细管数与孔隙度相等，所以，渗透率可表示成孔隙度和孔隙半径平方的函数（方程式1.5，据 Amyx 等，1960）。Kozeny（1927）用孔隙空间的表面积替代孔隙半径，并发展为 Kozeny 方程式，用孔隙度、孔隙空间表面积的平方和 Kozeny 常数表达渗透率（方程式6）。

$$k = \pi r^2/32, \text{ 或 } k = \phi \, r^2/8 \tag{1.5}$$

$$k = \phi / k_z S_{p^2} \tag{1.6}$$

在实际工作中，常用根据岩心数据建立起的简单的孔隙度—渗透率换算关系来估算渗透率。然而，碳酸盐岩储层的孔隙度—渗透率的关系图中却表现出很大的可变性（图1.7），说明孔隙度以外的其他因素在模拟渗透率中也起重要作用。从方程式中看出，孔隙空间的大小和分布，或者孔隙大小的分布，对估算渗透率值也有重要影响。通常认为，在碳酸盐岩中，除非包括了孔隙大小的分布因素，否则，孔隙度和渗透率之间不存在对应关系。

可以从汞毛细管压力曲线获取孔隙大小的测定值，该曲线是将汞（非润湿相）注入含有空气（润湿相）的样品后获得的。按照一定的压力增大值依次将汞注入，可得到注入压力与注入汞体积（汞饱和度）的对应关系图（图1.8）。在图中，汞饱和度可以是孔隙的百分比体积，也可以是总体积。该曲线被叫做排泄（drainage）曲线。当注入压力减小

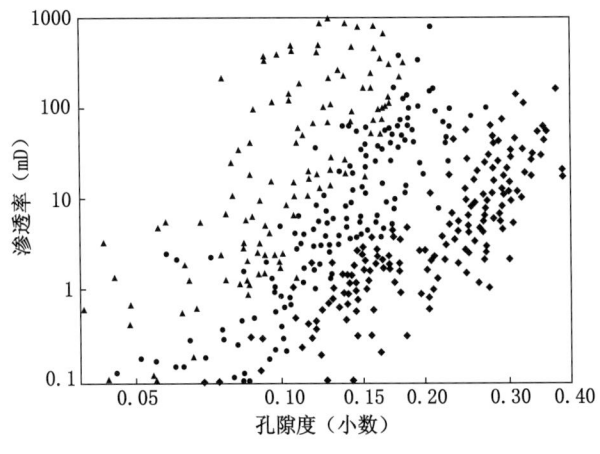

图1.7 碳酸盐岩的孔隙度与渗透率关系图
说明不包括孔隙大小分布的状况下，碳酸盐岩的孔隙度与渗透率之间不存在对应关系

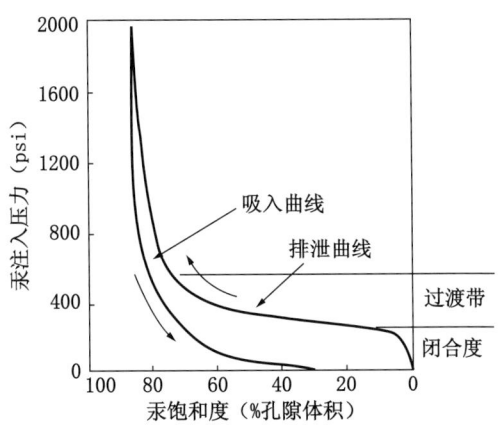

图1.8 典型的毛细管压力曲线
包括吸入曲线和排泄曲线，其中，排泄曲线的数据通过增加压力获得，而吸入曲线数据通过降低压力获得

时，润湿流体（空气或者水）流进孔隙空间，非润湿流体就会被排出。这个过程叫作吸入（imbibition），注入压力减小时的压力与汞饱和度关系的曲线叫作吸入曲线（图1.8）。

用这种方法得到的孔隙大小称为隙间喉道，隙间喉道定义为连接较大孔隙的通道。这是基于这样一种理念，即粒间孔隙空间可以被视为具有连接门的房（空）间。门就是隙间喉道，它将较大的孔隙（房间）连接了起来。

汞饱和度取决于：①汞与水之间的界面张力；②流体与组成孔隙壁矿物之间的黏附力；③汞与水相之间的压力差（毛细管压力）；④隙间喉道大小。隙间喉道的大小用下式计算：

$$r_c = 0.145 \, (2\sigma\cos\theta / P_c) \tag{1.7}$$

式中，r_c 是隙间喉道的半径，单位是 μm；σ 是界面张力，单位是 dyn/cm；P_c 是毛细管压力，单位是 psi（不用 dyn/cm^2）；0.145 是转换为 μm 的转换因子。

界面张力是一种液体中分子之间相互吸引的结果，它可以用穿过流体界面的压力以及该界面的曲率半径确定（如方程式1.8）。

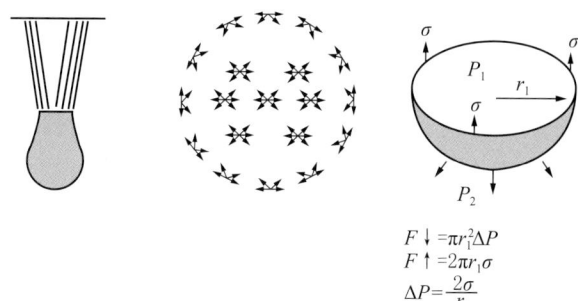

图1.9　内聚力和界面张力的定义

$$2\sigma = (P_1 - P_2) r_1 \tag{1.8}$$

式中，$P_1 - P_2$ 是穿越凹凸面的压力差（毛细管压力），σ 是界面张力，r_1 是液体曲面的半径。

方程式（1.8）可视为水龙头上将要下掉水滴的下部半球面底部的状况。水滴内部，水分子均衡的相互吸引，但水滴表面的水分子受到向水滴中心的吸引力，以及水滴表面其他水分子的吸引力，产生一净向心力（图1.9）。假如 $F\downarrow$ = 向下拖拉水滴的总力，则：

$$F\downarrow = \pi r_1^2 (P_1 - P_2) \tag{1.9}$$

式中，πr_1^2 为水滴的横截面积；$(P_1 - P_2)$ 为水滴的内部压力（水压力）与外部压力（大气压）之间的压力差。

假如 $F\uparrow$ = 维持水滴没掉下的向上的内聚力，则：

$$F\uparrow = 2\pi r_1 \sigma \tag{1.10}$$

式中，r_1 为液滴曲面的半径；$2\pi r_1$ 为液滴的圆周长；σ 为界面张力。

在平衡状态，$F\uparrow = F\downarrow$

$$2\pi r_1 \sigma = \pi r_1^2 (P_1 - P_2)$$

或者：

$$2\sigma / r_1 = (P_1 - P_2) \tag{1.11}$$

聚合力使水滴保持完整，而固体和液体之间的黏附力趋于使液滴扩展，当一种液体遇到固体面时，液体要么分散在固体表面，要么在固体表面形成小球形，固体面与液体凹凸面之间的夹角是可测定的黏附力。液体分散在固体表面的状况下，两者的接触角小于90°；假如大于90°，液体趋于在固体表面形成小球状。假如接触角小于90°，这液体就称为润湿相；如大于90°，则是非润湿相（图1.10）。

在水/空气/固体毛细管系统内，固体和水之间的黏附力大于固体与空气之间的黏附力，使毛细管中的水上升（图1.11）。黏附力等于 $\cos\theta$，也等于毛细管半径除以液体凹凸面的曲率半径（方程式1.12）：

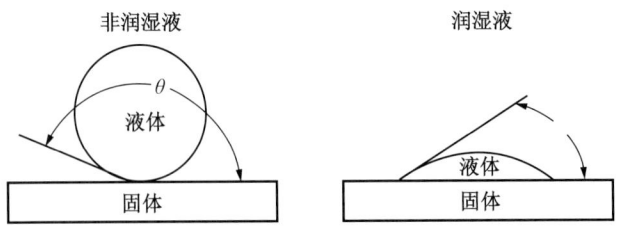
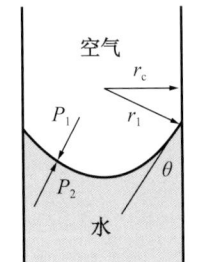

图1.10 黏着力和湿润性的定义
如果黏着力小于内聚力（$\theta > 90°$），这种液体被称为非湿润相，反之（$\theta < 90°$），则称为润湿相

图1.11 毛细管中的毛细管压力关系

$$\cos\theta = r_c/r_1, \text{ 或 } r_1 = r_c/\cos\theta \tag{1.12}$$

式中，r_1 是液体凹凸面的曲率半径，r_c 是毛细管半径，$\cos\theta$ 是黏附力（固体/液体）。

空气/水界面两侧存在压力差（毛细管压力），这一压力可用界面张力（σ）和液体凹凸面曲率半径（r_1）表示：

$$r_1 = 2\sigma/(P_1-P_2) \text{ （见方程式1.7）}$$

将它代入方程式1.12，得到：

$$2\sigma\cos\theta/r_c = (P_1-P_2) = 毛细管压力（P_c）$$

或者

$$r_c = 0.145\,(2\sigma\cos\theta/P_c) \tag{1.13}$$

式中，r_c 是隙间喉道的半径，单位是 μm；σ 是界面张力，单位是 dyn/cm；P_c 是毛细管压力，单位是 psi（不用 dyn/cm²）；0.145 是转换为 μm 的转换因子。

计算汞毛细管压力曲线中各点的隙间喉道大小，并以图1.12中所示的频数图或者累

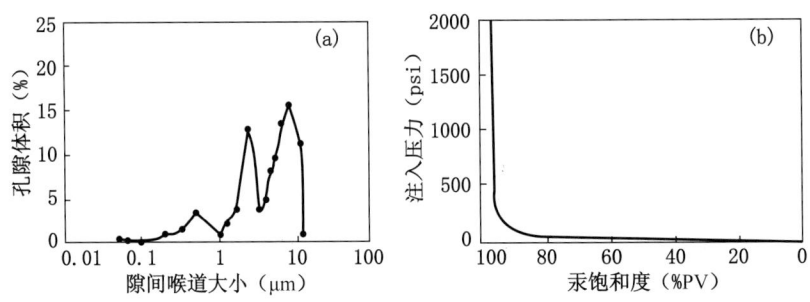

图1.12 根据汞毛细管压力曲线（b）计算求取的隙间喉道大小频数分布图（a）

计频数图表示。这些图描述了样品中不同隙间喉道大小的统计分布状况，但并没有描述隙间喉道在样品中的空间分布特征。同样，这些曲线也没有描述样品中所有的孔隙大小，只是描述了隙间喉道大小的分布。然而，已经研发出根据汞注入获得较大孔隙大小和隙间喉道大小测定值的技术。本书中，所用的孔隙大小分布都是指岩石中所有孔隙大小的空间分布，包括隙间喉道大小的分布。

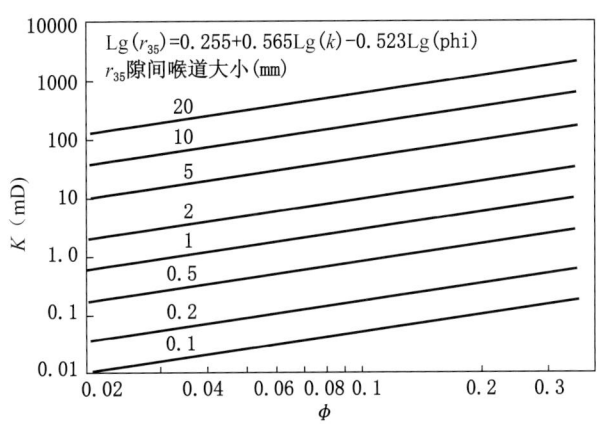

图1.13 碎屑岩中孔隙度、渗透率和隙间喉道大小之间的关系图

根据汞毛细管压力曲线，用35%汞饱和度计算得到的隙间喉道大小（Pittman，1992）

如上文所讨论的，为了在汞毛细管压力数据所确定的隙间喉道大小与岩石孔隙度和渗透率之间建立联系，必须选取归一化的孔隙大小（Swanson，1981）。在汞饱和度等于35%时所确定的隙间喉道大小，被视为最有益的（Kolodizie，1980；Pittman，1992）。Pittman（1992）已经公布了不同汞饱和度条件下硅质碎屑岩通用方程所对应的孔隙度、渗透率和隙间喉道大小。图1.13展示了在汞饱和度等于35%时求取的隙间喉道大小，它说明隙间喉道大小对渗透率的影响远大于孔隙度对渗透率的影响。由于上述方程是根据硅质碎屑岩的测定值得出的，这类岩石的孔隙度仅是粒间孔隙度，而不一定是总孔隙度。

$$\lg(r_{35}) = 0.255 + 0.565\lg(k) - 0.523\lg(\phi)$$

式中，r_{35}是汞饱和度等于35%时的隙间喉道半径，单位µm；k是渗透率，单位mD；ϕ是用小数表示的粒间孔隙度。

Kolodizie（1980）公布了一个与它相类似的经验公式（如下），它被称为WinLand方程。与Pittman提出的经验公式相比，它在石油行业的应用更为广泛。

$$k = 49.5\phi^{1.470} r_{35}^{1.701}$$

储层中的油气饱和度与储层中的孔隙大小有关，也与毛细管压力有关。对于油在圈闭中聚集并形成储层而言，必须要克服水与油相的界面张力，这就意味着油相的压力必须高于水相的压力。假如油相的压力值仅稍高于水相压力，在隙间喉道的曲率半径较大时，油才能够进入大的孔隙中。随着油相压力增大，所需要的曲率半径减小，油也可以进入较小的孔隙中（图1.14）。

实际上，压差（毛细管压力）因油和水的密度差所致，即浮力效应。在零毛细管压力层（zcp），储层压力等于水相的压力（深度×水的密度）。在零毛细管压力层之上，水相中的压力等于零毛细管压力层处的压力减去储层的相对高度与水密度的乘积；油相中的压力等于零毛细管压力层处的压力减去储层的相对高度与油密度的乘积。

水相压力 $\quad P_w = P_{zcp} - H\rho_w$ （1.14）

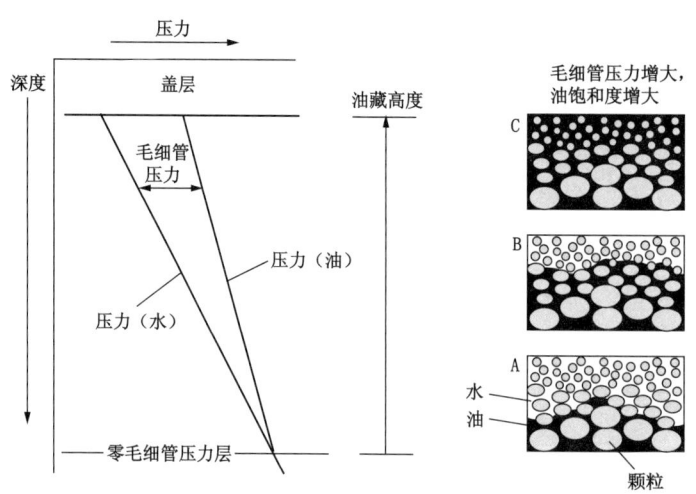

图 1.14　展示了毛细管压力随着油柱高度增大时呈线性增加，较小孔隙中非润湿液体（油）逐渐置换润湿液体（水）

孔隙大小由颗粒大小和分选性决定：（A）仅储层底部的最大孔隙中含原油；（B）当毛细管压力和油柱高度增大时，较小的孔隙中也含原油；（C）储层顶部，最小的孔隙中也充满原油

$$\text{油相压力} \quad P_\text{o} = P_\text{zcp} - H\rho_\text{o} \tag{1.15}$$

在油柱中的任一高度，油相和水相的压力差（毛细管压力）等于两种特定流体的密度差和该油柱高度的乘积

$$P_\text{o} - P_\text{w} = 0.434H(\rho_\text{w} - \rho_\text{o}) \tag{1.16}$$

式中，H 是零毛细管压力层之上的高度，ρ_o 是油相的密度，ρ_w 是水相的密度，0.434 是转换成以英尺为单位的常数。

实验室中，用流体表面张力和流体间接触角度值可转变成所给油气藏特定的地下流体的相应值，将测定的汞毛细管压力值转换为零毛细管压力层之上的高度。转换方程是根据毛细管理论推导产生的：

$$H = \frac{(\sigma\cos\theta)_\text{o/w/s} \times (Pc)_\text{hg/a/s}}{0.434(\rho_\text{w} - \rho_\text{o}) \times (\sigma\cos\theta)_\text{hg/a/s}} \tag{1.17}$$

式中，o/w/s 是油/水/固体系统，hg/a/s 是汞/空气/固体系统。

表 1.2 列出了汞—空气毛细管压力曲线转换为储层中油—水界面状况的典型值。

表 1.2　汞/空气毛细管压力曲线转换为储层中油/水界面的典型值

实验室 汞/空气/固体	储层 油/水/固体	储层 密度（g/cm³）
σ 480 dyn/cm	σ 28 dyn/cm	水（ρ_w）1.1
θ 140°	θ 33°~55°	油（ρ_o）0.8

毛细管压力曲线描述了非润湿相的饱和度剖面特征以及隙间喉道大小的分布情况。曲

线可分为三段：初始相（闭合），样品面上的孔隙被充满；过渡相，大多数孔隙空间被充满；残余相，只有最小的孔隙仍未被非润湿相充填（图1.8）。这些概念也用于储层描述。然而，先进的高压汞孔隙度仪已经证明，在过渡带上方，通过充满最小的孔隙，非润湿相的饱和度仍在提高，但速度低于充满过渡带较大孔隙的速度。

根据压力演变史，储层底部可以用排泄曲线描述，或者用吸入曲线描述（Lucia，2000）。假如某种地质因素导致储层压力下降，则储层水会流入孔隙空间，油就会被驱替。由于油相中的压力不足以克服毛细管力，部分原油会被孔隙捕获。这些被捕获的原油叫剩余油。所以，必须使用吸入曲线描述储层底部的流体分布。排泄过渡带被较薄的吸入过渡带和剩余油带所取代。

水与油气的密度差（浮力）在油气柱中产生压力，该压力超过了相同状况下水柱的压力。可以用储层中的压力梯度确定该部位高出零毛细管压力层（zcp）的距离。重复式地层测试器是一种电缆式地层测试器，能对井孔中的多个部位进行测试（Smolen和Litsey，1977），用它可以得到储层的多个压力值。每次测定可以取回多个流体样品，多层压力测试能力是它的主要优点。这种测试器能在选取的层段中获取大量的压力数据，根据这些数据可以确定储层的压力梯度。这些数据可用于确定零毛细管压力层和确定储层的各个分区（图1.15）。

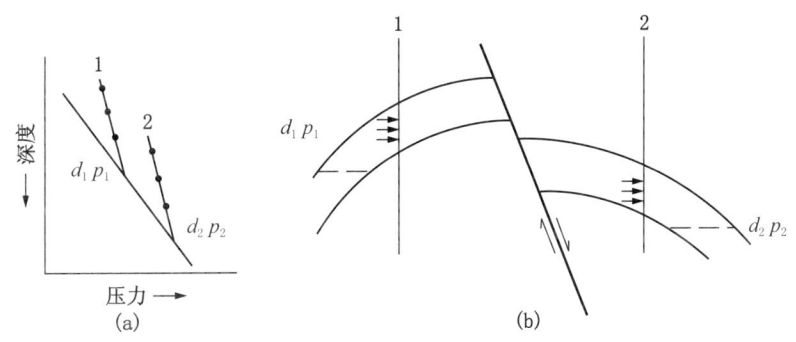

图1.15　用压力梯度确定储层分隔性和水层深度示意图

(a) 图B所示井1和井2的深度—压力图，深度图中，与区域流体压力梯度交点的深度为d_1和d_2，说明这是两个具有不同油-水界面的独立储层；(b) 过井的横剖面图，展示了井位、采样深度以及将储层分为两部分的封堵性断层

水相的压力取决于流体柱与地表的连通程度。在开放体系中，流体压力等于深度与流体密度的乘积，称为静水压力（流体静压力）（图1.16）。静水压力梯度约为0.434psi/ft。上覆层压力等于上覆地层的重量，其压力梯度约为1psi/ft。异常压力源自静水压力，当地层流体被封闭并与地面压力不平衡时，产生异常压力。超压是最常见的异常压力，它的成因可以是：①快速深埋过程中的压实作用；②构造挤压作用；③油气的生成和运移作用（Osborne和Swarbrick，1997）。在极端状况下，流体压力可以等于甚至

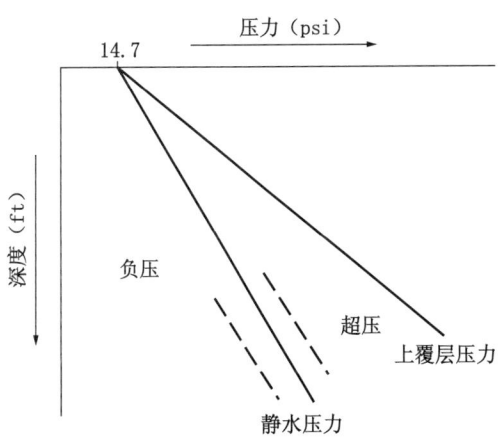

图1.16　上覆层压力、正常静水压力、异常超压和负压状况示意图（据Dake，1978）

超过上覆层压力,但有时也会出现流体压力低于静水压力的状况。负压通常与剥蚀卸载有关,剥蚀卸载通常可使深埋时已经降低的孔隙体积由于沉积物的弹性回弹作用而增大(Bachu 和 Underschultz,1995)。

1.5 相对渗透率

油气藏中的油、水和气的比例是变化的,而通常是用单一流体(如空气或水)测定岩石的渗透率,因此,对测得的渗透率值必须根据油气藏中水、油和天然气饱和度的不同作相应的校正。这种校正是必要的,因为当非润湿流体(如油)进入水润湿孔隙系统时,油占据了相互连通的最大孔隙中心,而水则填塞在孔隙壁和最小孔隙中。这样的流体分布使水和油的可流动空间都减小。当水被注入或吸入水润湿孔隙体系时,由于毛细管力,油被束缚在具最小隙间喉道的孔隙中,这种油被称为油层注水残留油(图1.17)。

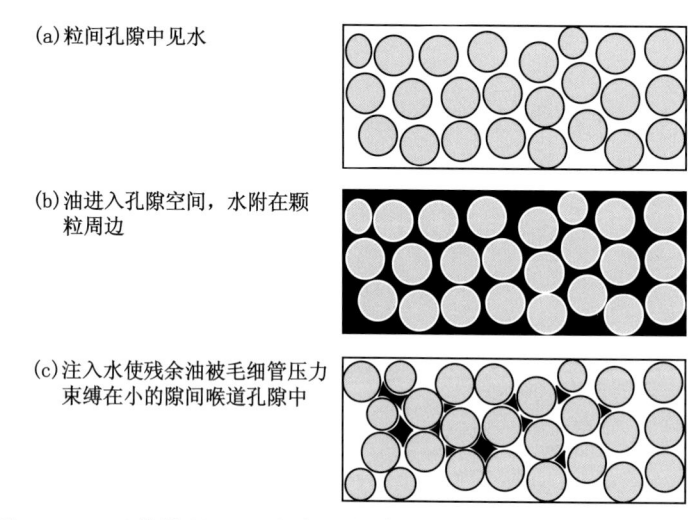

图1.17 三种状况下,水润湿岩体中油和水的分布状况示意图
(a) 水饱和度100%;(b) 注入非润湿流体(油);(c) 注入润湿流体(水)

简单地说,相对渗透率是一种特定流体饱和状态时测定的岩石渗透率与岩石总渗透率或绝对渗透率的比值,用小数表示。绝对渗透率是岩石在单一流体饱和度为100%时的渗透率。在水润湿岩石中,只有水能使孔隙系统全部充满,岩石的咸水渗透率通常作为绝对渗透率。但是,在油藏工程研究中,常将残留水饱和状态的油气渗透率用作绝对渗透率。有效渗透率是一种流体在另一种流体存在和特定的饱和状态下,测定的渗透率。有效渗透率总是低于绝对渗透率,并随饱和度变化而变化。因此,假如岩石孔隙100%被咸水充填时的渗透率是50mD,但在油饱和度为50%时,咸水渗透率是10mD,则咸水在油饱和度为50%时的相对渗透率是0.2。相对渗透率与饱和度的关系图(图1.18)具有重要意义,它可用于预测油的产率随水饱和度变化的状况。它们是流体流动模拟的基础,相对渗透率特征的变化对最终的储层动态预测具有重大影响。

两种方法可以测定不同饱和状态下的渗透率(稳定状态和非稳定状态),并得到相对渗透率(图1.19)。稳定状态法是最精确的方法,但由于它需要同时注入油和水,直到输

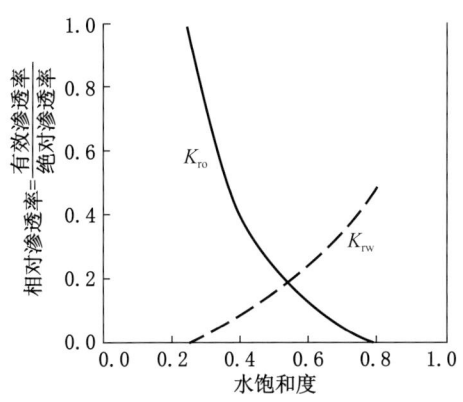

图 1.18　相对渗透率图
将最低水饱和度时油的渗透率值作为绝对渗透率值，K_{ro} 是油的相对渗透率，K_{rw} 是水的相对渗透率

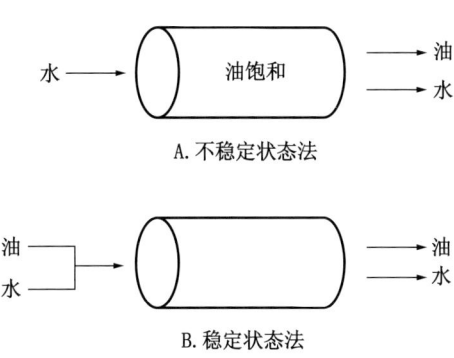

图 1.19　稳定状态和非稳定状态方法测定油和水两相的相对渗透率示意图

出速率与输入速率相当为止，所以该方法既耗时又昂贵。非稳定状态方法精度稍差，但由于它只涉及使岩心油饱和和注水，因此，测试较快速。用这两种不同的方法得到的相对渗透率与饱和度之间的关系差别很大。第三种方法既省时又便宜，是在束缚水和残留油的状况下测定的有效渗透率。它被叫做端点（end point）方法，并假定可以得到合理的曲率估计值。

实验室测定相对渗透率的主要难题是将样品恢复到原始储层状况。孔隙表面（尤其在碳酸盐岩中）对流体的变化是有反应的，且这些反应可以改变润湿性状态。已经发明能保护岩心物质原始润湿性状态的完善方法，任何相对渗透率数据的精度都取决于这些方法能否成功应用。目前认为，许多碳酸盐岩储层具复合润湿性，有些孔隙壁亲油，其他的则亲水。然而，在油气运移时期，储层都是亲水的。

图 1.20 说明，油柱高度（毛细管压力）、相对渗透率和饱和度是相互关联的（Arps，1964）。只有当达到由相对渗透率曲线所确定的饱和度时，油才能流动，它等于由毛细管压力曲线确定的油柱高度。这一层面通常限定油田的油/水接触面，

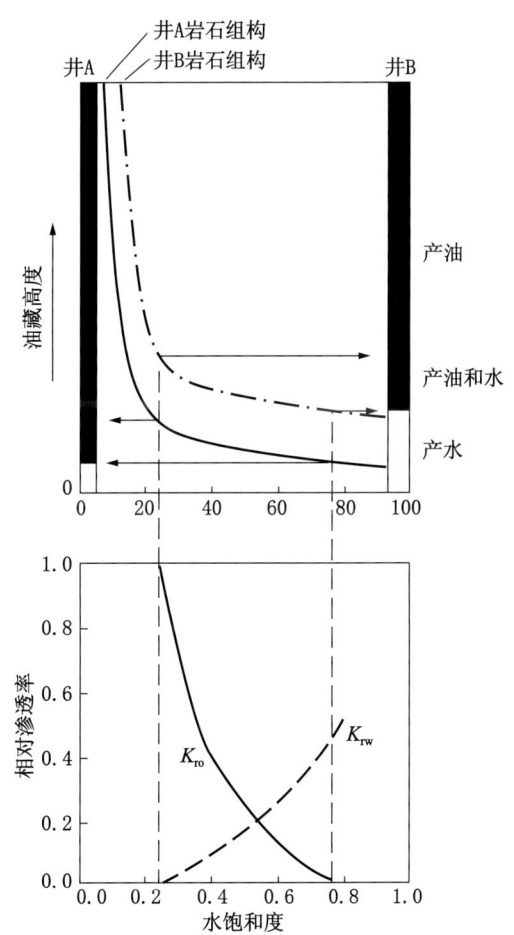

图 1.20　油和水的相对渗透率、毛细管压力转换为油柱高度、水饱和度和孔隙大小之间关系的示意图
用具不同孔隙大小分布的两种碳酸盐岩的毛细管压力曲线（岩石组构 A，岩石组构 B）说明孔隙大小的影响。改变孔隙大小导致产层段产出状况的变化：（1）A 井岩石组构产油，B 井岩石组构中产油和水；（2）A 井岩石组构产出油和水，而 B 井岩石组构只产水

在这一油柱高度之上产出油和水，直至对水的相对渗透率很低时才只产出油，而这个油柱高度是由毛细管压力曲线确定的。这一深度层段往往称为产水和产油的过渡带。在这层段之上，可产出无水的原油。

1.6 小结

岩石的孔隙度、渗透率、相对渗透率以及毛细管特性等岩石物理性质通过孔隙大小分布互相关联。孔隙度是储集岩的基本特性，它在数值上等于孔隙体积除以总体积。可见的孔隙称为孔隙空间，它不是孔隙度；孔隙度是一个数值，它是不可见的。孔隙大小与构成岩石组构的颗粒的大小和分选性有关，也与孔隙度有关。流体饱和度（如水和油的饱和度）是孔隙大小、孔隙度、毛细管压力的函数。通过所涉及流体的密度差，毛细管压力与油柱高度之间存在直接关系。渗透率是孔隙大小和孔隙度的函数。相对渗透率是绝对渗透率与流体饱和度的函数，它们都与孔隙大小有关。

孔隙大小可用多种方法测定。尽管有些孔隙大小和形状可用目测方法测定，但最可靠的方法是在不同的压力状况下向岩样中注入汞。连接孔隙的曲面半径（隙间喉道）是注入压力、液体的界面张力以及流体与孔隙壁之间吸附力的函数。经验公式1.18可以说明它们之间的相互关系。

$$r_c = 0.145 \, (2\sigma \cos\theta / P_c) \tag{1.18}$$

储层内的毛细管压力是其水相和油气相压力差的函数，是零毛细管压力面之上油柱高度的函数。综合利用水、油气密度与上述经验公式，可以将毛细管压力曲线转换为油柱高度。最终的曲线可表示水饱和度随油柱高度的增大而改变的情况。

储层表征要完成的主要工作是在储层模型的三维空间分配岩石物理性质。实验室的岩石物理性质测定值没有储层尺度的空间信息。沿各个不同方向测量的渗透率可以提供岩心尺度的孔隙空间信息，但不是储层尺度的。沿岩心长度方向的详细采样可以获得一维信息，但这类数据不能提供储层尺度的孔隙空间信息。为了在三维空间展示这些性质，岩石物理性质必须与地质描述和地球物理数据相结合。它们之间的连接纽带就是孔隙大小，孔隙大小是岩石孔隙度和岩石组构的函数。用各种肉眼观察和实验室方法可以测定孔隙度，也可以间接从电测井数据和地震勘查数据中获得孔隙度。岩石组构描述是在三维空间配置岩石物理性质的关键，这是因为岩石组构可以直接同三维地质模型相结合。第二章中将讨论获取这些信息的方法。

参 考 文 献

Amyx J W, Bass D M Jr, Whiting R L. 1960. Petroleum reservoir engineering. Mcgraw-Hill, NewYork, 610 pp

Archie G E. 1952. Classification of carbonate reservoir rocks and petrophysical considerations. AAPG Bull 36, 2: 278-298

Arps J J. 1964. Engineering concepts useful in oil finding. AAPG Bull 43, 2: 157-165

Bachu S, Underschultz J R. 1995. Large-scale underpressuring in the Mississippian-Cretaceous succession, Southwestern Alberta Basin. AAPG Bull. 79, 7: 989-1004

Beard D C, Weyl P K. 1973. Influence of texture on porosity and permeability in unconsolidated sand. AAPG Bull. 57: 349-369

Dake L P. 1978. Fundamentals of reservoir engineering: developments in petroleum science, 8. Elsevier, Amsterdam, 443 PP

Dunham R J. 1962. Classification of carbonate rocks according to depositional texture. In: Ham WE (ed) Classifications of carbonate rocks - a Symposium. AAPG Mem 1: 108-121

Enos P, Sawatsky L H. 1981. Pore networks in Holocene carbonate sediments. J Sediment Petrol 51, 3: 961-985

Harari Z, Sang Shu-Tek, Saner S. 1995. Pore-compressibility study of Arabian carbonate reservoir rocks. SPE Format Eval 10, 4: 207-214

Hurd B G, Fitch J L. 1959. The effect of gypsum on core analysis results. J Pet Techmol 216: 221-224

Hurst A, Goggin D. 1995. Probe permeametry: an overview and bibliography. AAPG Bull. 79, 3: 463-471

Kolodizie S Jr. 1980. Analysis of pore throat size and use of the Waxman-Smits equation to determine OOIP in Spindle Field, Colorado. SPE paper 9382 presented at the 1980 SPE Annual Technical Conference and Exhibiton, Dallas, Texas

Kozeny J S. 1927. (no title available). Ber Wiener Akad Abt lia, 136: p 271

Lucia F J. 1995. Rock fabric/petrophysical classification of carbonate pore space for reservoir characterization. AAPG Bull. 79, 9: 1275-1300

Lucia F J. 2000. San Andres and Grayburg imbition reservoirs. SPE paper SPE 59691, 7 p.

Osborne M J, Swarbrick R E. 1997. Mechanisms for generating overpressure in sedimentary basins: a reevaluation. AAPG Bull 81, 6: 1023-1041

Schmoker J W, Krystinic K B, Halley R B. 1985. Selected characteristics of limestone and dolomite reservoirs in the United States. AAPG Bull. 69, 5: 733-741

Smolen J J, Litsey L R. 1977. Formation evaluation using wireline formation tester pressure data. SPE paper 6822, presented at SPE-AIME 1977 Fall Meeting, Oct 6-12, Denver, Colorado

Swanson B J. 1981. A simple correlation between permeability and mercury capillary pressures. J Pet Technol Dec: 2488-2504

2 岩石组构分类

2.1 引言

储层表征的目的是描述岩石物理参数（如孔隙度、渗透率和饱和度）的空间分布。在第 1 章，已经说明孔隙度、渗透率和流体饱和度是通过孔隙大小连接起来的。本章中，将简单的孔隙大小扩展到孔隙大小的分布，即孔隙大小在岩石内的空间分布，并说明孔隙大小分布为何能与岩石组构相关联。电测井、岩心分析、产量数据、压力恢复以及示踪剂检测等可以提供井眼附近岩石的物理参数测定值，但它们通常只是一维空间信息。因此，井眼数据必须与地质模型综合，才能展示岩石物理性质的空间分布。研究岩石组构与孔隙大小分布的关系，以及与岩石物理性质的关系，是计算机模拟器输入量化的数字地质模型的关键（图 2.1）。

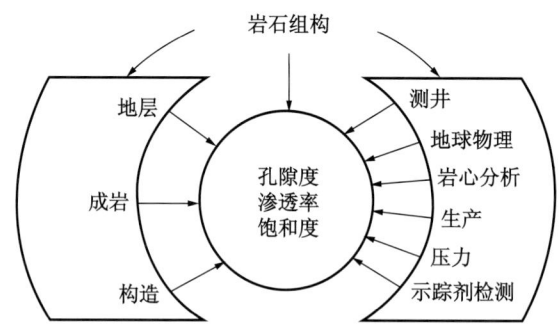

图 2.1　通过岩石组构研究，将空间地质数据与数字化油藏工程数据结合为一体

地质模型基本上都以地质观察为基础，即以沉积模式和层序解释结果为基础。这些地下信息的主要来源是岩心、测井数据和地震数据。油藏工程模型是以测井数据计算和岩心分析得到的平均岩石物性值为基础。数字化的储层数据和解释的地质数据在岩石组构层面相结合，这是由于孔隙结构是岩石物理性质的基础，它又是影响孔隙空间分布的沉积作用和成岩作用的产物。

本章的目的是确定用于描述和成图的重要地质参数，通过①描述碳酸盐岩组构与岩石物理性质之间的关系；②提出一个专属的碳酸盐岩孔隙空间的岩石物理分类，能对碳酸盐岩地质模型作精确的岩石物理量化描述。

2.2 孔隙空间的命名和分类

为了要综合地质和油藏工程信息，必须按岩石组构和岩石物理性质定义孔隙空间并对它们进行分类。Archie（1952）首次尝试描述碳酸盐岩的岩石物理性质与岩石组构间的相应关系。他的分类主要关注估算孔隙度，但也可以用于近似估计渗透率和毛细管特征。Archie（1952）认识到，用 10 倍显微镜不能观察到所有的孔隙空间，也不能观察到反映基质孔隙度的所有破裂岩石的面结构。因此，孔隙空间被分为基质孔隙度和可见孔隙度（图 2.2）。白垩状结构的基质孔隙度约为 15%，糖粒状结构的基质孔隙度为 7%，压实结构的基质孔隙度大约为 2%。根据孔隙大小，可将可见孔隙分为：A、肉眼不可见的孔隙空间；从针孔大小到大于岩屑的孔隙空间分别为 B、C、D。孔隙度—渗透率的变化趋势和毛细管压力特征也都与这些结构有关。

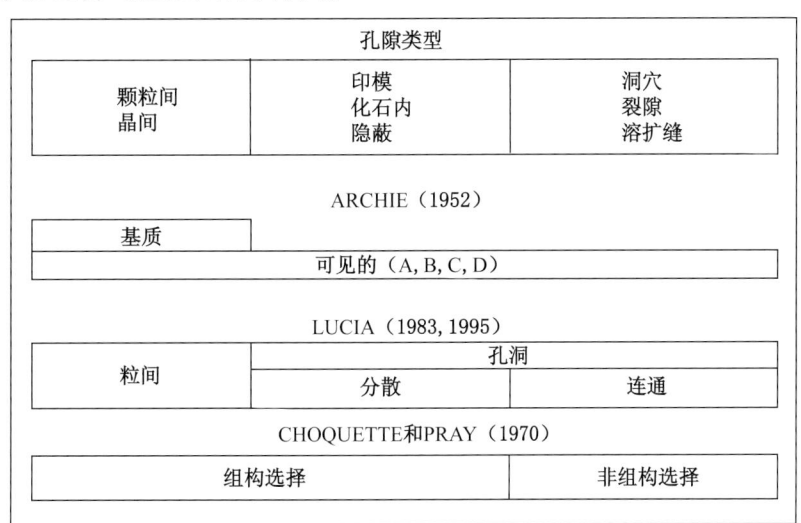

图 2.2 本书所用的碳酸盐岩孔隙类型岩石物理分类（Lucia，1983）与 Archie 的原分类（1952）及组构选择性分类（Choquette 和 Pray，1970）的对照

尽管 Archie 方法对估计岩石物理特性仍然有效，但很难将这些描述与地质模型建立关系，因为沉积和成岩术语并不能定义这些描述。主要难点在于缺乏区分可见粒间孔隙空间与其他类型的可见孔隙空间（如印模孔隙）的明确规定。碳酸盐岩孔隙空间研究（Murray，1960；Choquette 和 Pray，1970；Lucia，1983）已经说明孔隙空间与沉积和成岩组构相互关系的重要性，以及区分粒间孔隙（颗粒间孔隙和晶间孔隙）与其他类型孔隙空间的重要性。对这些因素的重要性认识促使对 Archie 分类进行了修改。

Lucia（1983，1995）提出的碳酸盐岩孔隙度的岩石物理分类强调了碳酸盐岩孔隙空间的岩石物理内涵，修改的 Archie 分类法也体现了这种趋向。通过岩石组构描述与实验室测定的孔隙度、渗透率、毛细管作用以及 Archie 值的对比，Lucia（1983）指出，最有价值的孔隙类型划分是区分粒间孔隙（位于颗粒之间或晶粒之间）与其他类型孔隙空间（称为孔洞孔隙度）（图 2.2）。Lucia（1983）根据孔洞之间的连通情况将孔洞孔隙空间细分为两类：①只有通过粒间孔隙系统才能连通的孔洞称为分散孔洞；②形成相互连通孔隙体系的孔洞称为连通孔洞。

Choquette 和 Pray（1970）讨论了有关碳酸盐岩孔隙空间的地质概念，并提出了一个被广泛应用的分类。该分类强调孔隙空间成因的重要性，是成因分类，而不是岩石物理分类。他们将所有碳酸盐岩孔隙空间分为两类——组构选择性孔隙和非组构选择性孔隙

(图 2.2)，并将印模孔隙和粒内孔隙归入组构选择性孔隙（Choquette 和 Pray，1970），与粒间孔隙度和晶间孔隙度同组。但是，Lucia（1983）指出，印模孔隙与粒内孔隙对岩石物理性质的影响不同于粒间孔隙和晶间孔隙的影响，应将它们单独分组。图 2.3 列出了本书所用的孔隙类型术语，并将它们与 Choquette 和 Pray 的术语作了对比。尽管本书中也应用了 Choquette 和 Pray 定义的大多数术语，但是，粒间孔隙度和孔洞孔隙度的界定是不同的。Lucia（1983）指出位于颗粒之间（颗粒间孔隙度）和晶粒之间（晶间孔隙度）的孔隙空间具有岩石物理相似性，这些具岩石物理相似性的孔隙类型可用同一术语表达。因此，那时就选用了"粒间孔隙"这个术语，它具丰富的内涵。Choquette 和 Pray（1970）的分类中没有一个术语可以涵盖这两种具岩石物理相似性的孔隙类型。在他们的分类中，用"颗粒间孔隙"代替了"粒间孔隙"。

术语	缩写	
	Lucia	Choquette 和 Pray（1970）
粒间	IP	BP
颗粒间	IG	—
晶粒间	IX	BC
孔洞	VUG	VUG
分散孔洞	SV	—
印模	MO	MO
粒内	WP	WP
颗粒内	WG	—
晶内	WX	—
化石内	WF	—
颗粒内微孔	igμφ	—
隐蔽	SH	SH
连通孔隙	TV	—
裂隙	FR	FR
溶扩缝	SF	CH*
洞穴	CV	CV
角砾	BR	BR
网格状	FE	FE
*河道		

图 2.3　本书所用的孔隙类型术语与 Choquette 和 Pray（1970）所用术语的对照

正如 Lucia（1983）所定义，孔洞孔隙度是指位于颗粒内或晶粒内的孔隙空间，或者那些远大于颗粒和晶粒体积的孔隙空间，它不同于粒间孔隙空间。孔洞通常以被溶解的颗粒、化石腔体、裂缝和不规则大型洞穴的形态出现。虽然裂缝可能不是由沉积和成岩作用形成的，但由于它是碳酸盐储集岩中的一种独特的孔隙类型，所以也将它包含在内。孔洞的这一定义源自 Choquette 和 Pray（1970）狭义的孔洞定义，他们用它表示难于归类的、非组构选择性的孔隙，但它却与 Archie 的命名一致，也与石油工业中广泛应用的术语"孔洞孔隙度"相一致，在石油工业中，孔洞孔隙度是指碳酸盐岩中用肉眼可见的孔隙空间。

2.3 岩石组构与岩石物理性质分类

Lucia 分类和 Archie 分类的理论基础都是孔隙大小的分布，即岩石内孔隙大小的空间分布，它控制岩石的渗透率和饱和度，而且与岩石组构有关。为了建立碳酸盐岩岩石组构与岩石中孔隙大小分布的关系，重点在于确定孔隙空间是属于三种孔隙类型中的哪一种，即属于粒间孔隙、分散孔洞还是连通孔洞空间。各种类型的孔隙大小分布以及相互连通的状况是不同的。如第 1 章所述，粒间孔隙的孔隙大小受颗粒大小和颗粒的分选性控制，也受粒间胶结物体积的控制；对于颗粒大小和分选性一定的岩石，粒间孔隙大小随胶结物体积的增大而减小。分散孔洞的孔隙大小与成因有关，可从大孔到颗粒内的微孔隙。

2.3.1 粒间孔隙空间的分类

在不存在孔洞孔隙度的情况下，碳酸盐岩中的孔隙大小分布可以按颗粒大小、分选性以及粒间孔隙度进行描述（图 2.4）。Lucia（1983）指出，在渗透率大于 0.1mD 的非孔洞孔隙型碳酸盐岩中，颗粒大小与汞毛细管置换压力有关，这说明颗粒大小刻画了最大孔隙的大小（图 2.5）。鉴于置换压力描述了最大孔隙大小的特征，毛细管压力曲线的形态就反映了较小孔隙大小的特征，它和粒间孔隙度有关（Lucia，1983）。

置换压力与颗粒大小之间的关系曲线（图 2.5）是双曲线型的，可以看出，100μm 和 20μm 是颗粒大小的重要分界点。Lucia（1983）指出，用 100μm 和 20μm 颗粒大小作为分界点可以确定三个渗透率区域，这种关系限于小于 500μm 的颗粒（图 2.6）。

这三个渗透率区域最初是基于白云岩晶间孔隙度的研究成果。包括大量石灰岩组构在内的最新研究表明，假如考虑分选性和颗粒大小因素，用地质术语可以更好地刻画这些渗透率区域。这一岩石物理分类中所用的颗粒大小和分选性方法类似于 Dunham（1962）分类法采用的颗粒支撑、杂基支撑准则。但是，Dunham 分类法主要考虑沉积结构，而岩石物理分类则主要考虑同期的岩石组构，它包括沉积结构和成岩结构。因此，在将 Dunham 分类法应用于岩石物理分类之前，必须对它作部分修改。

Dunham 分类法中，将组构划分为颗粒支撑和杂基支撑，而这一分类法中将组构划分为颗粒为主和泥为主两类，强调对孔隙大小起控制作用的组构要素（图 2.4）。颗粒为主组构的重要属性是：存在开启的或者被充填的颗粒间孔隙度以及颗粒支撑的结构。泥为主组构的重要属性是：即使在颗粒似乎已经形成支撑框架的状况下，颗粒之间的区域中也充填了泥。

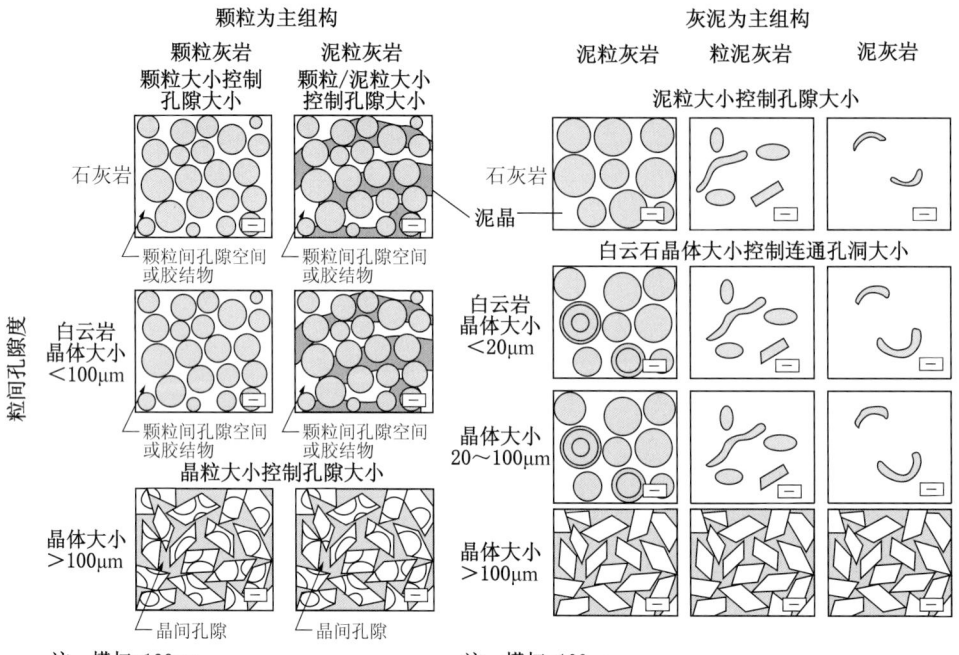

图 2.4 基于颗粒（晶体）大小和分选性的碳酸盐岩粒间孔隙空间的地质—岩石物理性质分类

粒间孔隙空间的体积与孔隙大小分布有关，因而很重要

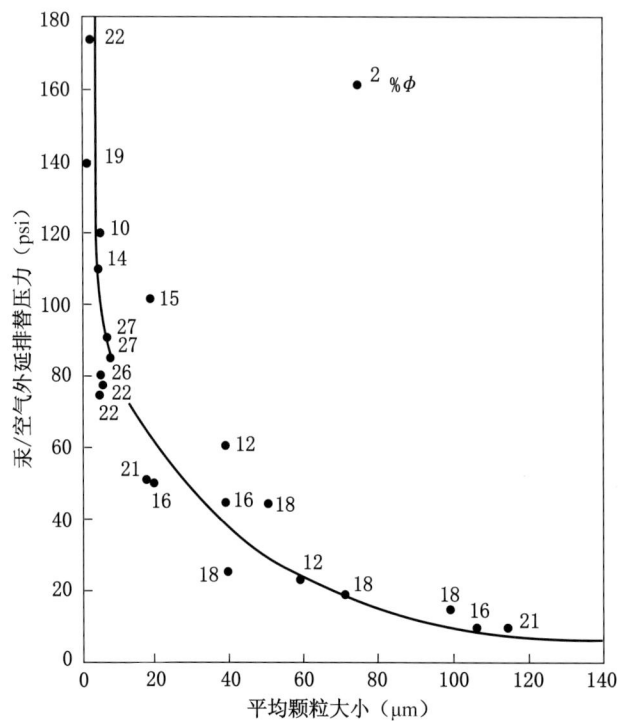

图 2.5 非孔洞型碳酸盐岩（$k > 0.1\text{mD}$）的汞置换压力与平均颗粒大小的关系图（Lucia，1983）

将毛细管压力曲线延伸至零汞饱和度处就能得到汞置换压力

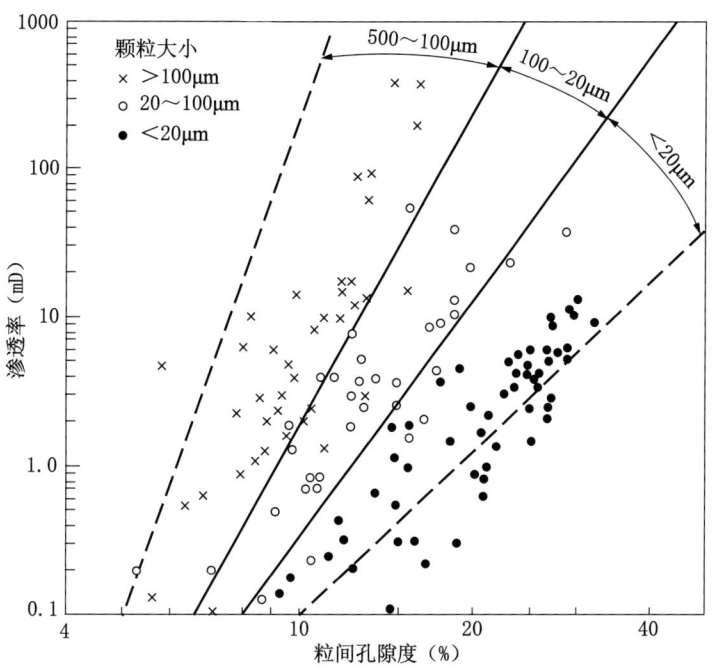

图 2.6　颗粒大小不同的各组非孔洞型碳酸盐岩的孔隙度—空气渗透率关系图

颗粒灰岩（grainstone）具有明显的颗粒为主组构，而 Dunham 分类的泥粒灰岩（packstone）成为连接颗粒灰岩中大型颗粒间孔隙与粒泥灰岩和灰泥岩中所含小型粒间孔隙的桥梁。有些泥粒灰岩既有颗粒间孔隙空间又有泥，而有些泥粒灰岩的颗粒间孔隙中却充填了泥。泥粒灰岩结构必须细分为两种岩石组构类型：颗粒为主的泥粒灰岩，岩石中存在颗粒间孔隙空间或胶结物；泥为主的泥粒灰岩，岩石的颗粒间孔隙空间中充填泥（图 2.4）。

2.3.2　孔洞孔隙空间的分类

粒间孔隙空间的岩石在增加孔洞（vuggy）孔隙空间后，由于改变了孔隙结构，从而也就改变了原来的岩石物理学特性，岩石中的所有孔隙空间是以一定的方式相互连通的。分散孔洞定义为：只有通过粒间孔隙才能相互连通的孔隙空间。连通孔洞定义为：独立于粒间孔隙空间的相互连通的孔洞空间系统（图 2.7）。

2.3.2.1　分散孔洞的孔隙空间

分散孔洞（separate-vug）孔隙空间定义为：①颗粒内的孔隙空间，或远大于颗粒的孔隙空间（大于颗粒的 2 倍）；②只有通过粒间孔隙才能相互连通的孔隙（图 2.7）。分散孔洞具有典型的组构选择性成因。化石内孔隙空间（腹足动物壳的住室）、颗粒印模（鲕模或骨屑模）和颗粒内微孔隙都属于粒内组构选择性分散孔洞。在以泥为主组构中见到的蒸发盐晶体印模和化石印模也属于分散孔洞，但这些印模都远大于颗粒。在以泥为主组构中，遮蔽孔远大于颗粒，因此，也属于分散孔洞；但在颗粒为主的组构中，遮蔽孔与颗粒的大小相当，因此被认为是颗粒间孔隙。

在颗粒为主的组构中，含大型粒内孔隙的颗粒经上覆层压实作用而被压碎，这种破

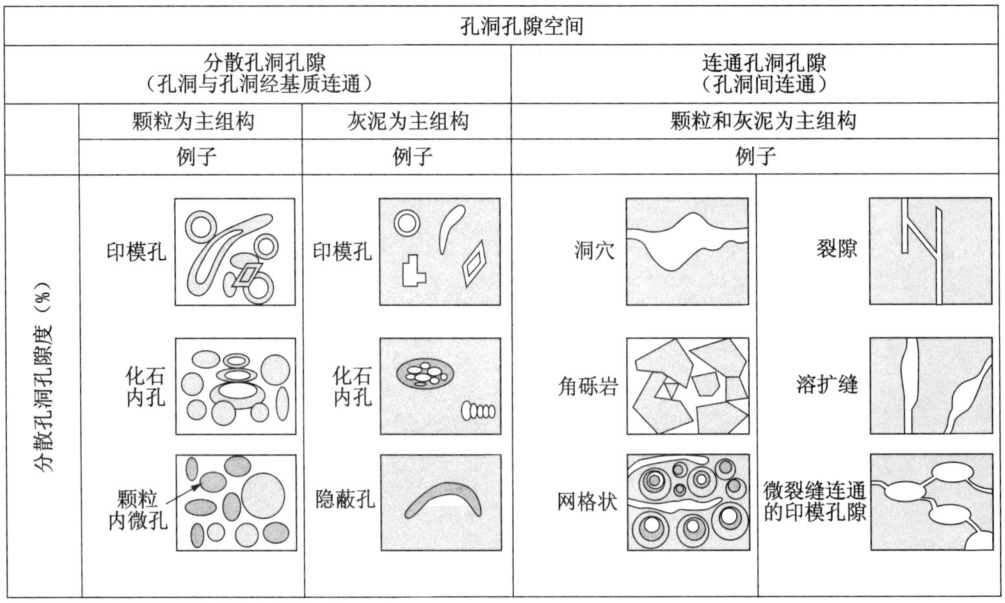

图 2.7 基于孔洞连通状况的孔洞孔隙空间地质—岩石物理分类

分散孔洞空间的体积是描述孔隙大小分布的重要特性

裂作用可以提高粒内孔隙空间和颗粒间孔隙空间的连通性，在极端情况下，颗粒可能被挤压得不成形，且无法区分粒间孔隙空间还是粒内孔隙空间，这时，颗粒碎片就成了成岩成因的颗粒。同样，白云石晶体的中心也能被选择性溶解，骨屑白云石晶体便形成由白云石晶体碎片组成的成岩颗粒。

颗粒为主组构可能含有具颗粒内微孔隙的颗粒（Pittman，1971；Keith 和 Pittman，1983；Moshier 等，1988）。即使孔隙非常小，但由于颗粒内微孔隙位于岩石的颗粒内，所以，它也属于分散孔洞类型。泥为主组构也可能含有具微孔隙的颗粒，但由于泥基质中的微孔隙和颗粒中的微孔隙大小相当，所以，它们不代表特别的岩石物理状况。

2.3.2.2 连通孔洞孔隙空间

连通孔洞（touching-vug）孔隙系统是：①孔隙空间远大于颗粒；②形成有一定延伸范围的相互连通的孔隙系统（图 2.7）。连通孔洞具典型的非组构选择性成因特征。孔洞状、坍塌角砾岩状、裂缝状和溶解增大的孔隙类型都可以在储层范围内形成相互连通的孔隙系统，它们都属于典型的连通孔洞。网格状孔隙空间在储层范围内也是连通的，而且，由于这类孔隙大小与颗粒的大小和分选性无关，所以，也属于连通孔洞（Major 等，1990）。

由于裂缝孔隙度对碳酸盐岩储层的渗透率贡献很大，所以，裂缝孔隙度也被包括在连通孔洞孔隙类型之内。通常都将破裂作用视为构造成因，不属于碳酸盐岩地质研究的范畴，但是，碳酸盐岩储层的成岩作用（如岩溶）（Kerans，1989）也可以产生大量裂缝孔隙。这种分类主要考虑的是岩石物理性质，而不是成因，所以，在此不论其成因如何，都将裂缝孔隙度作为一种孔隙类型来看。

2.4 岩石组构与岩石物理性质的关系

2.4.1 粒间孔隙度与渗透率的关系

2.4.1.1 石灰岩的岩石组构

图 2.8 是非孔洞型石灰岩岩石物理组构的实例。颗粒灰岩的岩石组构中（图 2.8a，b），颗粒大小和分选性以及颗粒间胶结物的体积控制孔隙大小的分布，这些因素反映了粒间孔隙度的大小。在颗粒为主的泥粒灰岩中，孔隙大小的分布受控于颗粒的大小、颗粒间的胶结物以及颗粒间的泥晶大小和孔隙度（图 2.8c，d）。在泥为主的泥粒灰岩、粒泥灰岩（wackestone）以及灰泥岩中（图 2.8e，f，g），泥晶颗粒大小以及粒间孔隙度控制孔隙大小的分布。小的孔隙空间常被视为微孔隙，在扫描电子显微镜（SEM）下能见到这些小的孔隙（图 2.8h）。

图 2.9a 阐释了颗粒灰岩的空气渗透率与粒间孔隙度之间的关系。数据来自 Choquette 和 Steinem's（1985）发表的 Ste. Genevieve 鲕粒灰岩（密西西比系）一文以及 Lucia 等（2001）公布的 Arab D（侏罗系）灰岩。鲕粒灰岩颗粒的大小为 500～200μm，图中的点集中分布在颗粒大于 100μm 的渗透率区域。在颗粒灰岩区，孔隙大小和渗透率由于胶结作用和压实作用导致的颗粒间孔隙度的降低而减小。

图 2.9b 说明颗粒为主泥粒灰岩的渗透率和粒间孔隙度的关系。数据源自 Lucia 等（2001）、Lucia 和 Conti（1987）以及 Cruz（1997）。这些数据来自盖瓦尔油田（Lucia 等，2001），点都落在 20～100μm 的渗透率区域中。似球状颗粒为主的泥粒灰岩，其颗粒大小从 150～300μm。颗粒之间灰泥的体积占总体积的百分之几到 40%。据 Lucia 和 Conti（1987）的报告，西得克萨斯的狼营统岩心数据在图中位于 100～20μm 区的边界部位与小于 20μm 渗透率区域，描述中称其为细粒为主的泥粒灰岩，颗粒大小为 80～100μm。据 Cruz（1997）报告，源自白垩系储层（巴西海域）中的数据是鲕粒—似核形石颗粒为主泥粒灰岩，鲕粒直径为 400μm，似核形石的直径为 1～2mm。颗粒之间充填的灰泥由 5μm 的颗粒组成，这一组构的数据点分散在 100～20μm 的渗透率区域的上边界附近，这是因为大体积似核形石所致。在颗粒为主泥粒灰岩组构中，颗粒的大小和颗粒之间灰泥的体积变化相当大，它们控制了这些岩样在粒度 100～20μm 渗透率区域中的数据的具体位置。在颗粒为主泥粒灰岩区，孔隙的大小和渗透率随着压实和胶结作用所导致的粒间孔隙度的减小而减小。

图 2.9c 是中东 Arab D 储层中以泥为主泥粒灰岩、粒泥灰岩和灰泥岩的空气渗透率与粒间孔隙度（Lucia，等，2001）以及未公布的白垩纪储层的空气渗透率与粒间孔隙度的关系图。结构从灰泥岩（平均晶粒大小为 5μm）到灰泥为主泥粒灰岩（球状粒大小为 80～300μm），数据点集中分布在颗粒小于 20μm 的渗透率区域。灰泥岩限定了这一渗透率区的下限，而泥为主泥粒灰岩则限定了这一渗透率区域的上限。在以泥为主的渗透率区域内，孔隙大小和渗透率随着胶结作用和压实作用所导致的粒间孔隙度的减小而减小。

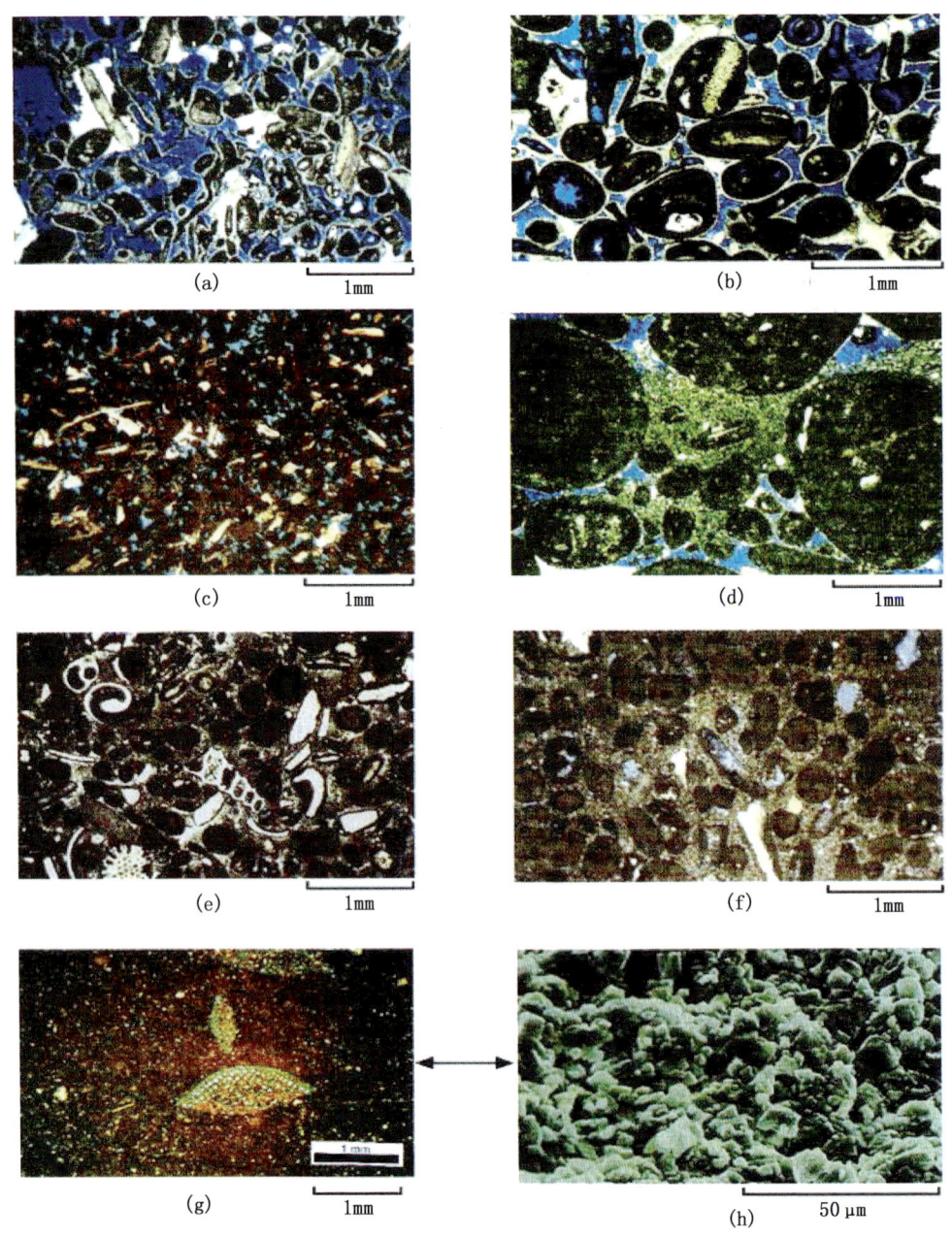

图 2.8 非孔洞型碳酸盐岩岩石组构的实例

(a) 颗粒灰岩；(b) 含分散孔洞孔隙空间的颗粒灰岩；(c) 颗粒为主泥粒灰岩；
(d) 粗粒颗粒为主泥粒灰岩；(e) 灰泥为主粒泥灰岩；(f) 含分散孔洞孔隙的灰泥
为主泥粒灰岩；(g) 含微孔隙的粒泥灰岩；(h) 粒泥灰岩微孔隙的扫描电子显微图

图 2.9d 展示的是北海颗石藻白垩的空气渗透率与孔隙度关系图（Scholle，1977）。颗石藻的平均颗粒大小约 1μm。由于颗粒小于 5μm，产生更小的孔隙，数据点集中在小于 20μm 的渗透率区域。

图 2.10 展示了进行渗透性区域比较的所有石灰岩数据。颗粒灰岩、灰泥为主的粒泥灰岩和灰泥岩很合理地被限制在相应颗粒大小的渗透率分布区域。颗粒为主的泥粒灰岩组构位于颗粒灰岩与灰泥为主的粒泥灰岩之间的中间部位。当颗粒大于 500μm 时，它们与

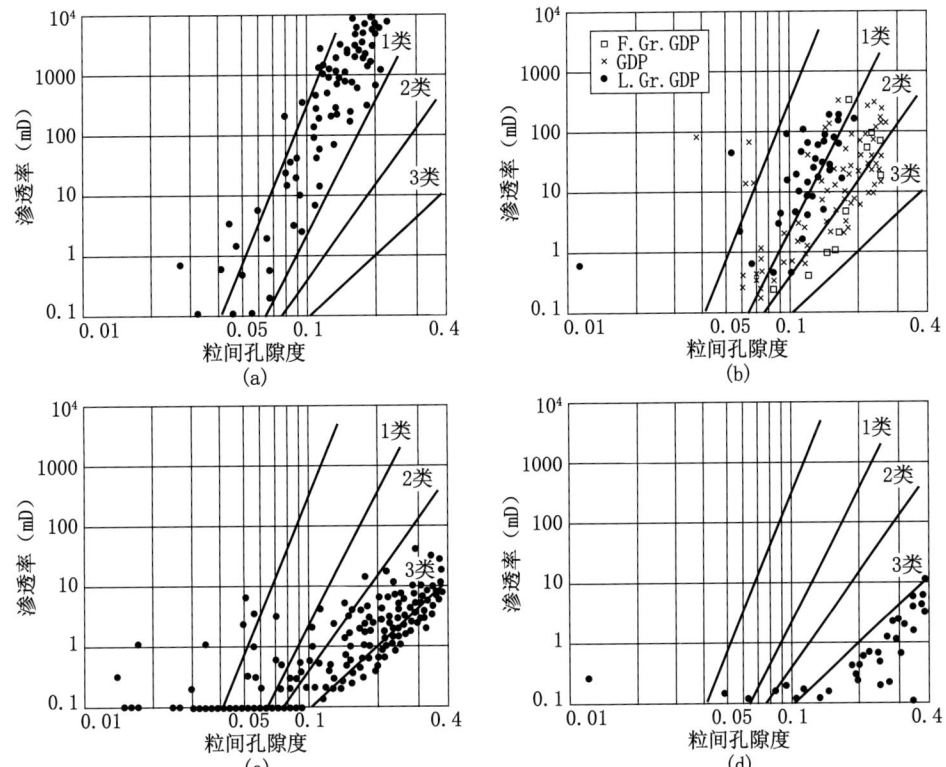

图 2.9 非孔洞型石灰岩岩石组构的孔隙度—空气渗透率交会图与图 2.6 中三个渗透率区的比较

(a) 下石炭统鲕粒灰岩（Choquette 和 Steiner，1985）和侏罗系颗粒灰岩（Lucia 等，2001）；(b) 侏罗系似球状颗粒为主泥粒灰岩（Lucia 等，2001），白垩系似核形石颗粒为主泥粒灰岩（Cruz，1997），狼营统似球状颗粒为主泥粒灰岩 Lucia 和 Conti，1987）；(c) 白垩系粒泥灰岩和灰泥岩（数据未公布，Moshier 等，1988）；(d) 白垩系颗石藻白垩（Scholle，1977）

颗粒灰岩所在区重叠；当颗粒小于 100μm 时，颗粒为主泥粒灰岩趋于与灰泥为主岩石的渗透率区相重叠，此时，颗粒为主泥粒灰岩与灰泥为主泥粒灰岩之间的区别就不明显了。深海相白垩的点集中在灰泥为主组构区之下，并界定了一个独立的孔隙度—渗透率区域。

尽管数据点分布相当分散，但是，颗粒灰岩、颗粒为主的泥粒灰岩，以及灰泥为主的泥粒灰岩三种组构确定了三类渗透率的分布区域。鉴于颗粒大小和分选性界定了渗透率的分布区域，由于孔隙大小与粒间孔隙空间的体积、颗粒大小以及分选性有关，因此，粒间孔隙度界定了各渗透率区域中的渗透率。由于胶结作用、压实作用和溶解作用引起的颗粒间孔隙度的规律性变化会导致孔隙大小分布的有规律变化，并导致渗透率的有规律变

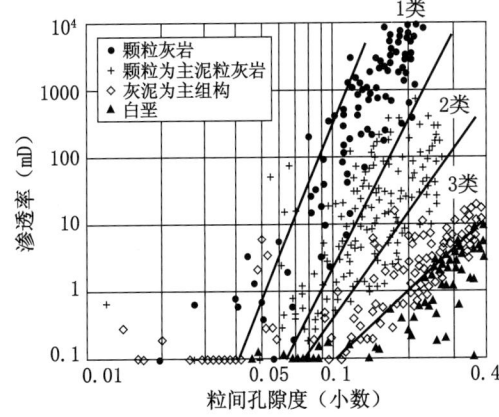

图 2.10 非孔洞型石灰岩组构的复合孔隙度—空气渗透率交会图与图 2.6 中三个渗透率区的比较

白垩数据表明，还需增加一个孔隙度—渗透率区域

化,因此,非孔洞型孔隙灰岩的渗透率是粒间孔隙度、颗粒大小以及分选性的综合反映。

2.4.1.2 白云岩的岩石组构

图 2.11 实例说明了非孔洞型白云岩的岩石组构。白云石化能使岩石组构发生重大变化。在石灰岩中,组构识别几乎没有困难,但经过白云石化作用后,白云石晶体的印痕常常使石灰岩中的原始组构变得模糊。细晶白云岩中的原始组构识别较简单。然而,随着晶粒的增大,原始组构逐渐变得难于确定。

白云石晶体(本分类中定义为颗粒)的大小通常为数微米至大于 200μm。泥晶颗粒

图 2.11 非孔洞型白云岩组构的实例

(a) 中晶鲕粒白云质颗粒灰岩;(b) 粗晶白云质颗粒灰岩;(c) 含嵌晶状硬石膏(白色)、细粒状中晶颗粒为主白云质泥粒灰岩;(d) 含嵌晶状硬石膏(白色)、球粒状中晶颗粒为主白云质泥粒灰岩;(e) 细晶白云质粒泥灰岩;(f) 中晶白云质粒泥灰岩;(g) 粗晶白云质粒泥灰岩;(h) 粗晶白云岩

通常小于20μm。因此，灰泥为主碳酸盐岩组构的白云石化能使颗粒从不足20μm增大到大于200μm，白云石晶体的增大导致孔隙大小的增加（图2.11e–h）。粒间孔隙度与渗透率关系图（图2.12a）说明了一个准则，即在灰泥为主的组构中，渗透率随白云石晶粒增大以及最终孔隙大小的增大而增大。在二叠盆地中，法默油田和泰勒林克油田的细晶（平均为15μm）灰泥为主白云岩（Lucia和Kerans，1992；Choquette和Steiner，1985）的点集中在小于20μm的渗透率区域。二叠盆地达尼油田的中粒晶（平均为50μm）白云岩的点分布在100～20μm的渗透率区域（Bebout等，1987）。盖瓦尔油田Haradh sector中的粗晶白云岩（Lucia等，2001）和二叠盆地安德列斯南油田（泥盆系）粗晶白云岩的点分布在大于100μm的渗透率区域。

组成颗粒灰岩的颗粒通常远大于白云石晶粒（图2.11a，b），因此，白云石化对颗粒灰岩中孔隙大小的分布没有重大影响。图2.12b说明了这一准则，图中展示了实测的白云石化颗粒灰岩中粒间孔隙度和渗透率之间的关系。白云石化的颗粒灰岩中，颗粒大小为200μm。二叠盆地泰勒林克油田的细晶白云质颗粒灰岩、二叠盆地达尼油田中的中晶白云质颗粒灰岩、阿尔及利塔陡崖露头区（新墨西哥州）的粗粒白云质颗粒灰岩，它们的点都落在大于100μm的渗透率区域。

图2.12c为细晶到中晶质颗粒为主白云质泥粒灰岩中实测粒间孔隙度与渗透率的关系

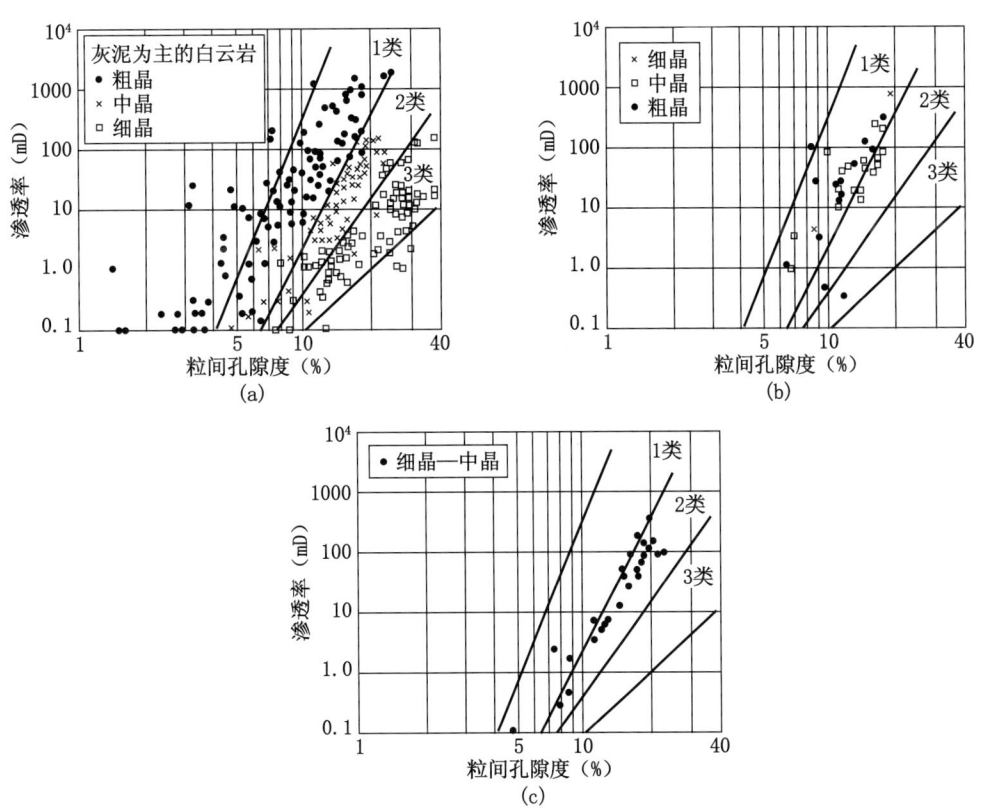

图2.12　非孔洞型白云岩组构的孔隙度—空气渗透率交会图
与图2.6中三个渗透率区的比较

(a) 白云石晶粒10～500μm的灰泥为主白云岩；(b) 白云石晶粒15～150μm的白云质颗粒灰岩（平均颗粒200μm）；(c) 细—中粒白云石晶体、颗粒为主白云质泥粒灰岩

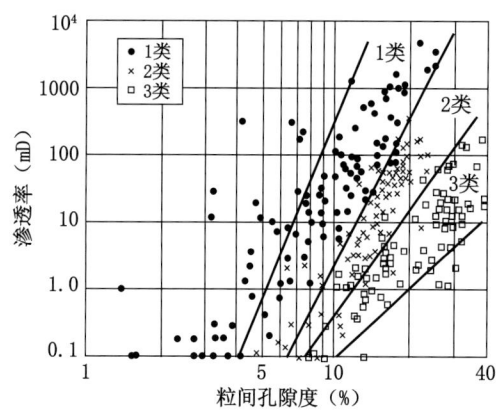

图2.13 非孔洞型白云岩组构的复（组）合孔隙度—空气渗透率交会图与图2.6中的三个渗透率区的比较

图。颗粒的平均大小为200μm。数据来自二叠盆地的Seminole San Andres地层（Wang等，1998）和达尼油田（位于Grayburg）（Bebout等，1987），数据点落在100～20μm的渗透率区域。

图2.13展示了所有白云岩数据与对应的渗透率区域。白云质颗粒灰岩和粗晶白云岩的点组成了大于100μm的渗透率区域。在晶粒大于100μm的白云岩中，辨认颗粒是很困难的。由于所有粗晶白云岩的点都落在大于100μm的渗透率区域，与先前的组构在岩石物理性质上几乎没有差别。细—中晶颗粒为主白云质泥粒灰岩和中晶为主白云岩的点组成了100～20μm的渗透率区域。细晶灰泥为主白云岩的点构成了小于20μm的区域。

白云岩的渗透率区域是由白云石晶粒的大小、原灰岩的颗粒大小和分选性决定的。在各个区域内，孔隙大小和渗透率由粒间孔隙度决定。经白云石胶结作用和深埋压实作用后，颗粒间孔隙度和晶间孔隙度的系统性变化改变了孔隙大小的分布，导致渗透率亦呈系统性变化。因此，白云石晶粒大小、颗粒大小以及分选性决定了该白云岩所在的渗透率区域，而粒间孔隙度则限定了该渗透率区域内的渗透率大小。

2.4.1.3 石灰岩与白云岩对比

将来自石灰岩和白云岩组构的数据综合制成孔隙度与渗透率关系图（图2.14），并根据渗透率区分成三类岩石组构物性区：1类、2类和3类。这三个区域与原来的渗透率区域相似，但大于100μm渗透率区域的上限和低于20μm区域的下限必须移动，以便容纳新的数据。组成1类区的三种组构是：①颗粒灰岩；②白云石化颗粒灰岩；③粗晶白云岩，它可能是白云质颗粒灰岩，颗粒为主白云质泥粒灰岩或者灰泥为主白云岩。总体上，该区域内的颗粒大小和晶粒大小从右侧的100μm增加到左侧的500μm。500μm颗粒大小的上限确定得不是很好，由于当颗粒增大时，孔隙度—渗透率转化直线的斜率接近于无限大，在这种条件下，孔隙度与渗透率之间几乎没有相关关系，所以，这一渗透率区域的上限是强制性的。

构成2类区的3种组构是：①颗粒为主的泥粒灰岩；②细—中晶颗粒为主的白云质泥粒灰岩；③中晶、灰泥为主白云岩。颗粒为主的泥粒灰岩和白云质泥粒灰岩中，颗粒变化范围从400～80μm。灰泥为主白云岩中，晶粒大小变化区间是20～100μm。

3类区由①灰泥为主组构（灰泥为主泥粒

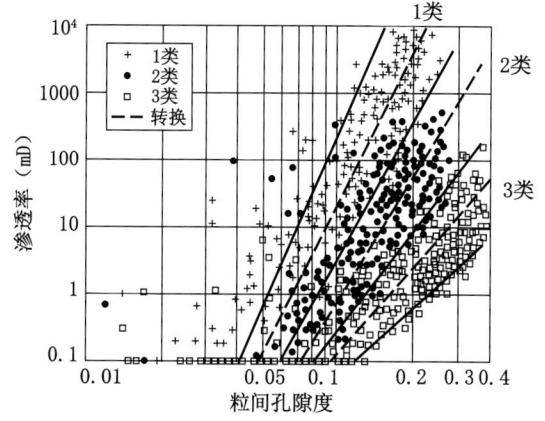

图2.14 非孔洞型石灰岩和白云岩的复（组）合孔隙度—空气渗透率交会图

展示了各类的统计简化主轴转换（虚线）关系

灰岩、粒泥灰岩和灰泥岩）和②细晶、灰泥为主白云岩两种岩石组构组成。薄片观测表明，在该区域内，渗透率随颗粒含量的增加而增大。

2.4.1.4 渗透率估算

可以确定三种岩石物理类型岩石的渗透率与粒间孔隙度间的转换关系。根据Lucia（1999）提供数据的估算，下文提供了各岩石物理类型（图2.14）简化主轴（RMA）的转换，尽管图2.14中提供的新数据稍偏离各转换轴，但原来的转换式仍然是可以用的。

1类 $k = (45.35 \times 10^8) \phi_{ip}^{8.537}$

2类 $k = (2.040 \times 10^6) \phi_{ip}^{6.38}$

3类 $k = (2.884 \times 10^3) \phi_{ip}^{4.275}$

式中，k是渗透率，单位是mD；ϕ_{ip}是粒间孔隙度，用小数表示。

尽管上述8种岩石组构可分为三种岩石物性类型，但是，自然界中各类型之间实际上不存在突变的边界。相反，从灰泥岩至颗粒灰岩，颗粒的大小和分选性呈连续变化（图2.15a）。同样，在灰泥为主白云岩中，白云石晶体大小从5～500μm也是连续的（图2.15b）。因此，在各岩石物性类型的岩石物性分区中，孔隙度—渗透率的转换也是完全连续的。

为了模拟这样的连续体，对各岩石物性区分配边界值（0.5，1.5，2.5，4）（图2.15c），并产生相应的孔隙度—渗透率转换关系图。最终的整体变换关系式如下（Lucia

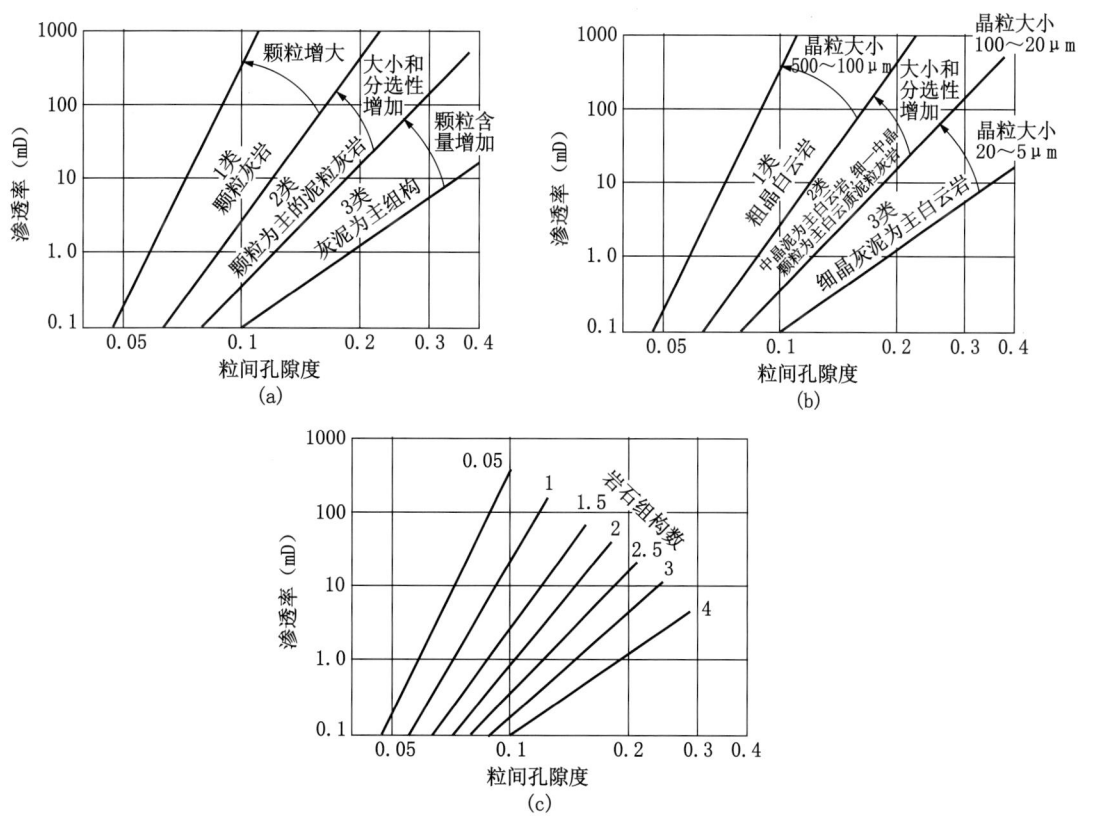

图2.15 岩石组构连续体和相关的连续
孔隙度—渗透率转换图

(a) 非孔洞型石灰岩的组构连续体；(b) 非孔洞型白云岩的组构连续体；(c) 由孔隙度—渗透率转换分类边界和分类中线限定的岩石组构数范围：0.5～4.0

等，2001；Jennings 和 Lucia，2003）。

$$\lg(k) = (A - B\lg(rfn)) + ((C - D\lg(rfn))\lg(\phi_{ip}))$$

式中，A=9.7982，B=12.0838，C=8.6711，D=8.2965；rfn 是岩石组构数，取值范围 0.5 ~ 4.0；ϕ_{ip} 是粒间孔隙度（小数）。

灰泥为主的石灰岩和细晶质灰泥为主白云岩的岩石组构数在 4.0 ~ 2.5（图 2.15c）。在灰泥为主的白云岩中，晶粒从 5μm 增加到 20μm，其岩石组构数逐渐减小；在灰泥为主的石灰岩中，岩石组构数随着灰岩颗粒的增大而减小；在颗粒为主的泥粒灰岩、细—中晶颗粒为主的白云质泥粒灰岩以及中晶灰泥为主白云岩中，对应的岩石组构数值在 2.5 ~ 1.5（图 2.15c）；在灰泥为主白云岩中，白云石晶粒从 20μm 增加到 100μm 时，其岩石组构数逐渐减小。同时，岩石组构数也随颗粒的增大和颗粒间泥晶数量的减小而减小。颗粒灰岩、白云质颗粒灰岩和粗晶白云岩分布在岩石组构数 1.5 ~ 0.5 的区域（图 2.15c），在这一区域，随着颗粒增大和白云石晶体从 100μm 增至 500μm，其岩石组构数减小。

在第 1 章中，已介绍了 Pittman（1992）和 Winland（1980）所公布的粒间孔隙度、渗透率、毛细管压力之间的岩石物理性质关系。该准则适用于碎屑岩，但也可应用于碳酸盐岩。他们指出，汞饱和度为 35% 时所测定的隙间喉道大小所给出的孔隙度与渗透率关系最好。Pittman 的经验公式（1992）为：

$$\lg(R35)=0.255+0.565\lg(k)-0.523\lg(\phi)$$

式中，R35 是汞饱和度为 35% 时计算得到的隙间喉道大小；k 是渗透率，mD；ϕ 是孔隙度。

图 2.16 画出了该经验公式，并与本书所描述的岩石物理分类区作了比较。很明显，Pittman 经验公式中的隙间喉道大小、孔隙度、渗透率间的关系与本书确定的岩石物理分类并不一致。同时，明显可见，在同一个岩石物性分区中，当粒间孔隙度减小时，隙间喉道也减小。本书所定的 8 种基本岩石组构只局限于特定的岩石物理分类区，但并不对应于某特定的隙间喉道大小。因此，在碳酸盐岩中，孔隙的大小与岩石的组构之间并不存在直接的对应关系。

2.4.2 岩石组构—孔隙度—水饱和度间的关系

在第 1 章中已经介绍，岩石中流体的饱和度与隙间喉道大小和毛细管压力（油柱高度）有关。已经提出多种方法以说明孔隙度、渗透率、水饱和度和油柱高度之间的关系（Leverett，1941；Aufricht 等，1957；Heseldin，1974；

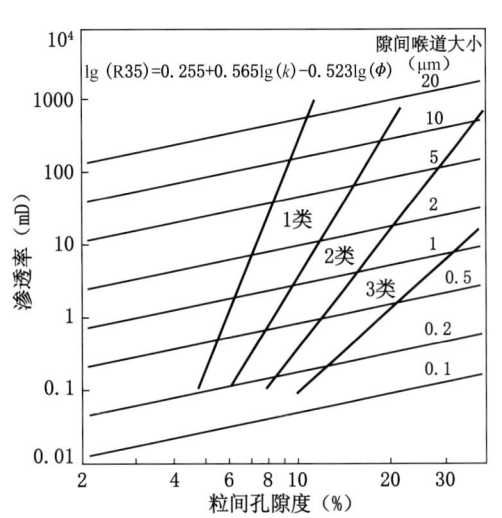

图 2.16 岩石物理分类区、隙间喉道大小与粒间孔隙度、渗透率之间的对比图

Alger 等，1989）。这些方法都将孔隙大小等同于岩石渗透率与孔隙度的比值（k/ϕ），并试图用 k/ϕ 作为归一化参数，将毛细管压力曲线平均为一种关系。Leverett 的"J"函数是取毛细管压力数据平均值的常用方法。J 函数的一般表达式为：

$$J(S_w) = \left(\frac{P_c}{\sigma}\right)\left(\frac{k}{\phi}\right)^{\frac{1}{2}}$$

式中，P_c 是毛细管压力，psi；σ 是界面张力，dyn/cm；k 是渗透率，mD，ϕ 是孔隙度，小数。

Leverett 的 J 函数在水饱和度与毛细管压力和 $(k/\phi)^{1/2}$ 间建立了关系，毛细管压力是油柱高度的函数，$(k/\phi)^{1/2}$ 是孔隙大小的函数。图 2.16 说明，孔隙大小与岩石物理分类、粒间孔隙度以及 $(k/\phi)^{1/2}$ 有关。因此，各岩石物理分类区内，粒间孔隙度的变化都表示孔隙大小的变化，而且，水饱和度与油柱高度（H）、孔隙度（ϕ）以及岩石物理分类（PC）有关。

$$S_w = f(H, \phi, PC)$$

这些经验公式并不适用于含有大量孔洞孔隙的碳酸盐岩，如印模颗粒灰岩或者颗粒内含大量微孔隙的颗粒为主组构。

为了对三种岩石物理分类中的饱和度特征进行量化描述，收集了一系列毛细管压力曲线，这些毛细管压力曲线来自含不同孔隙度的各岩石物理分类的岩石，包括石灰岩和白云岩。先将各类岩石物理性质岩石中的毛细管压力曲线组合为孔隙度区，再求取该区的平均孔隙度。对每个注入压力求取汞饱和度的平均值，然后构成各类图中相应的油柱高度（毛细管压力）、汞饱和度以及孔隙度点。用第 1 章中所介绍的方程和专门值，将注入压力转换成油柱高度。以水饱和度的对数作为因变量，毛细管压力和孔隙度的对数作为自变量，用多重线性回归，建立起水饱和度与孔隙度、油柱高度间相关关系的经验公式。经验公式中的水饱和度是原始饱和度，并假设水饱和度是储层排泄状态时的，而不是吸入状态时的。

下面是最终的经验公式，图 2.17 是图解说明。

1 类：$S_{wi} = 0.02219 \times H^{-0.316} \times \phi^{-1.745}$

2 类：$S_{wi} = 0.1404 \times H^{-0.407} \times \phi^{-1.440}$

3 类：$S_{wi} = 0.6110 \times H^{-0.505} \times \phi^{-1.210}$

式中，S_{wi} 是用小数表示的原始水饱和度；H 是油柱高度，ft；ϕ 是用小数表示的孔隙度（大多为粒间孔隙度）。用 $CP=H/0.7888$，可将油柱高度转换成毛细管压力。

用中东地区白垩系 Shuaiba 组的数据，建立了对应于 rfn 4 的经验公式。

$$rfn\ 4\ S_{wi} = 5 \times H^{-0.7} \times \phi^{-1.0}$$

选取油柱高度为 500ft（约与汞毛细管压力 650psi 相当），并作各类岩石组构的饱和度与孔隙度的对应图，可以用于说明孔隙度、原始水饱和度、岩石物理类别之间的关系。结果（图 2.18）表明，对于非孔洞型碳酸盐岩储层，孔隙度与水饱和度关系图中可将三

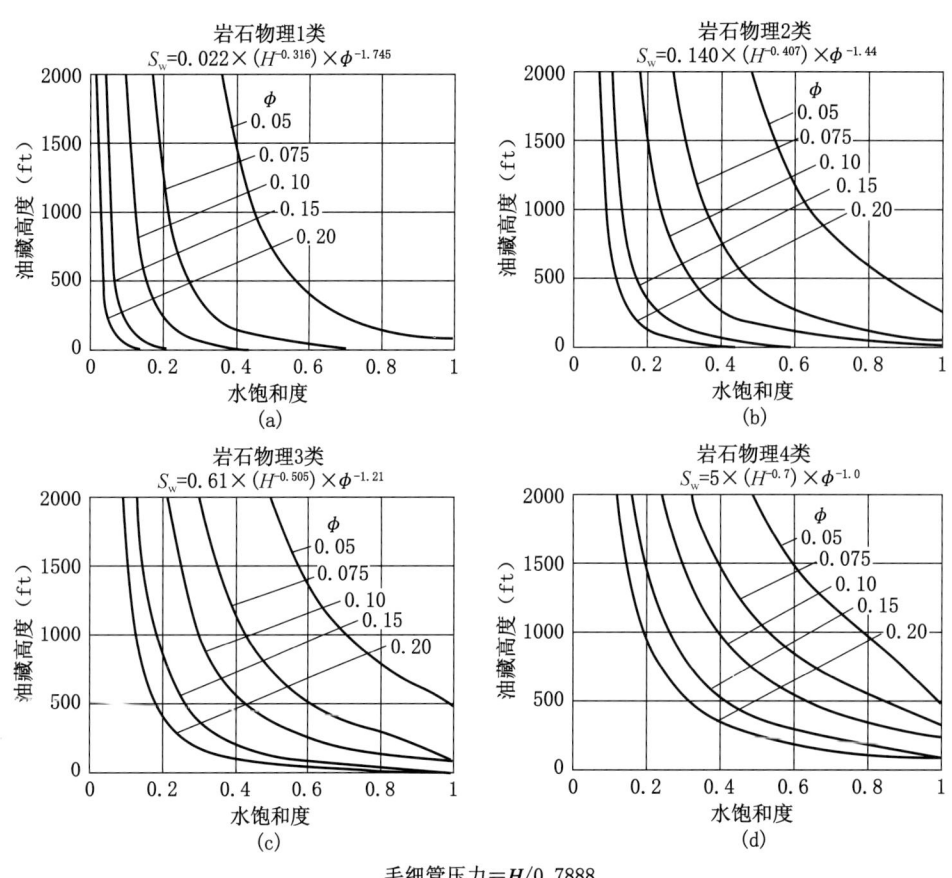

图 2.17　基于毛细管压力数据的各特定岩石物理类型的原始水饱和度模型

（a）基于白云质颗粒灰岩数据的 1 类原始水饱和度模型；（b）基于中晶白云质粒泥灰岩数据的 2 类原始水饱和度模型；（c）基于细晶白云质粒泥灰岩数据的 3 类原始水饱和度模型；（d）基于微晶灰泥岩和粒泥灰岩（中东 Shuaiba 储层）数据的 4 类原始水饱和度模型

种岩石类别划分成三个与渗透率区域相类似的饱和度区域。这就证实了假设的前提，即岩石的渗透率和流体饱和度都受孔隙大小分布的控制，在孔洞孔隙度极小的碳酸盐岩中，孔隙大小的分布可用岩石组构描述，并用孔隙度表述。

2.4.3　岩石组构—岩石物理分类

三类岩石组构限定了三种岩石物理类别，图 2.19 说明了岩石组构和岩石物理类别之间的关系。颗粒灰岩、白云质颗粒灰岩以及粗晶白云岩都有相似的岩石物理性质，都属于 1 类岩石物理组构的岩石。颗粒为主泥粒灰岩、细晶—中晶颗粒为主白云质泥粒灰岩、中晶灰泥为主白云岩也都具有相似的岩石物理性质，都属于 2 类岩石物理组构的岩石。灰泥为主石灰岩（灰泥为主泥粒灰岩、

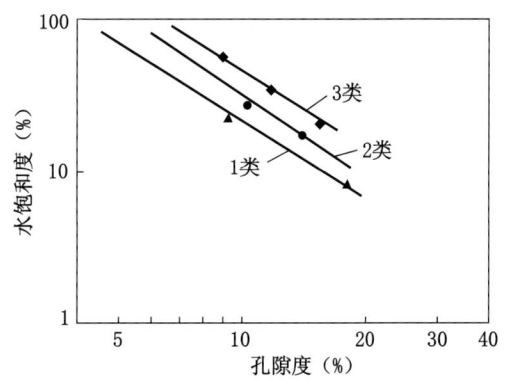

图 2.18　油柱高度 150m（500ft）时，三种岩石组构岩石物理类别的水饱和度与孔隙度关系图

水饱和度（1-Hg 饱和度）和孔隙度值源自图 2.17 的毛细管压力曲线

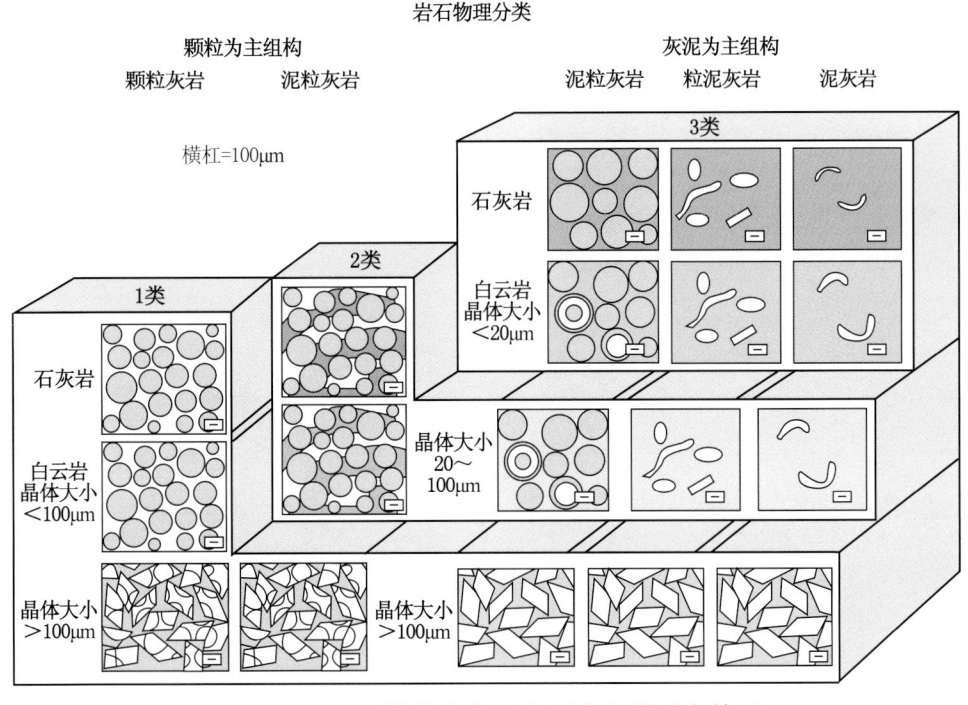

图 2.19 岩石组构与岩石物理类别关系立体图
1 类包括三种岩石组构，2 类包括三种岩石组构，3 类包括两种岩石组构

粒泥灰岩和灰泥岩）、细晶灰泥为主白云岩具有相似的岩石物理性质，属于 3 类岩石物理组构的岩石。下面是各类储集岩中孔隙度、渗透率、水饱和度和油柱高度相关性的经验公式。

1 类：

$$k = (45.35 \times 10^8)\phi_{ip}^{8.537}$$

$$S_{wi} = 0.02219 \times H^{-0.316} \times \phi^{-1.745}$$

2 类：

$$k = (2.040 \times 10^6)\phi_{ip}^{6.38}$$

$$S_{wi} = 0.1404 \times H^{-0.407} \times \phi^{-1.440}$$

3 类：

$$k = (2.884 \times 10^3)\phi_{ip}^{4.275}$$

$$S_{wi} = 0.6110 \times H^{-0.505} \times \phi^{-1.210}$$

整体渗透率转换式：

$$\lg(k) = \left(A - B\lg(rfn)\right) + [(C - D\lg(rfn))\lg(\phi_{ip})]$$

2.4.4 分散孔洞孔隙空间的岩石物理特征

具粒间孔隙度的岩石在增加了分散孔洞孔隙度之后，由于改变了孔隙结构方式，从而也改变了原有的岩石物理学特征,所有孔隙空间在一定程度上是相互连通的。图2.20举例说明了分散孔洞孔隙空间,分散孔洞之间是不连通的,分散孔洞之间只有通过粒间

图2.20 分散孔洞孔隙类型实例

(a) 鲕粒灰岩中的鲕模孔;(b) 颗粒灰岩中的鲕模孔和颗粒间孔隙空间;(c) 纺锤䗴颗粒为主泥粒灰岩中的化石内孔隙空间;(d) 向粒间孔隙空间开口的有孔虫化石内孔隙;(e) 骨屑颗粒灰岩中的骨屑颗粒印模;(f) 粒泥灰岩中的颗粒印模;(g) 含粒内微孔隙的鲕粒灰岩;(h) 颗粒内微孔隙的扫描电子显微照片,展示5μm菱形方解石基质中的微孔隙

孔隙空间才能相互连通。同时，尽管增加的分散孔洞使岩石的总孔隙度增大，但岩石的渗透率却没有明显的增加（Lucia，1983），图2.21a说明了这一规律。印模颗粒灰岩的渗透率小于总孔隙度相当的全部为粒间孔隙度的颗粒灰岩的渗透率，同时，如孔隙度保持不变，岩石的渗透率随着所含分散孔洞孔隙度的减小而增大（Lucia和Conti，1987）。这也适用于粗晶白云质粒泥灰岩（图2.21b），它们分布在1类区左侧，这些数据与分散孔洞孔隙度成比例（Lucia，1983）。Budd（2002）所描述的始新统颗粒灰岩数据也说明了这一规律，在薄片上，用详细的计点法可以估算储集岩的粒间孔隙度。当用粒间孔隙度时，数据落在1类区；当用总孔隙度时，数据落在2类区（图2.21c）。本例中，总孔隙度包括化石内、颗粒内微孔隙和颗粒间孔隙。白垩系储层（巴西海域）中，鲕粒灰岩（Cruz，1997）的总孔隙度包含颗粒间孔隙度和一定数量的粒内微孔隙度（图2.21d），因为岩石的颗粒间孔隙度极低，数据点落在3类区以及3类区下方。

含分散孔洞的碳酸盐岩中，原始水饱和度取决于粒间孔隙的大小，在颗粒为主的组构中，也取决于连接分散孔洞和粒间孔隙空间的孔隙大小。颗粒内微孔隙的孔隙空间是很小的，并经常经过微孔隙与粒间孔隙空间相连接。颗粒印模和化石内孔洞通常比较大，它们之间的连通状况取决于围绕在颗粒印模或化石体腔周边的孔隙空间的大小。腹足动物和有孔虫中的孔隙空间通常较大，并存在大的裂口使它们与颗粒之间的孔隙空间相连通。而颗粒印模（如鲕模孔）通常被周缘的微孔隙包围，只有白云石化的颗粒例外，在颗粒白云石化状况下，周缘的孔隙大小取决于白云石晶体的大小。上覆地层的挤压可使颗粒产生微裂缝，这些微裂缝能提高颗粒印模与粒间孔隙空间之间的连通程度。

具鲕模孔灰岩的排泄毛细管压力曲线实例（图2.22a）表明，连接颗粒印模与粒间孔隙空间的孔隙是非常小的。然而，一旦获得毛细管压力（油柱高度），就会驱使油进入印模，使印模很快成为油饱和状态。在过渡带，油会集中在粒间孔隙空间，而水饱和的颗粒印模集中在小的连通孔隙中。

由于孔隙较小，颗粒内微孔隙中的原始水饱和度分布是变化的。具相当数量粒内微孔隙的颗粒灰岩毛细管压力曲线（图2.22b）表明，在过渡带，由于毛细管力作用，颗粒内可以捕获相当数量的水。原始油集中分布在粒间孔隙中，而水集中分布在粒内微孔隙中。在过渡带，这种组构的特征是：由于毛细管压力作用，颗粒内的原始水饱和度高，而可采油集中在粒间孔隙中。这就导致出现一种可能的现象，即在水饱和度计算值很高的层段产出无水原油（Pittman，1971;Dixon和Marek，1990）。

含有粒间孔隙、粒内微孔隙以及压碎的化石内孔隙的颗粒灰岩，它的毛细管压力曲线表明，化石内孔隙度对原始水饱和度几乎没有影响，这是由于微裂缝使化石内孔隙与粒间孔隙、软体动物和有孔虫的大型裂口相连通，水主要被束缚在粒内的微孔隙中（图2.22c）。

2.4.5 连通孔洞孔隙空间的岩石物理特征

图2.23为连通孔洞型孔隙实例，它与岩石组构不存在对应关系。连通孔洞的渗透率比预期中的粒间孔隙系统的渗透率高。Lucia（1983）通过裂缝渗透率—裂缝孔隙度与三类孔隙度—渗透率区域的对比说明了这个事实（图2.24）。图2.24表明，岩石组构或岩石

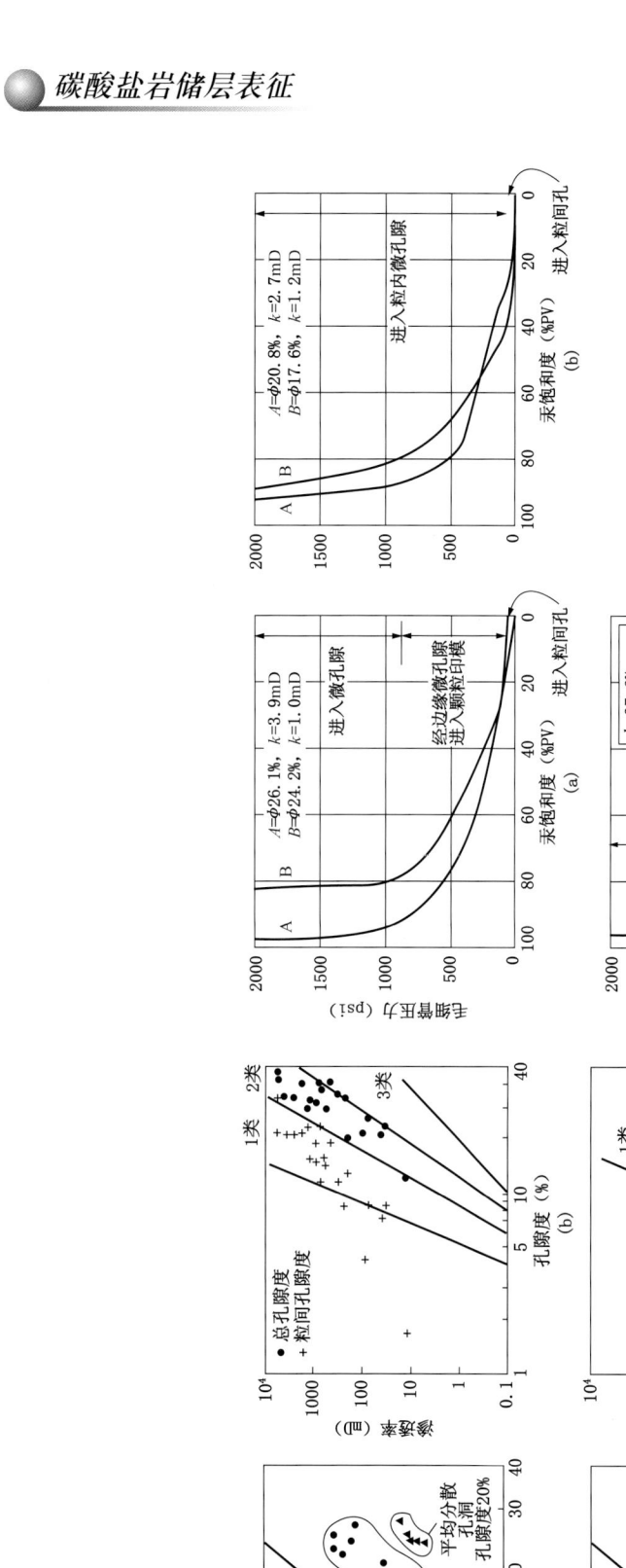

图 2.21 分散孔洞孔隙对空气渗透率影响的交会图

(a) 含颗粒印模的颗粒灰岩对应的数据落入分散孔洞入颗粒灰岩区的右侧,其位置与其分散孔洞孔隙度相对应(左侧区的平均分散孔洞孔隙度是 8%,右侧区是 20%);(b) 含化石(颗粒)内微孔隙的颗粒灰岩的数据落在 2 类区(总孔隙度中含粒内微孔隙孔隙度);(c) 含颗粒内微孔隙的白云质颗粒灰岩数据落在 2 类区;(d) 含粒内微孔隙的颗粒灰岩的数据落在 3 类区

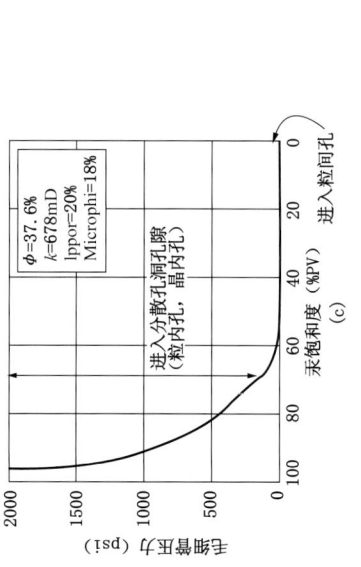

图 2.22 毛细管压力曲线,说明分散孔洞孔隙对毛细管特性的影响

(a) 含很少颗粒印模孔—边缘铸模孔隙的高孔隙度、低渗透率铸模孔隙灰岩,曲线大部分反映颗粒模孔—边缘的微孔隙相连通;(b) 含颗粒内微孔隙的高孔隙度、低渗透率铸模孔隙灰岩,曲线大部分反映颗粒内微孔隙;(c) 含颗粒间孔隙空间的高孔隙度的颗粒灰岩

物理类别不能用于描述连通孔洞孔隙系统的渗透率特征。

由于孔隙往往大于井径，所以很难估计连通孔洞系统的渗透率。生产数据是反映连通孔洞系统流动性质的最佳信息。一般情况下，由于连通孔洞系统都很大，所以岩心测定值是毫无意义的。密执安州北部一洞穴型地层的岩心分析报告中（图 2.23a），岩石的渗透

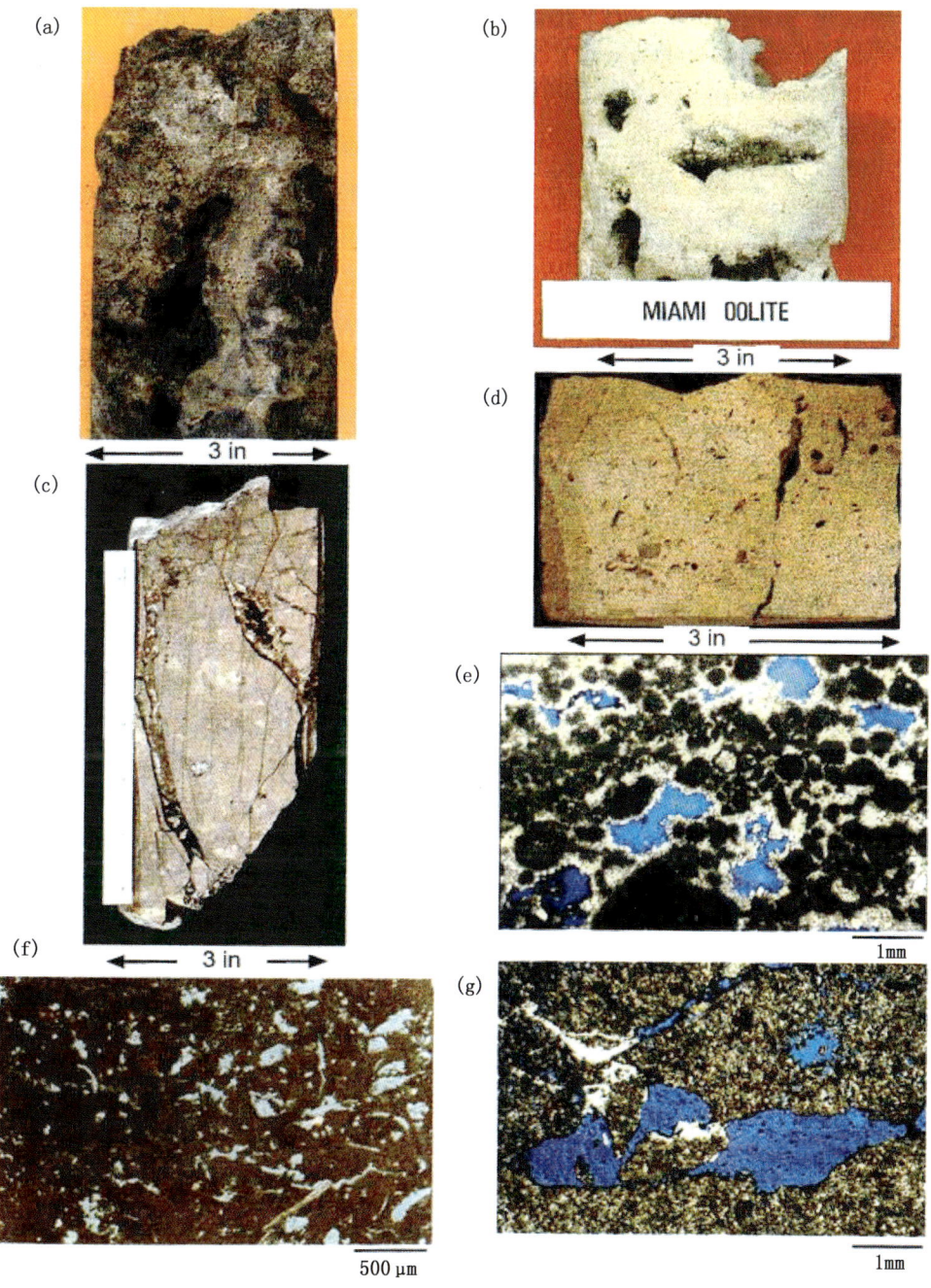

图 2.23　连通孔洞孔隙类型

(a) 尼亚加拉统（S_2）礁（密执安北部）内的洞穴状孔隙空间；(b) 迈阿密鲕粒灰岩中的洞穴状孔隙空间；(c) 含鞍状白云石的 Ellenburger 组溶蚀扩大的裂隙（西得克萨斯）；(d) 二叠系溶蚀扩大的裂隙（西得克萨斯）；(e) 二叠系网格状孔隙空间（西得克萨斯）；(f) 白垩系粒泥灰岩中微裂隙连接的颗粒印模（卡塔尔）；(g) 二叠系中的微破裂和破碎的纺锤䗴印模（西得克萨斯）

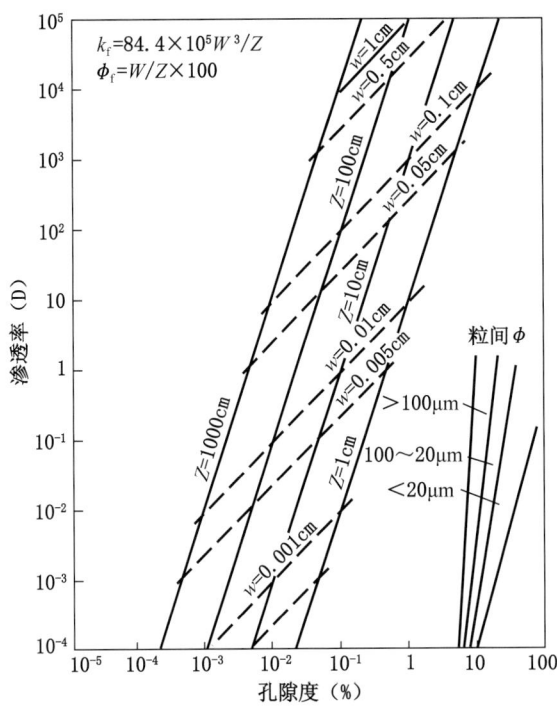

图 2.24 裂缝的空气渗透率—孔隙度理论关系与岩石组构—岩石物理孔隙度—渗透率区域的对比（Lucia，1983）

w—裂缝宽，Z—裂缝的间距，k_f—裂缝渗透率，ϕ_f—裂缝孔隙度

率是 0.01mD，显然，这个值毫无意义。然而，由微裂缝和颗粒印模组成的小型连通孔洞组构的渗透率是可以用常规方法测定的。图 2.25 中，根据两种微裂缝组构说明孔隙度—渗透率的相互关系，这个实例说明，由于微裂缝的存在，使样品的渗透率比单一粒间孔隙系统的渗透率高 5～10 倍（Lucia 和 Ruppel，1996）。

目前还无具说服力的数据揭示大型连通孔洞系统储层的饱和度特征，但通常认为，大多数状况下，大型连通孔洞中的原始水饱和度接近于零。然而，微裂缝组构的原始水

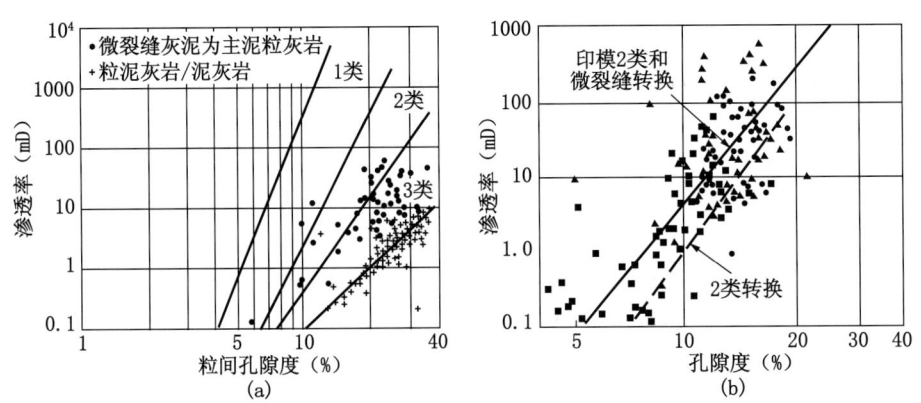

图 2.25 微裂隙的存在使渗透率增大

(a) 灰泥为主石灰岩中，由于存在微裂隙，渗透率增大 5 倍；(b) 微裂隙连通了纺锤䗴印模，使 2 类中晶白云质粒泥灰岩的渗透率增大 5 倍

饱和度有可能与基质的水饱和度值接近，这是因为微裂缝占孔隙总体积的百分比很低。

2.5 小结

储层表征的目标是描述岩石物理参数（如孔隙度、渗透率以及饱和度）的空间分布。在第1章中已经说明，孔隙大小的分布控制了渗透率和饱和度等油藏工程参数。本书所提出的岩石组构近似法有一个前提，即孔隙大小和孔隙大小的分布可以用颗粒的大小、分选性、粒间孔隙度和分散孔洞孔隙度表达。因此，孔隙大小的分布与岩石组构（地质作用的产物）有关。所以，岩石组构综合了地质解释与油藏工程的数字测定值。

为了确定岩石组构与岩石物理参数之间的关系，有必要对目前存在于岩石中的孔隙空间作岩石物理特性的定义和分类。最好是将孔隙空间划分为粒间孔隙度，即存在于颗粒或晶粒之间的孔隙空间以及孔洞孔隙度（粒间孔隙度以外的所有其他孔隙空间）。根据孔洞的连通方式，孔洞孔隙空间进一步可细分为两类：①分散孔洞，即只有通过粒间孔隙系统才能连通的孔洞孔隙空间；②连通孔洞，即孔洞与孔洞之间是直接连通的。

具粒间孔隙度岩石的物理特性与颗粒大小、分选性以及粒间孔隙度有关。颗粒的大小、颗粒和泥晶的分选性以Dunham分类为基础，并经修改使之更符合岩石物理特性的描述。以前将岩石组构分为颗粒支撑或泥支撑，本书将组构分为颗粒为主和灰泥为主。颗粒为主组构的重要属性是存在开启的或堵塞的颗粒间孔隙以及颗粒支撑的结构。灰泥为主组构的重要属性是颗粒之间的区域中充填了泥，即使在颗粒形成了支撑格架的状况下也是如此。

颗粒灰岩显然是颗粒为主组构，而Dunham分类中的泥粒灰岩跨越了这一重要的岩石物理特性界面。有些泥粒灰岩具有颗粒间孔隙空间，而另一些泥粒灰岩的颗粒间孔隙中却被灰泥充填。因此，按岩石组构，必须将泥粒灰岩分为两类：①颗粒为主泥粒灰岩，它含有颗粒间孔隙空间或胶结物以及颗粒间泥；②灰泥为主泥粒灰岩，即颗粒间的孔隙空间全部被灰泥充填。

识别白云岩岩石物理特性分类的重要组构要素是原（母）岩中颗粒的大小和分选性、白云石晶体的大小以及颗粒间（晶间）孔隙度。白云石晶体大小最主要的分界线是20μm和100μm。白云石晶体大小对颗粒为主白云岩的岩石物理特性几乎没有影响。但是，白云石晶体大于20μm时，灰泥为主白云岩的岩石物理特性得到重大改善。

具粒间孔隙度岩石的渗透率和饱和度特征可以组合为三类岩石组构—岩石物理特性：1类包括颗粒灰岩，白云质颗粒灰岩以及粗晶白云岩；2类包括颗粒为主的泥粒灰岩，细—中晶颗粒为主的白云质泥粒灰岩，中晶灰泥为主的白云岩；3类包括灰泥为主的灰岩，细晶灰泥为主的白云岩。

各岩石组构—岩石物理特性类别的专属渗透率转换关系以及水饱和度、孔隙度和油柱高度的经验公式如下。只有不存在孔洞孔隙度时，S_{wi}的经验公式才有效。

1类 颗粒灰岩、白云质颗粒灰岩、粗晶白云岩

$$k = (45.35 \times 10^8) \phi_{ip}^{8.537}$$

$$S_{wi} = 0.02219 \times H^{-0.316} \times \phi^{-1.745}$$

2 类　颗粒为主泥粒灰岩、细—中晶颗粒为主的白云质泥粒灰岩、中晶灰泥为主的白云岩

$$k = (2.040 \times 10^6) \phi_{ip}^{6.38}$$

$$S_{wi} = 0.1404 \times H^{-0.407} \times \phi^{-1.440}$$

3 类　灰泥为主的石灰岩和细晶灰泥为主的白云岩

$$k = (2.884 \times 10^3) \phi_{ip}^{4.275}$$

$$S_{wi} = 0.6110 \times H^{-0.505} \times \phi^{-1.210}$$

三个渗透率转换式与描述岩石物理类别边界的转换式相综合，就组合成一整体转换式，在式中，用连续的岩石组构数（rfn）替代了岩石物理类别数。

$$\lg(k) = \left(A - B\lg(rfn)\right) + [(C - D\lg(rfn))\lg(\phi_{ip})]$$

式中，$A=9.7982$，$B=12.0838$，$C=8.6711$，$D=8.2965$；rfn 是岩石组构数，其值为 0.5～4，ϕ_{ip} 是用小数表示的粒间孔隙度。

具粒间孔隙度的岩石在增加分散孔洞孔隙后，总孔隙度有所增大，但渗透率却没有明显增加。因此，在估计渗透率时，必须在总孔隙度中减去分散孔洞孔隙度，以求取粒间孔隙度，再根据粒间孔隙度计算渗透率。分散孔洞对渗透率和原始水饱和度的影响取决于使粒内孔隙空间与颗粒间孔隙空间连通的孔隙的大小。

在过渡带上方的大型分散孔洞中通常都充满了油气。过渡带中，粒内微孔隙中会含有相当数量的毛细管束缚水，导致在原始水饱和度很高的层段能产出纯石油。含大量孔洞孔隙颗粒灰岩的过渡带大于非孔洞型颗粒灰岩的过渡带。

虽然连通孔洞孔隙系统与孔隙度可以无关，但却与裂缝孔隙空间、大型孔洞以及坍塌角砾岩的形状有关。这些孔洞系统通常都大于井径，且无法用岩心数据对它们进行有效描述。由微裂缝和颗粒溶解缝连接的颗粒印模所组成的小型连通孔洞系统的特征可以用岩心测定值描述，这些系统的渗透率是基质渗透率预测值的 5～10 倍。

构建一个能对岩石物理特性量化的地质模型的关键是为成图选取具有独特岩石物理品质的岩相或地层单元。对于非连通孔洞型储层（基质储层），需要描述和成图的最重要组构单元是：①用修正的 Dunham 分类的颗粒大小与分选性；②白云石晶体的大小（以 20μm 和 100μm 作为区域分界线）；③粒间孔隙度；④要充分关注分散孔洞型的粒内微孔隙；⑤分散孔洞孔隙度。

在连通孔洞型储层中，描述孔隙系统的特征是很困难的，这是因为孔隙系统与原始

沉积组构无对应关系，它们通常都属于成岩性质。但是，它们可能遵循沿层理优先发育的特征，就如蒸发岩、坍塌角砾岩和伴生的裂缝，常见的裂缝穿切地层。然而，首先要做的事情是识别连通孔洞孔隙系统的存在，因为它控制了储层的流动特征。

预测岩石物理特性的空间分布包括三个基本步骤：①研发一个可用于预测的模型（如本章所介绍），确定岩石组构与物理性质的对应关系；②根据岩心和测井数据描述岩石组构和岩石物理性质的一维分布；③应用地质作用和地层准则将这些信息外推到三维空间。下一章将阐述应用岩心和测井数据描述一维岩石组构和岩石的物理性质。

参 考 文 献

Alger R P, Luffel D L, Truman R B. 1989. New unified method of integrating core capillary pressure data with well logs. Society of Petroleum Engineers Formation Evaluation 4, 2：145-152

Archie G E. 1952. Classification of carbonate reservoir rocks and petrophysical considerations. AAPG Bulletin 36, 2：278-298

Asquith G B. 1986. Microporosity in the O′Hara oolite zone of the Mississippian Ste. Genevieve Limestone, Hopkins County, Kentucky, and its implications for formation evaluation. Carbonates and Evaporites 1, 1：7-12

Aufricht W R, Koepf E H. 1957. The interpretation of capillary pressure data from carbonate reservoirs. Transactions, AIME, v. 210, p. 402-405

Bebout D G, Lucia F J, Hocott C F, Fogg G E, Vander Stoep G W. 1987. Characterization of the Grayburg reservoir, University Lands Dune field, Crane County, Texas：The University of Texas at Austin, Bureau of Economic Geology Report of Investigations No. 168, 98p

Budd D A. 2002. The relative roles of compaction and early cementation in the destribution of permeability in carbonate grainstones：a case study of the Paleogene of west-central Florida, U.S.A. J of Sedimentary Research 72, 1：116-128

Choquette P W, Pray, L C. 1970. Geologic nomenclature and classification of porosity in sedimentary carbonates. AAPG Bulletin 54, 2：207-250

Choquette P W, Steiner, R P. 1985. Mississippian oolite and non-supratidal dolomite reservoirs in the Ste. Genevieve Formation, North Bridgeport Field, Illinois Basin. In Roehl PO, Choquette P W, (eds) Carbonate petroleum reservoirs. Springer-Vedag, p. 209-238

Cruz W M. 1997. Study of Albian carbonate analogs：Cedar Park Quarry, Texas, USA, and Santos Basin Reservoir, Southeast Offshore of Brazil. Unpubl phD thesis, The University of Texas at Austin, Austin, Texas

Dixon F R, Marek B F 1990. The effect of bimodal pore size distribution on electrical properties of some Middle Eastern limestones. Society of Petroleum Engineers Technical Conference, September 1990, SPE 20601

Dunham R J. 1962. Classification of carbonate rocks according to depositional texture. In

Ham W E (ed) Classifications of carbonate rocks-a symposium. AAPG Memoir 1: 108-121

Heseldin G M. 1974. A method of averaging capillary pressure curves. Society of Professional Well Log Analysts Annual Logging Symposium, June 2-5, paper E

Jennings J W, Lucia F J. 2003. Predicting permeability from well logs in carbonates with a link to geology for interwell permeability mapping. SPE Reservoir Evaluation & Engineering 6, 4: 215-225

Keith B D, Pitman E D. 1983. Bimodal porosity in oolitic reservoir- effect on productivity and log response, Rodessa Limestone (Lower Cretaceous), East Texas Basin. AAPG Bulletin 67, 9: 1391-1399

Kerans C. 1989. Karst-controlled reservoir heterogeneity in the Ellenburger Group carbonates of West Texas. AAPG Bulletin 72, 10: 1160-1183

Kerans C, Lucia F J, Senger R K. 1994. Integrated characterization of carbonate ramp Reservoirs using Permian San Andres Formation outcrop analogs. AAPG Bulletin 78, 2: 181-216

Kolodizie S. 1980. Analysis of pore throat size and use of the Waxman-Smits equation to determine OOIP in Spindle Field, Colorado. SPE paper 9382 presented at the 1980 SPE Annual Technical Conference and Exhibition, Dallas, Texas

Leverett M C. 1941. Capillary behavior in porous solids. Transactions, AIME, 142: 151-169

Lucia F J. 1962. Diagenesis of a crinoidal sediment. J of Sedimentary Petrol 32, 4: 848-865

Lucia F J. 1983. Petrophysical parameters estimated from visual description of carbonate rocks: a field classification of carbonate pore space. J Pet Technology March: 626-637

Lucia F J. 1993. Carbonate reservoir models: facies, diagenesis, and flow characterization, In Morton-Thompson D, Woods AM (eds) Development geology reference manual. AAPG Methods in Exploration 10, AAPG Tulsa, 269-274

Lucia F J. 1995. Rock fabric/petrophysical classification of carbonate pore space for reservoir characterization. AAPG Bulletin 79, 9: 1275-1300

Lucia F J, Conti R D. 1987. Rock fabric, permeability, and log relationships in an upward-shoaling, vuggy carbonate sequence. The University of Texas at Austin, Bureau of Economic Geology Geological Circular 87-5, 22p

Lucia F J, Kerans C, Senger R K. 1992a. Defining flow units in dolomitized carbonate-ramp reservoirs. Soc Petroleum Engineers Techn Conf. Washington, D. C., SPE 24702, pp 399-406

Lucia F J, Ruppel S C. 1996. Characterization of diagenetically altered carbonate reservoirs, South Cowden Grayburg reservoir, West Texas. Soc Petroleum Engineers Paper SPE 36650

Lucia F J, Kerans C, Vander Stoep G W. 1992b. Characterization of a karsted, high-energy, ramp-margin carbonate reservoir: Taylor-Link West San Andres Unit, Pecos County, Texas. The University of Texas at Austin, Bureau of Economic Geology, Report of Investigations No.208, 46pp

Lucia F J, Jennings J W, Meyer F O, Rahnis M. 2001. Permeability and rock fabrics from wireline logs, Arab-D reservoir, Ghawar Field, Saudi Arabia. GeoArabia 6, 4: 619-646

Major R P, Vander Stoep G W, Holtz M H. 1990. Delineation of unrecovered mobile oil in a mature dolomite reservoir: East Penwell San Andres Unit, University Lands, West Texas. The University of Texas at Austin, Bureau of Economic Geology, Report of Investigations No. 194, 52 pp

Moshier S O, Handford C R, Scott R W, Boutell R D. 1988. Giant gas accumulation in "chalky"-textured micritic limestones, Lower Cretaceous Shuaiba Formation, Eastern United Arab Emirates. In Lomando AJ, Harris PM (eds) Giant oil and gas fields. Society of Economic Paleontologists and Mineralogists (SEPM) Core Workshop No. 12, 1: 229-272

Murray R C. 1960. Origin of porosity in carbonate rocks. J of Sedimentary Petrol 30, 1: 59-84

Pittman E D. 1971. Microporosity in carbonate rocks: AAPG Bulletin 55, 10: 1873-1881

Pittman E D. 1992. Relationship of porosity and permeability to various parameters derived from mercury injection-capillary pressure curves for sandstone. AAPG Bulletin 72, 2: 191-198

Scholle P A. 1977. Chalk diagenesis and its relation to petroleum exploration: Oil from chalks, a modem miracle?. AAPG Bulletin 61, 7: 982-1009

Senger R K, Lucia FJ, Kerans C, Ferris MA. 1993. Dominant control of reservoir-flow behavior in carbonate reservoirs as determined from outcrop studies. In Linville B, Burchfield RE, Wesson TC (eds) Reservoir characteriza-tion III. Pennwell Books, Tulsa, Oklahoma, pp107-150

Wang F P, Lucia FJ, Kerans C. 1998. Integrated reservoir characterization study of a carbonate ramp reservoir: Seminole San Andres Unit, Gaines County, Texas. SPE Reservoir Evaluation & Engineering, 1, 3: 105-114

3 电缆测井

3.1 引言

岩石物理特性测定和岩石组构描述为岩石物理特性的定量地质描述提供了基础,但它们只是无空间信息的点数据,通过详细的岩心取样,可将这些测定值和描述在一维空间扩展。然而,通常只有少数井有岩心数据,而大部分井都有测井数据。因此,岩石组构数据和岩相描述必须对电测数据进行校正,从而扩大一维岩心数据的覆盖范围。

构建储层的岩石物理模型有两个基本要求。首先要构建一个三维地层格架,这将在后文进行讨论;第二个要求是要量化三维地层格架中的岩石物理性质,只有了解了岩石组构在这三维地层格架中的空间分布,才能实现构建储层模型。这一工作的第一步也是根据岩心样品进行岩石组构和沉积相的一维描述。根据第 2 章中的介绍,需要描述的基本组构参数包括:①岩石组构;②白云石晶粒的大小;③岩石物理类别;④粒间孔隙度;⑤分散孔洞孔隙度;⑥连通孔洞孔隙空间。

本章的目的在于阐述通过岩心—测井数据校正技术,从测井数据中获得岩石组构和组构数据的各种方法。然后应用第 2 章中确定的算法,根据这些数据计算垂向渗透率剖面和原始水饱和度。首先讨论岩心描述,然后介绍从测井数据获取岩石组构和岩相信息的方法。

3.2 岩心描述

量化地质模型的第一步是根据岩心进行岩石组构描述,采用第 2 章中介绍的 Lucia 分类方法,将岩石组构描述与测定的孔隙度、渗透率和毛细管压力曲线相匹配。最好的采样方法是每英尺岩心段钻取一块直径为 1in 的岩心栓,并从每个岩心栓的底部取一薄片用作详细的岩石组构描述。如果在分析中用全岩心样品,则只能从全岩心样品中得到薄片。假如分析中所用岩心样品是用其他方法获得的,由于碳酸盐岩储层内的孔隙度和渗透率即使在很小的范围内也具极高的变化性,所以,所作的岩石组构描述很难与岩心分析数据相匹配。

进行岩心的岩石物理特性量化描述时,应该记录的主要观测内容是岩性、白云石晶体大小、岩石组构、岩石物理类别、分散孔洞的数量和类型以及对连通孔洞的描述。补充信息包括颗粒类型和可见的粒间孔隙度。这种信息最好从薄片中获得,训练有素的观测者能很快地收集这些信息。图 3.1 说明了记录表中应包含的主要组构信息和所测定的孔隙度和渗透率。岩石组构数据通常以一维深度图表示,以便于与测井曲线进行对比。

Depth	LITHOLOGY							TEXTURE		VISIBLE PCRE SPACE			PET. CLASS	CALC Ippor	CORE ANALY.		NOTES
So. No.	Dolomite	Calc	Sulfate			Quartz	Acc	Rock Fabric	Grain Size	Ippor	Svugs	Tvuo		Cpor-Svug	Cpor	Cperm	
	%	size μ	%	Anhy Type	Gyp Type	%	Size	Description	μm	%	%	Type Type		%	%	md	

图 3.1 岩石组构—岩石物理特性描述表的格式

3.3 岩心分析

从岩心测量获取的岩石物理数据通常被视为精确的，并常用于测井数据的校正。但是，常规的岩心分析数据由于以下原因，也可能相当不准确：

（1）有些测定孔隙度的方法（如流体累计法）是极不精确的，只有用波义耳定律方法确定的孔隙度值才是定量的。

（2）斜切采样得到的岩心样品，所产生的孔隙度和渗透率是不准确的。

（3）与受控的实验室程序得到的数据相比，常规全岩心分析获取的渗透率的最低值偏高，而最高值偏低，这可能是由于样品密封处理做得不好以及测定时不够仔细所致。

（4）由于使用的围压不适当，所诱发的派生裂缝和缝合线构造通常会产生与现实不符的高渗透率值。

（5）由于没有完全清除掉孔隙空间中的油气或者其他流体，测定的孔隙度值可能偏低。

（6）假如对含有石膏和黏土矿物岩石的岩心进行高温处理，由于高温会改变这些矿物，所以所测定的孔隙度和渗透率值可能偏高。

3.4 岩心—测井数据校正

量化地质模型的第二步是对岩石组构数据和岩相描述与测井响应特征进行对比。岩心描述中取得的岩相和岩石组构的垂向序列必须对测井数据进行校正，以扩展这些一维数据的应用范围。所用的测井数据包括伽马测井、中子测井、密度、光电（PEF）、声波、电阻率以及地层成像测井，也可能应用核磁共振测井（NMR）。下文将介绍这些测井数据以及利用它们识别和确定岩石组构、岩相、岩石物理类别、岩石组构数、粒间孔隙度、分散孔洞孔隙度以及连通孔洞。

然而，测井数据是岩石物理性质的响应，它们本身并不是地质属性（见详细的测井解释，Dewan，1983）。用测井数据并不能直接区分颗粒灰岩还是粒泥灰岩，或者是鲕粒还是纺锤䗴，但是可以区分出自然伽马射线放射性的强弱程度，再根据这种强弱程度区分是颗粒灰岩还是粒泥灰岩。除 NMR 外，测井数据并不能测定颗粒大小的差异，但电阻率测井能测出岩石的电阻率，而电阻率值与饱和度有关，据此进而确定孔隙大小和岩石组构。测井数据能区分密度差异，而密度差异是所测岩石的岩性引起的。应用测井响应与储层地质特征之间的这种经验相关性，可将岩心描述和岩石物理测定值扩展到整个油田。

3.4.1 岩心—测井校正程序

岩心—测井校正的关键步骤是移动岩心的深度，使之与相应电测数据的深度相符。通常存在多种岩心深度，包括：①井场记录的岩心深度，只有当岩心采收不完整或漏失岩心的具体深度不知时才用这种深度；②岩心分析深度，无论是标记在岩心上还是在岩心上未标明，这种深度基本上与井场的岩心深度是一致的；③写在岩心箱上的岩心段的深度，最好状况下的误差是 ±1ft，如果岩心箱已经丢弃，并且岩心的次序已搞乱，则这一深度值更不可信；④标记在岩心或薄片的深度，而不是原始的深度标记，这类深度数据可能随时间增长而增加，标注的深度可能出现很大的误差，误差的出现与岩心管理的好坏程度有关。

使岩心深度与测井曲线深度一致的主要方法是将岩心孔隙度（或伽马值）与测井孔隙度（或伽马曲线）进行比较。最常用的途径是将泥岩段对应于相应的伽马测井曲线，但是，连接测井曲线深度与岩心深度间的主要纽带是岩心分析报告中的深度。然而，由于上文中所列出的种种原因，岩心深度常常与岩心分析报告深度不吻合，因此，如有可能，就必须用岩心分析样品号来确定岩心的深度。如果不能找到样品号的具体位置，就只能用标记在岩心或岩心箱的深度，这种状况下，岩心深度与相应段的测井曲线深度之间只是近似的对应关系。

岩心深度精确地与测井曲线深度进行匹配是一件很繁琐但却很重要的工作。用测井曲线深度对岩心深度进行较正时，精度要达到 1ft，这是由于岩心描述的基本单位是 1ft。但是，这一精度是难以达到的，因此，为了能更好地进行校正，必须对岩心描述段的测井曲线做一些人工移动。岩心深度被转换为测井曲线的深度后，岩石组构数据和沉积相序列的垂向剖面就可以与各种测井响应进行比较，并对研发的校正算法进行比较。下一步，将检查各测井数据（曲线），识别岩石组构、岩相、岩石物理类别、岩石组构数、粒间孔隙度、分散孔洞孔隙度以及连通型孔洞。

3.4.2 自然伽马测井

自然伽马测井测定岩石中铀、钾和钍的自然放射性。在碳酸盐岩中，钾和钍两种元素集中分布于不溶沉淀物组成的矿物中，如岩石碎屑和黏土。而铀通常集中在白云岩中，

Depth	LITHOLOGY							TEXTURE		VISIBLE PCRE SPACE			PET. CLASS	CALC lppor		CORE ANALY.		NOTES
So. No.	Dolomite	Calc	Sulfate			Quartz	Acc	Rock Fabric	Grain Size	lppor	Svugs	Tvuo		Cpor-Svug		Cpor	Cperm	
	%	size μ	%	Anhy Type	Gyp Type	%	Size	Description	μm	%	% Type	% Type		%		%	md	

图 3.1 岩石组构—岩石物理特性描述表的格式

3.3 岩心分析

从岩心测量获取的岩石物理数据通常被视为精确的，并常用于测井数据的校正。但是，常规的岩心分析数据由于以下原因，也可能相当不准确：

（1）有些测定孔隙度的方法（如流体累计法）是极不精确的，只有用波义耳定律方法确定的孔隙度值才是定量的。

（2）斜切采样得到的岩心样品，所产生的孔隙度和渗透率是不准确的。

（3）与受控的实验室程序得到的数据相比，常规全岩心分析获取的渗透率的最低值偏高，而最高值偏低，这可能是由于样品密封处理做得不好以及测定时不够仔细所致。

（4）由于使用的围压不适当，所诱发的派生裂缝和缝合线构造通常会产生与现实不符的高渗透率值。

（5）由于没有完全清除掉孔隙空间中的油气或者其他流体，测定的孔隙度值可能偏低。

（6）假如对含有石膏和黏土矿物岩石的岩心进行高温处理，由于高温会改变这些矿物，所以所测定的孔隙度和渗透率值可能偏高。

3.4 岩心—测井数据校正

量化地质模型的第二步是对岩石组构数据和岩相描述与测井响应特征进行对比。岩心描述中取得的岩相和岩石组构的垂向序列必须对测井数据进行校正，以扩展这些一维数据的应用范围。所用的测井数据包括伽马测井、中子测井、密度、光电（PEF）、声波、电阻率以及地层成像测井，也可能应用核磁共振测井（NMR）。下文将介绍这些测井数据以及利用它们识别和确定岩石组构、岩相、岩石物理类别、岩石组构数、粒间孔隙度、分散孔洞孔隙度以及连通孔洞。

然而，测井数据是岩石物理性质的响应，它们本身并不是地质属性（见详细的测井解释，Dewan，1983）。用测井数据并不能直接区分颗粒灰岩还是粒泥灰岩，或者是鲕粒还是纺锤䗴，但是可以区分出自然伽马射线放射性的强弱程度，再根据这种强弱程度区分是颗粒灰岩还是粒泥灰岩。除 NMR 外，测井数据并不能测定颗粒大小的差异，但电阻率测井能测出岩石的电阻率，而电阻率值与饱和度有关，据此进而确定孔隙大小和岩石组构。测井数据能区分密度差异，而密度差异是所测岩石的岩性引起的。应用测井响应与储层地质特征之间的这种经验相关性，可将岩心描述和岩石物理测定值扩展到整个油田。

3.4.1 岩心—测井校正程序

岩心—测井校正的关键步骤是移动岩心的深度，使之与相应电测数据的深度相符。通常存在多种岩心深度，包括：①井场记录的岩心深度，只有当岩心采收不完整或漏失岩心的具体深度不知时才用这种深度；②岩心分析深度，无论是标记在岩心上还是在岩心上未标明，这种深度基本上与井场的岩心深度是一致的；③写在岩心箱上的岩心段的深度，最好状况下的误差是 ±1ft，如果岩心箱已经丢弃，并且岩心的次序已搞乱，则这一深度值更不可信；④标记在岩心或薄片的深度，而不是原始的深度标记，这类深度数据可能随时间增长而增加，标注的深度可能出现很大的误差，误差的出现与岩心管理的好坏程度有关。

使岩心深度与测井曲线深度一致的主要方法是将岩心孔隙度（或伽马值）与测井孔隙度（或伽马曲线）进行比较。最常用的途径是将泥岩段对应于相应的伽马测井曲线，但是，连接测井曲线深度与岩心深度间的主要纽带是岩心分析报告中的深度。然而，由于上文中所列出的种种原因，岩心深度常常与岩心分析报告深度不吻合，因此，如有可能，就必须用岩心分析样品号来确定岩心的深度。如果不能找到样品号的具体位置，就只能用标记在岩心或岩心箱的深度，这种状况下，岩心深度与相应段的测井曲线深度之间只是近似的对应关系。

岩心深度精确地与测井曲线深度进行匹配是一件很繁琐但却很重要的工作。用测井曲线深度对岩心深度进行较正时，精度要达到 1ft，这是由于岩心描述的基本单位是 1ft。但是，这一精度是难以达到的，因此，为了能更好地进行校正，必须对岩心描述段的测井曲线做一些人工移动。岩心深度被转换为测井曲线的深度后，岩石组构数据和沉积相序列的垂向剖面就可以与各种测井响应进行比较，并对研发的校正算法进行比较。下一步，将检查各测井数据（曲线），识别岩石组构、岩相、岩石物理类别、岩石组构数、粒间孔隙度、分散孔洞孔隙度以及连通型孔洞。

3.4.2 自然伽马测井

自然伽马测井测定岩石中铀、钾和钍的自然放射性。在碳酸盐岩中，钾和钍两种元素集中分布于不溶沉淀物组成的矿物中，如岩石碎屑和黏土。而铀通常集中在白云岩中，且大多数是在成岩时形成的，与沉积岩相或者岩石组构没有成因关系。铀是成岩时增加进去的，所以，在用自然伽马测井数据有效识别岩石组构之前，应该从自然伽马信号中除去铀的辐射能成分。伽马能谱仪可以分辨辐射源铀、钍和钾，这就为区分成岩成因的铀与沉积成因的钍和钾提供了有效的手段（图3.2）。自然伽马能谱测井通常显示为两种测井曲线：一是自然伽马能谱测井（SGR），它组合了所有的辐射源；二是计算的伽马能谱测井（CGR），它组合了钍和钾两种辐射源。计算的伽马能谱测井（CGR）应用于岩石组构识别和沉积层的横向对比。其他具有钾和钍高伽马辐射能的岩性是页岩层、石英粉砂岩层以及有机质含量高的地层。与长石砂岩一样，与石盐（NaCl）共生的钾盐（KCl）有源自钾的高伽马辐射能。

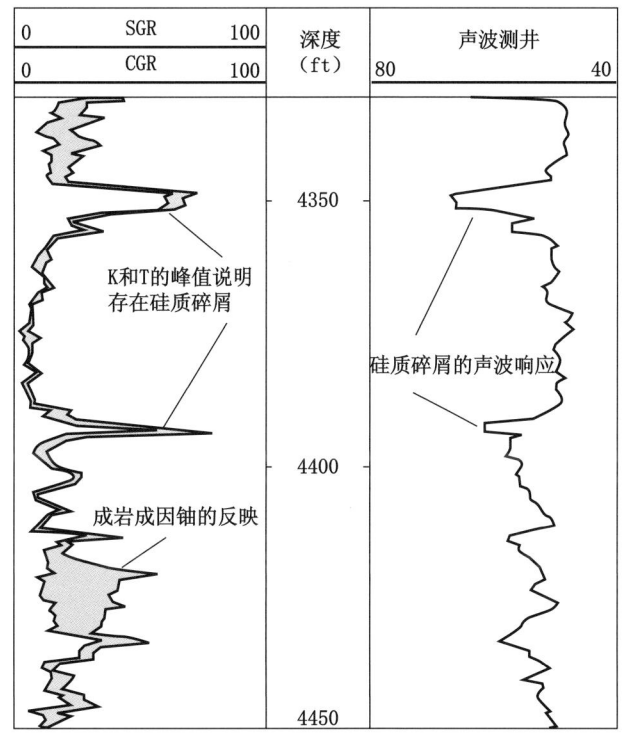

图3.2　伽马射线能谱测井曲线

其峰值的成因是：①成岩作用中加入的高铀含量；②与沉积环境能量有关的
非溶解性富钾和富钍残留矿物的富集

注意：声波测井曲线与硅质碎屑分布间的对应关系，这种岩性响应常被错误地解释为高孔隙度

在老井中进行自然伽马测井时必须注意。在套管生产井中重复进行自然伽马测井时，随着时间的推移，射孔层段的伽马能响应逐渐增大。这可能是由于产出水流过射孔段时，含放射性元素的物质沿井眼沉淀所致。

大多数碳酸盐岩岩相与水流的能量有关，因此，与钾和钍的辐射能也有关，这是因为不溶性残留物的数量与水流能量呈反比关系。颗粒灰岩和颗粒为主的泥粒灰岩是高能沉积环境的产物，因此，具较低的伽马能强度；灰泥为主的泥粒灰岩、粒泥灰岩以及灰泥岩是低能沉积环境的产物，因此，具较强的伽马能强度（图3.3）。在许多状况下，由于组构中的钾和钍的响应太低，因此，无法根据伽马能值的强弱区分这些组构（图3.3）。

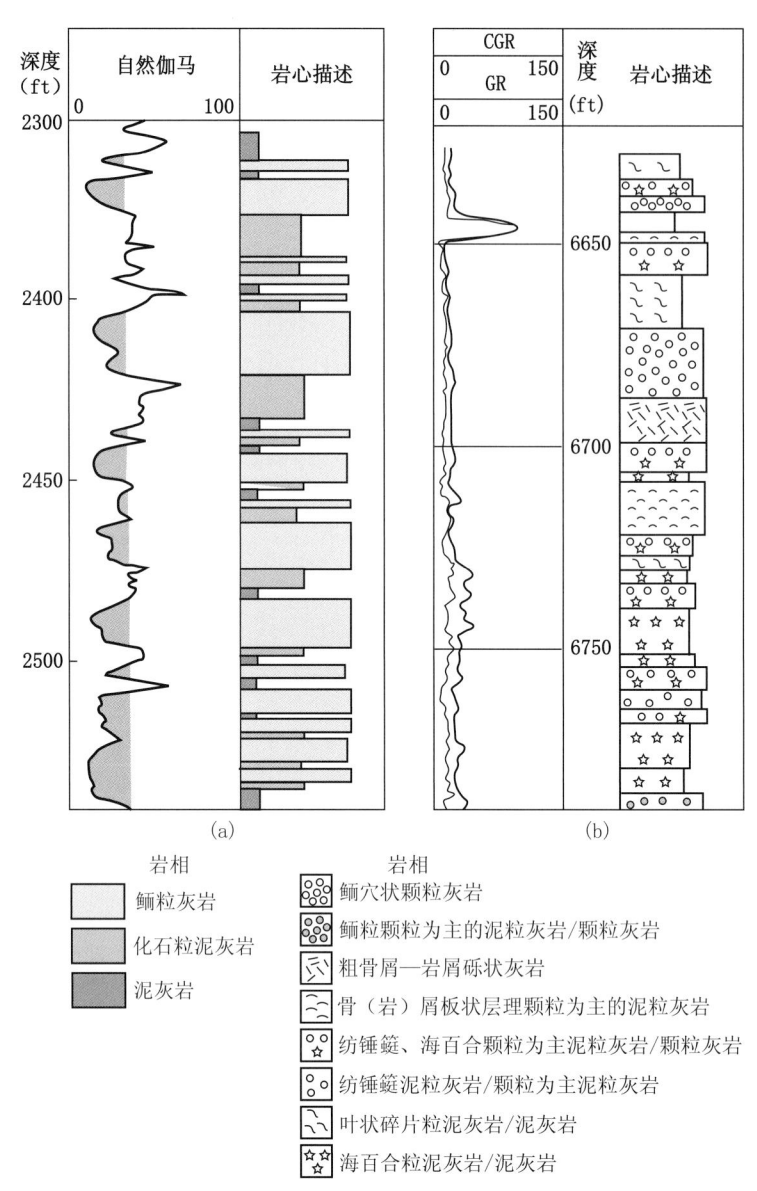

图 3.3 源自岩心描述的岩石组构与自然伽马测井曲线的对比图
(a) 区分灰泥为主岩相与颗粒为主岩相的符合率为 80%；(b) 由于伽马能量低，岩石组构的岩相之间对应关系不稳定

存在一定量铀的情况下，使钾和钍的伽马值出现假象，在这种情况下，用自然伽马测井很难区分这些岩石的组构或者岩相。

用自然伽马测井曲线最多可以区分颗粒为主组构碳酸盐岩（1 类和 2 类）、灰泥为主组构碳酸盐岩（3 类）以及灰泥质（粉砂质）碳酸盐岩（3 类）。但是它无法识别沉积相，这是由于沉积相通常是由颗粒类型和组构共同确定的。测井曲线不能识别颗粒类型，颗粒类型只能根据地质认识进行推测。

3.4.3 井眼环境

电测井测量值是岩石性质和孔隙空间中流体特性的响应。井眼周围的岩石孔隙空间内流体的性质与侵入地层的钻井液滤液的类型和数量有关。在钻井过程中，钻井液在钻管中往下泵入，在钻管和地层之间的环空中上浮。在渗透率足够高的地层中，水会从钻井液中滤出，并渗滤到地层中，并使泥饼留在井眼壁。出现这种现象是由于钻井液柱的压力大于地层压力。侵入带由冲洗带和过渡带组成，同时，由于扩散作用，过渡带的范围会随时间变化。在含水地层中，钻井液滤液将完全冲洗井筒附近的地层水，在冲洗带与未受影响的地层之间存在一过渡带（图3.4（a））。在含有原生水和油（或气）的含油气地层，原生水被冲刷，残留油气在冲洗带毛细管力的作用下被捕集，因此，在冲洗带和未受干扰的储层之间存在一个过渡带（图3.4（b）），该带中的油饱和度增大，而水饱和度减小。

解释电测资料时必须考虑侵入带的饱和度剖面。对于中子、密度和声波测井资料，油与水的差别并不大，因此，在计算中常被忽略。但是，侵入带中残留气的存在对这些测井资料有很大影响，后文将对此作深入讨论。侵入带内水的饱和度和电阻率对电阻率

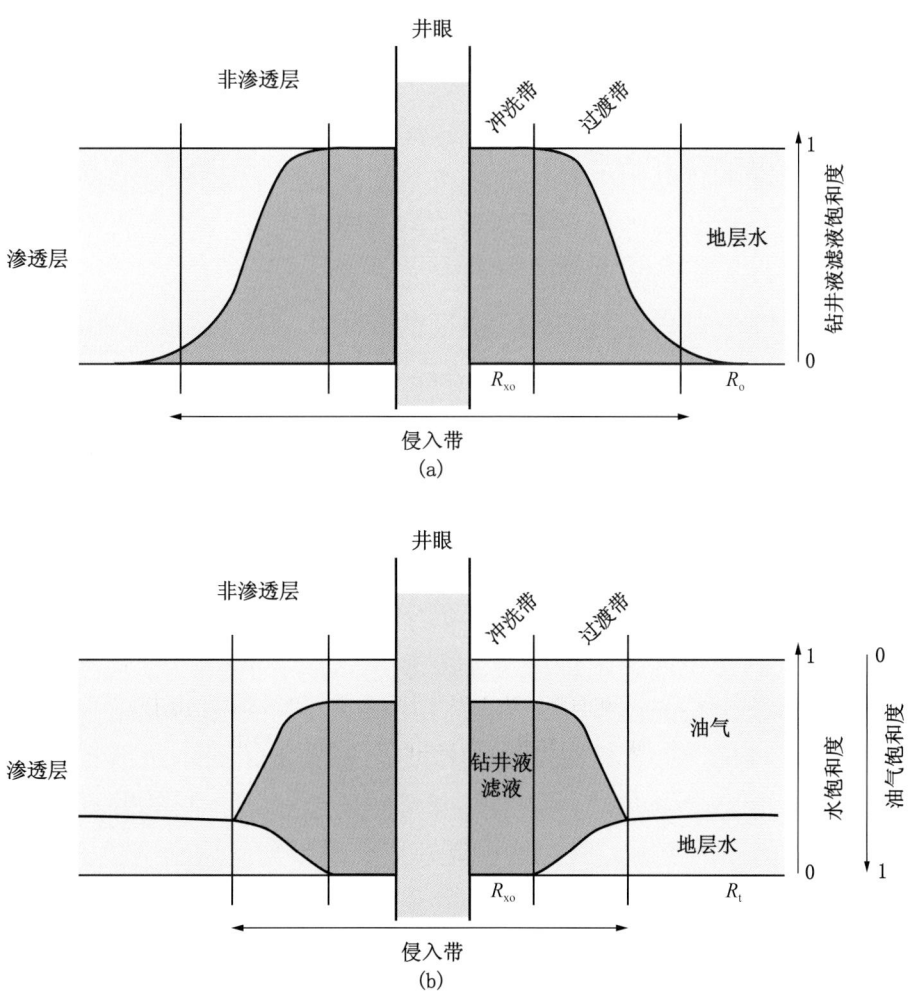

图3.4　侵入带中的流体成分

(a) 在渗透性含水层，钻井液滤液完全渗入井眼周围的地层水，在侵入带与未受影响的地层之间形成一过渡带；(b) 在含油（气）和水的地层中，侵入带中含钻井液滤液和由毛细管力束缚的残留油气，而未受影响的正常储层中含油气和地层水，过渡带中含有油气、钻井液滤液和地层水

测井和电导率测井曲线有重大影响。因此，解释电阻率测井时必须充分考虑这些因素。

3.4.4　中子—密度交会孔隙度

孔隙度是进行体积计算和岩石组构特征描述所需要的基础数值。通常根据中子和密度测井计算孔隙度。计算孔隙度的经验公式有多种，但一般形式如下：

$$\phi_{ND} = \frac{\phi_N + \phi_D}{2}$$

式中，ϕ_N 是经过岩性校正的中子孔隙度，ϕ_D 是经过岩性校正的密度孔隙度。

声波测井数据也可以用于孔隙度计算，但必须考虑孔洞孔隙度和岩性的影响。

中子和密度测井有它们自身独特的不精确性，如有可能，应该用岩心孔隙度值对它们进行校正。然而，如前文所述，在核实实验程序、检查样品的一致性和孔隙类型以及完全清除样品中的油气，并确认岩心孔隙度的精度之后，这个岩心孔隙度值才能用于对测井数据的校正。

经过岩心描述校正的孔隙度可以用于确定组构是颗粒为主还是灰泥为主。由于泥质沉积物受压实作用的影响比颗粒沉积物更为强烈，所以，灰泥为主的灰岩组构的孔隙度小于颗粒为主石灰岩组构的孔隙度。如果白云石化发生较早，且母岩中的原始组构可以辨认，则白云岩中也会出现相似的状况。

很多方法都可以完成对岩石组构和孔隙度的校正。对于特定岩石组构，可用直方图和平均孔隙度展示其明显的统计差异（图3.5）。孔隙度和岩石组构的深度剖面可以用于有意义的地质趋势的对比和调查（图3.6）。古生界储层中，白云岩的孔隙性优于石灰岩，白云石化可以选择性地取代灰泥为主的组构（Lucia，1962）。一般情况下，用孔隙度测井曲线只能识别两大类沉积岩相：颗粒灰岩、颗粒为主的泥粒灰岩；灰泥为主泥粒灰岩、粒泥灰岩和灰泥岩。孔隙度测井曲线无法识别基于异化粒的岩相。

中子测井是通过测定捕获中子源发射出的中子数，来测定地层中氢离子的浓度。常用的方法有补偿中子测井和双源距补偿中子测井，它们一般都与密度测井联合进行。中子测井是一种基于井眼中心的技术，它要求对井眼大小作精确的校正，这些校正量通常自动进入测井的最终结果。由于这是基于井眼中心的技术，而不是滑板仪器，它会导致孔隙度值不精确。井壁中子测井是一种紧贴井壁的滑板仪器，它的井孔校正量较小，且精度较高。这种方法已不再使用，但在使用老井资料时，常常遇到这类资料。

由于调查的井壁深度仅数英寸，中子测井是井眼侵入带中流体的响应。侵入带中存在水和残留油（气），它们都含有氢离子。水和油的氢指数是相似的，通常设定为1。由于天然气的密度很低，所以它的氢浓度极低。因此，如有天然气存在，在孔隙度相同的情况下，氢浓度的读数低于只存在油和水时的读数。如果不考虑天然气的饱和度，会出现错误的低孔隙度值。这种现象称为气效应，通常将它与密度测井联合使用，用于检测天然气。

氢离子也以束缚水的形式存在于一些矿物中。由于中子测井无法区分游离水和

3 电缆测井

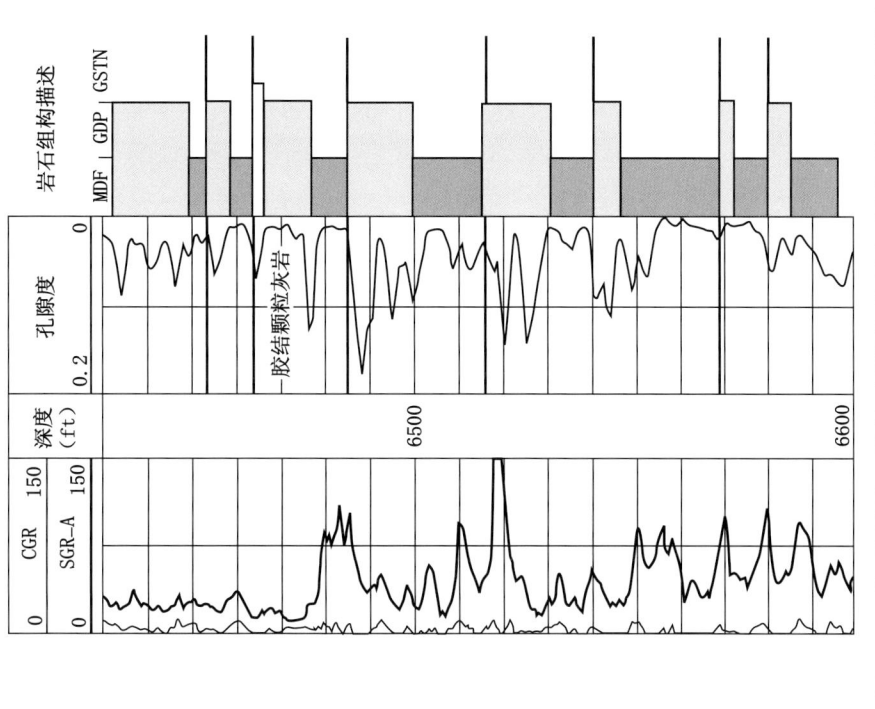

图 3.6 伽马射线/孔隙度测井曲线与源自薄片描述的白云岩岩石组构间的对比

颗粒为主白云岩的孔隙度高于灰泥为主白云岩。注意：能谱测井（SGR-A）和它们低的 CGR 测井响应说明存在任大量成岩作用的铀

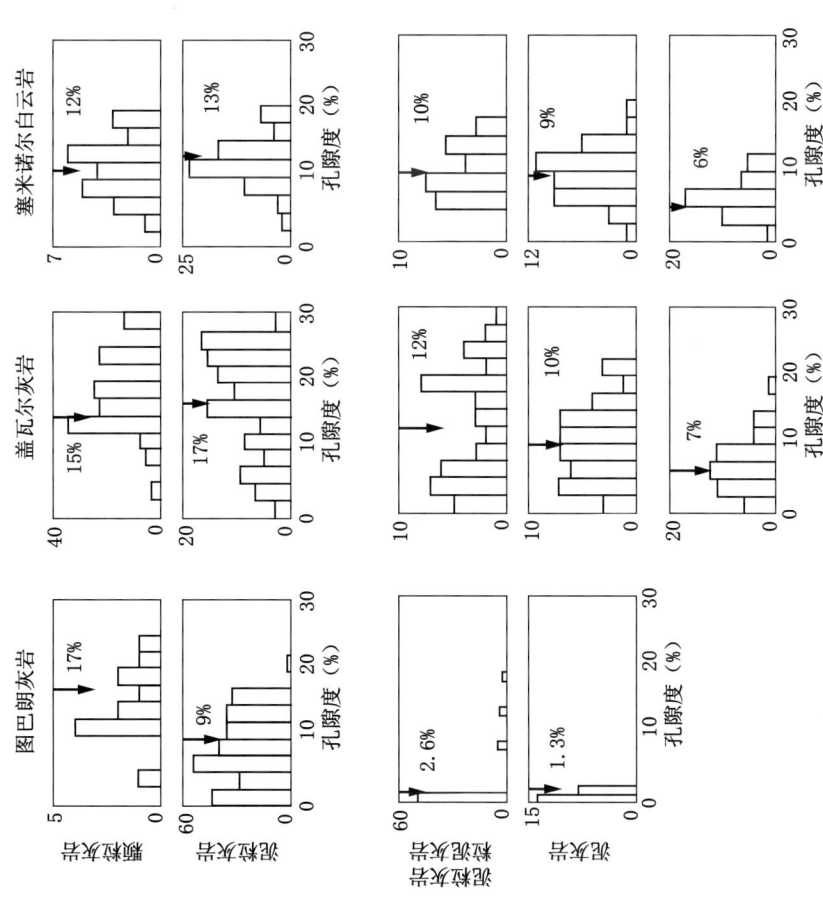

图 3.5 一系列孔隙度直方图

展示了基本岩石组构之间的差别，在石灰岩和早期白云岩中，平均孔隙度都随着泥质成分的增多而降低

束缚水，使得束缚水在中子测井数据中表现为孔隙度。含束缚水的矿物通常有石膏（$CaSO_4 \cdot 2H_2O$）和黏土（$Al_2SO_5(OH)_4$）。有机质也含有氢离子。这些物质的存在会使测定的岩石孔隙度出现错误的高值。碳酸盐岩储层中所含的黏土和有机质的数量不足以对中子测井产生严重的影响，石膏的存在会使中子测井的解释出现严重问题。

下列经验公式（Pirson，1983）说明碳酸盐岩中的常见矿物是如何影响中子孔隙度值的（假设孔隙中不含气）。

$$\phi_n = 0.02V_d + 0.00V_c + 0.00V_a + 0.49V_g - 0.04V_q$$

式中，V_d，V_c，V_a，V_g 和 V_q 分别是地层中白云石、方解石、硬石膏、石膏和石英的总体积。该公式说明，石膏矿物（$CaSO_4 \cdot 2H_2O$）在中子测井中将显示49%的孔隙度。石膏的影响所造成的过高孔隙度值，会使人错误地解释为孔洞孔隙（与声波测井比较时）（图3.7）。因此，如有石膏存在，则中子测井不能作为测定岩石孔隙度的方法。

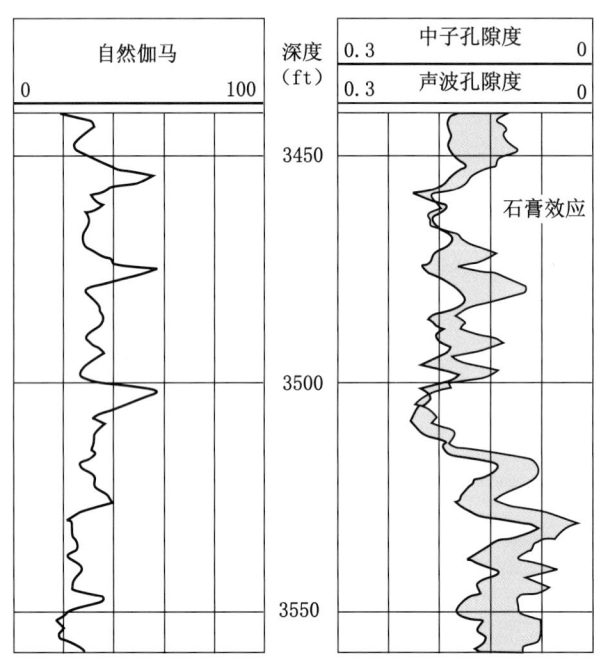

图3.7 补偿中子孔隙度、声波孔隙度测井曲线与深度叠置图
说明石膏中的束缚水对补偿中子（CNL）孔隙度（阴影区）的影响

地层密度测井发射中等能量伽马射线，当它们与地层中的电子碰撞时会失去部分能量。碰撞次数与地层的体积密度有关，而地层的体积密度与碳酸盐岩储层的孔隙度和常见矿物的关系可以用下式表达。测井工具是滑动仪器，它不需要做井眼校正，但能提供比补偿中子测井更准确的孔隙度值。如果岩性已知，则这种测井方法给出的孔隙度最准确。

体积密度（ρ_{bulk}）$= \rho_f \phi + 2.71V_c + 2.84V_d + 2.98V_a + 2.35V_g + 2.65V_q$ （Pirson，1983）

或者 $\rho_{bulk} = \rho_{ma}(1-\phi) + \phi \rho_f$

和 $\phi = \dfrac{\rho_{ma} - \rho_{bulk}}{\rho_{ma} - \rho_f}$

式中，ϕ 是孔隙度，ρ_f 是孔隙流体密度，ρ_{bulk} 是岩石体积密度，ρ_{ma} 是岩石基质密度，V_d，V_c，V_a，V_g 和 V_q，分别是地层中白云石、方解石、硬石膏、石膏以及石英的体积。

假如基质密度和地层中的流体密度是已知的，则根据密度测井可以计算出岩石的孔隙度。假设石灰岩颗粒相对密度2.71，流体相对密度1.1，则密度测井常可用于计算孔隙度。所用的数值记录在测井剖面的表头。如果地层中除方解石外，还含有白云石、硬石膏等其他矿物时，必须以颗粒密度（2.71g/cm³）、流体密度（1.1g/cm³），根据密度孔隙度计算总体积，再用存在矿物的基质密度计算准确的孔隙度。

由于调查的半径较小，影响密度测井方法的地层流体是井眼侵入带中的流体。由于油（气）的密度低于水的密度，它们的存在会导致较低的体积密度值，如果再假设流体密度为1.1 g/cm³，则会出现偏高的错误孔隙度值。如果侵入带中存在残留气，它可以对密度测井产生极大的影响，这常称为气效应，它与中子测井相结合，可以用于检测天然气。

3.4.5 岩性

密度测井与从中子测井中得到的孔隙度值相结合，是确定岩性的基本方法。单独用密度测井数据可以识别出碳酸盐岩中的硬石膏和石盐，这是由于硬石膏和石盐独特的密度（分别为2.97g/cm³ 和2.0g/cm³）以及它们的致密性（图3.8 (a)）。密度测井和中子测井相结合，常可以用于识别碳酸盐岩地层中的石灰岩和白云岩。在给定的准确测井值范围内，石灰岩的密度测井曲线与中子测井曲线是重叠的，而白云岩的这两种曲线则是分离的（图3.8 (b)）。

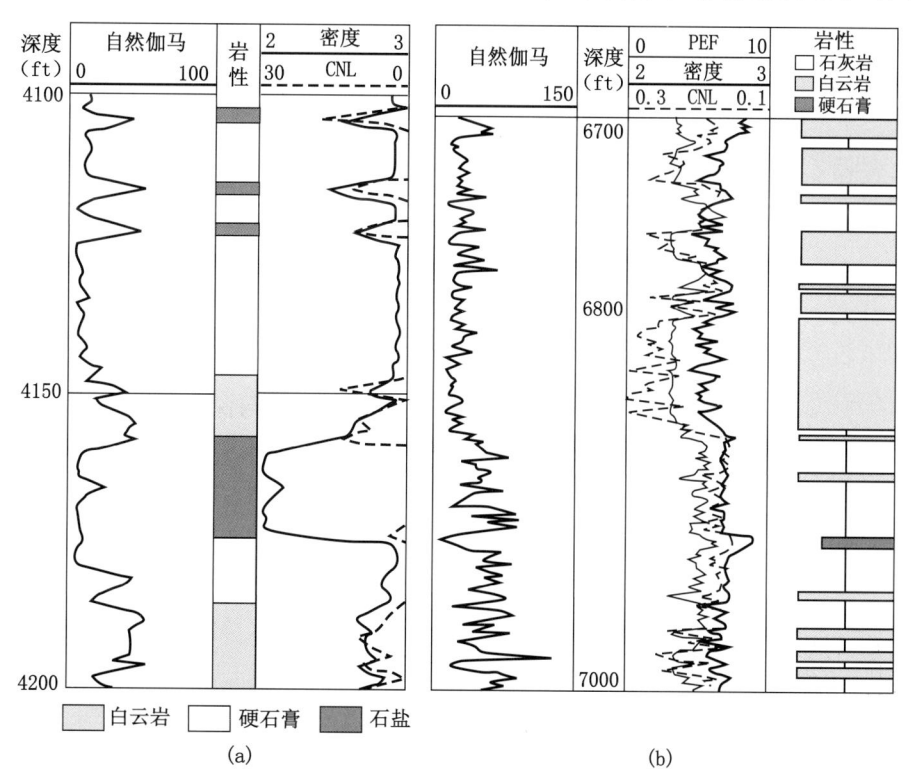

图3.8 根据测井曲线解释岩性
(a) 深度、密度和中子孔隙度测井组合图，展示了所识别出的石盐、硬石膏和白云岩层；
(b) 用 PEF 曲线、中子和密度孔隙度曲线叠置识别出的石灰岩、白云岩和硬石膏层

光电测井（PEF）也是确定岩性的一种基本测井方法。这种方法主要适用于低能伽马射线，而伽马射线的能量损失是由岩性直接引起的。对于常见的碳酸盐矿物，光电测井系数可以从斯伦贝谢测井解释手册（1989）中查到，现列于表3.1。

表 3.1　五种常见矿物的光电系数

方解石	白云石	硬石膏	石膏	石英
5.08	3.14	5.05	3.99	1.81

在不存在大量硬石膏和石英矿物的情况下，常用光电测井（PEF）区分方解石和白云石（图3.8b）。光电测井、中子测井和密度测井相综合，可以有效地识别碳酸盐岩储层中最常见的矿物——方解石、白云石和硬石膏。然而，所有的矿物识别必须用当地的岩石信息进行修正，以确保矿物的识别精度。

在储层模拟中，区分石灰岩和白云岩是非常重要的。石灰岩的岩石组构通常与岩石物理类别有关系，而白云岩的岩石组构类别受白云石晶粒大小的影响强烈。此外，白云岩储层的产能特征与石灰岩储层的产能特征也存在很大的差别。

3.4.6　声波测井

声波测井记录的是纵波通过2ft地层段的传播时间。传播时间用层段的传播时间表示，单位为μs/ft或者μs/cm，它是声波速度的倒数（距离/时间）。速度是岩石刚性的函数，而岩石刚性又是许多变量的函数，这些变量包括岩性、孔隙度和孔隙类型。储层表征最关心的是速度与孔隙类型之间的关系，这是因为这种关系是估算粒间孔隙度的基础，需要将它输入整体渗透率转换式。途径是：用声波—孔隙度交会图估算分散孔洞孔隙度；再用从中子和密度测井数据中求得的总孔隙度减去分散孔洞孔隙度，便得到了粒间孔隙度。

怀利平均时间经验公式描述了声波测井传播时间（Δt）、孔隙度（ϕ）、基质传播时间（Δt_{ma}）以及流体传播时间（Δt_f）之间的关系（Pirson，1981）。

$$\Delta t = \Delta t_f \phi_{ip} + (1-\phi_{ip})\Delta t_{ma}$$

和

$$\phi_{ip} = \frac{\Delta t - \Delta t_{ma}}{\Delta t_f - \Delta t_{ma}}$$

或者

$$\Delta t = \Delta t_f(\phi_{ip}) + (1-\phi_{ip})(44V_d + 49V_c + 50V_a + 52V_g + 56V_q)$$

式中，Δt是流体的传播时间，常为189μs/ft；ϕ是粒间孔隙度（小数）；V_d，V_c，V_a，V_g和V_q分别是地层中白云石、方解石、硬石膏、石膏和石英的体积。

表3.2中列出了碳酸盐岩储层中常见矿物的传播时间。

怀利平均时间方程式适用于非孔洞型碳酸盐岩，当孔洞孔隙度大于几个百分点时或存在大的连通孔洞时，该表达式就不太适用。这一公式表明，岩性对传播时间有很大影响，该公式与中子测井、密度测井、光电测井联合使用，且在不存在孔洞孔隙度的条件下，可以确定岩石的岩性。由于石英与碳酸盐岩矿物（白云石和方解石）之间存在很大的速度差，所以很容易将碳酸盐岩地层中的硅质岩层识别出来（图 3.9）。应该注意，不要将碳酸盐岩—碎屑岩混合储层中的高传播时间误认为高孔隙度。

表 3.2　碳酸盐岩储层中常见矿物的传播时间（μs/ft）

方解石	白云石	硬石膏	石膏	石英
48.5	44	50	52	56

白云岩储层中通常含有少量硬石膏形式的硫酸盐。然而，由于白云石与硬石膏之间的速度差异不大，所以，少量硫酸盐的存在对传播时间影响极小。在浅埋藏储层中，硬石膏经常转变为水合石膏的形式。前文已经讨论过，石膏中的氢离子会使中子测井和密度测井方法不能用于孔隙度计算。然而，硬石膏与石膏之间速度差异小，根据声波测井计算岩石孔隙度时，可以忽略这一差异。因此，假如分散孔洞孔隙数量较小时，即使储层中存在石膏，也可以用声波测井数据计算储层的孔隙度（Bebout 等，1987）。

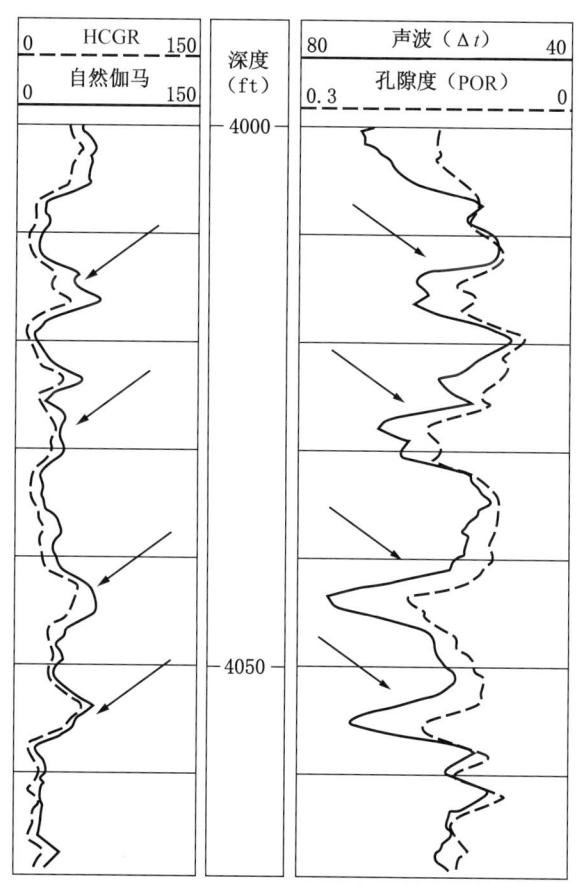

图 3.9　基于石英的传播时间高于碳酸盐岩，用孔隙度测井曲线和声波测井曲线叠合的方法识别粉砂质/砂质碳酸盐岩

由于 CGR 与伽马射线能谱曲线对比性好，说明地层中几乎不含铀。伽马射线曲线是测定硅质碎屑输入量的最好指示

声波速度是孔隙类型的函数。当孔隙度大部分为分散孔洞孔隙时，岩石的声波速度高于相应粒间孔隙度岩石的声波速度（即传播时间值较低），怀利平均时间孔隙度方程就不能应用了。印模孔隙度对声波速度的影响可以用不同方法测得的孔隙度之间的差别来表示，即声波测井计算的孔隙度与中子测井、密度测井计算的孔隙度之间的差。这个差值经常表示为"次生"孔隙度，而中子和密度孔隙度则表示"原生"孔隙度。这些术语几乎没有地质意义，本书中不予采用。已经研发了多个经验公式，用中子孔隙度与声波孔隙度间的线性关系（Nugent，1978）量化次生孔隙度。但是，用岩心孔隙类型描述对声波响应的校正并不支持这种线性关系。

根据薄片描述的孔隙类型制作详细的测井曲线，构建总孔隙度、传播时间以及分散孔洞孔隙度的 Z 值图，完成孔隙类型对声波测井响应的校正（图 3.10）。总孔隙度和传播时间是从测井数据中得到的，分散孔洞孔隙度是从岩心薄片得到的。在假设孔洞孔隙度为常数的前提下，传播时间与孔隙度图的斜率和怀利平均时间图中的斜率相同。可以构建各常数分散孔洞孔隙度的直线，这些直线与怀利曲线平行，其延长线与传播时间轴相交于零孔隙度。交点处的值通常是基质中的传播时间（Δt_{ma}），但本书中将其视为假基质传播时间（假基质 Δt）。图 3.10 展示了具鲕模孔鲕粒灰岩样品的声波传播时间、总孔隙度以及分散孔洞孔隙度的关系（Lucia 和 Conti，1987），图 3.11 是硬石膏白云岩样品中上述三种特性的关系图（Lucia 等，1995）。

图 3.12 是假基质 Δt 与分散孔洞孔隙度对数关系图。假基质 Δt 可以用 Δt 和孔隙度表达，得到总孔隙度、传播时间以及分散孔洞孔隙度的关系式。

$\Delta t = (\Delta t_f - \Delta t_{ma})\phi + \Delta t_{ma}$ 和

$\Delta t_f = 189 \mu s/ft$

$\Delta t_{ma} = 48 \mu s/ft$（石灰岩）

$\Delta t_{ma} = 44 \mu s/ft$（白云岩）

在非孔洞型石灰岩中

$\Delta t_{ma} = \Delta t - (189-48)\phi$，或者 $\Delta t - 141\phi$；

在分散孔洞石灰岩中

假基质 $\Delta t = \Delta t - 141\phi$；

在非孔洞型白云岩中

$\Delta t_{ma} = \Delta t - (189-44)\phi$，或者 $\Delta t - 145\phi$；

在分散孔洞型白云岩中

假基质 $\Delta t = \Delta t - 145\phi$

最终经验公式的一般形式如下（Wang 和 Lucia，1993）：

$$\lg(\phi_{sv}) = a - b[\Delta t - (假基质\Delta t)]$$

或者

$$\lg(\phi_{sv}) = a - b[\Delta t - (\Delta t_f - \Delta t_{ma})\phi]$$

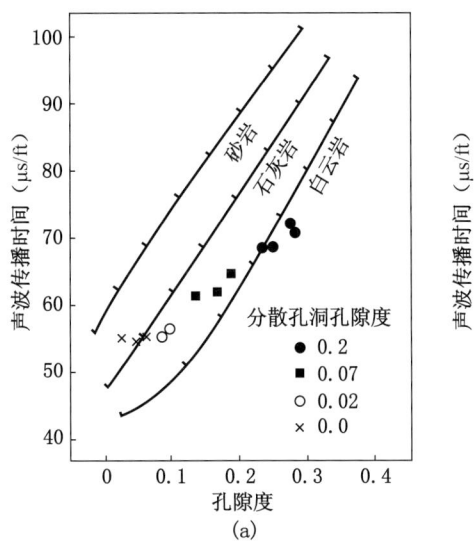 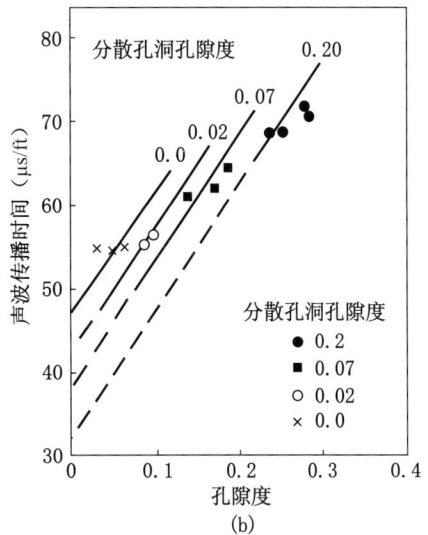

图 3.10　具鲕模孔鲕粒灰岩的声波传播时间、总孔隙度、分散孔洞孔隙度综合图

(a) 与 Schlumberger 岩性线比较，说明为何将具鲕模孔鲕粒灰岩错误地解释成白云岩；(b) 过等分散孔洞孔隙度点的平行线，其斜率与石灰岩的怀利时间平均曲线相同

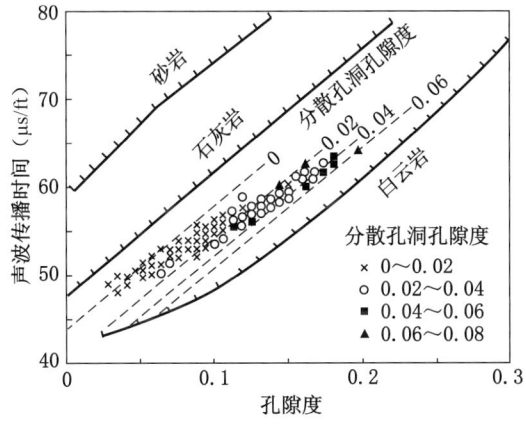 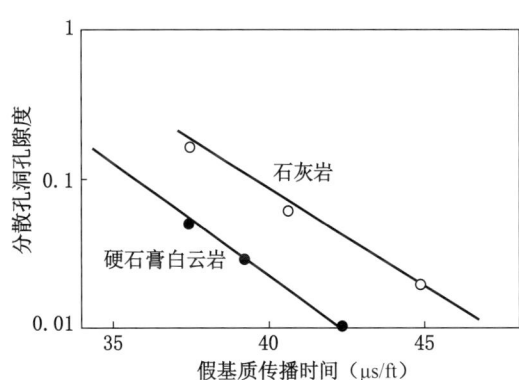

图 3.11　含硬石膏白云岩层段的声波传播时间、总孔隙度、分散孔洞孔隙度的关系图

可见，所构建的等分散孔洞孔隙度线平行于白云岩的怀利时间平均曲线

图 3.12　具鲕模孔鲕粒灰岩和含石膏白云岩（图 3.10，3.11）的分散孔洞孔隙度的对数与假基质传播时间的交会图

两直线的斜率相似，两直线间的间隔是岩性差异所致

或者

$$\phi_{sv} = 10^{a-b\left[\Delta t - (\Delta t_f - \Delta t_{ma})\phi\right]}$$

式中，a 和 b 分别是截距和斜率，其值随岩性变化；Δt 为声波测井得到的传播时间，μs/ft；Δt_f 为流体传播时间，μs/ft；Δt_{ma} 为基质传播时间，μs/ft；ϕ 为总孔隙度，小数；ϕ_{sv} 为分散孔洞孔隙度，小数。

石灰岩和白云岩的一般方程式如下。注意，在应用它们计算分散孔洞孔隙度之前，

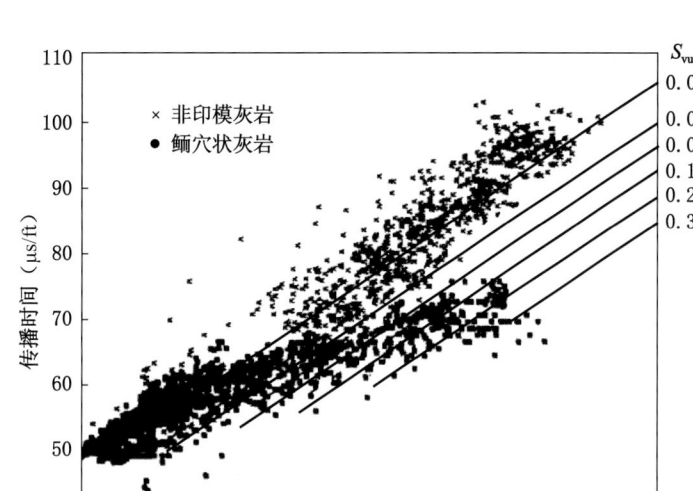

图 3.13 数种非孔洞型灰岩和具鲕模孔鲕粒灰岩的传播时间与孔隙度交会图

具鲕模孔鲕粒灰岩与非孔洞型灰岩间存在明显差别

首先必须以岩心描述对它们进行检查，必要时，还需要先对其进行修正。

石灰岩：

$$\phi_{sv} = 10^{4.09-0.1298[\Delta t-141\phi]}$$

白云岩：

$$\phi_{sv} = 10^{4.4419-0.1526[\Delta t-145\phi]}$$

用岩心薄片中的分散孔洞孔隙描述对声波—孔隙度关系图进行修正，所建立起的声波—孔隙度之间关系是对数线性关系，而不是一般的线性关系。最近，用实验室的速度测定值建起了声波速度、孔隙度、孔隙类型之间的关系式，这种方法使结果更容易应用于地震数据（Anselmetti 和 Eberly，1999；Eberly 等，2003）。

在许多条件下，这些方程式是不能应用的。存在颗粒印模（如具鲕模孔鲕粒灰岩）时，这些方程的应用效果最好（图 3.13）。然而，两类分散孔洞、颗粒内微孔隙和大型颗粒印模与粒间孔隙度的响应很难区分（图 3.14）。存在这两类分散孔洞的碳酸盐岩的刚性与所有孔隙空间都是粒间孔隙度的碳酸盐岩的刚性几乎毫无差别。此外，在一些实例中，虽然不存在分散孔洞，但碳酸盐岩的声波孔隙度仍然小于总孔隙度。一个实例中，声波测井是微裂缝连通孔洞系统的响应，渗透率是增大的，而不是减小（图 3.14c）。因此，在研发声波测井数据与分散孔洞孔隙度的相关关系时，第一步应该是用岩石组构、岩石性质和孔洞孔隙类型对声波测井进行校正。

3.4.7　电阻率—感应测井

可用原始水饱和度/孔隙度（S_{wi}—ϕ）关系计算岩石组构数和岩石物性类别，计算结果代入整体转换式。应用 Archie 公式，可根据电阻率、感应和孔隙度测井数据计算水饱和度。Archie（1942）通过用水电阻率对电阻率值归一化，建立了非常著名的公式。Archie（1942）证实，岩石的水饱和度为 100% 时，它的电阻率与孔隙度（ϕ）、水的电阻率（R_w）、孔隙的几何形状（m）有关。这些因素综合得到 Archie 公式，如下。

地层的电阻率系数　　　　　　$F = \dfrac{R_o}{R_w} = \phi^{-m}$，

式中，R_o 是水饱和度为 100% 时岩石的电阻率，R_w 是地层水的电阻率，ϕ 是孔隙度，m 是岩性指数或者胶结作用系数。

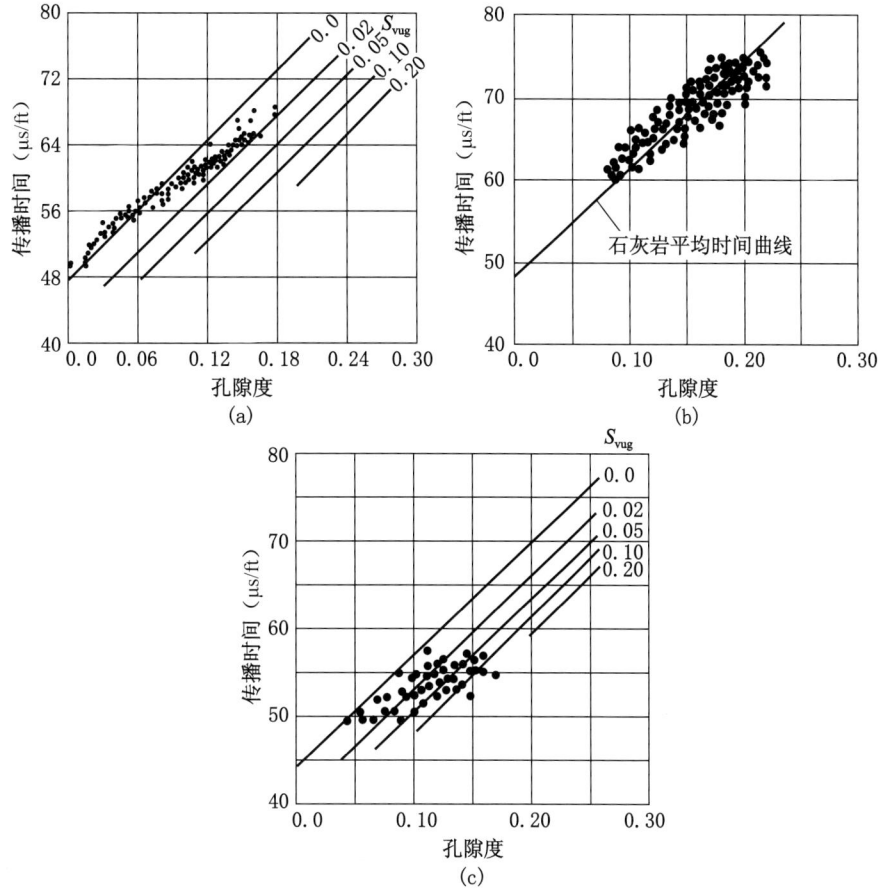

图 3.14 传播时间—孔隙度交会图，它们不同于常规的关系

(a) 含大量颗粒内微孔隙（典型的分散孔洞）的鲕粒灰岩，粒内微孔隙的响应与粒间孔隙度近似；(b) 含大颗粒印模和化石内孔隙的化石颗粒灰岩，这些颗粒印模和化石内孔隙的响应与粒间孔隙相似；(c) 含微裂隙连通孔洞的白云质粒泥灰岩，微裂隙连通孔洞的响应与颗粒印模相似，但它的渗透率增大，而不是减小

另外，Archie（1942）还指出，当存在油气时，孔隙空间中水的体积减小，电阻率的增大与存在的油气数量成正比。存在油气的条件下，地层的电阻率可以用下式表达：

电阻率指数 $$I = \frac{R_t}{R_o} = S_w^{-n}$$

式中，R_t 是含油气岩石的电阻率，R_o 是水饱和度为 100% 时岩石的电阻率，S_w 是被水占有的孔隙空间，n 是饱和度指数。

将两个方程式合并，得到 Archie 公式。

$$R_t = R_w \times \phi^{-m} \times S_w^{-n}$$

或

$$S_w = \left(\frac{R_w}{R_t \times \phi^m}\right)^{\frac{1}{n}}$$

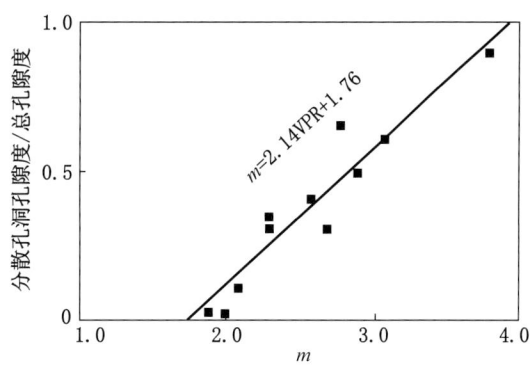

图 3.15 用实验室数据（Lucia, 1983）和测井数据（Lucia 和 Conti, 1987）求取的 Archie m 值与分散孔洞孔隙度/总孔隙度比值（VPR）间的关系图

岩石电阻率（R_t）是根据测井数据求取的。常用的电阻率测井有三种：深电阻率测井、浅电阻率测井以及探测井孔附近的微电阻率测井。计算地层真实的电阻率时，还需要作井径校正。地层水电阻率（R_w）是含盐度和温度的函数，地层水电阻率可以在产出的水中测定，也可以用孔隙度与电阻率交会图中的曲线将水饱和层段的孔隙度外推到 100% 求取（Pickett, 1966）。本章已经描述过，孔隙度是从中子—密度交会图中得到的。n 值与润湿性有关，可以在实验室中测定，但却很难从测井数据中获得。根据实验室测定的平均值，一般都将其设定为 2。

m 值（岩性指数或胶结作用系数）不同于 Archie 方程中的其他项，它与岩石组构，尤其与岩石的孔洞孔隙度有关。实验室（Lucia, 1983）和井孔（Lucia 和 Conti, 1987）数据已经证实，m 值是分散孔洞孔隙度与总孔隙度比值的函数，该比值被称为孔洞孔隙度比（VPR）。用于计算该比值的总孔隙度是根据中子测井和密度测井求取的，分散孔洞孔隙度是根据声波测井数据求取的。图 3.15 展示了基于实验室测定值和测井数据计算的孔洞孔隙度比（VPR）与 m 值的关系，该关系可表达为：

胶结作用因子 $\qquad m = 2.14\left(\dfrac{\phi_{sv}}{\phi_t}\right) + 1.76$

式中，ϕ_{sv} 是分散孔洞孔隙度，ϕ_t 是总孔隙度。

Brie 等（1985）采用球状孔隙组成的模型，研发得到类似的关系式。其他的方法见 Focke 和 Munn（1987）。

在非连通孔洞型碳酸盐岩中，m 值的变化范围是 1.8～4.0。在存在断裂和其他连通孔洞孔隙类型的碳酸盐岩中，m 可能小于 1.8（Wang 和 Lucia, 1993; Meyers, 1991）。经验告诉我们，如果没有其他可用的信息，m 取 2 是合适的。然而，假如饱和度计算中所取的 m 值范围不合适，如 m 值大于 2，最终的水饱和度值会偏高，如 m 值小于 2，则最终的水饱和度值会偏低。表 3.3 展示了一个实例。

表 3.3 m 值对水饱和度计算值的影响

R_t（Ω·m）	孔隙度	R_w	n	m	S_w（求得）
400	0.2	1.6	2	2.0	32%
400	0.2	1.6	2	2.5	47%
400	0.2	1.6	2	3.0	71%

m 值从 2.0 变到 3.0，求得的水饱和度从 32% 增加到 71%，或者说从产油层变成了产

水层。例如，具鲕模孔鲕粒灰岩的 m 值较大，在常规的 Archie 方程计算时，用 m 等于 2.0，即使是水饱和度 100% 的水层，所算出的水饱和度值也较低。

如果水饱和度和总孔隙度都已知，可根据电阻率测定值计算岩石的分散孔洞孔隙度，因为电阻率是 Archie m 系数的函数，而 Archie m 系数是分散孔洞孔隙度的函数。以下是适用于含水层段的方程（Lucia 和 Conti；1987）：

$$\phi_{sv} = \left(\frac{m-1.76}{2.14}\right)\phi_t$$

和

$$\phi_{sv} = \left[\frac{\dfrac{\lg R_w - \lg R_o}{\lg \phi_t} - 1.76}{2.14}\right] \times \phi_t$$

式中，R_o 是水饱和度为 100% 时岩石的电阻率，R_w 是地层水的电阻率，ϕ_{sv} 是分散孔洞孔隙度，ϕ_t 是岩石的总孔隙度。

第 2 章中已经介绍，储层的水饱和度是油柱高度、孔隙度、岩石物理类别及岩石组构数的函数。图 3.16 中，用专属岩石组构特别方程（见第 2 章）和西得克萨斯二叠系储层的典型孔隙度测井曲线，说明油柱高度和岩石物理类别对水饱和度的影响。在零毛细管压力层以上 500ft 范围内，很容易识别出三类专属岩石组构的岩石物理类别，其差别是在下部的油柱高度图中反映得更明显。在理想状态下，应该能识别出过渡带之上岩石组构的垂向序列。图 3.16b 是一个石灰岩储层的实例，说明这种方法如何应用于向上变粗的典型韵律层。如果 S_{wi} 对应于 1 类饱和度，则表明是颗粒灰岩；同样，如果 S_{wi} 对应于 2 类饱和度，则表明是颗粒为主的泥粒灰岩；如果 S_{wi} 对应于 3 类饱和度，则表明是灰泥为主组构。用这种途径，利用 S_{wi}—ϕ 交会图，就可以计算岩石组构岩相的垂向序列。

Buckles（1965）提出了孔隙度/水饱和度/岩石类别之间的定量关系表达式。他指出，对于某种给定的岩石类型，等轴双曲线方程：

$$\phi \times S_w = C$$

适合于孔隙度/束缚水饱和度数据。这一方程只能应用于束缚水饱和带中的过渡层之上。相关因子 C 是大家熟知的水的总体积，它常被应用于产量潜力的评价（Asquith，1985）。一般情况下，束缚水饱和状态下储层的相关因子是常数，在过渡带内，相关因子值是可变的。此外，随着 C 值的增大，孔隙变小，当 C 值高于 0.04 时，则为低渗透率状态，且产液为水（Asquith，1985）。

通过类似于 Buckles 公式的途径，根据 S_{wi}—ϕ 交会图可以得到岩石组构数（rfn）或者岩石物理类别。图 3.17 展示了第 2 章所提出的基于毛细管压力模型的实例。在经过岩心校正的电测数据的基础上，建立起了孔隙度与水饱和度的一般关系图。图 3.18 中的 S_{wi}—ϕ 交会图是用盖瓦尔油田 Haradh 段的数据（Lucia 等，2001）构成的。其中的水饱

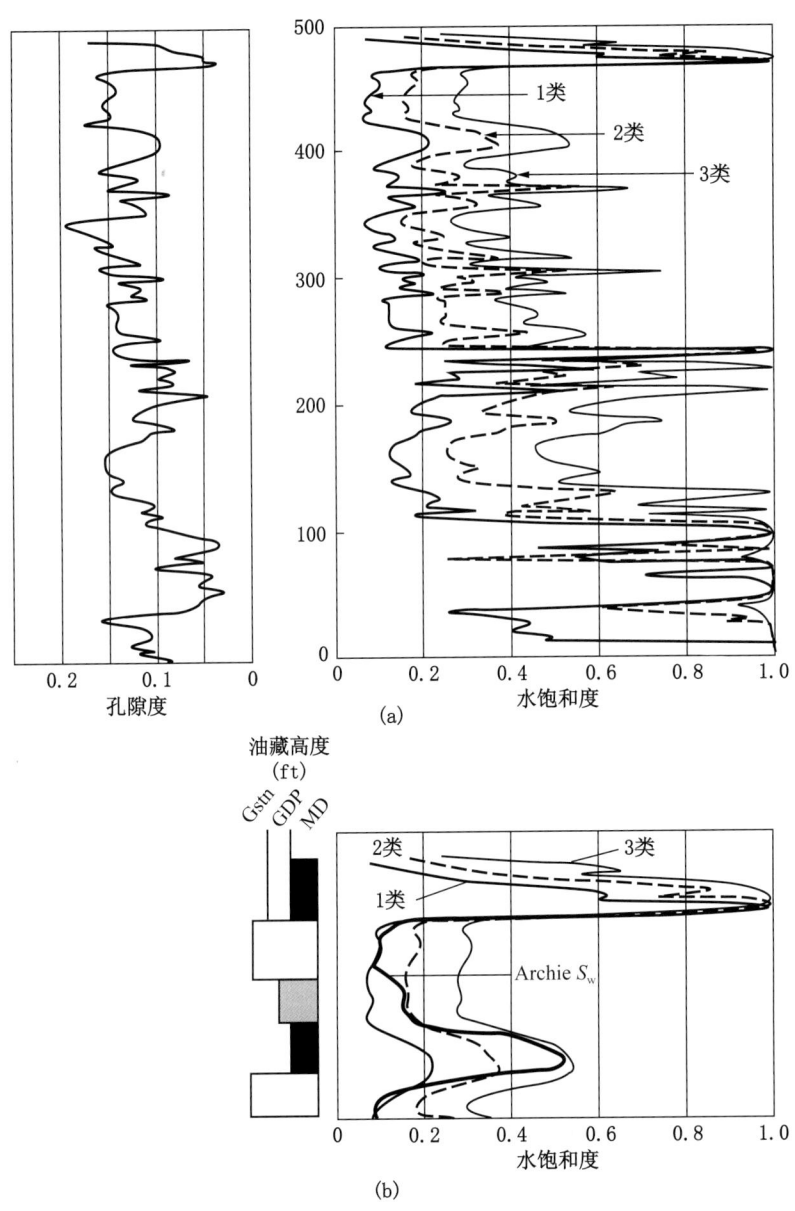

图 3.16　油柱高度和岩石物理类别对水饱和度影响的示意图

(a) 基于不同专属方程（经验公式）的水饱和度深度剖面图和孔隙度—深度曲线（毛细管压力为零），在 500ft 范围内，可以识别出三种不同的专属类别；(b) 根据对比 Archie S_w 与岩石物理类别 S_w（假设是石灰岩）所解释的岩石组构垂向序列，当 Archie S_w 与 1 类 S_w 匹配时，表明是颗粒灰岩；当 Archie S_w 与 2 类 S_w 相匹配时，是颗粒为主泥粒灰岩；当 Archie S_w 与 3 类 S_w 匹配时，则是灰泥为主组构

和度值和孔隙度值源自测井数据，岩石组构描述源自薄片。交会图表明，数据点的分布可以根据岩石物理类别组合成：1 类，粗晶白云岩；2 类，颗粒为主球粒状颗粒灰岩；3 类，灰泥为主组构。这些组合的趋势和它们之间的界线可以用于研究过渡带之上岩石组构数、原始水饱和度以及孔隙度之间的幂律关系（Lucia 等，2001；Jennings 和 Lucia，2003）。

$$\lg(rfn) = \left[A + B\lg(\phi) + \lg(S_{wi})\right] / \left[C + D\lg(\phi)\right]$$

式中，rfn 为岩石组构数，其值变化范围是 0.5~4；S_{wi} 为过渡带上方层段的原始水饱和度；ϕ 为孔隙度；常数值 $A=3.1107$，$B=1.8834$，$C=3.0634$，$D=1.4045$。

该方程的适用范围：①只适用于过渡带之上；②没有受到注水的影响；③储层中不存在粒内微孔隙和连通孔洞。

此方程与 Buckles（1965）方程相似，只是以岩石组构数 rfn 代替了相关因子 C。图 3.19 中，对比了用岩石组构数方程产生的 S_{wi}—ϕ 图与用 Buckles 方程产生的 S_{wi}—ϕ 图，对比表明，高 rfn 段与高 Buckles 因子段的图像非常相似，但在低值部分却呈分散状态。

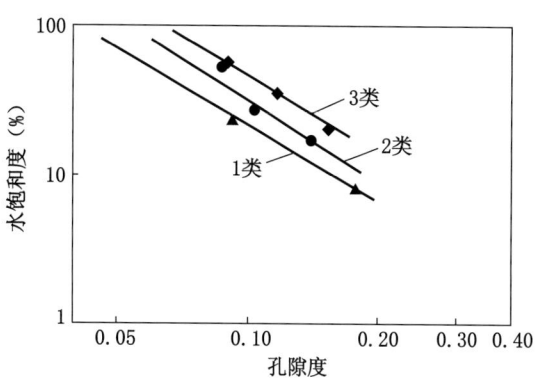

图 3.17 油柱高度为 150m 时，三种专属毛细管压力曲线的孔隙度—水饱和度交会图

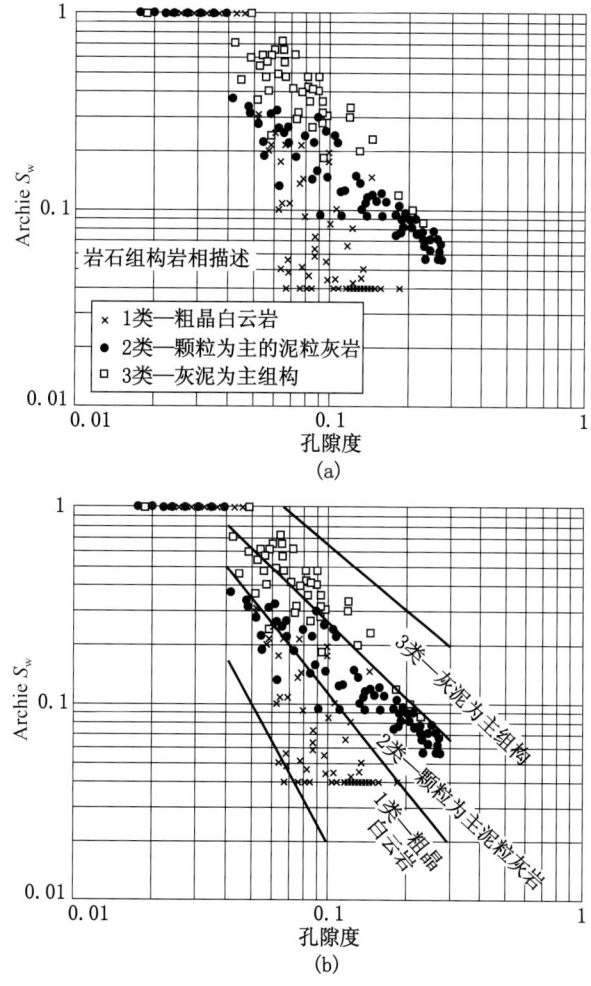

图 3.18 中东地区井中岩石组构岩石物理类别校正的 Arab D 段的 Archie 水饱和度与孔隙度交会图（Lucia 等，2001）

(a) 薄片和测井数据的 Archie 水饱和度与孔隙度交会图；(b) Archie 水饱和度与孔隙度交会图所展示岩石物理分类区。这一交会图可用于构建文章中所讨论的岩石组构方程（经验公式）

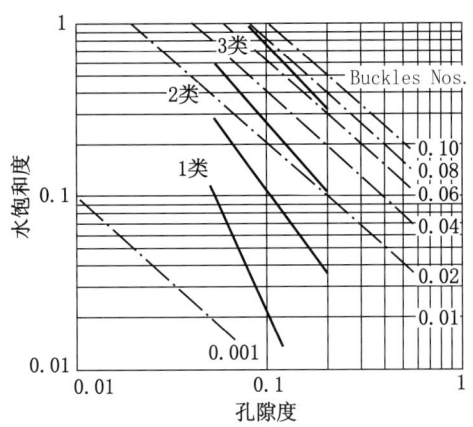

图3.19 Buckles方程S_{wi}—ϕ交会图与岩石物理类别S_{wi}—ϕ交会图对比

这意味着，在孔隙小的储层中，两种方程计算结果近似，但在孔隙大的储层中，Buckles方程不能准确地表示水饱和度和孔隙度之间的关系。

西得克萨斯的二叠系储层和中东的侏罗系、白垩系储层研究，已经证实了rfn方程的用途（图3.20）。白垩系Shuaiba组泥岩界定了3类区的底界。而在3类区范围的数据都是白垩系Shuaiba组中的细球粒状灰泥为主和颗粒为主的泥粒灰岩，侏罗系Arab D组中的粒泥灰岩和灰泥为主的泥粒灰岩，二叠系（西得克萨斯）细晶灰泥为主的白云岩。侏罗系Arab D组颗粒为主，二叠系（西得克萨斯）颗粒为主的白云质泥粒灰岩和中晶灰泥为主的白云岩的数据确定了2类区。1类区由侏罗系Arab D组粗晶白云岩和二叠系（西得克萨斯）白云质泥粒灰岩数据点确定。

尽管S_{wi}—ϕ交会图可用于获得rfn或者岩石物理类别，但它在岩石组构和岩相识别方面的用途相当有限。假如储层是由石灰岩或者细晶白云岩组成的，用这种方法可以区分颗粒灰岩、颗粒为主的泥粒灰岩、灰泥为主的岩相或者几乎不含孔洞孔隙度的组构，然而，岩石物理类别与岩石组构之间的对应关系会随着岩石中白云石晶体的增大而减弱。中晶、灰泥为主的白云岩属于2类，不能将它与2类颗粒为主的泥粒灰岩区分出来。在极端区，所有岩石组构和岩相都是1类颗粒灰岩和粗晶白云岩。

S_{wi}—ϕ—rfn关系图只能在原始水饱和度已知的条件下才能应用，这一点也很重要。在经过提高采收率作业（水驱、CO_2气驱）的储层，当前的水饱和度可能比原始水饱和度高得多。这种

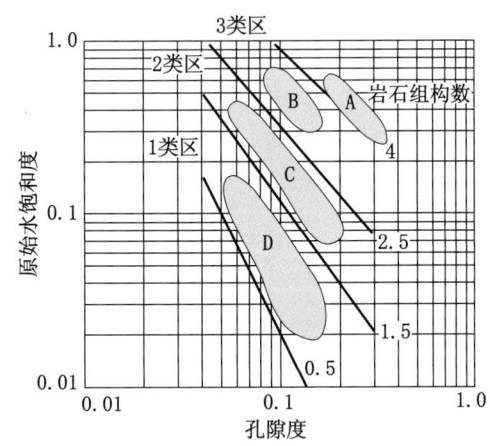

图3.20 展示原始水饱和度、孔隙度、岩石物理类别/岩石组构数间总体关系的简图

适用的范围是：①在过渡带上方；②没有受到注水的影响；③不存在粒内微孔隙或者连通的孔洞。A区由白垩系Shuaiba组泥灰岩限定；B区由白垩系Shuaiba组细球状粒、颗粒为主的泥粒灰岩，侏罗系Ghawar组粒泥灰岩、灰泥为主的泥粒灰岩以及二叠系细晶灰泥为主的白云岩限定；C区由侏罗系Ghawar组颗粒为主的泥粒灰岩和二叠系颗粒为主的白云质泥粒灰岩限定；D区由侏罗系Ghawar组粗晶白云岩和二叠系白云质颗粒灰岩限定

状况下，3类区层段，由于注入淡水（而不是原生水），可以是3类岩石组构，也可能是1类或2类岩石组构。用对原先的岩石物理分类剖面的认知可以解决这一问题。有些储层具单一的岩石物理类别特征，所以不需要原先的认知。在具一种以上岩石物理类别的储层中，可以用从地层模型获得的垂向岩石组构序列认识，确定岩石物理类别（图3.21）。有了岩石物理类别剖面，就可以根据岩石组构，特别是毛细管压力模型计算S_{wi}，并将它与S_w（根据测井数据求得）进行对比，识别出已经被水淹的层段。没有被水淹的层段就是新回采项目的目标层段。

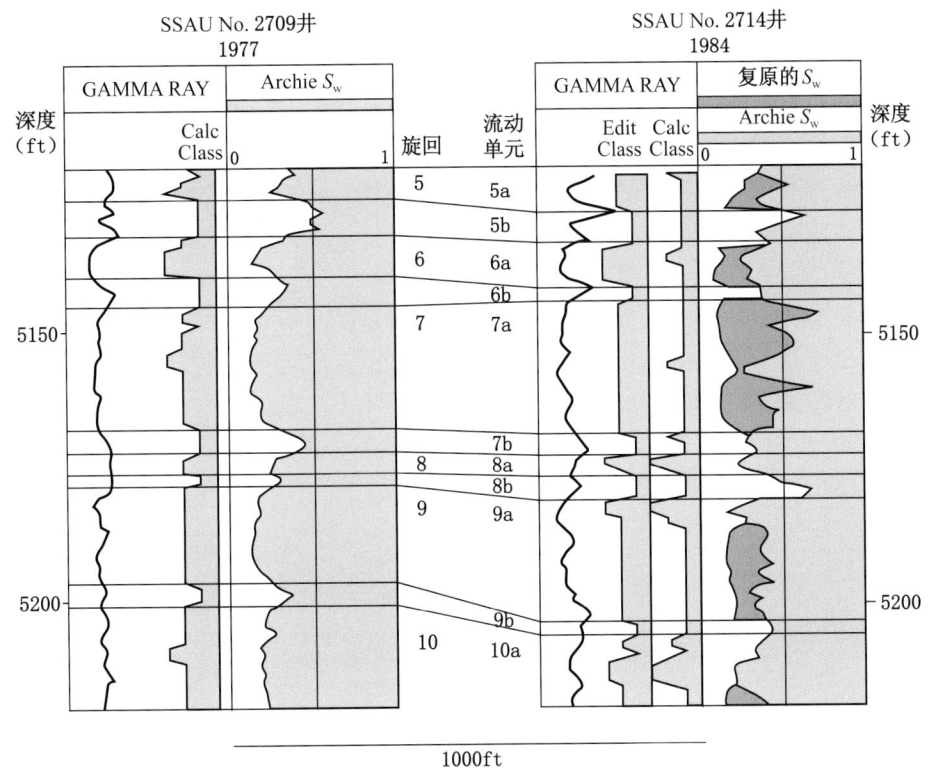

图 3.21　用地层对比方法识别水淹层段，以获取输入岩石组构毛细管压力模型的岩石物理类别

2709 井是无水完井，而 2714 井在完井测试产液中有注入的水。从 2709—2714 间的井间对比所提供的信息，是用岩石组构特别是水饱和度—孔隙度—油柱高度经验公式求取原始水饱和度所需要的。Archie 饱和度与原始水饱和度对比，指出了受注水影响的地层段

总之，输入整体转换和岩石组构特定毛细管压力模型的 rfn 或者岩石物理类别，可以从过渡带上方的层段和未经注水井的 S_{wi}—ϕ 关系中求取。

3.4.8　地层成像测井

地层成像测井（FMI）方法是了解连通孔洞孔隙类型信息的重要途径，已经被应用于根据沉积结构辨认沉积相的有关研究（图 3.22，3.23）。大多数地层成像测井提供的是水基钻井液中的微电阻率图像。然而，有些基于声波测定值的工具也是可以用的。斯伦贝谢公司研发了第一套地层成像测井仪（FMS），后来发展为 FMI。FMI 有四个带两个滑板的正交臂。每个滑板含 24 个微电阻率小型电极，共有 192 个指示仪。其分辨率是 0.2 in。地层成像测井仪可提供井眼偏斜、方位，用它们可以决定地层图像的方向。侵入带中的流体、地层崩落、井眼变大、卡钻等都对图像有影响。

地层成像测井可以提供井下裂缝、角砾岩、大型孔洞和沉积构造的图像，这些图像能有效地对比和描述连通孔洞孔隙体系的特征。碳酸盐岩的图像都表现为淡棕色（较高电阻率，较低孔隙度）背景下的黑色斑点（低电阻率，高孔隙度）（图 3.23c），通常会将其错误地解释为孔洞型碳酸盐岩。实际上，在同一层段的岩心中根本见不到孔洞。因此，

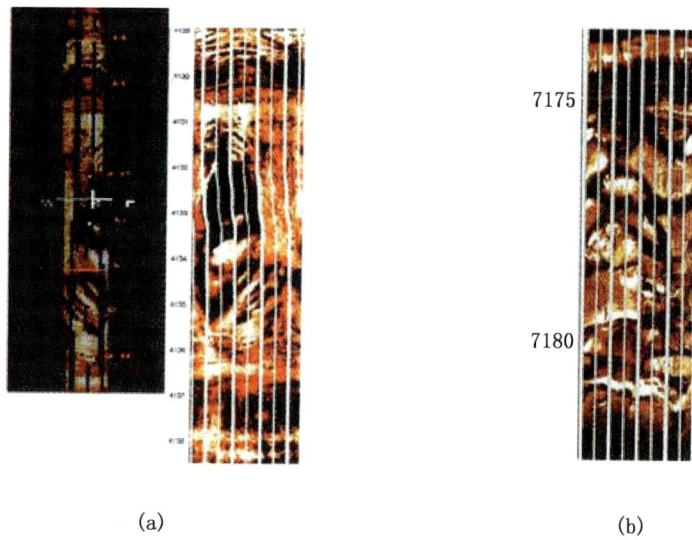

图 3.22　成像测井解释出的连通孔洞的孔隙系统

（a）白云岩中 3ft 长的洞穴；（b）白云岩中的坍塌角砾岩

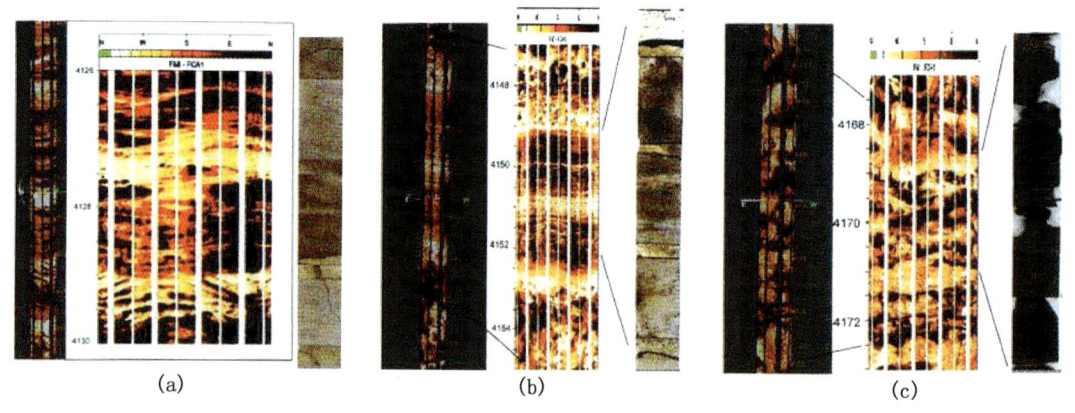

图 3.23　成像测井解释出的组构实例

（a）交错层理白云质颗粒灰岩，右侧是岩心；（b）纹层状潮坪白云岩，右侧是岩心；（c）潮下带白云岩中的斑状孔隙，它可能被错误地解释成孔洞孔隙

为了保证图像解释的准确，必须首先用岩心描述对图像作校正。除了识别沉积岩相外，生物岩丘前缘斜坡层的倾角和走向也已用于帮助确定厚壳蛤丘和塔礁的位置。

3.5　测井数据求取渗透率

从测井数据中不能直接得到岩石的渗透率。常规方法是对比岩心渗透率与孔隙度测定值，并利用最终的孔隙度—渗透率转换关系，根据测井孔隙度计算求取渗透率。也常用这一方法发现平均渗透率的稳定变化，这种稳定的渗透率变化是碳酸盐岩储层的特征。

更精确的方法是利用岩石物理类别或 rfn 和粒间孔隙度的整体渗透率转换关系式。

$$\lg(k) = \left(a - b\lg(rfn)\right) + \left(c - d\lg(rfn)\right)\lg\left(\phi_{ip}\right)$$

式中，rfn 为岩石组构数（也可以用岩石物理分类）；ϕ_{ip} 为粒间孔隙度；a=9.7982，b=12.0838，c=8.6711，d=82965。

这种方法提供了渗透率与岩石组构之间的重要相关关系，这是三维模拟的关键。它也表明，岩石的粒间孔隙度，而不是总孔隙度，与渗透率有直接的对应关系。岩石物理类别或者 rfn 是从伽马测井、孔隙度测井或者从经过校正的 S_{wi}—ϕ 交会图求得的。粒间孔隙度是从经过岩心描述校正的 Δt—ϕ 关系图得到的。图 3.24 展示了根据测井数据求取组构的实例。

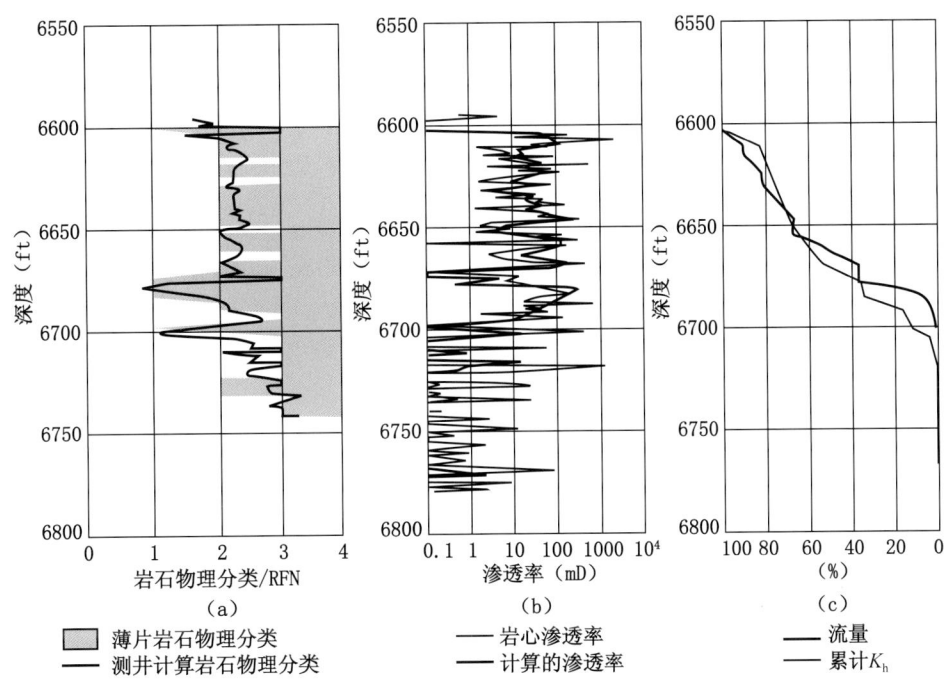

图 3.24　中东地区井根据测井数据计算出的 Arab D 层渗透率（Lucia 等，2001）
(a) 根据 S_w–ϕ 交会图计算求取的岩石组构数（rfn）与薄片确定的岩石物理类别的对比；
(b) 求取的渗透率与岩心渗透率的对比；(c) 累计地层计算的渗透率（K_h）剖面与流量（flowmeter）数据的对比

已经用原始饱和度和孔隙度之间的关系估算岩石的渗透率，它不需要岩石组构有关的中间步骤（Timur，1968；Saner 等，1997）。岩石组构的方法与这些方法相类似，它是通过 S_{wi}—ϕ 关系确定岩石物理类别或 rfn，为岩石物理性质与地质描述提供了重要的对应关系，这是量化三维地质模型所必需的。

3.6　原始水饱和度

应用 Archie 公式或者它的衍生公式，可以根据测井数据计算原始水饱和度。然而，经过提高采收率作业的老油田，Archies 公式求取的原始水饱和度会受到注水的影响，因此，算出的并不是真实的原始水饱和度。在这种状况下，可以用岩石组构特定毛细管压力模型（如第 2 章所描述的）估算原始水饱和度 S_{wi}。要求代入这些公式的孔隙度源自孔隙度测井。根据岩石物理性质的研究，所确定的岩石物理类别可以是一常数。假如岩石物理类别是可变的，则自然伽马能谱测井、孔隙度测井以及岩石组构地质模型可能是有效的。根据毛细管压力模型得到的原始水饱和度与根据电阻率测井得到的 Archie 原始水饱和度之间的差，可以指出经过提高采收率作业储层中的水淹层段（见图 3.21）。

3.7　小结

构建储层模型的第一步是描述岩心所见到的岩石组构和地层的重要属性，并在岩石组构与岩心实测岩石物理数据之间建立相关关系；第二步是用岩心观察中获得的岩石组构和岩相描述对测井曲线进行校正，并用岩石组构信息和测井孔隙度计算求取渗透率和原始水饱和度。通过这种途径，可以使获得的地质和岩石物理数据拓展到整个油田。需要校正的测井数据包括：伽马射线、自然伽马能谱、中子、密度、光电、声波、电阻率/电导率测井以及地层成像测井，部分储层也用 NML 测井。

用整体转换关系式计算渗透率，以及用岩石组构特别是毛细管压力模型计算原始水饱和度时，所需要的基础岩石组构信息是粒间孔隙度和 rfn，或者是岩石物理类别。粒间孔隙度是总孔隙度减去分散孔洞孔隙度所得到的差。存在可见分散孔洞（如颗粒印模）时，可用下式估算分散孔洞孔隙度。

$$\phi_{\text{sv}} = 10^{a-b\left[\Delta t - (\Delta t_{\text{f}} - \Delta t_{\text{ma}})\phi\right]}$$

然而，实践经验表明，颗粒内微孔隙和大型分散孔洞的声波测井响应与粒间孔隙度的声波测井响应相似，除分散孔洞外，声波孔隙度偏离密度—中子孔隙度也可能是由岩石性质引起的。因此，除非测井数据已经经过相邻井岩心数据的校正，否则，不能应用这个公式计算分散孔洞孔隙度。

输入整体转换关系式所需要的岩石组构数可以根据以下的 S_{wi}—ϕ 关系式，或者在校正的前提下，根据自然伽马能谱测井和孔隙度测井数据得到：

$$\lg(rfn) = \left[A + B\lg(\phi) + \lg(S_{\text{wi}})\right] / \left[C + D\lg(\phi)\right]$$

式中，rfn 为岩石组构数，取值范围为 0.5～4（也可用岩石物理类别）；S_{wi} 为过渡带上方的原始水饱和度；ϕ 为孔隙度；常数 $A=3.1107$，$B=1.8834$，$C=3.0634$，$D=1.4045$。

必须强调，只有在过渡带上方的层段，且 S_{wi} 值是原始水饱和度时，这一关系式才是有效的。在初次枯竭的油田区，原始水饱和度可用 Archie 方程求取；在实施提高采收率措施的油田区，rfn 和岩石物理类别必须从岩石物理性质研究、地层研究成果和其他的测井数据中得到。通过对比 Archie 水饱和度和岩石组构特定毛细管压力模型计算的 S_{wi}，可以识别出未被水淹的油层。

根据电阻率测井计算水饱和度时，需要胶结作用因子 m 的精确值。m 值是孔洞孔隙度比的函数，孔洞孔隙度比可根据分散孔洞孔隙度（根据声波测井数据求取）和总孔隙度，用下列公式求取：

胶结作用因子
$$m = 2.14\left(\frac{\phi_{sv}}{\phi_t}\right) + 1.76$$

式中，ϕ_{sv} 为分散孔洞孔隙度，ϕ_t 为总孔隙度。

应用地层成像测井可以识别连通孔洞孔隙系统。由于连通孔洞孔隙系统控制了流体的流动特征，所以它是储层的重要特性。用它们可以识别岩相，如潮坪或交错层理的颗粒灰岩。然而，地层成像测井数据的解释不是一件简单的工作，它迫切需要用岩心作校正（标定）。

利用整体渗透率转换关系式，可以改进渗透率的估算。该方法包括：

（1）用有效的孔隙度测井数据计算求取总孔隙度，用岩心孔隙度检查计算的结果；

（2）应用传播时间—孔隙度—分散孔洞之间的关系，计算求取分散孔洞孔隙度，必须确保用岩心描述对计算结果进行校正；

（3）总孔隙度减去分散孔洞孔隙度，得到粒间孔隙度；

（4）根据经过岩心描述校正的伽马射线测井、孔隙度测井、岩性测井，或者基于 S_{wi}—ϕ 交会关系的 rfn，确定岩石物理分类；

$$\lg(rfn) = \left[A + B\lg(\phi) + \lg(S_{wi})\right] / \left[C + D\lg(\phi)\right]$$

（5）应用整体转换关系式计算求取渗透率。

$$\lg(k) = (a - b\lg(rfn)) + (c - d\lg(rfn))\lg(\phi_{ip})$$

表 3.4 归纳了可从测井数据中获得的岩石组构信息。

表 3.4　根据测井数据计算岩石组构岩石物理参数

输　入	输　出
总孔隙度	分散孔洞孔隙度
传播时间	粒间孔隙度
真电阻率	岩石物理类别 / 岩石组构数
R_w	Archie m 值
岩性	变量 m，S_w
饱和度指数 n	渗透率

从测井数据中提取的沉积岩相和岩石组构信息，是构建地层模型的基础。为了这一目的，必须应用伽马射线测井、孔隙度测井、岩性测井以及 S_{wi}—ϕ 交会图。最近，地层成像测井也已经用于提取沉积岩相和岩石组构信息。伽马射线测井是地质学家最常用的测井方法，但由于成岩作用中增加的铀以及方法本身的精度较低，制约了它的使用。但是，

可以用伽马射线测井区分灰泥为主组构与颗粒为主组构。中子和密度测井是主要的孔隙度测井工具，如果经过岩心描述认真校正，也可以用孔隙度测井识别灰泥为主组构还是颗粒为主组构。在最佳条件下，用 S_{wi}—ϕ 交会图可以识别颗粒灰岩、颗粒为主的泥粒灰岩以及灰泥为主的组构。可以用成像测井识别具有独特沉积结构（如颗粒灰岩中的薄潮坪层和交错层理）的岩相。

中子、密度、光电和声波测井是可以提取岩石中矿物信息的主要测井方法，用它们可以识别岩相，如砂屑碳酸盐岩和各类白云岩。用测井数据无法辨认出根据异化颗粒确定的岩相，这是因为异化颗粒的测井响应并不是唯一的。用测井数据至少可以识别出 4~5 种岩相，它们都是岩石组构岩相。表 3.5 列出了测井数据能够识别的岩相。

表 3.5　测井数据可以识别的岩相和岩石组构

电测井	岩相—岩石组构
自然伽马能谱	颗粒为主和灰泥为主
孔隙度	颗粒为主和灰泥为主
声波—孔隙度交会图	印模颗粒灰岩
S_{wi}—ϕ 交会图	颗粒灰岩，颗粒为主的泥粒灰岩，灰泥为主的石灰岩组构或细晶白云岩
岩性	石灰岩、白云岩、硬石膏层、盐层、砂（泥）质碳酸盐岩
成像测井	具独特沉积结构的各类岩相

参 考 文 献

Anselmetti F S, Eberli G P. 1999. The velocity-deviation log：A tool to predict pore type and permeability trends in carbonate drill holes from sonic and porosity or density logs. AAPG Bull. 83, 3：450-467

Archie G E. 1942. The electrical resistivity log as an aid in determining some reservoir characteristics. Trans AIME 146：54-62

Asquith G B. 1985. Handbook of log evaluation techniques for carbonate reservoirs. AAPG Publ, Tulsa, OKla, Methods in Exploration Series No. 5, 47pp

Bebout D G, Lucia F J, Hocott C F, Fogg G E, Vander Stoep G W. 1987. Characterization of the Grayburg reservoir, University Lands Dune field, Crane County, Texas. Report of Investigations No. 168, University of Texas at Austin, Bureau of Economic Geology, 98pp

Brie A, Johnson D L, Nurmi R D. 1985. Effect of spherical pores on sonic and resistivity measurements. Society of Professional Well Loggers Association 26th Ann Logging Symp, Paper W, Houston, Texas, June 17-20, 20pp

Buckles R S. 1965. Correlating and averaging connate water saturation data. Journal of

Canadian Petroleum Technology Jan-March 1965：42-52

Dewan J T. 1983. Essentials of modern open-hole log interpretation. Penn Well Books, Tulsa, Oklahoma, 361 pp

Eberli G P, Maselmetti F S, Incze M L. 2003. Factors controlling elastic properties in carbonate sediments and rocks. The Leading Edge, July 2003：654-660

Focke J W, and Munn D. 1987. Cementation exponents in Middle Eastern Carbonate Reservoirs. SPE Formation Evaluation 2, 2：155-167

Jennings J W, Lucia F J. 2003. Predicting permeability from well logs in carbonates with a link to geology for interwell permeability mapping. SPE Reservoir Evaluation & Engineering 6, 4：215-225

Lucia F J. 1962. Diagenesis of a crinoidal sediment. J Sediment Petrol 32, 4：848-865

Lucia F J. 1983. Petrophysical parameters estimated from visual descriptions of carbonate rocks：a field classification of carbonate pore space. J Pet Technol, March 1983：629-637

Lucia F J. 1995. Rock-fabric/petrophysical classification of carbonate pore space for reservoir characterization. AAPG Bull 79, 9：1275-1300

Lucia F J, Conti R D. 1987. Rock fabric, permeability, and log relationships in an upward-shoaling, vuggy carbonate sequence. The University of Texas at Austin, Bureau of Economic Geology, Geological Circular 87-5, 22pp

Lucia F J, Kerans C, Wang F P. 1995. Fluid-flow characterization of dolomitized carbonate ramp reservoirs：San Andres Formation (Permian) of Seminole field and Algerita Escarpment, Permian Basin, Texas and New Mexico. In：Stoudt E L, Harris P M, (eds) . Hydrocarbon reservoir characterization：Geologic framework and flow unit modeling. SEPM Short Course no. 34, pp 129-155

Lucia F J, Jennings J W Jr, Meyer F O, Michael R. 2001. Permeability and rock fabric from wireline logs, Arab-D reservoir, Ghawar Field, Saudi Arabia. GeoArabia 6, 4：619-646

Meyers M T. 1991. Pore combination modeling：a technique for modeling the permeability and resistivity properties of complex pore systems. Society of Petroleum Engineers, Annual Techn Conf and Exhibition, Dallas, Texas, SPE 22662, p77-88

Nugent W H, Coates G R, and Peebler R P. 1978. A new approach to carbonate analysis. Transactions of 19th Annual Logging Symposium, SPWLA, paper 0

Pickett G R. 1966. A review of current techniques for determination of water saturation from logs. J Pet Technol November：1425-1433

Pirson J S. 1983. Geologic well log analysis. Gulf Publishing Company, Houston, Texas, 475pp

Saner S, Kissami M, and Al-Nufaili S. 1997. Estimation of permeability from well logs using resistivity and saturation data. PE Formation Evaluation 12, 1：27-32

Schlumberger Log Interpretation Charts, 1989, 151pp

Timur A. 1968. An investigation of permeability, porosity, and residual water saturation relationships. SPWLA Ninth Annual Logging Symposium, June 23-26, 968: 1-18

Wang F P, Lucia F J. 1993. Comparison of empirical models for calculating the vuggy porosity and cementation exponent of carbonates from log responses. The University of Texas, Bureau of Economic Geology, Geological Circular 93-4, 27pp

4 沉积结构与岩石物理特征

4.1 引言

在年代地层框架的约束下，可以很好地将岩石物理特性分配到井之间的地层中。从电测数据和岩心中获得的岩石物性数据是一维数据，除了出现的频率和相互间的距离外，没有其他的内在含意。为了构建三维图像，必须用对比的方法将相应数据充填到井间地层的岩层段。由于井眼横切的储层体积只占岩层总体积的百万分之一，而占模型体积 99.99% 的其他部分则完全依赖于所应用的井间岩石物性数据的对比方法。地质统计学方法可以有效地以非均质模式将各种岩石物理特性充填于井间的地层体，这一方法将在下面讨论。与用少数平均性质构建的模型相比，地质统计学方法构建的模型有所改进，但最终图像仍然与实际不符，所产生的只是不符合实际的特性预测。构建一个与实际相符的模型需要下列信息约束下的内插方法：①年代地层框架；②形成岩石物性和改变岩石物性的相关地质作用的知识。

构建岩石物性模型的关键步骤包括：①岩石组构与岩石物理参数之间建立联系；②识别形成这种岩石组构的地质作用；③描述旋回性层序地层框架；④在地层框架中分配相应的具重要岩石物理特征的岩石组构体。第 2 章中，阐述了岩石组构与孔隙大小分布之间的关系，岩石组构与岩石物理参数间的关系，并确认需要描述的主要组构单元（要素）。第 3 章中，讨论了从岩心中获得的岩石组构一维垂向序列的描述，并讨论了岩石组构和岩石物性与测井数据之间的关系。本章将讨论碳酸盐岩沉积结构的成因、岩石物性以及层序地层框架。在随后的数章中，将通过沉积结构的成岩作用痕迹和岩石组构、岩石物性的最终分布，讨论碳酸盐岩储层的形成。

4.2 碳酸盐沉积物的特性

沉积作用是碳酸盐岩形成的初始作用。碳酸盐沉积物形成于温暖的浅海洋区，它直接从海水中沉淀，或者由生物从海水中吸取钙质并形成骨屑物质。因此，碳酸盐岩由大小、形状、矿物成分不同的颗粒组成，这些颗粒混合在一起形成了多种结构、多种化学组成以及相应的孔隙大小分布状况。

碳酸盐岩沉积可以分为松散沉积与胶结沉积，后者是生物活动的结果。沉积物可以经过纤维状藻胶结形成藻叠层石，或者经过现代珊瑚藻（石枝藻）或在泥盆纪经过层孔虫生物的胶结形成礁。生物胶结作用可产生大量的堆积孔洞，从而形成具高渗透性的地层（图 4.1）。

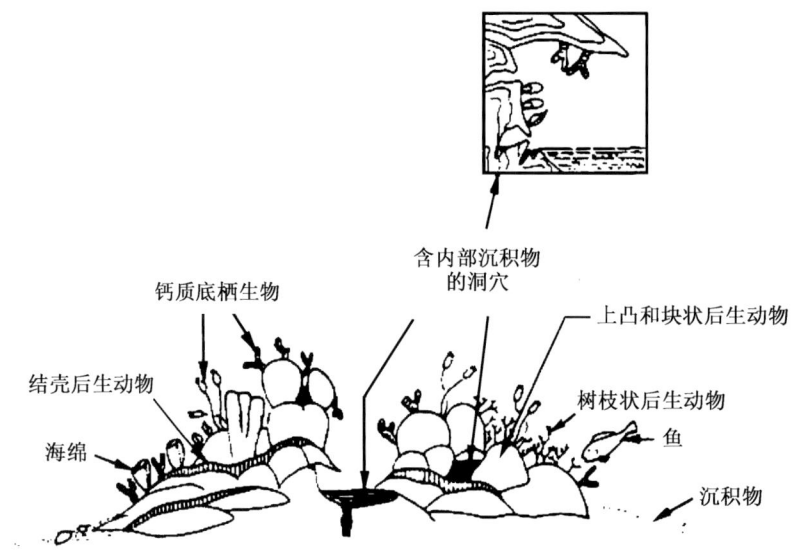

图 4.1　礁复合体示意图（据 James，1984）
展示了大型堆积型洞穴；大的堆积型洞穴和大珊瑚碎屑产生
的沉积结构含有大量大小不等的孔隙

较常见的碳酸盐岩由松散颗粒组成。松散沉积中的颗粒大小通常具有双峰结构特征，即由砂级颗粒（或较大的）部分和泥级颗粒部分组成。一般情况下，砂屑碳酸盐岩颗粒反映钙质骨骼颗粒或它们的钙化硬体部分的大小，例如，珊瑚碎块是典型的巨砾级颗粒，而贝壳物质则小得多。由于暴露在强烈的海流中，受细菌和藻类的钻孔、动物寻食以及有机物质的破碎，骨屑沉积经历了不同程度的机械、生物以及化学作用而破碎成为较小的颗粒（图 4.2）。骨屑破碎后可以形成泥级颗粒（Gischler 和 Zingeler，2002），泥级颗粒大多数是文石晶体，它们是经过钙藻生物作用（图 4.3）或者直接从海水中沉淀形成的

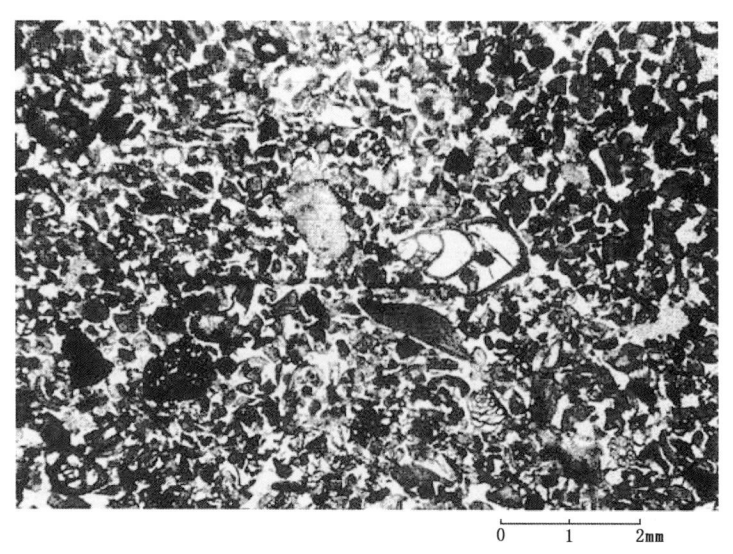

图 4.2　现代骨屑颗粒灰岩的显微照片
骨屑颗粒灰岩由珊瑚、软体动物、珊瑚藻、有孔虫碎片组成，粒间孔隙的大小
受控于颗粒的大小，有孔虫和腹足类动物碎屑中存在粒内孔隙空间

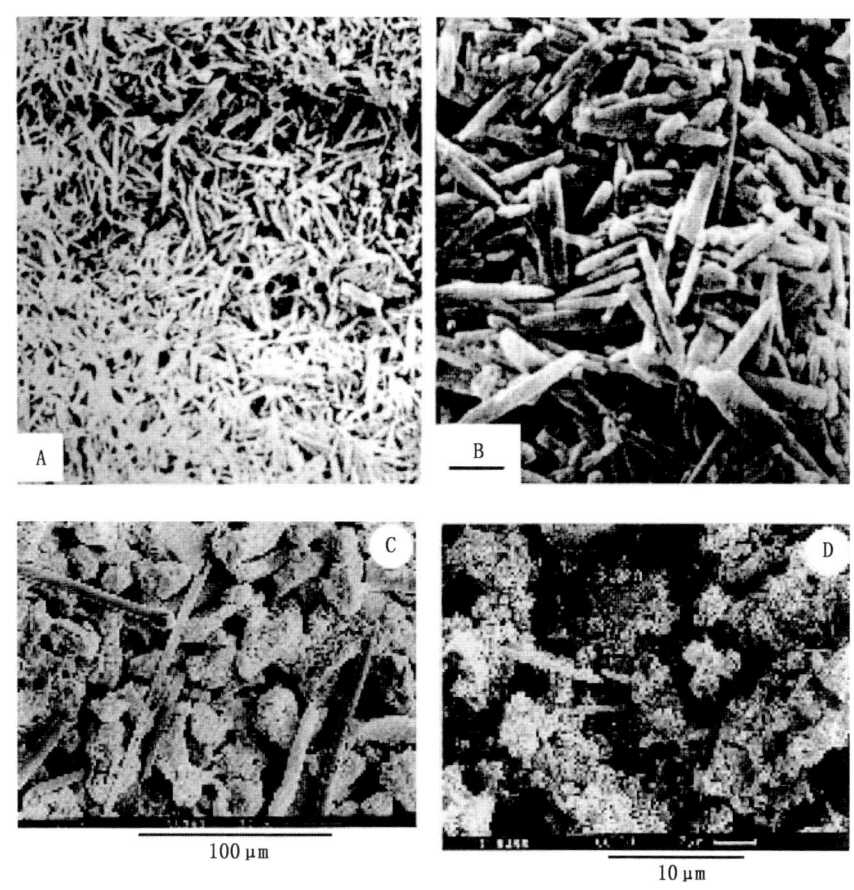

图 4.3 灰泥的电子显微照片

A 和 B 是文石针晶，B 中横杠代表 1μm（据 Gebelein 等，1980）；C 和 D 是由骨屑组成的泥级颗粒（据 Gischler 和 Zingeler，2002）。孔隙空间的大小和形态受针晶和颗粒大小和形态的控制，由于颗粒极小，所以孔隙也极小

（Milliman 等，1993）。钙质浮游颗石藻和有孔虫也属于泥粒级。

生物作用和化学作用既可以使颗粒增大，也可以使颗粒变小。经过潜穴生物的消化器官，泥级沉积可以变为砂级粪球粒（图 4.4），使泥级颗粒变为砂级颗粒。经过藻的包壳作用，颗粒可以增大并形成似核形石。有孔虫能够将泥和球粒黏结，形成葡萄石颗粒。

与化学作用有关的碳酸盐岩颗粒包括鲕粒，它们是在强海流作用环境中围绕核粒的化学沉淀形成的；豆粒则是出露地表的产物（Gerhard，1985）；内碎屑则是出露区或者潮下带环境中岩化沉积物早期破碎形成的。

Dunham（1962）的分类将碳酸盐岩分为生物黏结型和松散沉积型两类（图 4.5）。该分类主要考虑因素是松散碳酸盐岩沉积的双峰结构。分类时，首先考虑的是泥支撑还是颗粒支撑，然后再考虑沉积中泥的含量。属名（如粒泥灰岩和颗粒灰岩）结合颗粒的类型，进一步命名为三叶虫粒泥灰岩或者鲕粒颗粒灰岩。

Embry 和 Klovan（1971）对 Dunham 的黏结灰岩（boundstone）作进一步的分类，由于碳酸盐岩礁通常是由大型造礁生物（如珊瑚、海绵和厚壳蛤）组成的，这些生物或经黏结或经搬运形成由大量颗粒碎屑组成的地层。他们提出一种描述这种复杂结构关系的方

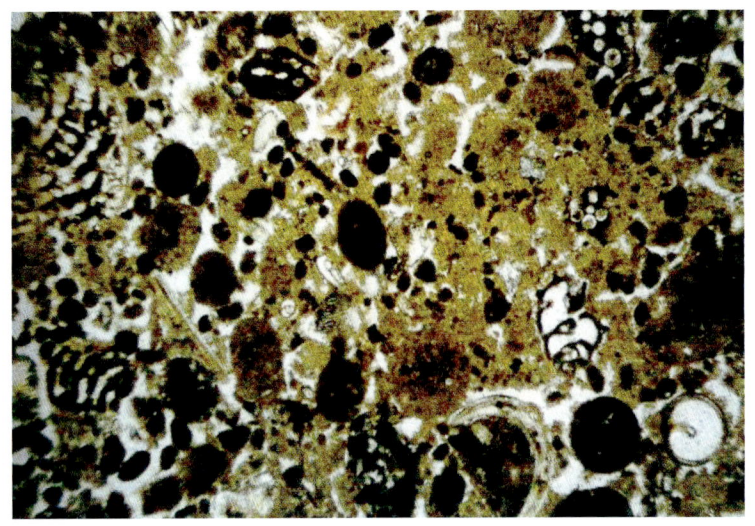

图 4.4　现代球粒碳酸盐泥的显微照片

由于存在颗粒间孔隙空间，这类沉积应划入颗粒为主的泥粒灰岩。然而，压实作用可以破坏颗粒间的孔隙空间，所以最终组构应划入灰泥为主的泥粒灰岩或者球状颗粒灰岩（R.B.Perkins 提供）

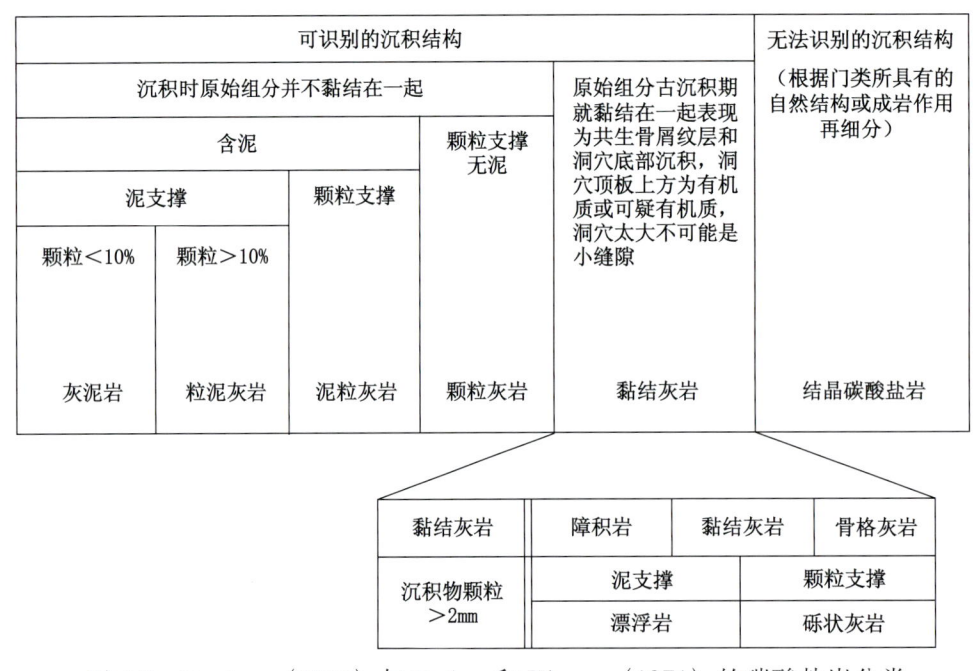

图 4.5　Dunham（1962）与 Embry 和 Klovan（1971）的碳酸盐岩分类

法，还引入术语障积岩（bafflestone）、黏结灰岩（bindstone）以及骨架灰岩（framestone）等术语来描述自生（原地）黏结丘，用漂浮岩（floatstone）和砾状灰岩（rudstone）等术语描述颗粒大于 2mm 的异地搬运礁碎屑沉积。砾状灰岩是颗粒支撑的，漂浮岩则是灰泥支撑的沉积。

由于颗粒支撑意味着砂粒级颗粒之间存在颗粒间的孔隙空间，而泥支撑则表明泥级颗粒之间存在微孔隙空间，所以描述碳酸盐岩结构的方法也可以用于描述碳酸盐岩中孔隙的几何形态。然而，如第 2 章已经讨论过的，由于泥粒灰岩的粒间可能是粒间孔隙或灰泥，也可能只充填了灰泥，所以岩石物理性质描述应该将泥粒灰岩分成灰泥为主的泥粒灰岩和颗粒为主的泥粒灰岩。障积岩和黏结岩中的孔隙分布并非都与颗粒的大小和形状有关，最好把它们划入连通孔洞类型。漂浮岩和砾状灰岩中的孔隙大小分布常与粒间孔隙的结构有关，如果颗粒间的孔隙是由灰泥组成的（漂浮岩），则灰泥颗粒的大小控制孔隙的大小，如果颗粒之间的孔隙部分由灰泥充填或者缺少灰泥（砾状灰岩），则孔隙的大小同时受颗粒大小和颗粒间灰泥的控制。

Enos 和 Sawatsky（1981）对现代碳酸盐岩沉积的孔隙度和渗透率进行了测定。测定结果表明，当灰泥质成分增加时，孔隙度总体增大（图4.6（a）），颗粒灰岩的平均孔隙度约为45%，与分选特别好的砂岩的孔隙度相当。随着碳酸盐灰泥含量的增加，孔隙度可增大至70%，这种变化可能与碳酸盐灰泥中见到的针状文石晶体的多孔叠加有关（图4.3）。

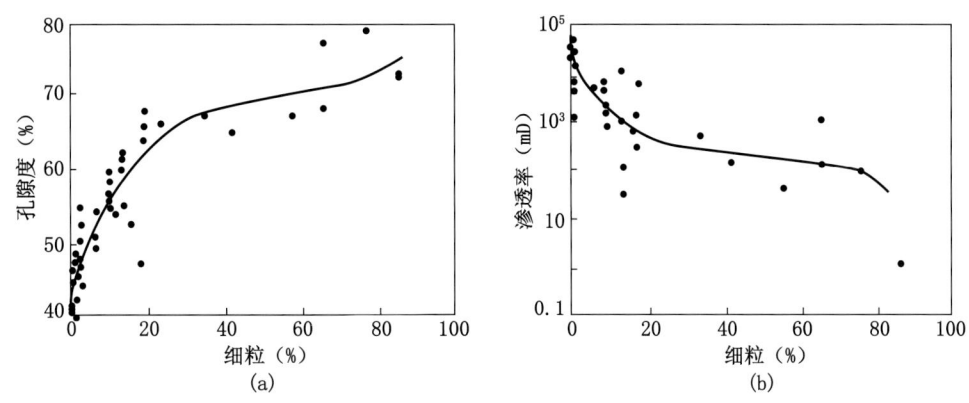

图 4.6　全新世碳酸盐沉积（巴哈马和佛罗里达州）的孔隙度和渗透率数据与灰泥含量的关系图

(a) 细粒成分增加，则孔隙度值可增大至70%；(b) 细粒成分增加，因为泥级颗粒产生的孔隙极小，因此，渗透率减小（Enos 和 Sawatsky，1981）

渗透率是孔隙大小分布的函数，更新世沉积中，渗透率与孔隙度、颗粒大小以及分选性直接相关。由于 5～10μm 文石晶体（图4.6（b））之间的孔隙很小，灰泥为主沉积物的渗透率为 1～200mD。灰泥含量由 20% 减少至 0，渗透率随之增大，表明颗粒大小对孔隙大小的影响增大。颗粒间存在灰泥的颗粒为主沉积物，其渗透率平均值为 2000mD。

碳酸盐岩的颗粒（晶粒）间存在孔隙空间，颗粒内也存在孔隙空间。粒间孔隙空间的大小与沉积颗粒的大小和形状有关。碳酸盐岩颗粒有多种形状，如球状鲕粒、扁平和旋转状壳碎片、板状和棒状藻、针状文石晶体等，颗粒大小也不同，如5μm 文石晶体、砂级鲕粒、巨砾级珊瑚碎块等。粒内孔隙空间的大小与颗粒结构有关，腹足动物和有孔虫的生命腔体是相对大的孔隙（图4.2，图4.4），组成现代鲕粒（Folk 和 Lynch，2001）（图4.7）和似球粒的文石针晶之间存在微孔隙。初步估计，现代鲕粒和似球粒含15%的微孔隙。位于颗粒内的孔隙空间只有通过粒间孔隙空间才能够互相连通，所以属于分散孔洞型孔隙。这些因素导致未固结碳酸盐岩沉积中孔隙度及其孔隙大小分布的多样性。然而，粒间孔隙的大小以及孔隙大小的分布则总是与颗粒的大小、形状及其分选性有关。

全新世沉积与碳酸盐岩储层之间的孔隙度与渗透率对比表明，现代沉积具更高的孔隙度和渗透率。在美国，碳酸盐岩储层的平均孔隙度为12%，平均渗透率为50mD

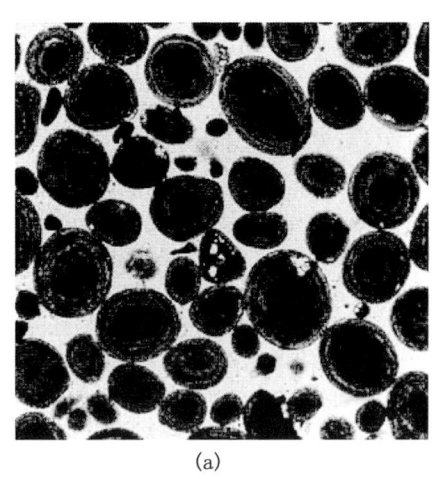

图 4.7 再沉积的巴哈马鲕粒灰岩的显微照片
(a) 扫描电子显微照片；(b) 组成鲕粒的微粒文石晶体内的微孔隙空间

(Schmoker 等，1985)，而全新世碳酸盐岩沉积的孔隙度高达 40%，渗透率大于 100mD。因此，所有现代碳酸盐岩沉积的渗透率都达到了储集岩的标准。

应该考虑碳酸盐沉积物中矿物组分在成岩过程中的作用。碳酸盐沉积物由三类不同的组分构成，它们的稳定性是不同的（Walter，1985；图 4.8）：文石是斜方晶体结构，在地表条件下不稳定；方解石是三斜晶体结构，纯的方解石晶体在地表是稳定的，然而，镁离子可以置换方解石晶体中的钙，随着镁含量的增加，其稳定性逐渐降低，更新世方解石中，镁碳酸盐的含量为 20%，含镁高的方解石被称为高镁方解石。

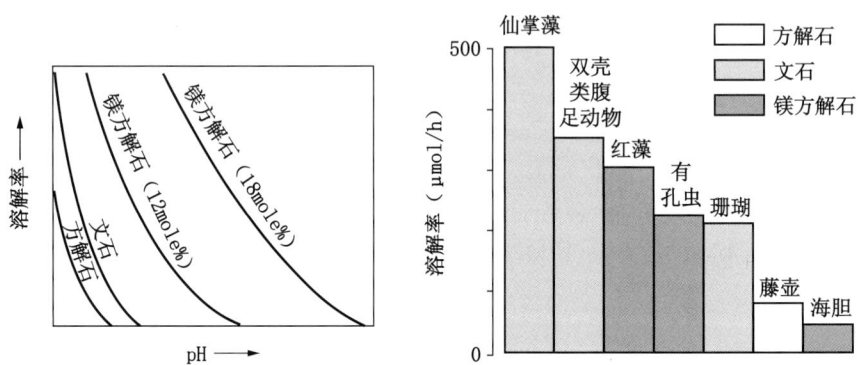

图 4.8 碳酸盐岩沉积物的溶解作用、结构和矿物之间的相互关系
（据 Walter，1985）

海洋生物形成的矿物随着门类不同和经历的地质时间不同而变化（图 4.9）。例如，现代红藻由高镁方解石组成，腕足动物由低镁方解石组成，珊瑚由文石组成。现代鲕粒由文石组成，但古代的许多鲕粒则是由低镁方解石组成。碳酸盐泥通常是由上述三种矿物组成的混合物，其中文石最丰富。

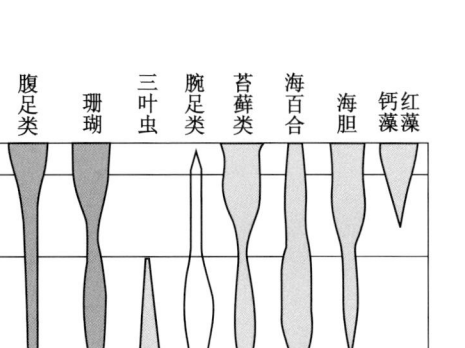

图 4.9　海洋生物的矿物成分（据 Wilkinson，1979）

4.3　层序地层格架

碳酸盐岩中，岩石物理性质的空间分布受沉积结构分布的控制，用年代地层学和层序地层格架（高频旋回层（HFC）、高频层序（HFS）和复合层序组成）（Kerans 和 Fitchen，1995）可以完美地描述它们的沉积结构。高频旋回层（HFC）是以海泛面及其相当的层面为边界，有成因联系的地层或地层组，它是一个年代地层单元。高频层序（HFS）是以不整合面为层序界面的一组表现为海进和海退的高频旋回层。复合层序是由多个高频层序组成的、以不整合面为界面的沉积层序。

海泛事件和伴生的不整合面被认为是全球海平面升降的产物。假设构造沉降为常数，每个高频旋回层从海平面上升引起的海泛事件开始，导致海侵和滨线后退，使容纳碳酸盐沉积物的空间（称为可容纳空间，图4.10）增加。随后是海平面稳定期，在该时期，沉积碎屑部分充填或者全部填满可容纳空间。最后是海平面下降，可容纳空间减小，此时出现海退、滨线向前推进，碎屑物从陆架向盆地搬运（图4.10）。海平面下降期间，碳酸盐台地可能出露，沉积作用停止，并出现侵蚀作用。相对海平面再次上升导致另一次海泛事件，沉积旋回反复进行。海泛事件近似于年代地层界面，可将高频旋回层定义为时代—地层单元。

海泛事件重复出现的原因包括：由于可容纳空间被填满所导致的碳酸盐沉积物停止生成（自旋回）；周期性沉降；外因引起的强制性海平面升降（他旋回）。通常认为，强制性海平面升降可能与气候变化造成的大陆冰川体积变化有关，也可能与地球运转轨道变化等因素有关（Kerans 和 Tinker，1997）。众所周知，更新世的海平面升降是大陆冰川兴旺和衰亡的响应。本书目的不是探讨高频旋回层的成因，而是将碳酸盐岩储层中常见的韵律层假设为是由海平面升降引起的。

高频旋回层概念已经直接应用于碳酸盐岩储层的表征和流动模拟研究，高频旋回层是地层框架中最重要的地层单元。高频旋回层内，岩石组构的纵向和横向序列可以解释

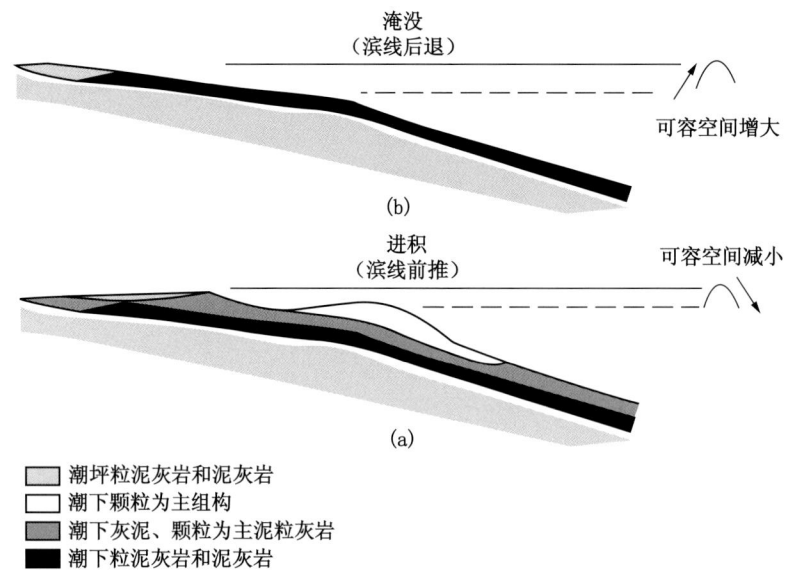

图 4.10　由构造沉降和全球海平面升降联合作用导致的沉积旋回层的形成示意图

(a) 海平面上升，陆架被淹，沉积物可容纳空间增大；(b) 海平面下降时发育进（前）积层序，减小的可容纳空间使沉积碎屑堆至海面（较高的能量环境），并使碎屑向陆架外输送

为可预测的岩石物理性质值的组合模式，以帮助测井解释，并为实施岩石物理性质动态预测建立量化的框架。

4.3.1　高频旋回层

在一维模型中，高频旋回层（high frequency cycle）由沉积结构的垂向序列限定。沉积结构和岩相的横向分布则可限定高频旋回层的二维剖面形态。旋回层有两类垂向序列：①粒度和分选性均向上增大的结构序列组成的潮下旋回层；②以潮坪沉积为顶的潮下结构旋回层。

结构的垂向序列反映水流能量的变化，而旋回层的厚度则反应沉积物可容纳空间和沉积速率。沉积相的横向分布反映能量级别、地貌和生物活动作用。这些变化都与碳酸盐岩台地的几何形态有关。可将台地分为斜坡型和镶边陆架型（Reed，1985）。斜坡型台地具一个平缓的斜坡，坡角约为 2°（图 4.11），而沉积镶边陆架是加积作用形成的陡陆架边缘（倾角为 15°至近于直立）。潮汐和波浪作用产生洋流，洋流集中在主要的地貌特征区，如斜坡和镶边的陆架边缘、岛屿以及滨线（图 4.11 (b)）。在地貌和洋流的共同作用下，自向陆一侧朝盆地一侧形成岩相变化，分别为：①潮缘的灰泥—颗粒为主结构和蒸发岩相；②中陆架灰泥为主及偶尔出现的颗粒为主的泥粒灰岩相；③陆架脊部颗粒为主岩相和礁；④外陆架灰泥为主至颗粒为主的岩相；⑤盆地相灰泥为主岩相和碎屑流（图 4.10 (a)，图 4.11)。

潮缘相由顶部为潮坪沉积的旋回层组成，通常分布在碳酸盐岩陆架向陆一侧。旋回层的形成是与可容纳空间中的碎屑充填至海面，并由潮汐、风暴流将碳酸盐岩碎屑搬运至海平面之上的泥坪处沉积有关。因此，以潮坪沉积为顶的旋回层可以证明，覆盖在潮下带之上的潮间带沉积和潮上带沉积的进积作用使滨线向海的方向移动（图 4.11 (b)）。

顶部是潮坪沉积的旋回层，一般发育在不受波浪影响的滨线环境。潮下带沉积主要

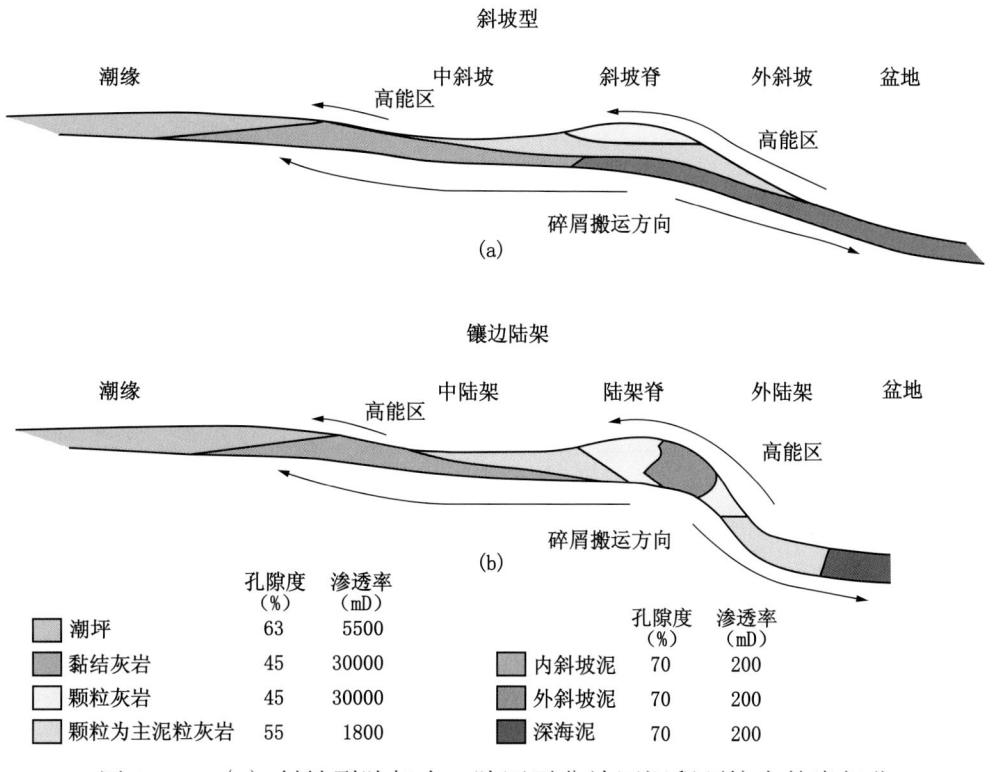

图4.11 （a）斜坡型陆架中，陆区至盆地区沉积环境中的岩相分布；（b）镶边陆架中，陆区至盆地区沉积环境中的岩相分布

岩相的有序分布与地形和水流的能量有关。图中全新世沉积结构的特征孔隙度和渗透率值引自 Enos 和 Sawatsky（1981）

是碳酸盐泥，也有少量颗粒集中分布在河道和滩脊。潮坪沉积环境可以分为潮间带和潮上带：潮间带是平均高潮面与平均低潮面之间的垂向层段，这种层段的区域，每天被海水淹没两次；潮上带定义为每日海潮达不到而仅在满潮和风暴潮时才被正常海水淹没的区域。

潮间带沉积物的特征是具有无特别沉积结构的潜穴球粒状泥质沉积物，最好的识别标志是它直接位于潮上带地层之下（见表4.1）。藻纹层集中分布在潮间带地层与潮上带地层的界面部位。潮上带，也称为萨布哈，如广泛分布的波斯湾潮上滩（Patterson 和 Kinsman，1981），它具有不规则纹层、豆粒、泥裂、内碎屑、网状组构等特征，易于识别。这些组构特征是短期快速沉积之后，经历长期干燥环境的反映（表4.1；潮坪环境的详细说明见 Shinn，1983）。

表4.1 顶部是潮坪沉积的旋回层的沉积特征（Lucia，1972）

解释的沉积环境	沉积构造	化 石	结 构
潮上带	不规则纹层 岩屑 泥裂 网状 豆粒状 层状硬石膏	罕见	颗粒为主的泥粒灰岩至粒泥灰岩

续表

解释的沉积环境	沉积构造	化石	结构
潮间带	藻叠层石 潜穴	少量软体动物、有孔虫、介形类	颗粒为主泥粒灰岩至粒泥灰岩
潮道	水流纹层 交错层理	少量海胆类、 软体动物	岩屑，细砂级球粒，泥
潮下带	潜穴	局部丰度高，封闭水体中的软体动物、有孔虫、瓣鳃类	颗粒灰岩至粒泥灰岩

在波浪控制的海滨区，海滩环境代替潮坪环境。在高能环境中，颗粒灰岩滩建造超出海面，形成沿滨线分布的岛，但它们与碎屑沉积区分隔。海滩环境可分为临滨和前滨：临滨环境位于低潮线之上，主要受潮汐活动和风速的影响；前滨环境位于低潮线以下，主要受岸流的影响。向上粒度变大、分选性变好是典型的滨线沉积，它是滨线附近水深变浅、水流能量增强环境中的沉积产物（见 Inden 和 Moore，1983）。

在干燥气候环境，蒸发岩沉积从静海海水中沉淀出来，静海区与广海区之间被潮汐流砂屑或者颗粒灰岩坝分隔（Lucia，1968，1972；Lloyd 等，1987）。由不连续障壁坝与海分隔的超盐度封闭潟湖是说明蒸发岩沉积的常用模型。当海水的体积由于蒸发作用减小到原体积的 1/3 时，首先沉淀出石膏，当体积缩小到 1/10 时，沉淀石盐。蒸发量是蒸发作用、超盐度潟湖水与海洋海水之间的交换量，以及向下流入下伏地层的高盐度回流（reflux）水（Deffeyes 等，1965）数量净比值的函数。如果潟湖水不外流，盐度增加导致石盐沉积；如果有中等水量发生交换，盐度较小导致石膏沉积；如果潟湖水与广海水能正常交换，则不会形成蒸发岩。

超盐度潟湖的大小以及成因是不同的。作为里海的一部分，卡拉布加斯湾的面积约 14000km^2，障壁坝将其与里海分隔。海岸区的盐度相当低，在葡属安德列斯群岛的博奈尔岛，珊瑚滩将佩克米尔与广海分隔，面积仅 3km^2。同样，封闭的类型也各不相同。海洋经过珊瑚滩为佩克米尔补充海水，而沟通卡拉布加斯湾和里海的则是窄的河道。然而，与超盐度潟湖的面积相比，勾通超盐度潟湖与广海之间通道水体的面积是很小的（Lucia，1972）。

纹层状和聚结—团块状结构是沉积蒸发岩的识别标志。纹层状硬石膏说明，石膏晶体首先从水中析出，然后沉入水底，在深埋过程中转变为硬石膏层。聚结—团块状结构则说明是依附在水底生长的石膏晶体，并经历了后期的成岩改造，在深埋过程中由石膏变为硬石膏（Warren 和 Kendall，1985）。沉积蒸发岩地层直接覆盖在潮下带沉积之上，并出现在潮上带地层内。当潮下带层序中出现硬石膏时，它说明海平面发生了变化，且是高频旋回层顶的标志。分布在潮上带地层中的蒸发岩表明海平面发生了变化，或者由于沉积作用（如障壁坝的形成）导致封闭环境的扩展。

沉积在中陆架静水环境的潮下带旋回层，具灰泥为主结构，异化颗粒的数量向上增加，且动物含量发生变化。随着可容纳空间沉积作用的进行，沉积面上移逐渐接近波浪和风暴流，所以颗粒为主的泥粒灰岩成为旋回层的顶。潜穴生物扰动泥质沉积并产生球粒，球粒与贝壳共同组成了沉积岩的颗粒部分。局部地貌可能形成足够的水流能量，以产生颗粒为主的组构和塔礁。该环境中的沉积物也存在球（粪）粒间孔隙空间，粪粒在深埋压实过程中通常变为球粒粒泥灰岩或者灰泥为主的泥粒灰岩结构（详细描述见 Wilson 和 Jordan，1983；Enos，1983）。

颗粒为主的泥粒灰岩和颗粒灰岩通常是高能环境的沉积物，常发育在对钙质灰泥筛选作用强烈的陆架脊部（图 4.11，4.12）。灰泥为主至鲕粒灰岩结构的典型向上变浅层序是这类环境的标志（图 4.13（a）；Ball，1967；Harris，1979）。典型高能环境沉积包括：①陆架边缘砂体，在这种部位，经陆架斜坡漏入的潮汐能量产生了分布广泛的潮汐坝和海相砂体带；②后礁砂体，砂体的形成与沉积碎屑从镶边陆架边缘礁体向陆搬运有关；③内岛水道（潮道）成因的中陆架局部沉积，可以形成舌状潮汐三角洲。

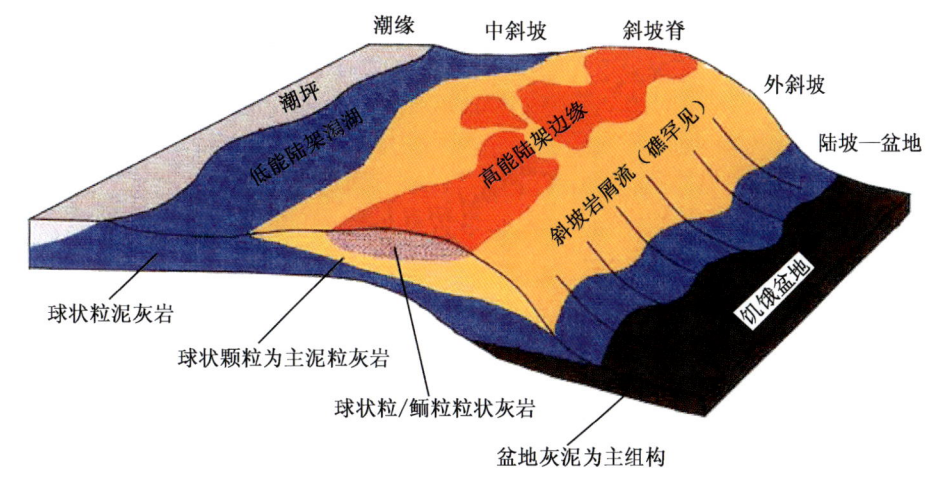

图 4.12　碳酸盐斜坡中的岩相组合与地形的立体示意图

颗粒为主的泥粒灰岩通常具有潜穴生物扰动，但无明显的水流搬运痕迹。然而，部分颗粒为主的泥粒灰岩，可能与灰泥质沉积和颗粒灰岩沉积经潜穴生物扰动混合所增加的碳酸盐泥有关。从波状层理到大型花彩弧状交错层理，不同类型和不同规模的交错层理通常有多个倾向，表明是潮汐流沉积，颗粒灰岩地层中常可见到这类层理（详细描述见 Halley 等，1983）。

礁集中发育在镶边陆架边缘的高能环境中，这些部位可以得到来自于深盆区的营养。"礁"这一术语在石油工业中应用不正确，过去的一段时间中，被用于表述所有碳酸盐岩储层。本书中，该术语"礁"专用于描述由黏结岩或障积岩组成的碳酸盐岩岩体，这是因为它们具有与生物黏结特征有关的独特的孔隙结构。礁表示生活和生长在一起的生物种族的物理组合，而与物理沉积作用无关。同时，礁又是碳酸盐岩沉积的主要来源，礁通常只分布在高能环境，颗粒灰岩是与礁有关的沉积物。形成礁的生物在地质史上是不断演化的，前寒武纪是叠层石礁，志留纪是珊瑚礁，泥盆纪是层孔虫礁，二叠纪是海绵礁，白垩纪是固着蛤礁，以及其他的礁类型，从而使礁的结构和几何形态具多样性。

另一种常被称为礁的碳酸盐岩堆积，更确切地说应该是碳酸盐岩建造丘或者是生物岩丘。这类沉积体具有地形起伏的特征，它们的形成与先前存在的地形隆起或局部的生

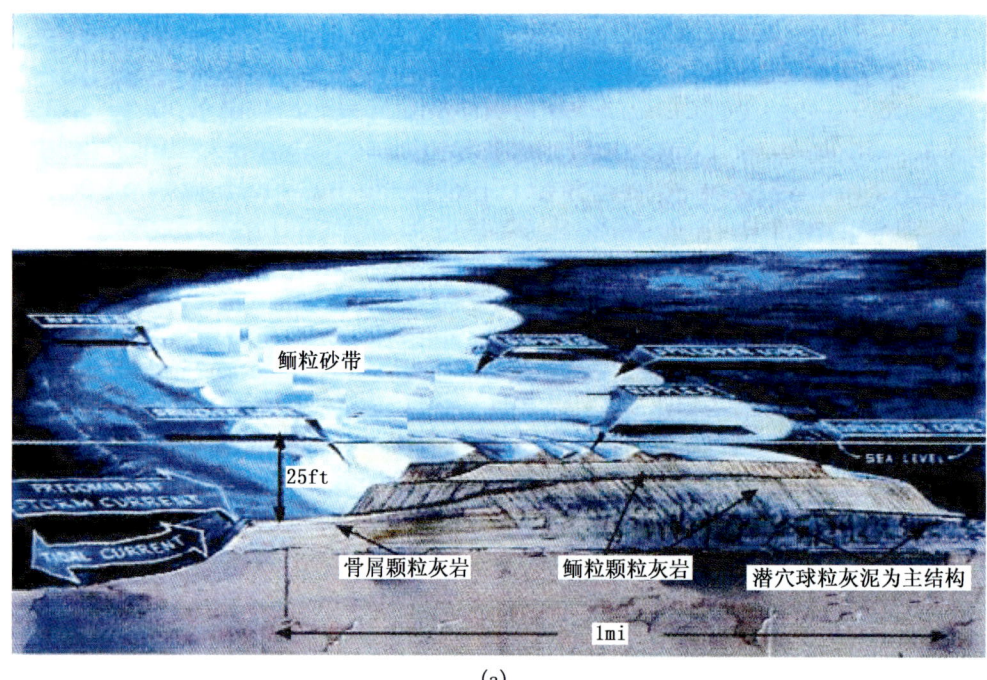

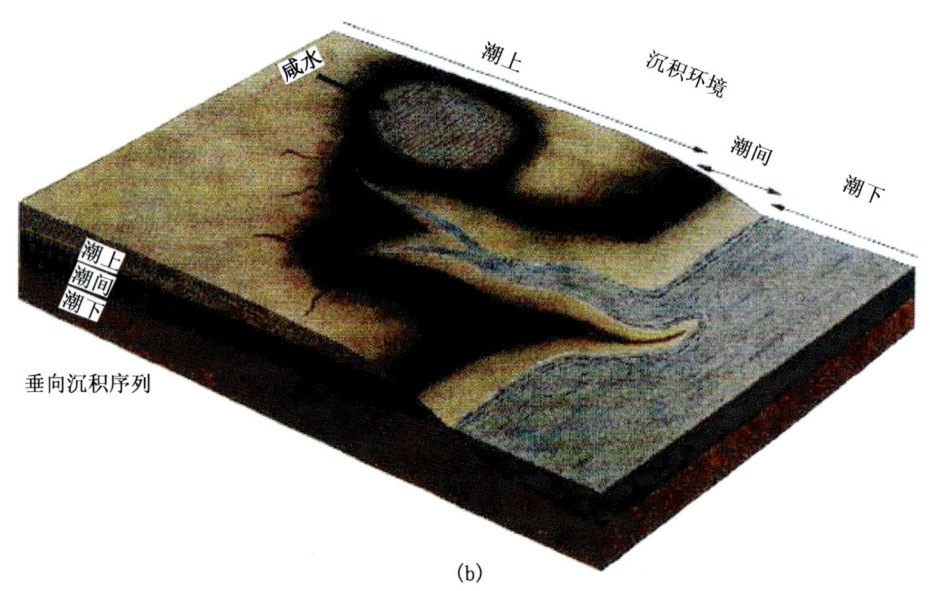

图 4.13 两类典型沉积层序的示意图

(a) Cat Cay 鲕粒砂带,展示了巴哈马滩中从潜穴球粒泥灰岩到鲕粒颗粒灰岩(Ball,1967)的垂向序列;(b) 进积型蒸发潮坪的立体图,展示了总体沉积环境及其垂向序列

物活动有关。这些沉积中只含少量黏结岩和障积岩成分,它们的岩石物理特性可以用沉积结构进行描述。生长初期,它们发育在浅海和深海环境,但随后可生长至海平面(礁和生物岩丘的详细描述见 James,1983)。

发育在斜坡和盆地区低能环境中的潮下带旋回层,可以全部由灰泥为主结构组成。旋回层中异化颗粒的百分含量向上增大,或者含粒级层理(鲍马序列)。这种环境中形成的高频旋回层是很难识别的，所见到的旋回性成因可能与陆架环境形成的高频旋回层中的沉积作用不同。

与碳酸盐岩台地相邻的陆架斜坡和盆地区，接受了来自陆架的重力流碎屑，也接受了散落下来的钙质浮游动物和浮游植物。这类典型的泥质沉积不时被粗粒碎屑流所打断。岩屑流、坍塌沉积、礁塌（reef talus）带、颗粒流以及浊积岩是典型的机械搬运形成的。沉积物流动的类型，部分取决于斜坡的坡度。由礁屑和其他的岩屑流物质组成的角砾岩地层，通常都分布在镶边陆架的陡坡，而坍塌沉积和颗粒流则分布在平缓的碳酸盐斜坡。浊积岩常发育在下陆坡和盆地中（Enos 和 Moore，1983；Cook 和 Mullins，1993；Scholle 等，1983）。

高频旋回层岩石的孔隙度和渗透率剖面反映了沉积结构的垂向序列（图4.14）。旋回

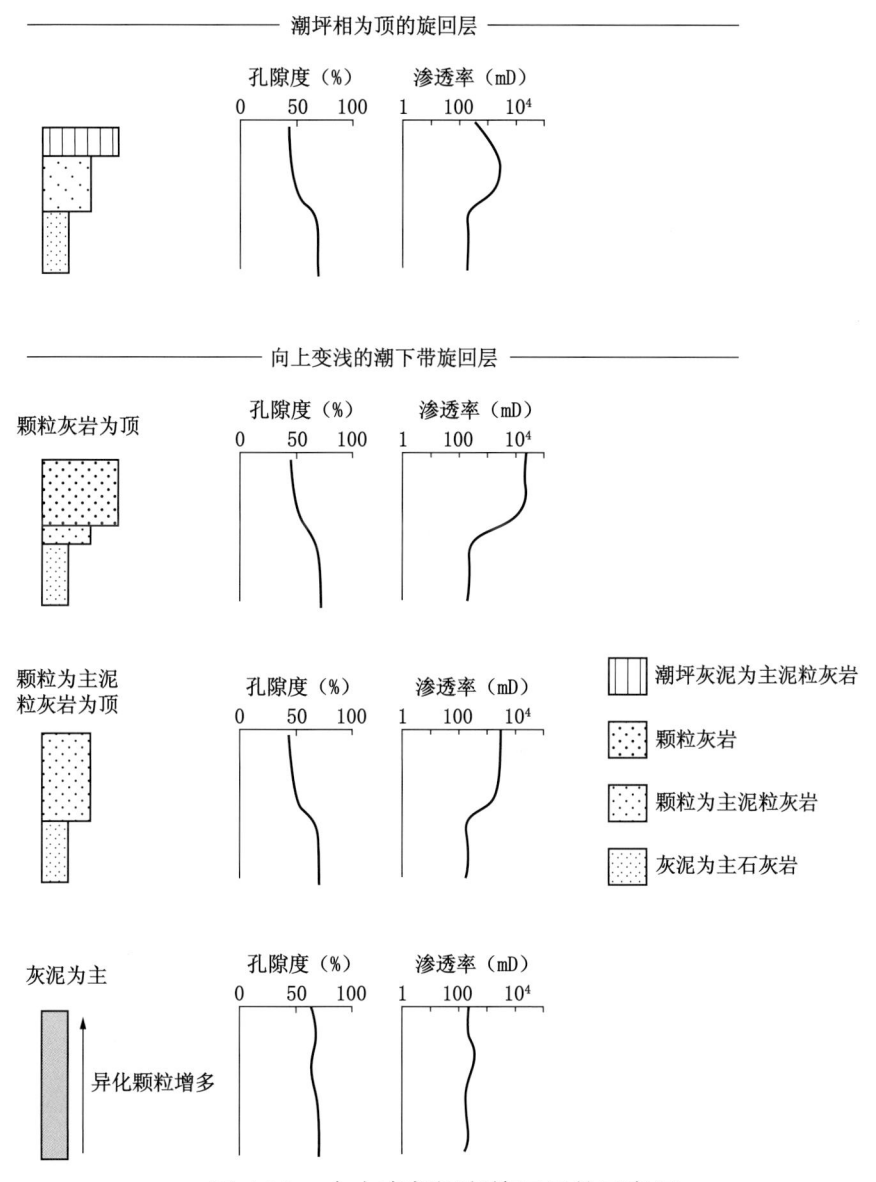

图 4.14 向上变粗沉积旋回层的示意图

按沉积环境不同，向上变粗的潮下带旋回层的顶部可能是颗粒灰岩、颗粒为主泥粒灰岩，或者是灰泥为主的泥粒灰岩。潮坪是海平面的标志，所以，顶部是潮坪沉积的旋回层是很重要的。孔隙度和渗透率的垂向剖面与沉积结构有相关关系

层底部通常是灰泥为主结构,孔隙度为70%,渗透率达200mD。其上为颗粒为主的泥粒灰岩,泥粒灰岩的孔隙度为60%,渗透率是2000mD。在高能环境中,旋回层顶部是颗粒灰岩,颗粒灰岩的孔隙度为45%,渗透率为30000mD。岩石物理性质的二维分布受岩相横向展布的控制。图4.10展示了岩石物理性质的二维展布模型。尽管渗透率值范围相当广,但所有的孔隙度和渗透率值都表明它们是属于高品质的储集岩层。

4.3.2 高频层序

海平面升降变化的反复进行导致高频旋回层的垂向叠置(图4.15)。旋回层的垂向叠置可以产生退积旋回层、加积旋回层、进积旋回层。每个旋回中,当全球海平面的下降量远小于相对海平面上升量的时期内,产生退积旋回层,这种层序中,每个旋回层中的海岸线向陆方向推移,被称为海进或退积,所形成的地层称为海进体系域(TST)沉积。当海平面的上升量和下降量相当时,形成加积旋回层,岩相垂向叠置,这些旋回层被定义为高位体系域(HST)的组成部分。在每个旋回中,全球海平面的下降量远大于相对海平

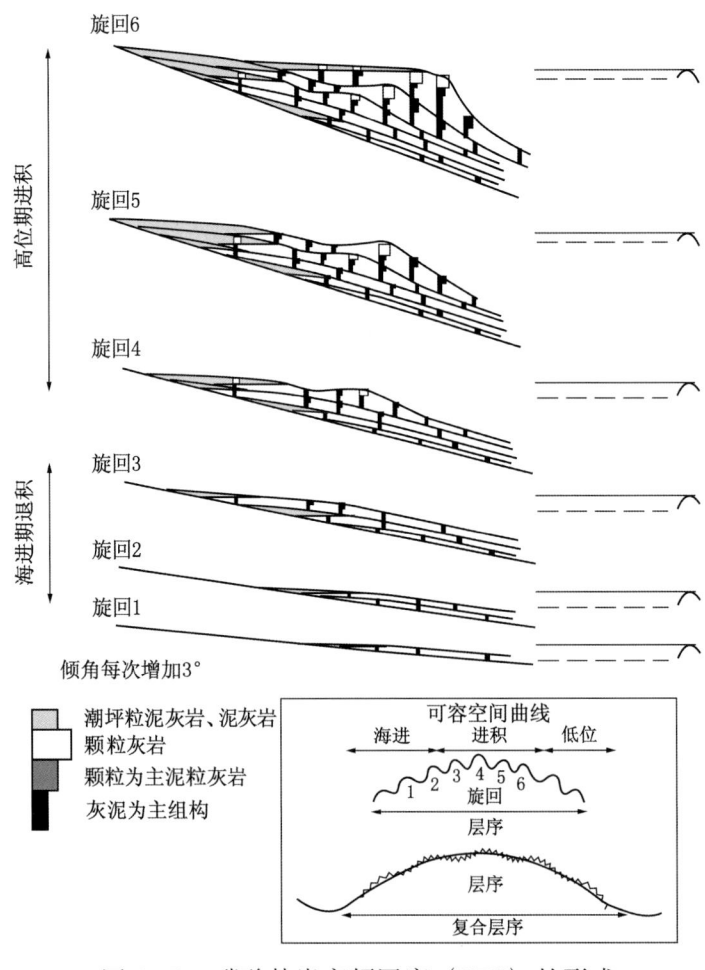

图4.15 碳酸盐岩高频层序(HFS)的形成

数个旋回层组合为长周期海平面变化,称为高频层序。当全球海平面上升量长期大于海平面下降量时,发育退积旋回层,反之,则发育进积旋回层。多个高频层序可组成一个复合层序,这是更长时间段海平面的变化

面上升量时，形成进积旋回层，连续旋回层中的滨线不断向海方向推移，这种岩相组合被描述为进积或海退层序，所沉积的地层是高位体系域（HST）沉积。相对海平面最低时沉积的地层叫做低位体系域（LST）。从海进体系域—高位体系域—低位体系域的层序确定了一个较大的海平面变化标志，被称为一个高频层序（HFS；图4.15）。

海进体系域沉积的旋回层是典型的潮下带旋回层，旋回层的顶部很少为潮坪沉积。随着地形坡度的变化，其结构向上可能逐渐变粗，至以颗粒为主。潮坪带局限分布在滨线附近，且由于滨线总体具海进特性，潮坪沉积不会向海的方向延伸很远。由于总体背景是海平面上升，各个连续的旋回层都开始于更向陆的部位，图4.15中的旋回层1、2、3展示了这一特征。由于全球海平面上升量小于相对海平面下降量，容纳空间减少，高位体系域沉积的旋回层是较高能量环境中的沉积。高位体系域中，靠岸一侧通常发育顶部是潮坪沉积的旋回层，潟湖相灰泥为主的潮下带旋回层，顶部是颗粒为主的泥粒灰岩和颗粒灰岩的旋回层，礁发育在陆架脊部；外陆架和盆地区发育灰泥为主的旋回层（图4.15中的4、5、6旋回层）。在高位体系域，由于全球海平面上升量小于相对海平面下降量，旋回层开始超覆在陆架上。由于沉积物充填满可容纳空间，所以：①潮坪带有充分机会向海延伸；②陆架的碎屑向盆地搬运，形成外陆架的斜沉积层。

图4.16说明了这一过程所产生的沉积结构模式在高频层序中有规律的分布。

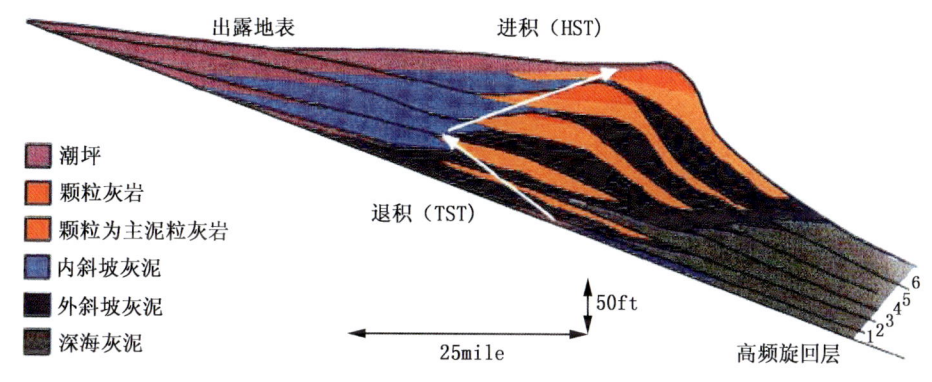

图4.16　图4.13所示构建的高频层序

展示了沉积结构和高频旋回层的分布，颗粒灰岩集中分布在高位体系域的斜坡脊岩相区

岩石物理性质的分布将遵循岩石组构岩相模式的分布，最高渗透率分布在颗粒灰岩相，最低渗透率分布在碳酸盐泥相。图4.17展示了岩石物理性质在地层中的最终分布状况。结果表明，穿时的高渗透率颗粒灰岩在朝盆地方向与低渗透率的灰泥质陆坡相和盆地相沉积相接；向陆的一侧与中陆架低渗透率灰泥质沉积相接。高频旋回层的价值是刻画出了高渗透率颗粒为主岩相的穿时（不同时代）性质，并说明这些岩相被层状的低渗透率灰泥质沉积物分隔。

4.4　实例

San Andres组是可以见到碳酸盐岩地层中岩石组构岩相规则分布的最好实例。该地层组出露在瓜达卢普山脉的阿尔及利塔陡崖区（得克萨斯和新墨西哥州）（图4.18；Kerans

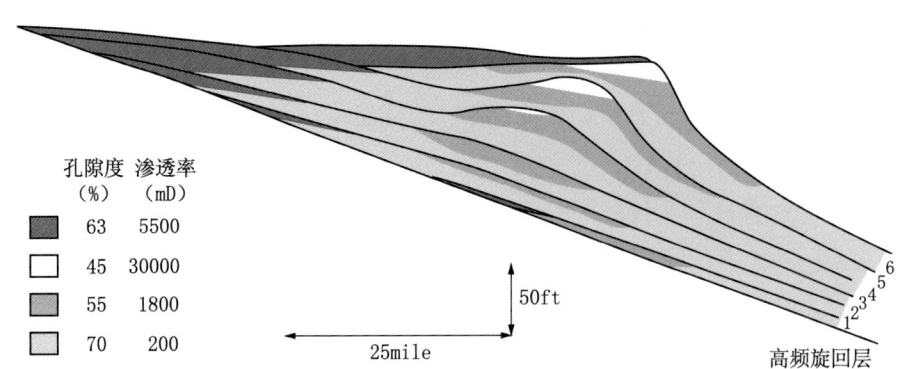

图 4.17　图 4.13 所示构建的高频层序简图

展示了基于沉积结构的岩石物理性质的分布，渗透率最高的储层集中分布在斜坡脊和潮坪带

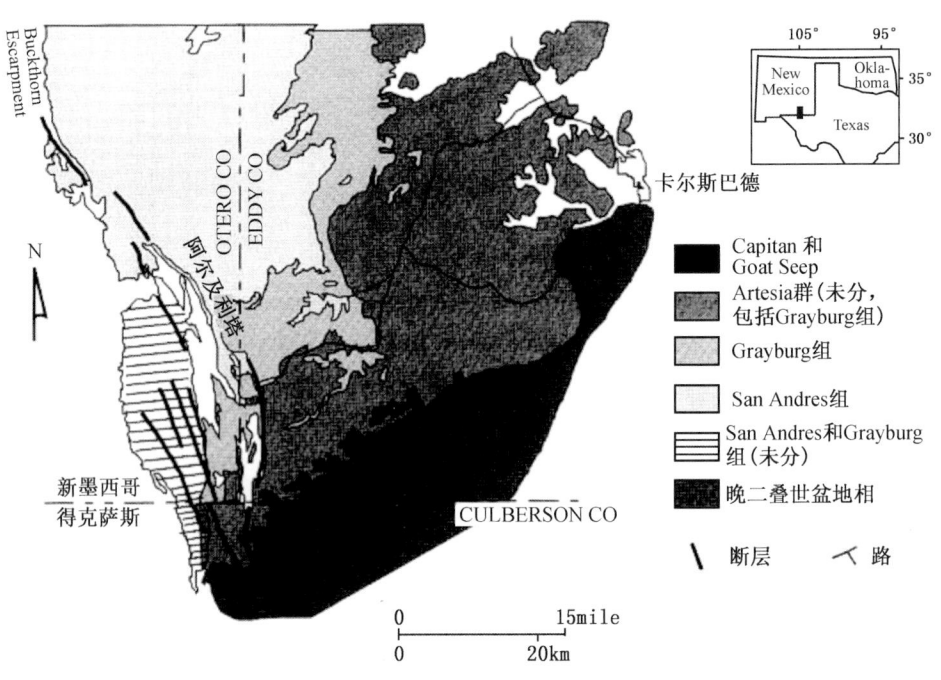

图 4.18　瓜达卢普地区地质图（Kerans 等，1994）

展示了阿尔及利塔陡崖 San Andres 组地层露头区的位置

等，1994）。区域地质图表明，San Andres 组厚度是 1500ft，可划分为多个高频层序和复合层序。每个层序由高频旋回层组成，多个旋回层中的岩相组合以及相邻两旋回层之间的岩相差异可以确定海进体系域和高位体系域。露头区收集到的岩石物性数据表明，白云质颗粒灰岩的渗透率是 20mD，颗粒为主白云质泥粒灰岩的渗透率是 4mD，白云质粒泥灰岩的渗透率是 0.4mD，白云质灰泥岩的渗透率是 0.1mD。

该组与二叠盆地 San Andres 组储层非常相似，对该地层中的储层段进行了详细成图。储层段出露区长 1.6km，高约 30m。多个实测剖面的岩相描述表明，露头区剖面可以成图的高频旋回层有 9 个（图 4.19）。它们是向上变浅的不规则旋回层，通常从底部的泥灰岩，向上依次变成粒泥灰岩或灰泥为主的泥粒灰岩、颗粒为主的泥粒灰岩、颗粒灰岩，顶部有

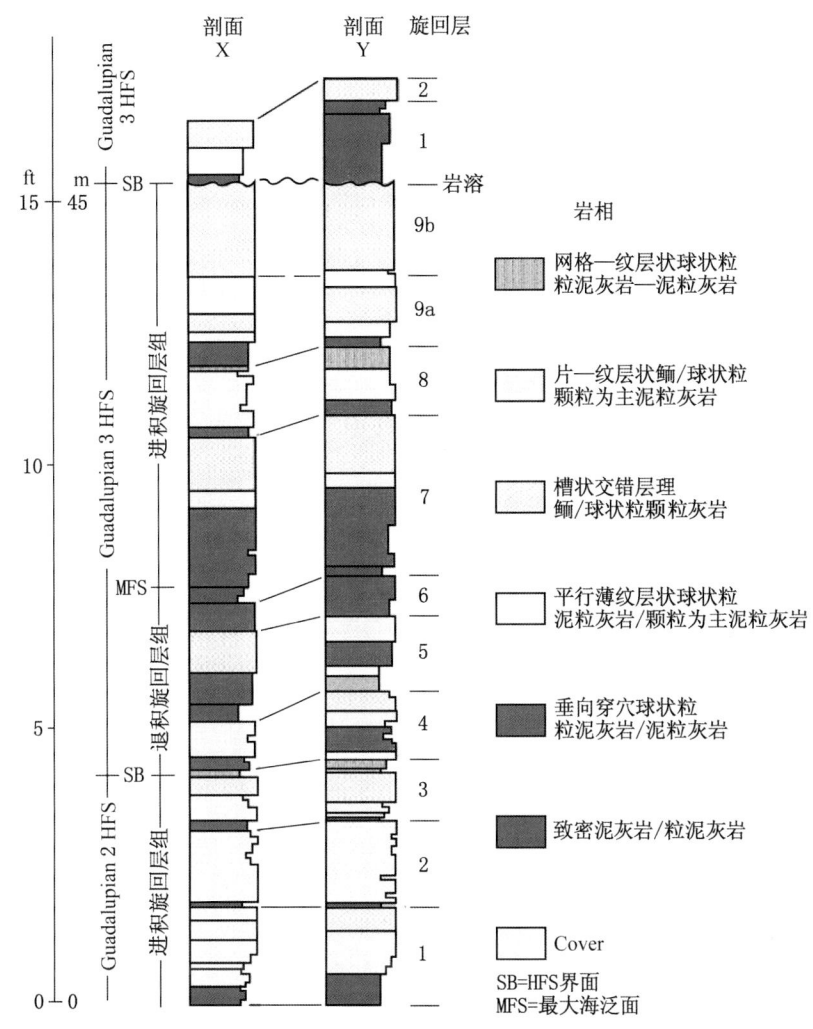

图 4.19　阿尔及利塔陡崖 San Andres 组实测剖面（Kerans 等，1994）
展示了旋回层内各类岩相的分布以及劳伊河谷出露储层内旋回层与高频层序（HFS）框架之间的关系

时出现潮坪沉积。图 4.19 中，旋回层 3 和 8 的顶部是潮坪沉积；1、2、7 和 9 是以厚层颗粒灰岩或颗粒为主泥粒灰岩为顶层的潮下带旋回层；旋回层 4、5、6 的顶层是颗粒为主的薄泥粒灰岩层。这种垂向序列说明，旋回层 3 与 4 的接触处是层序边界，9 与上覆层之间有层序边界，上覆层超覆在出露的旋回层 9 的地层界面上。旋回层 1～3 是下部高位体系域中的进积旋回层；7～9 是上部高位体系域中的进积旋回层。旋回层 4～6 是海进体系域中的退积旋回层。这两个层序界面可在瓜达卢普山全区追踪，Kerans 等（1994）、Kerans 和 Fitchen（1995）将它们定为 Guadalupian 2 高频层序和 Guadalupian 3 高频层序。

和井的资料一样，实测剖面提供的也是一维数据。然而，在良好的露头区，通过对地表剖面之间的岩相横向成图和斜向的航空照片，可以得到二维数据。已经对所描述的旋回层界面追踪 1.6km，并对沉积相进行成图。岩相的横向变化是渐变的，不存在突然的相变面，岩相并不穿越层序界面。在中斜坡部位，岩相的垂向序列比斜坡脊部的更加复杂，外斜坡的旋回层是单一向上变粗的旋回层，底部是泥灰岩和粒泥灰岩，向上变为灰泥或

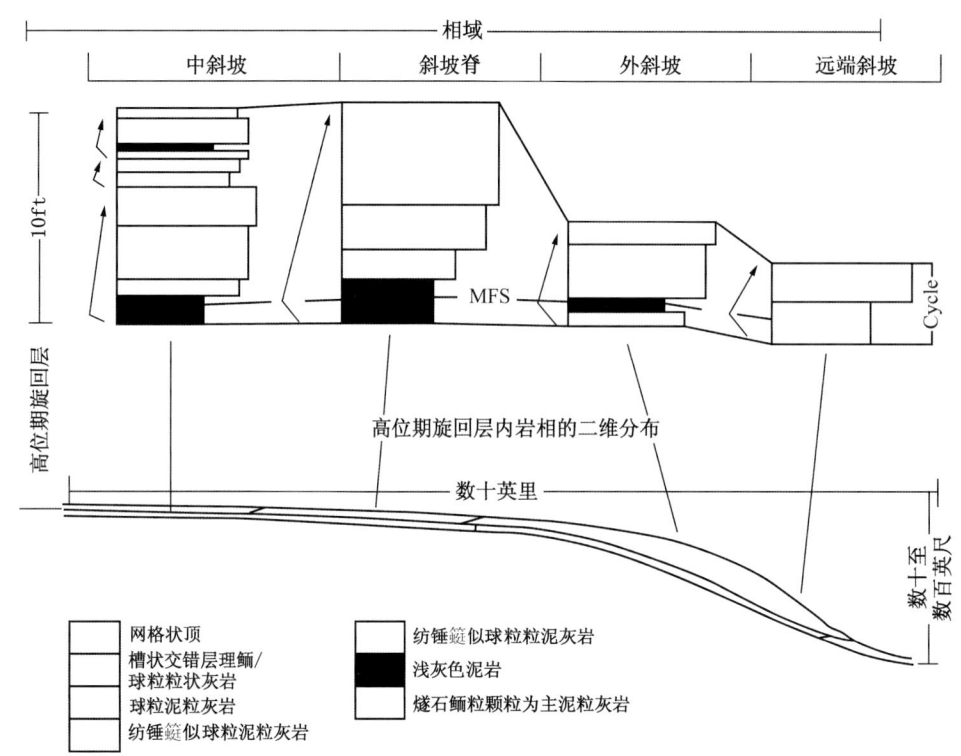

图 4.20　San Andres 组露头区单个旋回层内岩相的垂向序列和横向变化（分布）（Keraus 和 Fitchen，1995）

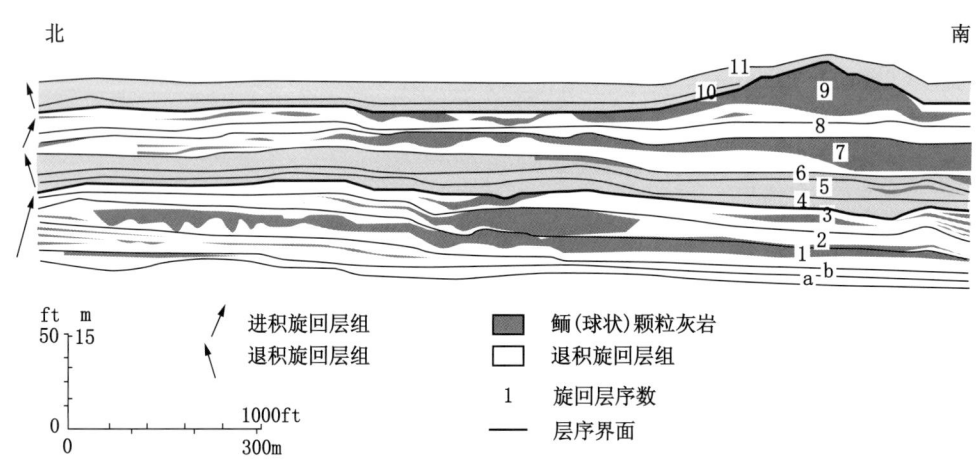

图 4.21　阿尔及利塔陡崖区劳伊河谷出露储层的颗粒灰岩相分布
说明颗粒灰岩集中分布在两个高频层序（HFS）的进积旋回层组中（Kerans 等，1994）

颗粒为主的泥粒灰岩（图 4.20），用成图方法，一个旋回层内岩相的垂向和横向序列可以转换成岩相的二维分布模型（图 4.20）。表征水深的生物化石对确定岩相的横向分布具有重要价值，小纺锤蜓是确定 San Andres 组沉积深度的关键。横剖面表明，小纺锤蜓集中分布在外斜坡和外斜坡的远端部位。硅质泥岩也是外斜坡远端沉积的标志。

在现代沉积和该露头区，颗粒灰岩都是渗透率最好的岩相，因此引起关注。储层段的岩相详细成图展示了在高频层序范围内，海进体系域和高位体系域中颗粒灰岩体的分配情况（图 4.21，4.22）。高位体系域中分布颗粒灰岩的几率和数量都远高于海进体系域。同样，颗粒灰岩在斜坡脊的分布也比内斜坡和外斜坡区更普遍。

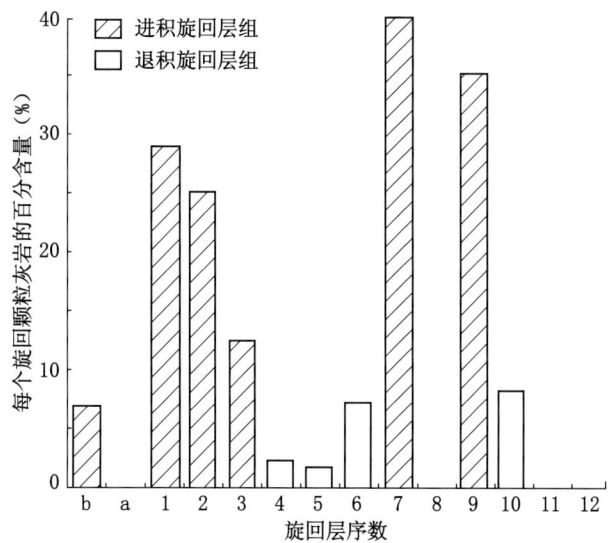

图 4.22　阿尔及利塔陡崖 San Andres 组颗粒灰岩相的分布
展示了进积旋回层和退积旋回层颗粒灰岩的分布样式（Kerans 等，1994）

这个露头区实例说明了碳酸盐岩台地中沉积结构的有规律分布。假设成岩作用的结果能与沉积结构一致，那么，基于重要岩石物性意义的沉积相三维模型就可以用于预测储层的岩石物性。碳酸盐岩的沉积模型是多变的，对此不作更深入的探讨。相反，已经提出了碳酸盐岩沉积和旋回层叠置的最简化模型，全球许多主要的碳酸盐岩储层研究都是采用这种途径的。

4.5　小结

由于碳酸盐岩沉积主要是生物活动和水流搬运再沉积作用的结果，碳酸盐岩的粒度分布范围和分选性变化都很大。尽管岩石物理特性变化剧烈，但孔隙大小的分布却总是与颗粒类型、大小及其分选程度等因素有关。碳酸盐岩的孔隙度值为 40%～75%，渗透率值为 200～30000mD。灰泥为主组构的碳酸盐岩的平均孔隙度为 70%，平均渗透率为 200mD；颗粒为主泥粒灰岩平均孔隙度为 55%，平均渗透率为 1800mD；颗粒灰岩平均孔隙度为 45%，平均渗透率为 30000mD。沉积颗粒之间和颗粒内部都可以存在孔隙空间。粒间孔隙的大小与颗粒类型、大小和颗粒的分选性有关，颗粒大小变化很大，从 5μm 的灰泥到大鲕粒或者大型的珊瑚碎块。

碳酸盐岩岩石物理特性的空间分布与岩相模式（组合）有关。在高频旋回层和高频层序内，岩石组构岩相的分布是有规律的。高频旋回层和高频层序都是以时间界面为边界的年代地层单位，可对它们进行井间对比。沉积结构垂向叠置可以组合成顶部是潮坪沉积的旋回层和潮下带旋回层，根据沉积作用的能量状况，潮下带旋回层的顶部可能是黏结岩、颗粒灰岩、颗粒为主的泥粒灰岩、灰泥为主的泥粒灰岩和粒泥灰岩。沉积能量受地形及洋流类型的控制，高能区通常位于陆架边缘，相应的旋回层顶为黏结岩、颗粒灰岩或者颗粒为主的泥粒灰岩。中陆架为缓慢水流区（除风暴事件），相应的旋回层以灰泥沉积为主，顶部发育灰泥或颗粒为主的薄泥粒灰岩。滨线带捕集了由潮下带向海滨输送的碎屑，形成沙滩和顶部是潮坪沉积的旋回层。陆架脊的盆地一侧，可以见到多种类型的水流，发育灰泥为主的沉积、粒序层理地层以及巨砾层。总体而言，可分为两类基本的旋回层：顶部的潮坪沉积旋回层和潮下带旋回层。其中，潮下带旋回层通常由两种基本结构组成：下部灰泥为主结构和上部颗粒为主的顶层。

每个高频旋回层都以相对海平面上升引起的海泛事件为开始。海泛面近似于年代地层面，可将高频旋回层定义为一个时间—地层单元。高频旋回层叠置成退积型旋回层时，说明海平面总体是上升的；叠置成加积型旋回层时，表明海平面相对静止；叠置成进积型旋回层时，通常说明是相对海平面下降时期的沉积。从退积到进积的层序可以定义为一个较长时间的海面变化标志，称为一个高频层序。高频层序内沉积结构的规则组合，决定了旋回层范围内岩石物理性质的分布。

由于几乎所有的岩石都具备储层的品质，所以，沉积模型中没有非产层区。尽管如此，高渗透性地层都位于陆架脊部及相邻区，它的向海和向陆两侧都是低渗透率的灰泥质沉积。由于成岩作用对沉积结构的改造，使岩石的孔隙度和渗透率降低，所以油气藏中往往存在非产层段。

碳酸盐岩沉积结构在台地中的分布是有规律的。如果成岩作用结果能与沉积结构一致，则可根据具重要岩石物性的沉积岩相的分布，预测岩石的物性分布。碳酸盐岩中的沉积组合（模式）具有多变性，该领域内发表了大量的文献。

在第2章，将岩石物理数据组合为岩石组构和岩石物理类别。在第2章，讨论了岩石组构和岩石物性的垂向分布。在本章中，对岩石组构岩相的三维分布进行了讨论。在下一章中，主要讨论岩石物性的横向变化，并通过岩石组构途径构建岩石物性模型。

参 考 文 献

Ball M M. 1967. Carbonate sand bodies of Florida and the Bahamas. J Sediment Petrol 37：556-591

Cook H E, Mullins H T. 1983. Basin margin environment. In：Scholle P A, Bebout D, Moore H M (eds) Carbonate depositional environments. AAPG Mem 33：539-618

Deffeyes K S, Lucia F J, Weyl P K. 1965. Dolomitization of Recent and Plio-Pleistocene sediment by marine evaporate waters on Bonaire, Netherlands Antilles. In：Pray LC, Murray RC (eds) Dolomitization and limestone diagenesis-a symposium. SEPM Spec Publ 13：71-88

Dunham R J. 1962. Classification of carbonate rocks according to depositional texture. In：Ham W E, (ed) Classifications of carbonate rocks-a Symposium. AAPG Mem 1：108-121

Embry A F, Klovan F E. 1971. A late Devonian reef tract of northeastern Banks Island, N.W.T.. Bull Can Pet Geol 19：730-781

Enos P. 1983. Shelf environment. In：Scholle PA, Bebout D, Moore HM (eds)

Carbonate depositional environments. AAPG Mem 33：267-296

Enos P, Moore C H. 1983. Fore-reef slope environment. In：Schoue P A, Bebout D, Moore H M (eds). Carbonate depositional environments. AAPG Mem 33：507-538

Enos P, Sawatsky L H. 1981. Pore networks in Holocene carbonate sediments. J Sediment Petrol 51, 3：961-985

Folk R L, Lynch R L. 2001. Organic matter, putative nannobacteria and the formation of ooids and hardgrounds. Sedimentology, 48, p. 215-229

Gebelein C D, Steinen R P, Garrett P, Hoffman E J, Queen J M, Plummer L N. 1980. Subsurface dolomitization beneath the tidal floats of central West Andros Island, Bahamas. In：Zenger D J, Duhnam J B, Ethington R L (eds) Concepts and models of dolomitization. SEPM Spec Publ 28：31-49

Gerhard L C. 1985. Porosity development in Mississippian pisolitic limestone of the Mission Canyon Formation, Glenburn Field, Williston Basin, North Dakota. In：Roehl P O, Choquette P W (eds). Carbonate petroleum reservoirs, Springer, Berlin Heidelberg New York, pp 193-205

Gischler E, Zingeler D. 2002. The origin of carbonate mud in isolated carbonate platforms of Belize, Central America：International Journal of Earth Science, 91：1054-1070

Halley R B, Harris P M, Hine A C. 1983. Bank Margin Environment. In：Scholle P A, Bebout D, Moore H M (eds). Carbonate depositional environments. AAPG Mem 33：463-506

Harris P K. 1979. Facies anatomy and diagenesis of a Bahamian ooid shoal. University of Miami, Florida, Comparative Sedimentology laboratory sedimenta 7, 163 pp

Inden R F, Moore C H. 1983. Beach environment. In：Scholle PA, Bebout D, Moore HM (eds) Carbonate depositional environments. AAPG Mem 33：211-267

James N P. 1983. Reef environment. In：Scholle PA, Bebout D, Moore H M (eds) Carbonate depositional environments. AAPG Mem 33：345-462

James N P. 1984. Reefs. In：Walker R G, (ed). Facies models, 2nd edn. Geoscience Canada, Reprint Series 1, Geological Association of Canada, Ottawa, pp229-244

Kerans C, Fitchen W M. 1995. Sequence hierarchy and facies architecture of a carbonate-ramp system：San Andres Formation of Algerita Escarpment and western Guadalupe Mountains, West Texas and New Mexico. The University of Texas at Austin, Bureau of Economic Geology, Report of Investigations 235, 85 pp

Kerans C, Lucia F J, Sengcr R K. 1994. Integrated characterization of carbonate ramp reservoirs using outcrop analogs. AAPG Bull 78, 2：181-216

Kerans C, Tinker S W. 1997. Carbonate sequence stratigraphy and reservoir characterization：SEPM Short Course No. 40, 155 pp

Lloyd R M, Perkins R D, Kerr S D. 1987. Beach and shoreface ooid deposition on shallow interior banks, Turks and Caicos islands, British West Indies, J Sediment Petrol 57,

6：976-982

Lucia F J. 1968. Recent sediments and diagenesis of south Bonaire, Netherlands Antilles. J Sediment Petrol 38, 3：845-858

Lucia F J. 1972. Recognition of evaporate-carbonate shoreline sedimentation. In：Rigby JK, Hamblin WK (eds) Recognition of ancient sedimentary environments. SEPM Spec Publ 16：160-191

Milliman J D, Freile D, Steiner R P, Wilber R J. 1993. Great Bahama Bank aragonite mud：mostly inorganically precipitated, mostly exported. J Sediment Petrol 63, 4：589-695

Patterson R J, Kinsman D J J. 1981. Hydrologic framework of a sabkha along Arabian Gulf. AAPG Bull 65, 8：1457-1475

Reed J F. 1985. Carbonate platform facies models. AAPG Bull 69, 1：1-21

Schmoker J W, Halley R B. 1982. Carbonate porosity versus depth：a predictable relation for south Florida. AAPG Bull 66, 12：2561-2570

Schmoker J W, Krystinic K B, Halley R B. 1985. Selected characteristics of limestone and dolomite reservoirs in the United States. AAPG Bull 69, 5：733-741

Scholle P A, Arthus M A, Ekdale A A. 1983. Pelagic environment. In：Scholle PA, Bebout D, Moore HM (eds) Carbonate depositional environments. AAPG Mem 33：619-692

Shinn E A. 1983. Tidal flat environment：In：Scholle PA, Bebout D, Moore HM (eds) Carbonate depositional environments. AAPG Mem 33：172-210

Walker R G. 1894. Facies models, 2nd edn. Geoscience Canada, Reprint Series 1, Geological Association of Canada, Ottawa, 317 pp

Walter L M. 1985. Relative reactivity of skeletal carbonates during dissolution：implication for diagenesis. In：Schneidermann N, Harris, PM (eds) Carbonate cements. SEPM Spec Publ 36：3-16

Warren F K, Kendall C G S C. 1985. Comparison of sequences formed in marine sabkha (subaerial) and salina (subaqueous) settings-modern and ancient AAPG Bull 69, 6：1013-1023

Wilkinson B H. 1979. Biomineralization paleoecology and the evolution of calcareous marine organisms. Geology 7：524-527

Wilson J L, Jordan C. 1983. Middle shelf environment：In：Scholle P A, Bebout D, Moore H M (eds). Carbonate depositional environments. AAPG Mem 33：267-344

5 输入流动模拟器的储层模型

5.1 引言

储层表征的定义是构建一个实际的岩石物理性质的三维空间图像，以用于预测储层。前几章，已经讨论了岩石的物理性质，并强调渗透率和饱和度是孔隙大小分布的函数，而孔隙大小分布又与颗粒的大小、分选性、粒间孔隙度、分散孔洞孔隙度以及连通孔洞系统有关。也讨论了如何用岩心描述和电测资料刻画岩石组构和相关岩石物理性质值的一维分布。对层序地层方法构建三维年代地层框架作了描述，并强调了在地层框架内确定岩石组构岩相对于在三维空间中刻画孔隙度、渗透率以及原始流体饱和度值的重要性。

现在已经拥有构建三维地质模型和根据测井数据计算基本岩石物理性质的技术，所构建的地质模型适用于量化的岩石物理性质，又讨论了将岩石物理性质数值配置到井间地层中并构建储层模型的方法。过去，有多种岩石物性模型方法，包括：①分层储层法；②连续产油层法；③岩相法（图5.1）。在假设这些地层平行于主要的构造标志层的前提下，这些方法的关键是相似的伽马射线响应和孔隙度剖面的对比。如第4章所描述的，各井中已知的唯一界面是时间面，任何根据伽马测井和孔隙度测井所确定界面的精度，取决于这些面与层序地层学理论所确定的年代地层界面的吻合程度。

在分层储层研究时，基于各层中的伽马和孔隙度测井、等厚的孔隙度净厚度（净产油层厚度图）或者孔隙度与油饱和度乘积的对比，可将储层划分成数个油层段。所有油层段中，通常叠置数个岩石物性岩石组构，其平均岩石物性值通常是高渗透率值与低渗透率值的平均值。最终的渗透率模型由于过分均一，所以不能用于模拟储层中的流体流动状态。

在连续产油层研究时，所有地层都定义为孔隙性层段，并假设它们横向延伸，且都与相应的构造层面平行。两口井之间，地层中的孔隙性层段是水平分布的，而且，在任意井之间都是连续的，在两口计算井之间，连续的孔隙性层段的百分比值也是连续的。每口加密井增加的采收率的期望值与各个孔隙性层段的百分比连续性成反比（George 和 Stiles，1978；Barber 等，1983）。这一方法最适合应用于包含分散储层和多个非储层段的储层。

在岩相法模型中，根据可对比的伽马曲线标准层再细分储层，根据岩心描述确定沉积相，并对层段内的沉积相成图，再将平均岩石物理性质分配给每一种岩相。沉积相通常是根据所含的化石组分和其他的沉积构造确定的，确定沉积相是为了预测岩相分布并对之成图。这是描述储层模型的有效方法，也是勘探和油田初期开发的最有效方法。但是，它在储层表征阶段没有很大作用，因为：①这些地层并不是年代地层单元；②地质岩相中常常包含多种岩石组构，所以平均岩石物理性质是高渗透率层和低渗透率层的平均数。

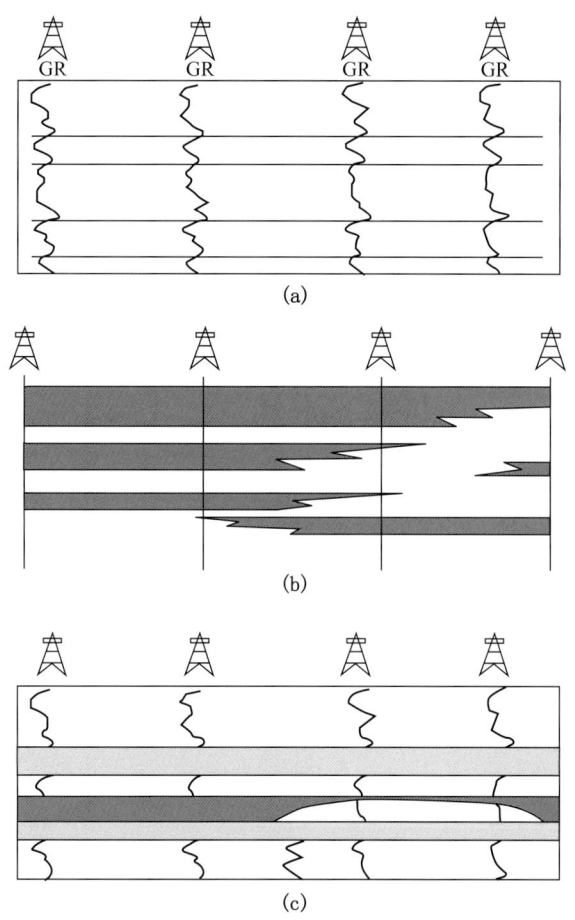

图 5.1 储层表征的三种方法
(a) 分层储层法；(b) 连续产油层法；(c) 岩相法

为了使其有效，必须要根据岩石物理岩石组构确定岩相（如第 2 章所阐述的）。

本章主要描述用岩石组构法构建储层模型。该方法包括四个步骤：①构建三维年代地层框架并对层序和高频旋回层成图（见第 4 章）；②确定岩石组构和岩石组构流动层的垂向序列；③为了应用岩心—测井校正法（见第 2 章和第 3 章）估算各井渗透率和原始流体饱和度的一维分布，建立岩石—组构特别转换关系式；④将岩石物理性质配置到井间地层中。前面章节已对第一、三步作了介绍。本章讨论的内容是：在确定构建储层模型的工作流程轮廓之前，确定流动层，并将岩石物理性质充注到井间地层中。

由于井数据样品所占体积还不到储层体积的百分之一，所以将岩石物理性质数据充填于井间各地层是极其重要的工作。地质统计法可以实现这一目的，统计工作要以地层框架为约束，这是一项以地质理论为指导，地震数据和少量井数据为基础的定量解释工作。统计方法包括：井间线性内插、地质统计变差、岩石物理目标参数随机分布。前面数章中，没有讨论最新的空间统计方法，本章将首先简要介绍变差的概念。

5.2 地质统计方法

5.2.1 变差图

要解决的问题是根据具体垂向剖面或测井数据衍生岩石物性，估算井间地层的孔隙度、渗透率和原始水饱和度等。途径是用被称为变差图的空间地质统计方法，将这些性质进行统计分配。变差图是用变差统计描述某特性的空间变化性。变差实际是一种特定环境中用于量化变量的空间连续性的工具，无论是对明显表现为数据中的连续性，还是通过地质解释推断数据中的连续性。

下文转引自 Fogg 和 Lucia（1990）。现代地质统计学不同于传统的全域统计学。地质统计学是专门用于处理具有空间相关性数据的学科，即所处理的数据并不完全是随机的，相邻的数据存在不同程度的相关性。几乎所有地质相关数据都具有空间相关性。当测点间的距离减小时，空间对应变量的测定值接近或者相等的可能性增大。这两种统计法之间还存在另一种明显的不同。在传统的统计法中，平均值和方差（variance）是分布的基本测定值；而在地质统计学中，平均值和协方差或变差（variogram）是基本测定值。协方差和变差是用作描述空间相关性的统计函数。

在储层表征中，常用地质统计法产生井间地层的复杂非均质模式，这是表征原油采收效率的关键。这些方法还常用于估计不同的井间渗透率模式（分布）的概率，从而估算模拟产量和采收效率的误差范围。地质统计途径基本上是一种定量的地质成图技术，它包括地质解释（通过变差）。地质统计不会减少地质学家的有效、主观的成图需求，相反，适当应用地质统计学，还增加了对地质输入的需求，并有助于确定解决某特定地质问题的最合适的地质数据。因此，仍然需要地层框架和岩石组构流动层对变差图进行约束。

为了清楚了解如何估算数据的变差，可以将数据点按图5.2那样沿直线分布。在各个点，变量Y（可以是渗透率）是已知的。数据组可以按距离分类，分类由数据对之间的距离决定。然后，可以根据数据对平方差的均值计算出各个距离段的经验变差值（γ）（见图5.2中的方程）。

当将（γ）作为空间相关性数据的距离函数进行计算时，其值通常形成如图5.2中那样的曲线。（γ）值从零附近上升，达到基台（先验方差）（Sill）值时变平。当存在一水平的基台值时，基台的（γ）值等于Y的方差。图5.2中的曲线指出，数据

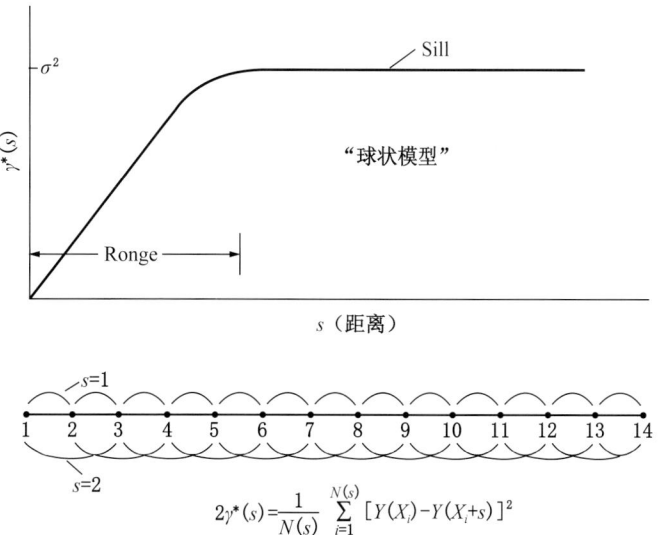

图5.2　简化的实例图，说明如何计算一维经验变差

$$2\gamma^*(s) = \frac{1}{N(s)} \sum_{i=1}^{N(s)} [Y(X_i) - Y(X_i+s)]^2$$

对的方差（或变异性）随距离增大，直至由于数值距离太大以至不能对比。（γ）值停止增大位置的距离称为全距（range）。（γ）的初始值可以不是零，它可以是（γ）以下的任何值。这称为跃迁效应（nugget effect），初始值越高，空间相关性越差。

5.2.2 条件模拟

条件模拟，即再现或模拟一个场的真实可变性，从而使模拟值：①在两个点之间的随机变化成为变差和数据分布的函数；②使模拟值更符合数据点。条件模拟可以产生与所有数据点的变差和可信度相同的变化性和空间对比度。条件模拟经过数百次执行，其中总有一个或更多次执行的结果非常接近于真实的分布。然而，条件模拟不是用于估计真实性，而是用于产生具有相同的空间变化性和复杂性的真实实现。两次随机实现的渗透率的空间分布（Fogg 和 Lucia，1990）见图 5.3，实现（a）表示较高的渗透率和连续性，实现（b）表示较低的渗透率和连续性。

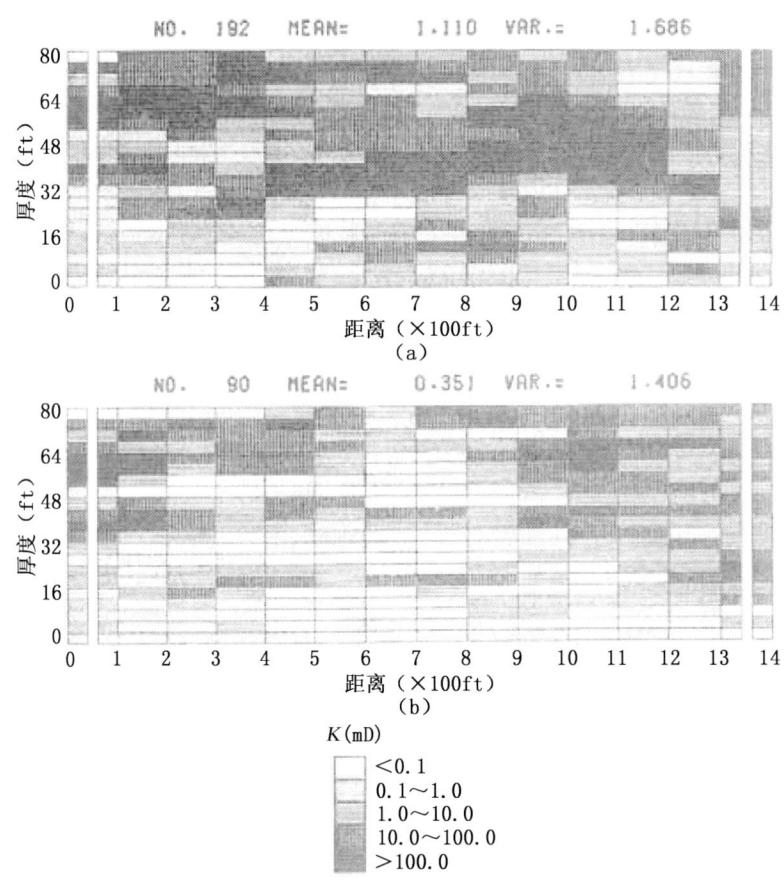

图 5.3　两种随机实现的渗透率空间分布
(a) 高渗透性连续储层；(b) 低渗透性连续储层

5.3　变化范围和平均属性

在孔隙性和渗透率图中，碳酸盐岩储层的特性分布相当分散（图 5.4（a））。通过岩石组构分类，已经认识到分散分布的部分原因。在非孔洞型碳酸盐岩中，通过对颗粒大小和分选性进行分组，分散度随之降低（图 5.4（b））。第 4 章中已经说明，石灰岩中的岩石组构和岩石物理类别，可以根据沉积作用和地层叠置模式进行预测（图 5.4（c））。然而一种岩石组构或岩石物理类别中的岩石物理性质可能存在相当大的可变性，下面将利用岩心数据中的垂向变化性和露头数据中的横向变化性来研究岩石物理性质的空间分布。

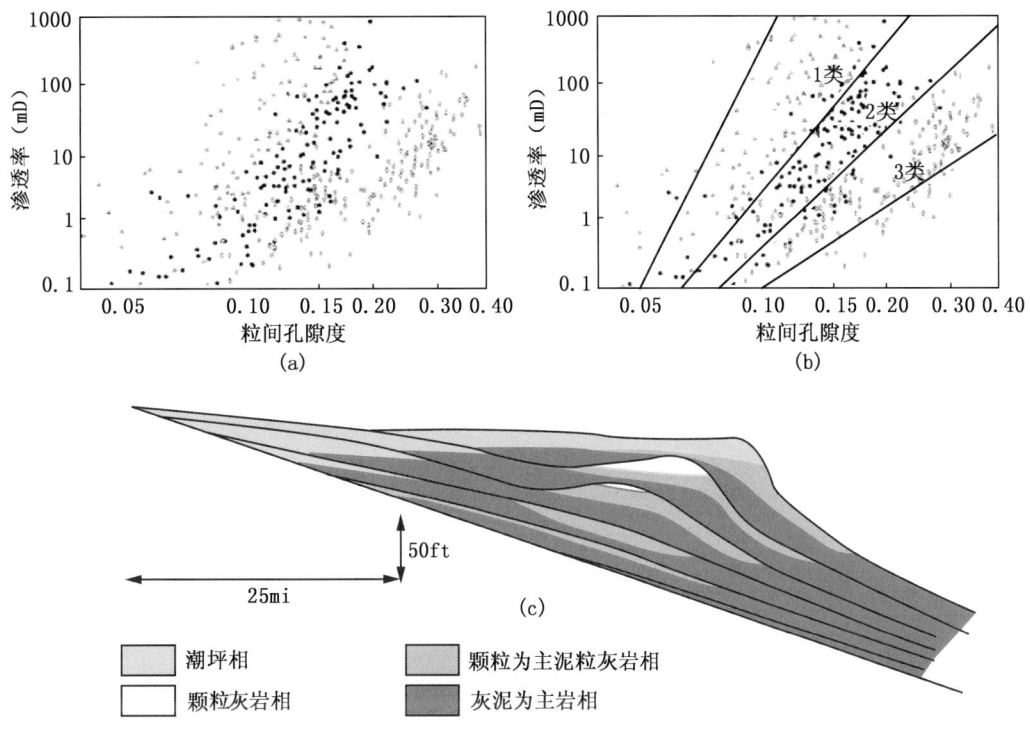

图 5.4　碳酸盐岩中孔隙度和渗透率的变化性

(a) 孔隙度—渗透率交会图，碳酸盐岩储层的孔隙度和渗透率分布极其分散；(b) 根据岩石组构和粒间孔隙度，将岩石按岩石物理性质进行分类；(c) 岩石组构岩相在高频层序中的规律性空间分布

通过碳酸盐岩露头区的大量渗透率测量，已对一种岩石组构岩相内的渗透率和孔隙度空间分布进行了研究（Jennings 等，2000）。瓜达卢佩山脉阿尔及利塔河谷、劳伊河谷（新墨西哥州）所见到的 San Andres 组露头的渗透率测定值，可能是全球露头区最多的测量值（Senger 等，1993；Grant 等，1994；Jennings 等，2000；Jennings，2000）。大约有 5000 个野外机械渗透率仪（MFP）测量数据和 1200 个孔隙度和渗透率岩心柱样品。在露头区测网中，渗透率的垂向和水平方向的测量点间距以及网格都达到数英寸至数英尺。

图 5.5 使用的数据是旋回层 1 中的白云质颗粒灰岩层的测量值。数据分析表明，渗透率测量值的变化范围与采样间距有关。在 2600ft 长的剖面中，垂向测量剖面之间的横向间距是 50～150ft（图 5.5（a）），渗透率测点的垂向间距为 1ft；在另一段 40ft 长的剖面，垂向测量剖面之间的横向间距是 5ft，垂向采样间距是 1ft（图 5.5（b））；20×15ft 网格区的采样间距是 1ft（图 5.5（c））。对各种状况都作了渗透率等值线图，对比这三张图，可清楚地说明渗透率值的变化高出采样密度变化数个数量级。因此，在同一岩石组

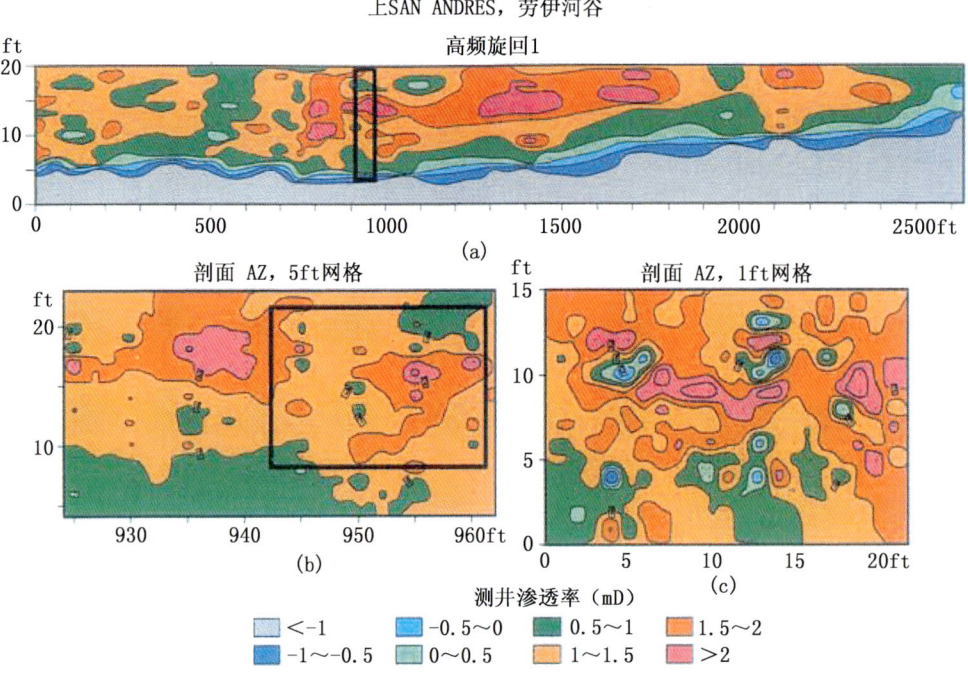

图 5.5　三种不同尺度条件下，高频旋回 1 颗粒灰岩岩石组构岩相中渗透率的分布

(a) 20×2500ft 剖面，垂向采样间隔 1ft，采样截面间距 50～150ft；(b) 17×35ft 剖面，垂向采样间距 1ft，采样截面的横向间距 5ft；(c) 15×20ft 剖面，垂向采样间距 1ft，采样截面的横向间距是 1ft

构岩相内，采样间距从英尺到英寸，渗透率变化程度可以是采样间距变化的数个数量级。Hinricks 等 1986 也观测到类似的结果。

由于在直井中得不到横剖面的数据，对横剖面实测数据特别感兴趣，图 5.6 展示了横剖面的 MFP 实测数据。数据源自旋回层 1（上文已作描述）、旋回层 2 以及旋回层 9 中的颗粒灰岩相。最明显的特征是数值变化剧烈，渗透率值变化幅度是采样间距的 3 倍。图 5.5 渗透率图表明，变化性集中在英尺范围。然而，也存在 100ft 尺度的长波长特征。因此，在单一岩石组构的地层中，会出现两种尺度的变化性，短波长变化和较长波长变化，变化性都达数个数量级。

对这些数据进行了大量地质统计分析（Senger 等，1993；Grant 等，1994；Jennings 等，2000；Jennings，2000）。图 5.7 展示了 Jennings 最近所完成的变差分析。距离小于 20ft 的范围内，数据呈弱相关性。长周期变化性，变差周期为 140ft，变差在整个剖面中起伏三次。导致出现周期性的原理尚不明了，通常认为是由孔隙度引起的，因为在旋回层 1 的岩心栓数据中能见到这种孔隙度与渗透率的相应关系。短周期数据占方差值的一半以上，甚至达到 87%。因此，在同一组岩石组构岩相内，尺度从英尺变到英寸，渗透率的变化达到数倍，由于渗透率的空间对应关系差，为了进行模拟，可取数据的对数平均值。

对颗粒灰岩相完成了模拟试验，以检测不同渗透率分布对模拟结果的影响（Senger 等，1993）。对比了用空间分配渗透率结构模拟的采收率效果与单一平均值模拟的采收

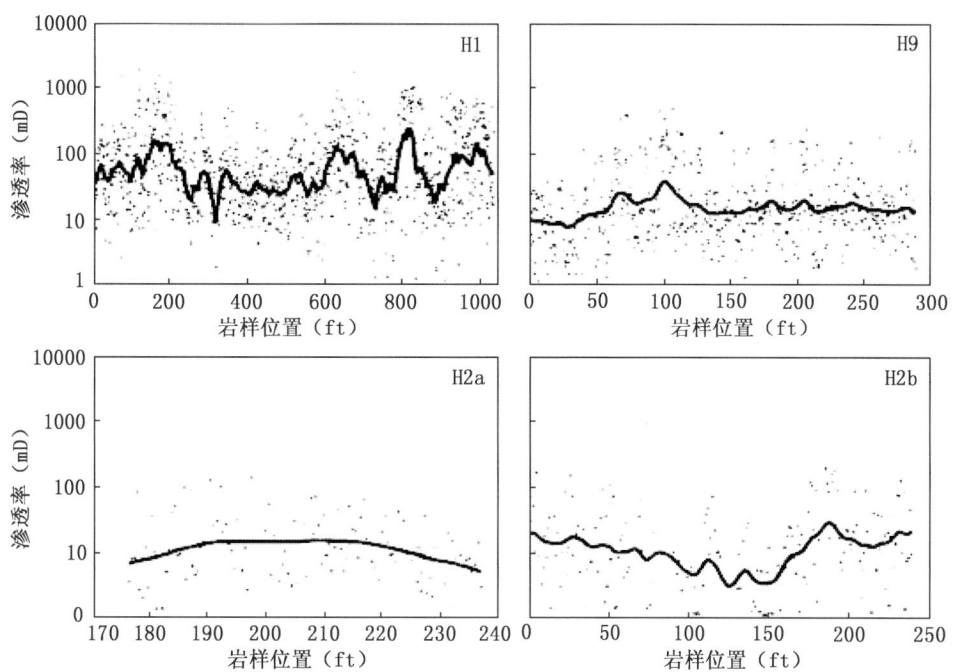

图 5.6 劳伊河谷地层渗透率截面，展示原始数据（点）和滤波后数据（曲线）的分布

H1 是旋回 1 的数据，H9 是旋回 9 的数据，H2a 和 H2b 是旋回 2 中的数据，都是颗粒灰岩地层的截面

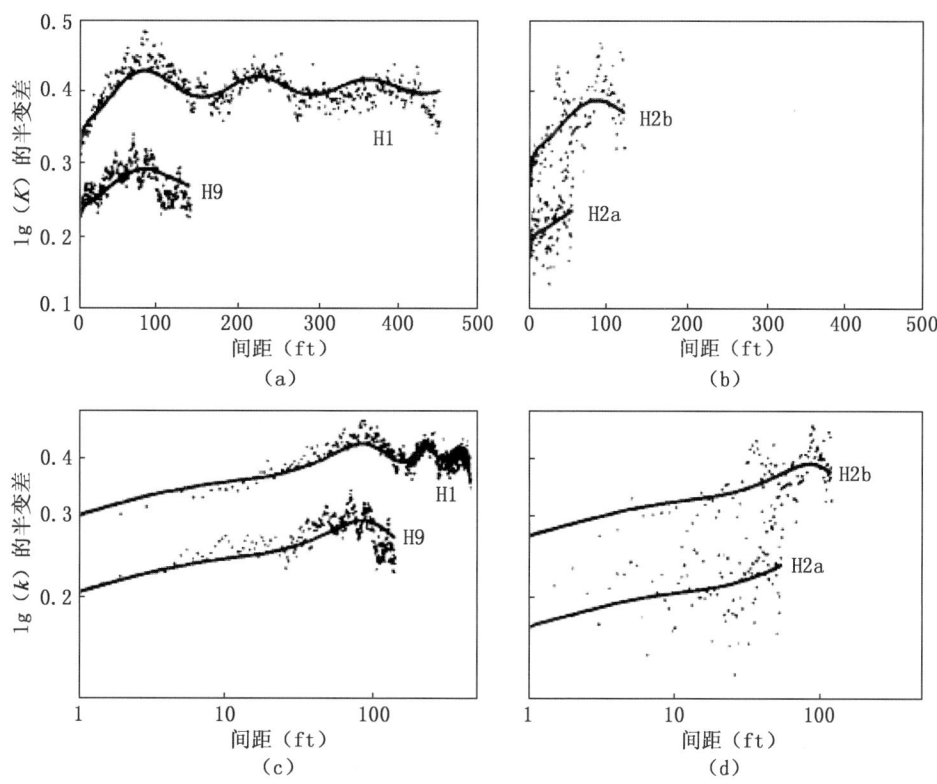

图 5.7 旋回 1（H1）和旋回 9（H9）地层岩样渗透率的半变差值剖面

(a) 和 (b) 是直角坐标，(c) 和 (b) 是对数坐标

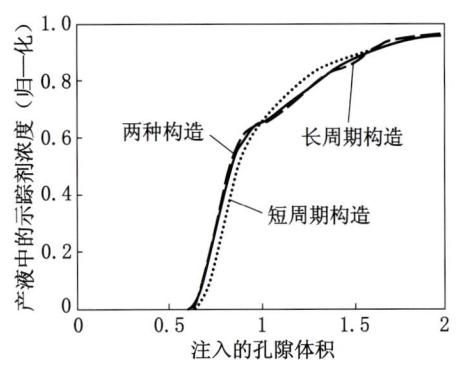

图 5.8 劳伊河谷旋回 1 的产出液中示踪剂浓度的二维模型

表明长周期变量模型与短周期变量模型的石油采收率几乎相同

率效果,结果表明,两者的差异极小。Jennings 等(2000)对旋回 1 进行流动模拟,所得结果相似,模拟结果说明,在较长周期构造增加注水,对采收率几乎没有影响。但是,旋回 2 的渗透率结构分析说明,颗粒灰岩地层中与层理有关的渗透率结构,增加注水会导致快速水窜,并降低采收率(图 5.8)。

对旋回 2 颗粒灰岩露头的 13 个地层进行成图(图 5.9),并对来自各层的渗透率值作平均。构建了两个流体流动模型,一个模型中的渗透率变化极小;另一个模型含有层状渗透率,同时具有小范围的变化性。两个模型的模拟结果表明:与均质渗透率模型相比,小范围的渗透率变化对注水前缘的影响很小,而层状渗透率结构对注水前缘有很大的影响(图 5.10)。

结论是:渗透率的小范围变化,大多数在孔隙度—渗透率交会图上表现为分散点,几乎没有空间对应关系,它对储层动态几乎不产生影响。大范围渗透率变化导致 20% 的渗透率数量分散分布,它对储层动态有极大的影响作用。问题是需要能够在一种岩石组构或者岩石物理类别中确定这占 20% 的数据,这对确定渗透率与孔隙度空间的相关性很有价值。

地下地质研究表明,英尺和英寸级范围的孔隙度和渗透率的高变化性与露头实测的相似。井 2505(得克萨斯,盖恩斯郡)中所取的 Seminole San Andres 地层段的岩心,用

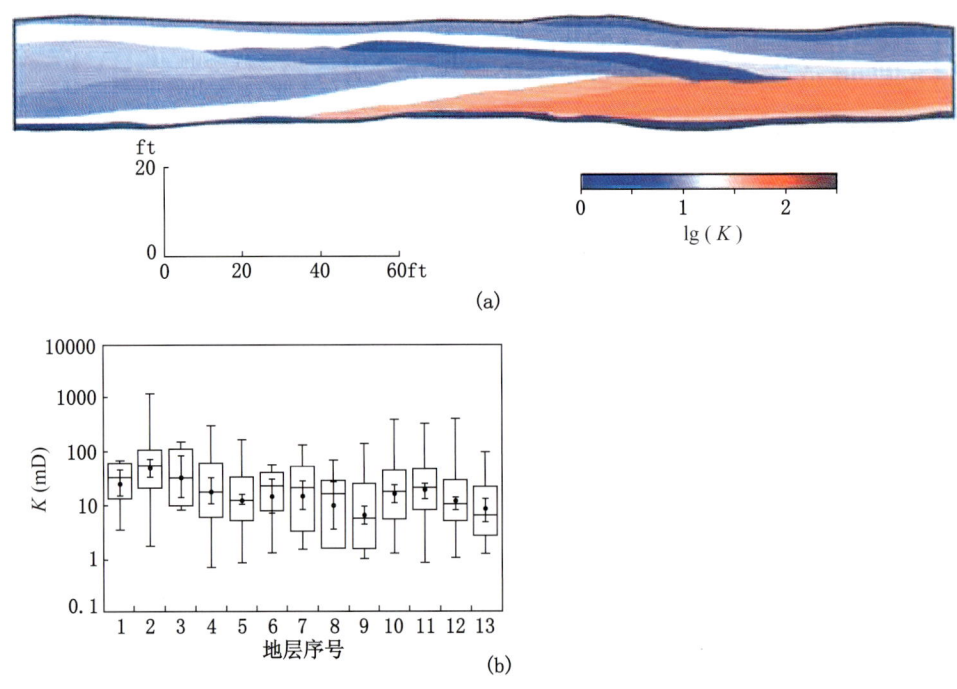

图 5.9 劳伊河谷旋回 2 中颗粒灰岩的渗透率模型

(a) 层形式展示大范围渗透率的不均匀性;(b) 颗粒灰岩的渗透率统计

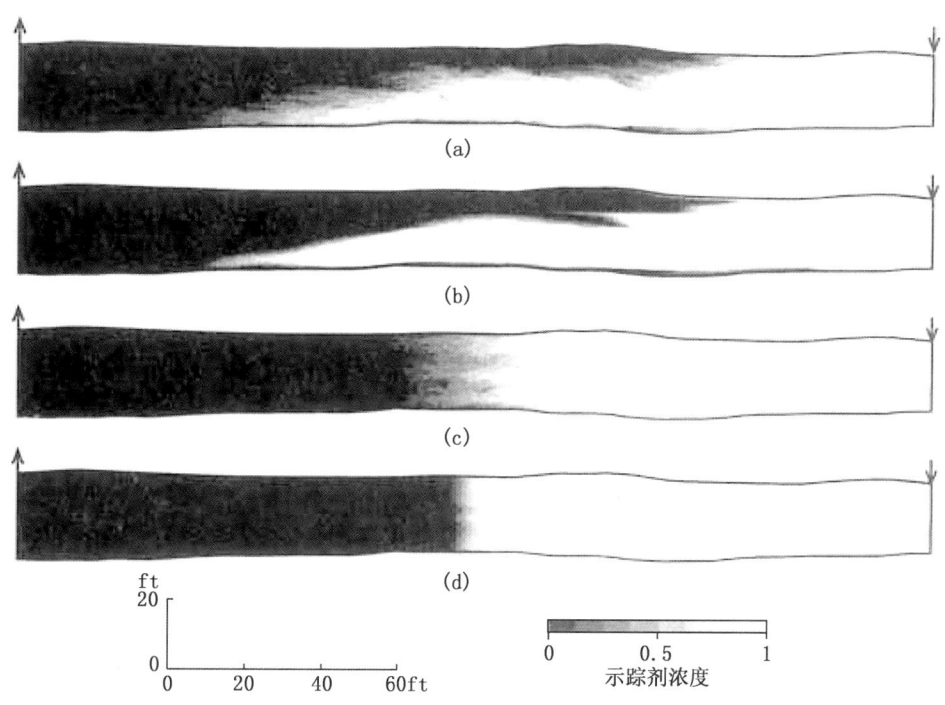

图 5.10　劳伊河谷旋回 2 单向注水示踪剂模拟

(a) 小尺度和层形式非均质性，说明层形式强烈地控制非均质性；(b) 只存在层形式非均质性；(c) 只存在小范围的非均质性，说明小范围非均质性对注水前缘的影响很小；(d) 均匀介质

于研究渗透率值的变化。选取了 12 个均一结构的样品，所选取的每个样品都有全岩心渗透率。岩样包括白云质颗粒灰岩、灰泥为主白云质泥粒灰岩和白云质粒泥灰岩。用野外机械渗透仪（MFP）对几块样品作了渗透率值测定，岩心表面积为 7×3.5in，测量网格为 1×1in（MFP；图 5.11）。然后从全岩心样品中钻取 3 个 1in 的岩心栓，分析孔隙度、渗透率，并用 MFP 测定各岩心栓底面的渗透率。

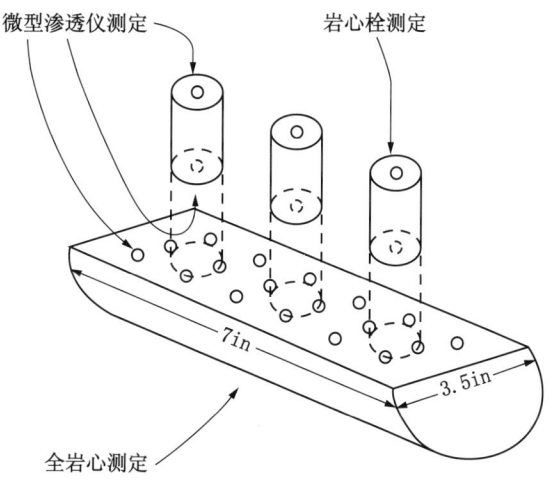

图 5.11　渗透率详细研究的取样方法

井 2505，Seminole San Andres 地层

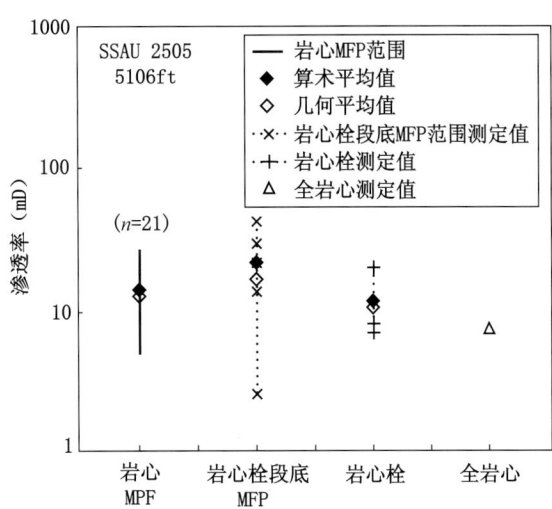

图5.12 2505井5106ft深度处，Seminole San Andres组地层岩样的实际渗透率，变化因子为10

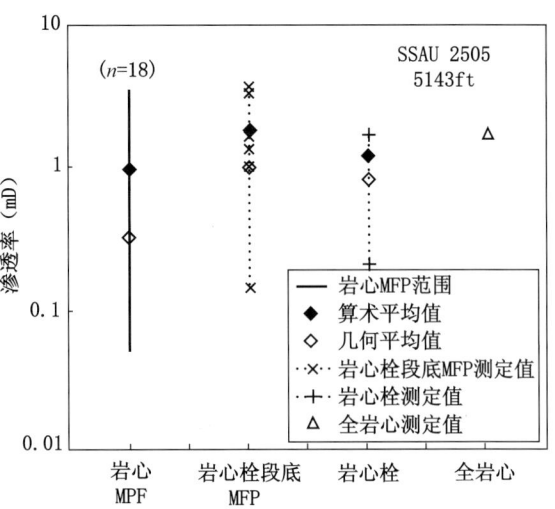

图5.13 2505井5143ft深度处，Seminole San Andres组地层岩样的实际渗透率，变化因子为100

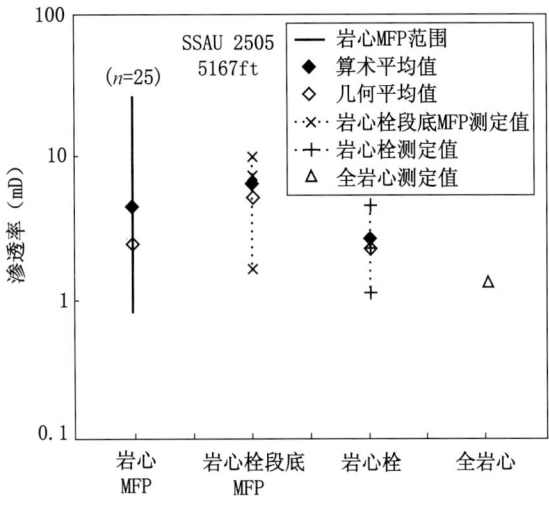

图5.14 2505井5167ft深度处，Seminole San Andres组地层岩样的实际渗透率，变化因子为50

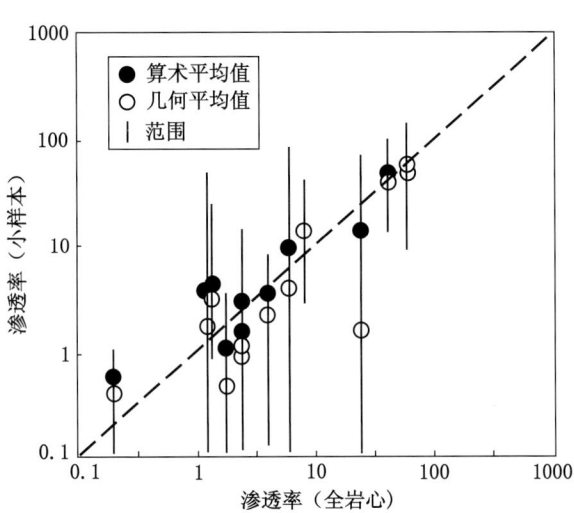

图5.15 2505井Seminole San Andres组12个岩心样品的实际渗透率研究结论

一个岩心样品的渗透率值的变化范围达1~2个数量级（变化因子为10~100）。假设全岩心值是可信的真实渗透率，则无论是几何平均值还是算术平均值都与这个真实平均渗透率不相符

将渗透率值与全岩心的渗透率进行对比，图5.12，5.13，5.14为分析结果。在英寸规模，每个岩心中的渗透率变化范围为0.5~2倍（图5.15）。几何平均数和算术平均数都与全岩心的渗透率不一致。全部的样品特征可以描述为50%是几何平均值，50%是算术平均值。说明在这个规模，几何平均数和算术平均数之间的值最适用。

水平方向变差表明，渗透率的空间相关性极差；然而，基于孔隙度测井的垂向变差则表现为很好的相关性（图5.16）。图5.16的实例说明，变差的跃迁很小，其最佳的距离为10ft。相关距离通常近似于岩心描述的岩石组构岩相的一般厚度。这也证实了一个结论，即为了确保构建的是真实的储层模型，碳酸盐岩储层最基本的岩石物理成图单元应该是岩石组构岩相。

岩石组构层内极差的岩石物理性质空间相关性使基于孔隙度测井的相关性变得不可靠。这一方法的缺陷是岩石物理测定值具有空间信息这一假设，因为实际上不包含空间信息。只有部分地质属性是相关的，假如孔隙度与那些地质属性不存在相关关系，则孔隙度不能用于相关性对比。图 5.17（a）中，白云质颗粒灰岩露头区的垂向渗透率剖面可以说明这一结论。通常都认为，在不同剖面中，各剖面的垂向变化性是可以对比的，通常都用模式识别和水平层状定律完成对比工作。产生一个分层渗透率模型（图 5.17（b））。由于这是露头区，能收集到各垂向剖面之

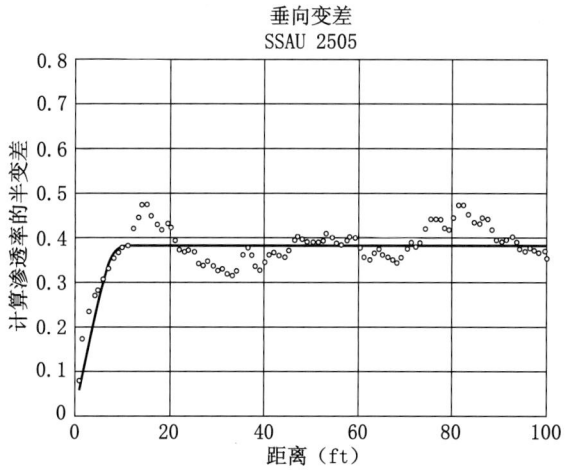

图 5.16 2505 井的垂向变差图，表明在 10ft 范围内，渗透率具有良好的可比性

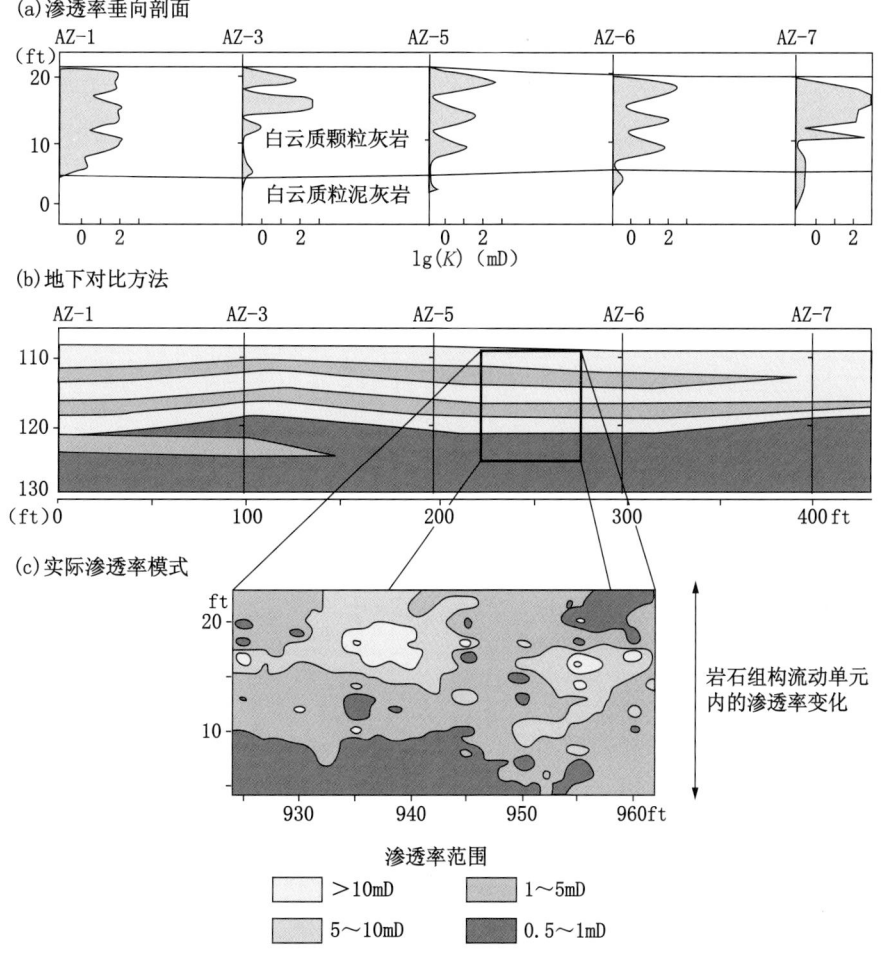

图 5.17 高变化性和空间不可对比性在不同对比方法中的反映

（a）露头实测剖面得到的垂向密集采样渗透率剖面和岩石组构分层（组）；（b）基于层状模型的渗透率与实际渗透率结构的对比，说明高渗透率峰值分布呈牛眼状，而不是层状

间的详细渗透率数据,并能发现渗透率并不是分层的,而是以牛眼状分布或斑块状分布为特征(图5.17(b))。只有颗粒灰岩和粒泥灰岩相能进行对比,而不是渗透率值。

5.4 劳伊河谷储层模拟研究

5.4.1 概述

储层模型应该是岩石物理性质三维空间分布的真实图像,大家都认为,高渗透率和低渗透率值是成像真实的最重要数值。高渗透率地层控制水窜以及死油层的分布,而低渗透率地层往往阻隔或阻止流体的穿层流动。由于在露头区可以获得二维和三维的地质和岩石物理性质数据,因此根据露头区的数据可以构建更具体的储层模型。瓜达卢佩山脉阿尔及利塔陡崖部位劳伊河谷露头区的研究,为构建斜坡区碳酸盐岩储层模型,以及调查各种地质因素对储层动态预测的影响提供了最佳的条件。

5.4.2 模型构建

劳伊河谷出露的储层是由九个向上变浅的沉积旋回组成的二维露头剖面(图5.18),是典型的向上变浅的潮下带旋回,底部是白云质泥灰岩,向上依次变为白云质粒泥灰岩、白云质泥粒灰岩,顶部为交错层理白云质颗粒灰岩。局部地区,旋回顶部为网格组构,代表海水变浅并成为潮间带环境。部分层序不完整,但任何一个层序中的颗粒大小和分选性都是向上增大和变好的。

旋回1和旋回2的顶部是白云质颗粒灰岩。旋回1中,底部灰泥岩是连续的,但旋回2的底部,却是不连续的白云质灰泥岩薄层。在研究区的南部,旋回3~6基本由颗粒为主的白云质泥粒灰岩组成,北部地区则是由白云质粒泥灰岩组成。南部地区,旋回3

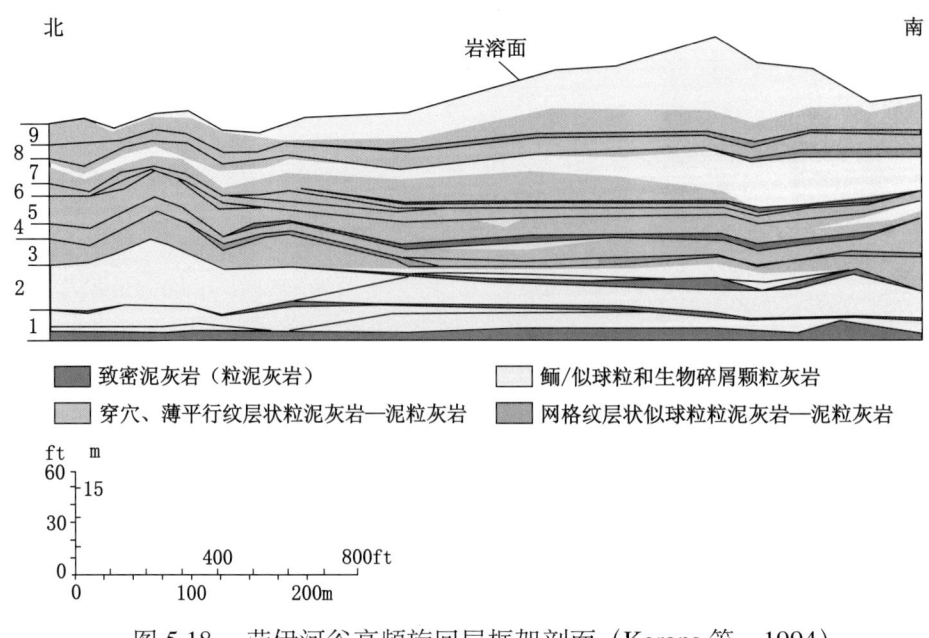

图5.18 劳伊河谷高频旋回层框架剖面(Kerans等,1994)

中含有小型鲕粒白云质颗粒灰岩体,但旋回4~6中却缺失白云质颗粒灰岩。在部分旋回的顶部发育有不连续的网格状地层,而在这些旋回的底部发育有不连续的致密白云质泥灰岩。旋回7的顶部是白云质颗粒灰岩,并且含有大量印模孔隙空间(分散孔洞)。旋回8是含印模颗粒为主的白云质泥粒灰岩薄层或者薄的印模颗粒灰岩地层。旋回9中,上部白云质颗粒灰岩层的厚度变化很大,从北部的0~10ft增加到南部的40ft,且在研究区南部消失。

这一层段已经完全白云岩化,回流的超盐度海水可能源自上覆的潮坪相地层和蒸发盐层。灰泥为主的白云岩属于岩石物理类别3,是细晶白云岩;颗粒为主的白云质泥粒灰岩属于岩石物理类别2,是中晶白云岩。白云岩化出现在沉积作用及浅层压实和胶结作用之后不久,因此,岩石组构和沉积结构非常一致。旋回7中的印模孔隙是局部淡水渗入所导致的选择性溶解作用的极好实例(Hovorka等,1993)。

高频旋回由五种基本的岩石组构组成:①白云质颗粒灰岩;②印模白云质颗粒灰岩;③颗粒为主的中晶白云质泥粒灰岩;④灰泥为主的细晶白云质泥粒灰岩—粒泥灰岩;⑤致密、细晶白云质粒泥灰岩—灰泥岩。对取自每种岩石组构的岩心栓的孔隙度和渗透率进行了分析。除印模白云质颗粒灰岩外,粒间孔隙度—渗透率交会图表明,这些岩石组构都落在各专属的岩石组构—岩石物理性质区域内(图5.19(a))。印模颗粒灰岩相样品的总孔隙度—渗透率的交会图,展示了按印模孔隙度分组的总体状况(图5.19(b))。

用岩石组构方法构建了劳伊河谷出露储层的流动模型。图5.20展示了岩石组构储层的总体结构。各旋回层内的岩石组构岩相都成了图,对各岩石组构岩相的孔隙度和渗透率值做了平均处理,取孔隙度的算术平均值,取渗透率的几何平均值。根据大类岩石组构—特定S_w、孔隙度和油柱高度关系求取含水饱和度S_w(已在第2章讨论过)。劳伊河谷岩石组构储层简化模型中,关键要素是旋回1、2和9中的高渗透性颗粒灰岩,大多数旋回底部的低渗透性、不连续灰泥岩以及旋回7中的高孔隙度、低渗透率印模颗粒灰岩。

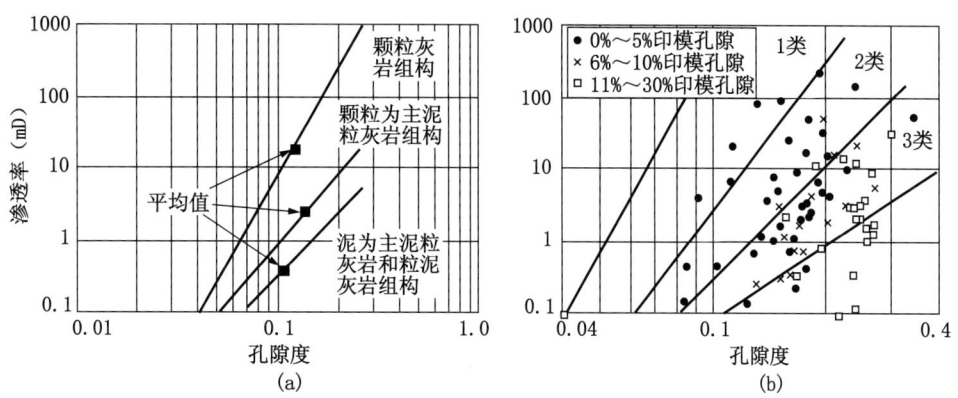

图5.19 非孔洞型岩石组构类型(a)和分散孔洞(印模)孔隙类型
(b)的孔隙度—渗透率的关系图

非孔洞孔隙类型具有岩石组构特别孔—渗转换关系,而印模颗粒灰岩的
孔隙度—渗透率不存在这种特别转换关系,但转换关系与总孔隙度
减去印模孔隙度所得的差有关

5.4.3　岩石组构流动单元

各旋回层内，岩石组构垂向序列总体表现为从底部的灰泥为主组构，向上变为颗粒为主组构，所形成的岩石组构层可能是连续的，也可能是不连续的。这些岩石组构层为岩石物理性质模型（见图5.20）提供了基本的框架，常被称为岩石组构流动单元。旋回1

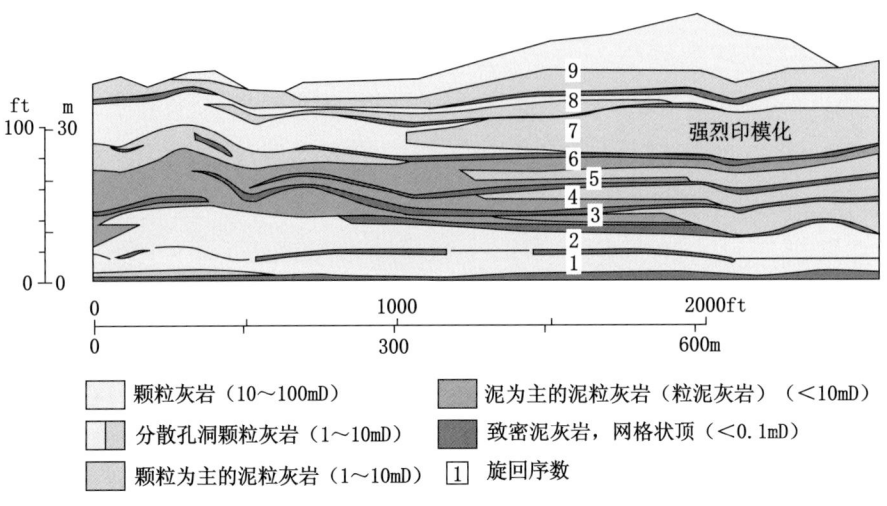

图 5.20　劳伊河谷出露储层中平均渗透率的空间分布，渗透率是岩石组构流动层（单元）中的平均值（Lucia 等，1992）

就是被定义为岩石组构流动单元的实例（图5.21）。上文已作讨论，在顶部颗粒灰岩地层中，渗透率变化很大，因此，渗透率的空间对比关系较差（图5.21）。其下伏的颗粒灰岩中的渗透率数据极少，但已有的数据说明其渗透率的变化性也很大，所以也认为它的空间对比关系较差。图5.21中的交会图能说明这一点。这两种岩石组构的统计结果表明，它们的平均孔隙度和平均渗透率值差别很大，因此，应当视为两个独立的流动层。总之，应该将岩石组构流动单元定义为：含一种特定岩石组构的地质单元（地层），在该地质单元内，岩石物理性质几乎是随机分布的（Lucia等，1992）。这一定义是对Hearn等（1984）定义的扩展，他们将岩石组构流动单元定义为：具有特性的岩石类型，并与相邻地层存在重大岩石物理特性差别的地层。

5.4.4　流体流动实验

以劳伊河谷储层模型进行的流动模拟实验，用于检测特定地质因素和作业条件对动态预测的敏感性。图5.22展示了流动模拟实验的结果。所展示的是两种渗透率模型：一种是露头储层模型；另一种是用劳伊河谷露头窗两端的地质和岩石物理数据内插所构建的简单分层模型。对两种模型分别注水所得到的模拟石油采收率是不同的，露头模型的采收率是地质储量的35%（图5.23（a）），而分层模型的采收率是地质储量的50%。从不同方向对露头模型注水，模拟作业条件对采收率的影响。左侧注水，右侧采油，采收原油量是地质储量的44%；而右侧注水，左侧采油则只能采出35%的地质储量（图5.23（b））。回采的原油数量差异可能是采油井与旋回层9中的高渗透率颗粒灰岩的终止点之间的距

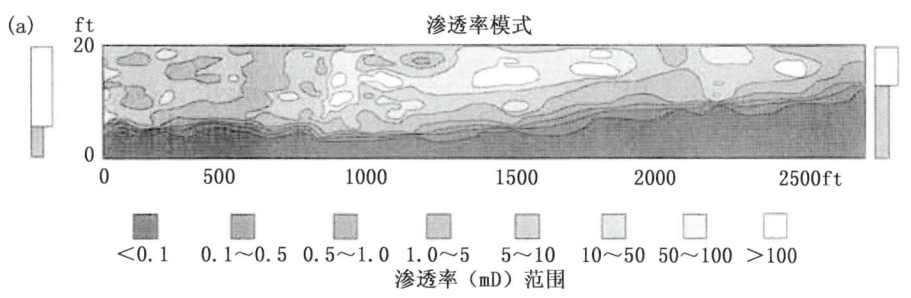

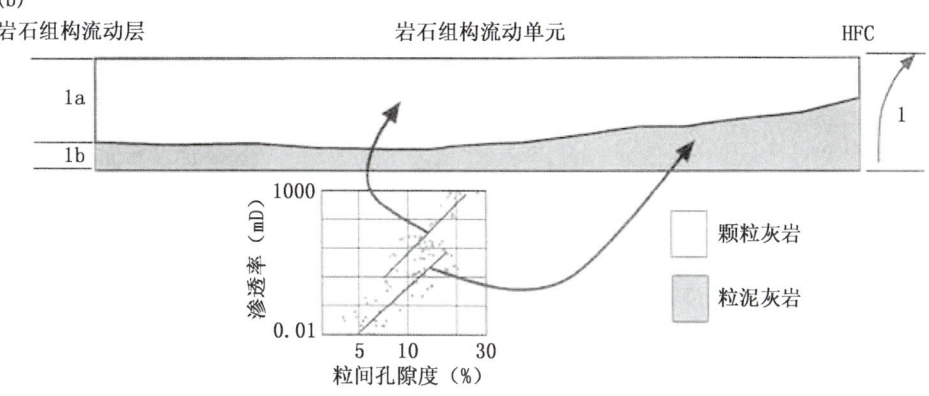

图 5.21　以旋回 1 为例,说明岩石组构流动层的定义

(a) 横剖面,顶部颗粒灰岩层内渗透率的剧烈变化,对比性极差;(b) 旋回 1 分成两个岩石组构流动层,下方的交会图展示出分散的岩石物理性质特征,但各岩石组构流动层的统计特征是不同的

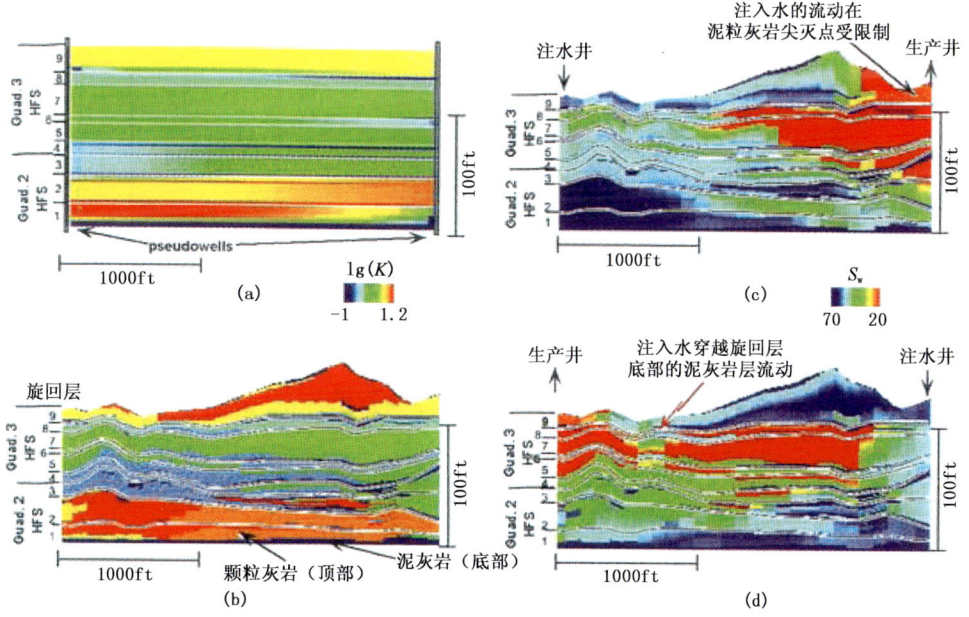

图 5.22　劳伊河谷储层流动模型

(a) 劳伊河谷出露储层两端的两口假设井储层渗透率数据的线性内插;(b) 基于露头岩相数据平均值的岩石组构渗透率模型;(c) 左侧注水、右侧采油试验,说明经过 40 年注水后水已经饱和,穿层流动点位于旋回 9 中高渗透率储层下流的末端,右上方斜线箭头所指表示在颗粒灰岩尖灭处流体流动受阻;(d) 右侧注水和左侧采油试验,说明经 40 年注水后水已经饱和,穿层流动点位于旋回 9 中高渗透率储层下流的末端,红色斜线箭头所指表示注入的水穿越旋回层底部的低渗透性泥灰岩

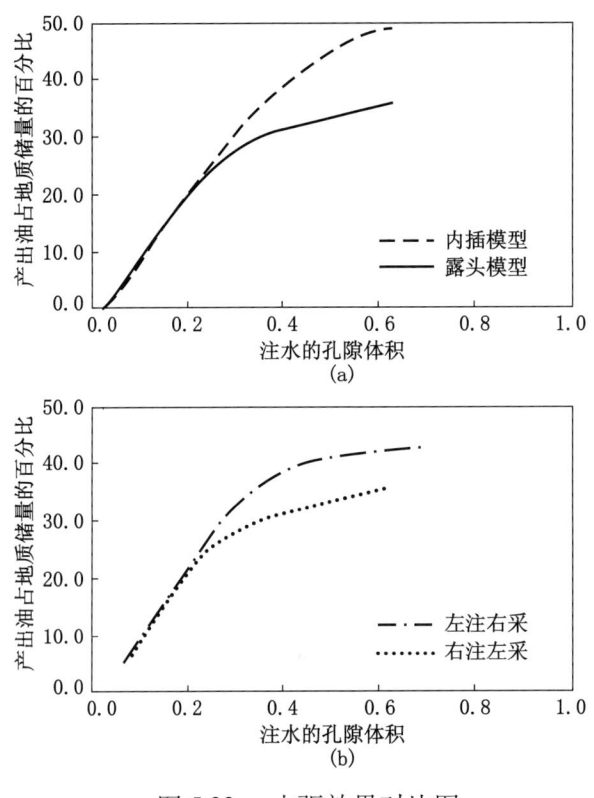

图 5.23　水驱效果对比图

(a) 露头模型与线性内插模型的对比；(b) 左侧注水、右侧采油，与右侧注水、左侧采油试验的对比

离不同所致。水从右侧注入并向左侧流动，在离产油井约 700ft 处的旋回层 9 的颗粒灰岩终止点，水穿层流入旋回层 7（图 5.22）；而左侧注水，右侧采油时，从颗粒灰岩的终止点到产油井的距离只有 100ft，也没有观测到注入水穿层流动的现象（图 5.22 (c)）。

残留油都集中分布在旋回 7 的印模颗粒灰岩相，它应该是水平井的勘探目标。所有颗粒灰岩的原始油饱和度都很高，但在旋回 7 中，孔隙空间大多位于颗粒内，是属于颗粒印模孔隙空间，而不是粒间孔隙空间，所以颗粒灰岩的渗透率相当低。注入的水在高渗透性颗粒灰岩层快速流动，但在印模颗粒灰岩层中的流动速度相当慢，使旋回 7 中存在很多死油。由于印模颗粒灰岩具有孔隙度高、渗透率低以及原始油饱和度高的特征，所以它们是水平井的极好钻探目标。

在所有的流动模型中，置入的 K_v/K_h 比值都是 1。然而，为了要使预测的和历史产量特性动态相符，地下的 K_v/K_h 比通常小于 1（通常为 0.01 或更小）。劳伊河谷储层模型中包含不连续的致密泥灰岩薄层，它们是流体流动的阻隔层，限制了重力流动。进行流动实验的模型中，有的包含泥灰岩层，有的不包含泥灰岩层，而且置入了不同的 K_v/K_h 值（图 5.24）。模拟结果表明，为了使两种模型的回采石油量相同，在没有泥灰岩层的模型中所置的 K_v/K_h 值应该为 0.02，在有泥灰岩层的模型中置入的 K_v/K_h 值应该为 0.3。因此，为了模拟真实的流动动态，在碳酸盐岩流动模型中有必要存在薄的致密夹层。但是，只能用测井数据了解地下岩石的物性，而测井数据反映的是这些致密层的低孔隙度与围岩孔隙

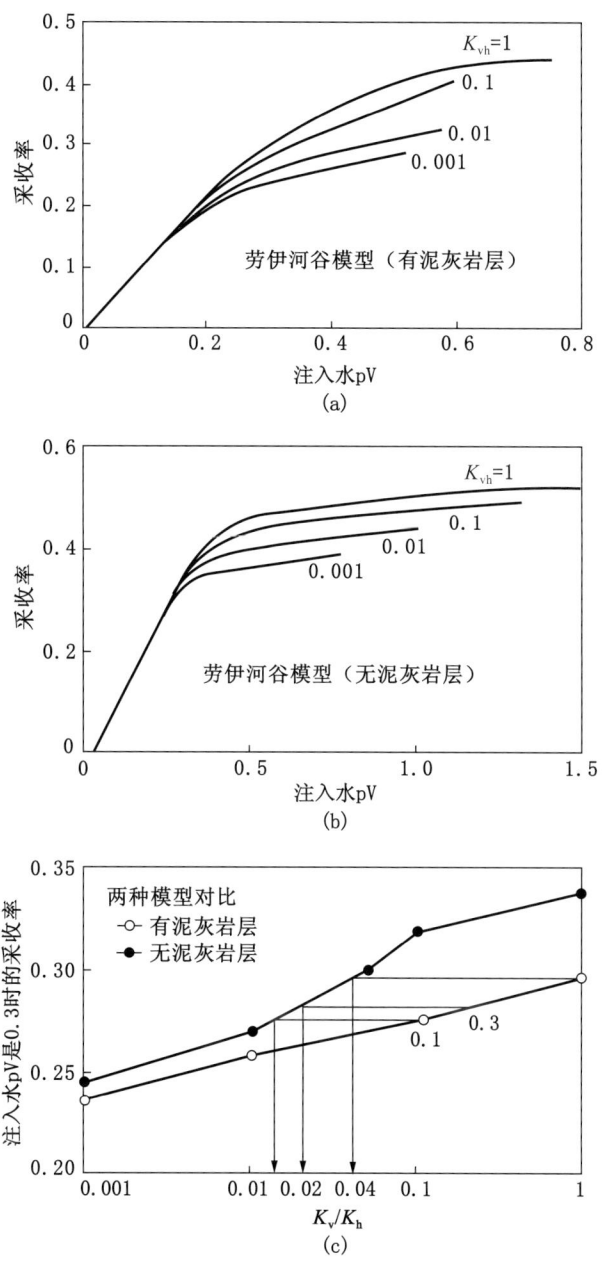

图 5.24　劳伊河谷露头模型

K_v/K_h 值分别为 0.001、0.01、0.1 和 1 时，注水采油量是孔隙中注入水体积的函数；(a) 包含作为重力流动阻隔层的致密泥灰岩层；(b) 不存在泥灰岩层；(c) 注入水体积为总孔隙体积的 30% 时，两模型的原油回收率对比。基于岩心数据，K_v/K_h 值为 0.3 是可信的，如果要求无泥灰岩层模型回收的原油量与有泥灰岩层模型的相同，则 K_v/K_h 比值应为 0.02

度的平均值。因此，必须根据岩心数据，将不连续致密薄层插入模拟的模型。

5.5　构建储层模型的工作流程

图 5.25，5.26，5.27 说明了构建碳酸盐岩储层模型的工作流程。储层模型构建的第一步是进行岩心描述，为地质模型和岩石物理模型提供所需的基本地质数据（见第 2 章，

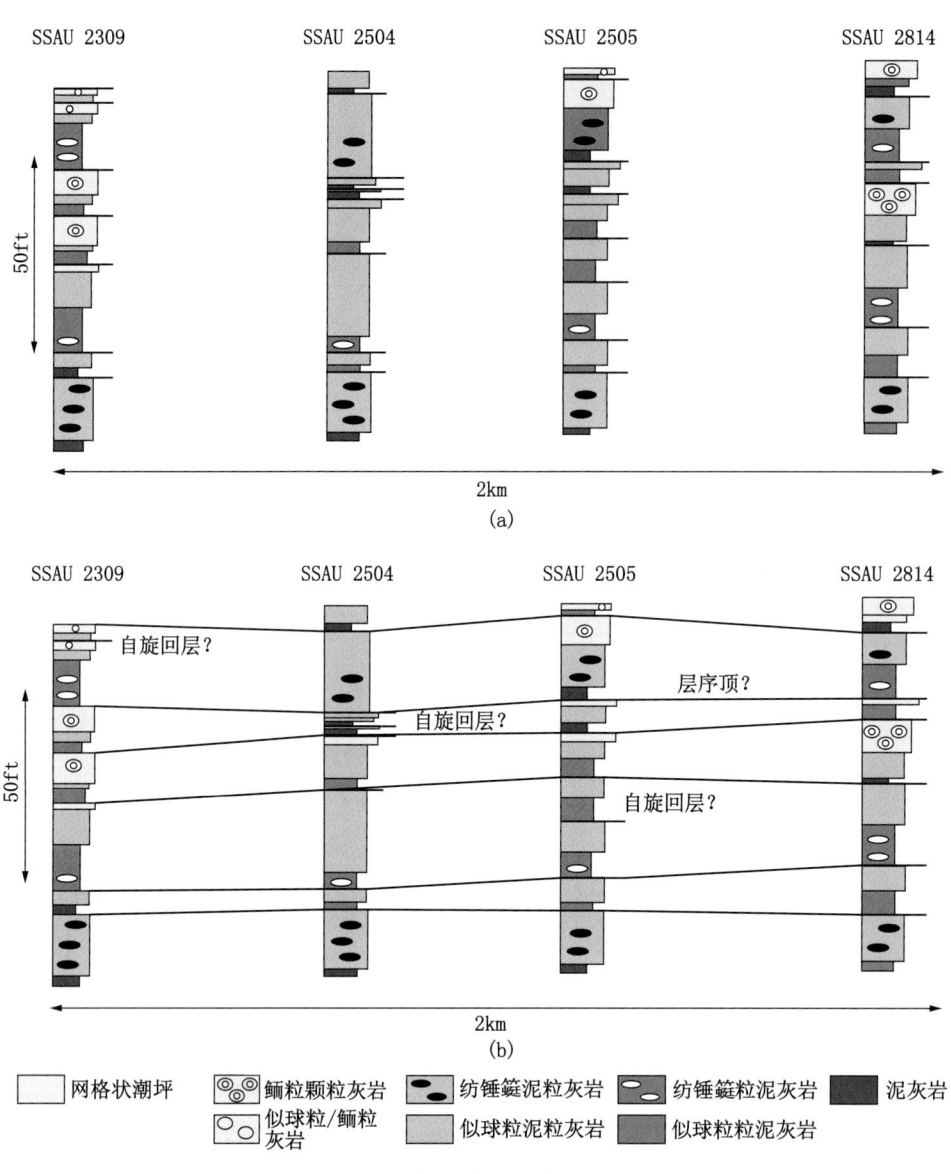

图 5.25 构建地层框架的方法

(a) 根据岩心描述各岩相序列，选取各个向上变浅旋回层的顶，由于存在自旋回性，各井岩心中的旋回层数不一定相同；(b) 确定高频旋回层和层序，选取最连续旋回层的顶进行对比，并定义为高频旋回层。建议将潮坪岩相集中发育段作为层序边界

第 3 章）。岩心描述是描述垂向岩相序列的唯一数据源，也是确定层序和高频旋回层的极重要数据，是构建岩石物理模型的关键地层要素。储层中有足够长度的所有岩心都必须进行描述，它所提供的稳定数据是确定层序和高频旋回层的最可信的依据。通常都根据薄片进行描述，并用薄片来验证。用地震数据也可以有效地确定层序边界，并选取重要的对比界面。应在每口井的岩心中识别旋回层和层序（图 5.25（a）），只有在所有井的岩心都描述之后，才能确定进行成图的高频旋回层和高频层序。每口井中最容易对比的界面可以被确定为适合成图的高频旋回层面和高频层序界面（图 5.25（b））。

同样，岩心描述也是岩石组构研究的基础（图 5.26（a）），必须对岩心作岩石组构描述。由于大多数岩心的地质描述主要旨在解释沉积岩相（采用 Dunham）的分类，并没有

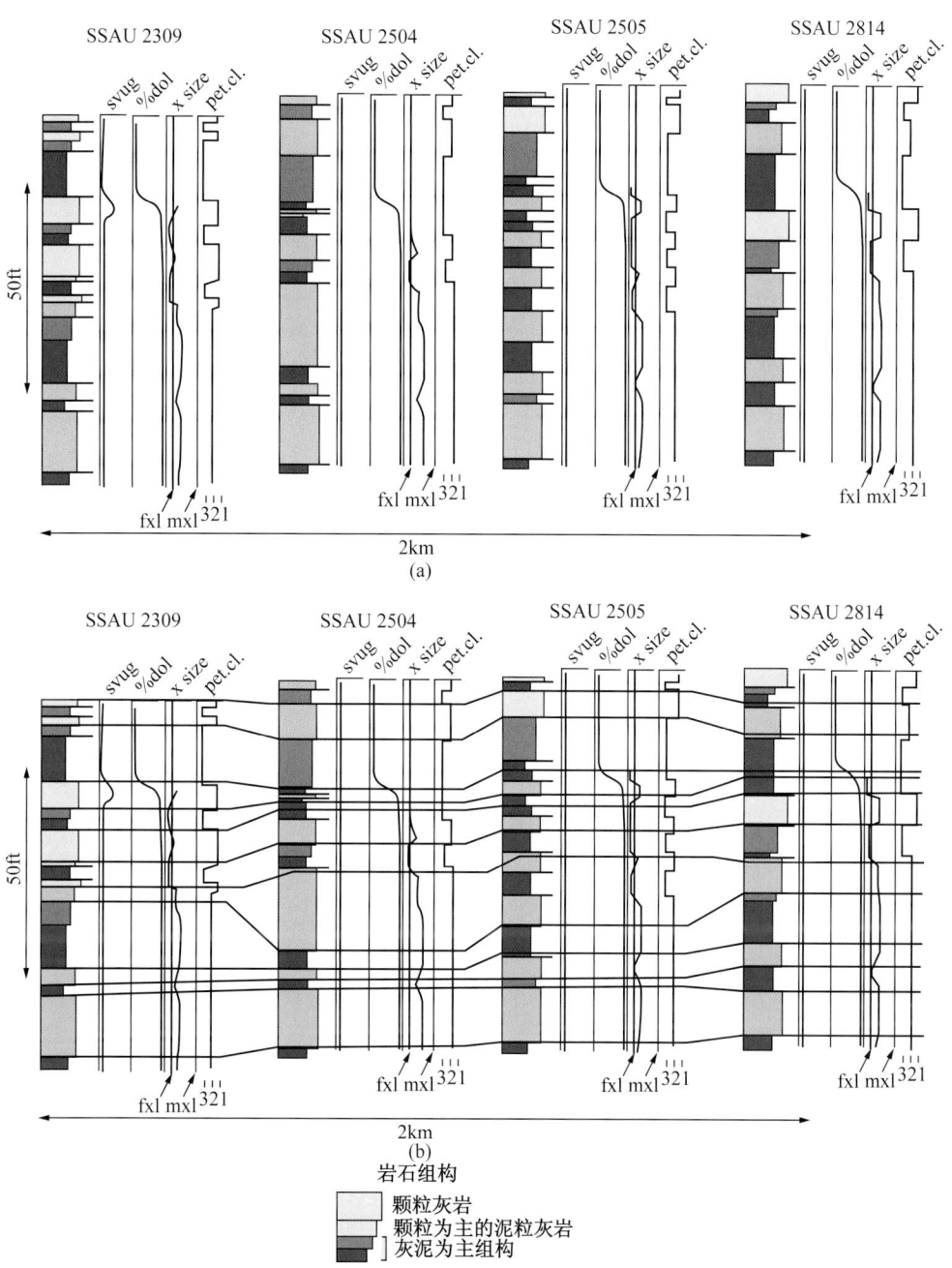

图 5.26 通过岩石组构，确定岩石物理性质与地层框架之间的关联

(a) 描述岩石组构岩相，量化岩性、分散孔洞孔隙度和白云石晶体大小，确定岩石物理类别的岩石组构数；(b) 通过选取的灰泥为主岩相、颗粒为主泥粒灰岩以及颗粒灰岩层顶部的岩性变化，确定岩石组构流动层，并对所有取心井进行对比。各井中的流动层数可能不相等，所以必须作出判断，使选取的流动层连续

对颗粒为主、灰泥为主的泥粒灰岩、白云岩的晶体大小或者分散孔洞孔隙度作定量描述，许多地质岩相可能具有同样的岩石组构。例如纺锤鋋粒泥灰岩和球粒状粒泥灰岩对于确定沉积物的水深具有重要意义，但是，它们却属于同一种岩石组构——3 类灰泥为主组构。此外，常用 Dunhan 分类进行地质描述，但这种分类并没有将颗粒为主泥粒灰岩与灰泥为

主泥粒灰岩区分开。然而，较明智的地质学家应用术语贫灰泥泥粒灰岩和富灰泥泥粒灰岩将它们区分，或者泥粒灰岩只用来表示灰泥为主的泥粒灰岩。同样，10μm 白云石晶体与 30μm 白云石晶体对于区分白云岩的特征也是非常重要的，分散孔洞型孔隙空间及其数量也是控制白云岩性质的重要因素，而地质描述通常并没有提供这类信息。因此必须对岩心的地质和岩石物理性质都进行描述，它们是构建储层模型所必需的信息。

如果岩心描述人员具有丰富的经验，可以根据岩心薄片作岩石组构描述，但最好的方法是用薄片进行描述。选择测定的样品对于测定岩石物理性质、孔隙度、渗透率、相对渗透率以及毛细管压力等也是很重要的。从岩心栓中取的薄片最适用于这类测定工作，因为从岩心栓两端所取的薄片是流动通道的横截面，在此截面可进行岩石渗透率的测定。然而，薄片只是岩心栓极小的样品部分，所以，建议与高精度 CT 和 NMR 扫描技术共同使用。如果已经完成全岩心分析，可将薄片观察难以见到的小规模变化加到岩石物理测定中。一般情况下，只有岩石组构才能完整真实地反映全岩心样品的全部，而不只是反映粒间孔隙度、孔洞孔隙度或者矿物组成。

岩石组构流动单元是根据岩心描述中所观察到的基本岩石组构的各垂向变化所确定的（图 5.26（b））。通常情况下，从灰泥为主组构垂向变化为颗粒为主组构，可以确定两个流动层。假如在一个垂向序列中同时存在颗粒灰岩和颗粒为主泥粒灰岩，必须首先决定是将它们视为一个流动层还是将它们视为两个独立的流动层。这通常都在每种组构的横截面上进行。如果垂向序列中存在一个以上灰泥为主的流动层，同样也要首先决定是将它们视为一个组构流动层还是视为分隔的岩石组构流动层。

流动单元一旦确定，就在全部岩心中进行对比并形成流动层。进行对比要遵循两个基本的原则：①流动层不能穿越高频旋回层的边界。②流动层必须是连续的，以便使储层模拟程序的层流集中分布。通常情况下，每个高频旋回层内至少包含两个流动层：一个是深部的以灰泥为主的流动层；另一个是上部的颗粒为主流动层。有些实例中，颗粒为主流动层中如果存在足够厚度的隔夹层，就可以被分隔为颗粒灰岩和颗粒为主的流动层。

一个地层在横向可以从一种岩石组构变为另一种岩石组构，一种岩石组构层段也可能包含多个流动层（图 5.26（b））。在露头区，岩石组构流动层和高频旋回层通常都有明显的垂向边界，岩石组构层的边界不可以穿越高频旋回层的边界。尽管流动层的垂向接触面是突变的，但其横向边界并不很明显，是渐变的。如露头区所见，岩相的横向变化往往要经过数百英尺长的距离，所以任何直觉都难于确定其横向边界。因此，岩石物理性质的垂向变化是突变（明显）的，而横向则是渐变的。这说明，在控制井距小的储层，可用线性内插法预测井间地层的岩石物理性质。

石灰岩结构可用于确定岩石组构岩相，而其岩石物理性质则是根据岩石物理类别确定的。岩石物理类别包括成岩作用的影响，而岩石组构岩相则是根据石灰岩结构确定的。在石灰岩层段，岩石物理类别是根据岩石组构确定的。当成岩作用结果并不遵循石灰岩结构时，物理类别与岩石组构就不一致。对于白云岩而言，具有细晶白云石组构的白云岩的岩石物理类别遵循岩石组构，而具有中粒或粗晶白云石组构的白云岩则与岩石组构不一致，岩石物理类别与白云岩中白云石晶体的大小有关，也与岩石组构有关（图 5.26（a））。

第2章介绍的方法中，岩石组构与孔隙度、渗透率和毛细管性质有关（图5.27（a），1和2）。最基本的途径是将岩石组构组合成岩石物理类别，在有些实例中，可以用修正的岩石组构数或者视岩石组构数方法。最终结果是一套岩石组构特定孔隙度—渗透率转换式以及孔隙率—饱和度转换关系式，这样，可以通过岩石物理类别图件，使岩石组构与地质模型间建立关系。

下一步工作是对测井数据进行岩石组构和岩石物理类别（岩石组构数）标定（图5.27（a），1和2）。标定的稳定性取决于测井的种类和数据的质量。基本的测井系列包括：伽马射线、中子、密度，声波，PEF以及各种电阻率测井技术，井径数据为各类测井曲线的校正提供了最好的条件。然而，通常只对可靠的伽马射线和中子测井进行校正。完成这一工作可采用不同的方法，第3章已对最基本方法作了介绍。为了进行对比，有必要明确地识别垂向岩石组构序列。一般情况下，为了解释沉积演化，确定层序和高频层序，需要解释四五种岩相或者岩石组构，用于对比旋回层的边界，确定流动层，计算渗透率和原始饱和度。对于估算渗透率和原始水饱和度，岩石物理类别或者岩石组构数、粒间孔隙度以及分散孔洞孔隙是极其重要的。有合适的测井系列状况下，常用各井中的这些参数计算渗透率剖面和原始水饱和度（图5.27（b））。

确定储层内的零毛细管压力层（zcpl）是一件重要的工作，模拟原始水饱和度需要它。这是一件难度很大的工作，通常将毛细管压力曲线转换为油柱高度，并将根据毛细管压力曲线确定的过渡带顶作为产层段的油/水界面，用这种方法来完成零毛细管压力层的位置确定，它位于毛细管压力曲线上的储层零高度处。

计算求取各井岩石物理性质的垂向剖面，并对储层中的高频层序、高频旋回层以及流动层进行对比（图5.28（a））。这些工作为最后的工作，即在岩石组构流动层中配置孔隙度、渗透率以及原始水饱和度提供基础框架。可选用各种模型完成这一工作。可以取各口井岩石组构层中的岩石物理性质的平均值，再将平均值在井间的岩石组构层作内插。也可以以井数据变差图作为约束，将岩石物理性质配置到岩石组构层，然后再在井间内插（图5.28（b））。与简单的内插相比，用变差图约束可以用不同的变差调整各岩石组构的连续性和渗透率，并使它们与产液和注入液体的数量相匹配。垂向的变差可以根据井数据计算得到，但是，井间进行渗透率配置的水平变差只能根据露头数据进行推测或推断。

图5.29中列出了四类模型，这些模型基于圣安德列斯储层（西得克萨斯）：第一个是用上述描述的方法构建的岩石组构模型；第二个是地质格子状（geocellular）模型，它是用1ft间隔的渗透率在各口井之间做平行于旋回层界面的线性内插法构建的。露头数据表明，岩石组构尺度的渗透率几乎是随机分布的，横向相距1ft的渗透率也不可对比，因此，这种方法是不现实的；第三种是渗透率在岩石组构流动层中随机分布的岩石组构模型，用基于井的垂向变差和估算的横向变差确定岩石组构流动层中渗透率的随机分布模式。这是一种最现实的模型，与线性内插岩石组构模型成果相比，能够得到较高的采/注比率；最后一种是随机模型，模型中的渗透率分布不考虑高频旋回层的界面。渗透率分布模式并不遵循地质模型中的旋回层结构。检验任何储层模型优劣的关键，是看它能否很好地反映地质模型，尤其是能否很好地反映层状地质介质。

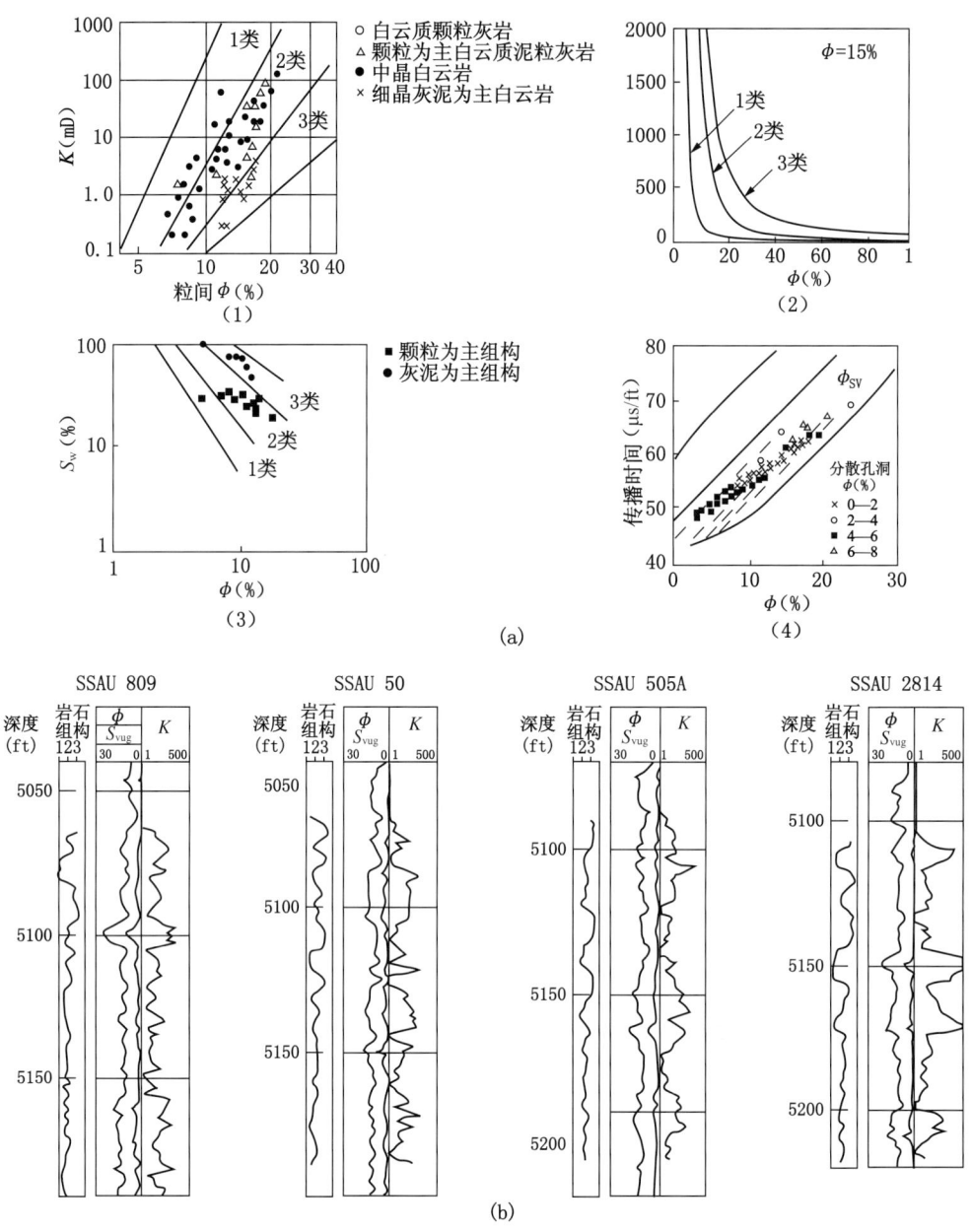

图 5.27 在岩石组构、岩石物理性质和测井曲线间建立相应关系

(a) 在岩石组构岩石物理类别、孔隙度、渗透率以及原始水饱和度之间建立转换关系，在岩石组构、岩石物理类别、孔隙度以及源于测井数据的原始水饱和度之间建立转换关系，在分散孔洞孔隙度、源自测井数据的渗透率和声波传播时间之间建立转换关系；(b) 应用转换关系为油田中各井计算渗透率和原始水饱和度的垂向剖面，注意总孔隙度和粒间孔隙度在不同部位的渗透率

5　输入流动模拟器的储层模型

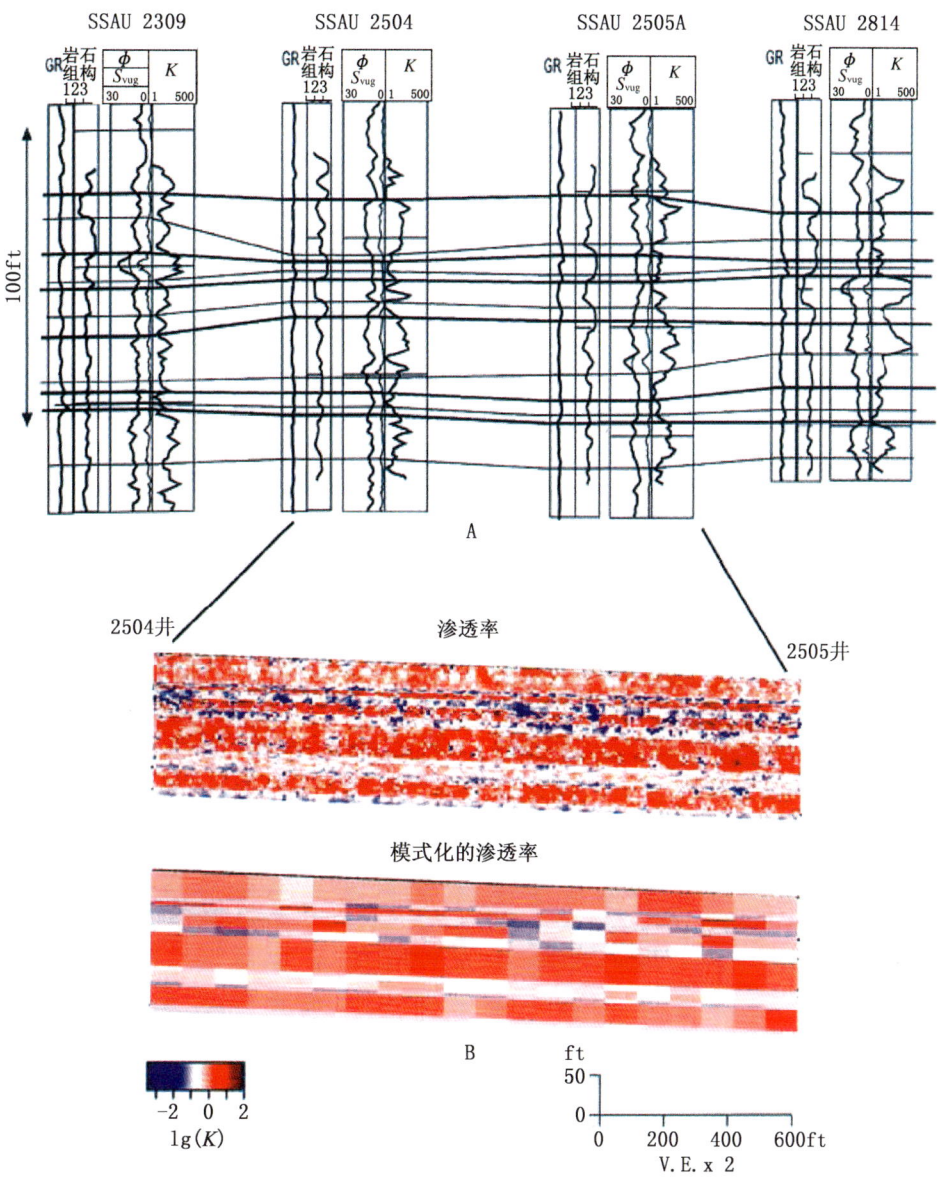

图 5.28　在井间地层中配置岩石物理性质
A—对比储层内的高频旋回层和流动层；B—井数据约束的条件下，采用各种地质统计学方法在流动层内配置岩石物理性质。在流动层厚度范围内，可将最终的渗透率结构模式化（据 Jennings 的未发表数据）

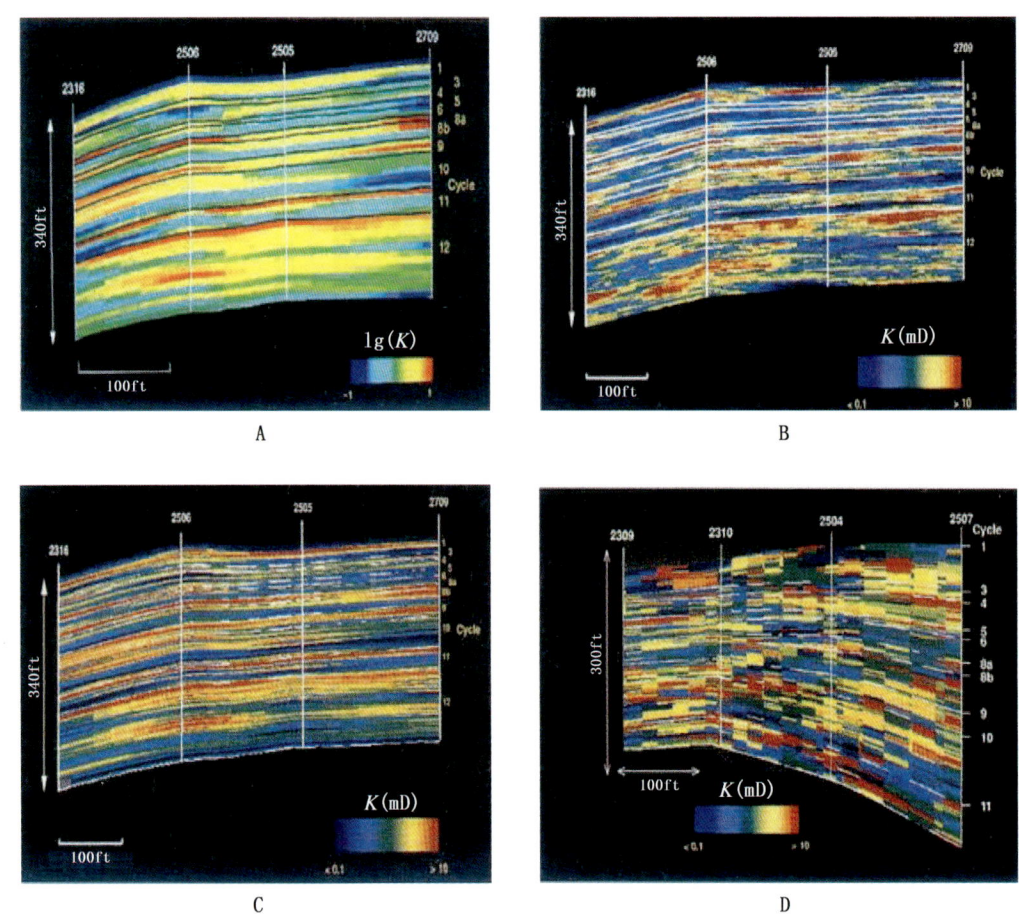

图5.29　在井之间充填储集层的四种方法

A—用旋回层边界作为约束，对岩石组构单元中的数据取平均值，然后将平均值在井间作线性内插；B—基于变差，并以岩石组构单元为约束，在井间随机配置渗透率；C—用旋回层边界约束，线性内插井点数据；D—基于垂向和水平方向的变差，随机配置渗透率，但要以旋回层边界为界面（约束）

5.6　小结

本章主要描述用岩石组构方法构建储层模型。第4章介绍了构建三维年代地层框架；第2章介绍了通过岩石组构，将岩石物理性质测定值与地质框架建立联系；第3章的内容是对测井数据进行校正。这些章节中的内容提供了利用所给的测井系列计算岩石物理性质垂向剖面所需要的技术。第5章集中介绍了在井间各地层（占储层体积的99%）中配置岩石物理性质的主要方法。

本章最突出的一点是颗粒灰岩地层中渗透率的强烈变化和可能的孔隙度。地质统计分析表明，强烈的渗透率变化出现在英寸尺度或者英尺尺度，它们几乎没有空间可对比性，为了模拟，可取它们周期的对数平均值。然而，存在长周期变化性，周期长度为数百英尺。流动模拟实验说明，短周期数据对注水前缘几乎没有影响，长周期变化性可能控制了水窜速率。约 80% 的方差（变差）是尺度小、可比性差的数据，它们对注水的响应很小。因此，在渗透率和孔隙度交会图中，见到的是大多数对这种岩石组构有约束作用的分散数据，它们对岩石物理性质的空间分布没有重要意义，可以将它们视为系统误差。我们需要将对岩石物性空间分布具重要意义的另外 20% 方差（变差）挑选出来。

我们已经说明，高频旋回层是构建储层模型的基本地质单元。然而，在储层模型构建中，基本的地质单元是岩石组构流动层。劳伊河谷露头研究表明，颗粒灰岩、颗粒为主泥粒灰岩、灰泥为主组构的地层之间存在相当大的岩石物理性质差别，同样，在印模颗粒灰岩与致密泥灰岩之间也存在重大的岩石物理性质差别。在上述的各岩石组构层中，岩石物理性质的空间对比性差。因此，每个岩石组构层成为一个流动层，它是井间配置孔隙度、渗透率和原始水饱和度的基本组成单元。

可以用多种方法在流动层内配置岩石物理性质。在井间，可取整个流动层的平均值或者以英尺为单位逐层进行井数据线性内插。以井数据、垂向和横向变差为基础，在井间地层中可以用条件约束随机模拟，内插岩石物理性质。无论用哪种方法，模拟结果都必须能够正确地反映存在于地质和岩石物理模型中的层状特征。

本章所提出的工作流程可归纳如下：

（1）在岩心上识别出沉积旋回层，描述沉积相的垂向序列。
（2）识别层序边界和高频旋回层。
（3）描述并量化岩石组构和重要的岩石组构结构。
（4）岩石组构和结构与岩石物理性质之间建立联系，并在孔隙度、渗透率、原始水饱和度之间建立相关关系。
（5）用岩石组构和岩石物理类别校正（标定）测井数据响应。
（6）用孔隙度和岩石物理类别计算渗透率和原始水饱和度的垂向剖面。
（7）在整个油田区进行层序、高频旋回层和流动层组对比。
（8）在井数据和流动层的约束下，将岩石物理性质配置到井间各地层。

参 考 文 献

Barber A J, George C J, Stiles L H, Thompson B B. 1983. Infill drilling to increase reservoir-actual experience in nine fields in Texas, Oklahoma, and Illinois. J Pet Technol August 198：1530-1538

Fogg G E, Lucia F J. 1990. Reservoir modeling of restricted platform carbonates：geologic/geostatistical characterization of interwell-scale reservoir heterogeneity, Dune Field, Crane County, Texas. The University of Texas at Austin, Bureau of Economic Geology, Report of Investigations No 190, 66 pp

Galloway W E, Ewing T E, Garrett C E, Tyler N, Bebout D G. 1983. Atlas of major Texas oil reservoirs. The University of Texas at Austin, Bureau of Economic Geology, 139 pp

George C J, Stiles L H. 1978. Improved techniques for evaluating carbonate water-floods in West Texas. J Pet Technol Nov 1978：1547-1554

Grant C W, Goggin D J, Harris P M. 1994. Outcrop analog for cyclic-shelf reservoirs, San Andres Formation of Permian Basin: stratigraphic framework, permeability distribution, geostatistics, and fluid-flow modeling. AAPG Bull 78, 1: 23-54

Hearn C J, Ebanks W F Jr, Tye R S, Ranganathan V. 1984. Geological factors influencing reservoir performance on the Hartzog Draw field, Wyoming. J Pet Technol Aug 1984: 1335-1344

Hinricks P D, Lucia F J, Mathis R L. 1986. Permeability distribution and reservoir continuity in Permian San Andres Shelf Carbonates, Guadalupe Mountains, New Mexico. In: Moore G E, Wilde G L, (eds). Lower and Middle Guadalupian facies, stratigraphy, and reservoir geometries, San Andres/Grayburg formations, Guadalupe Mountains, New Mexico and Texas. Permian Basin Section, Society of Economic Paleontologists and Mineralogists Publication 86-26: 37-47

Hovorka S D, Nance H S, Kerans C. 1993. Parasequence geometry as a control on porosity evolution: examples from the San Andres and Grayburg formation in the Guadalupe Mountains, New Mexico. In: Louch R G, Sarg J F, (eds). Carbonate sequence stratigraphy: recent developments and applications. AAPG Mem 57: 493-514

Jennings J W. 2000. Spatial statistics of permeability data from carbonate outcrops of west Texas and New Mexico: Implications for improved reservoir modeling. The University of Texas at Austin, Bureau of Economic Geology, Report of Investigations No. 258, 50 pp

Jennings J W, Ruppel S C, Ward W B. 2000. Geostatistical analysis of permeability data and modeling of fluid-flow effects in carbonate outcrops. SPE Reservoir Eval & Eng 3, 4: 292-303

Kerans C, Lucia F J, Senger R K. 1994. Integrated characterization of carbonate ramp reservoirs using Permian San Andres Formation outcrop analogs. AAPG Bull 78, 2: 181-216

Kerans C, Lucia F J, Senger R K, Fogg G E, Nance H S, Hovorka S D. 1993. Characterization of facies and permeability patterns in carbonate reservoirs based on outcrop analogs. The University of Texas at Austin, Bureau of Economic Geology, final report prepared for the Assistant Secretary for Fossil Energy, US Department of Energy, under contract no DE-AC22-89BC 14470, 160 pp

Lucia F J. 1983. Petrophysical parameters estimated from visual descriptions of carbonate rocks: A field classification of carbonate pore space. J Pet Technol 35, 3: 629-637

Lucia F J. 1995. Rock-fabric/petrophysical classification of carbonate pore space for reservoir characterization. AAPG Bull 79, 9: 1275-1300

Lucia R J, Conti R D. 1987. Rock fabric, permeability, and log relationships in up-ward-Shoaling, vuggy carbonate sequence. The University of Texas at Austin, Bureau of Economic Geology, Geological Circular 87-5, 22 pp

Lucia F J, Major R P. 1994. Porosity evolution through hypersaline reflux dolomitization. In: Purser B H, Tucker M E, Zenger D H, (eds). Dolomites, a volume in honor of

Dolomieu. Int Assoc Sedimentol Spec Publ 21: 325-341

Lucia F J, Kerans C, Senger R K. 1992. Defining flow units in dolomitized carbonate ramp reservoirs. Society of petroleum Engineers, Paper No. SPE 24702, Washington D.C., pp. 399-406

Lucia F J, kerans C, Wang F P. 1995. Fluid-flow characterization of dolomitized carbonate-ramp reservoirs: San Andres Fomation (Permian) of Seminole field and Algerita Escarpment, Permian Basin, Texas and New Mexico. In: Stoudt E L, Harris P M (eds). Hydrocarbon reservoir characterization: geologic framework and flow unit modeling. SEPM (Society for Sedimentary Geology), SEPM Short Course 34: 129-153

Senger R K, Lucia F J, Kerans C, Ferris M A, Fogg G E. 1993. Dominant control on reservoir-flow behavior in carbonate reservoirs as determined from outcrop studies. In: Linville B, Burchfield T E, Wesson T C, (eds). Reservoir characterization Ⅲ. Proc 3rd Int Reservoir Characterization Tech Conf, Tulsa, Nov 1991. PennWell Books, Tulsa, OKla, pp 107-150

Wang F P, Lucia F J. 1993. Comparison of empirical models for calculating the vuggy porosity and cementation exponent of carbonates from log responses. The University of Texas at Austin, Bureau of Economic Geology, Geological Circular 93-4, 27 pp

Wang F P, Lucia F J, Kerans C. 1994. Critical scales, upscaling, and modeling of shallow-water carbonate reservoirs. Society of petroleum Engineers, Paper No. SPE 27715, Midland, Texas, pp. 765-773

Wang F P, Lucia F J, Kerans C. 1998. Integrated reservoir characterization study of a carbonate ramp reservoir: Seminole San Andres Unit, Gaines County, Texas. SPE Reservoir Evaluation & Engineering 1, 3: 105-114

6 石灰岩储层

6.1 引言

地质作用的空间分布决定岩石物理特性的空间分布，地质作用可以分为沉积作用和成岩作用。第 4 章中集中讨论了沉积作用，并特别强调：①沉积结构的成因；②孔隙度、渗透率及与沉积结构之间的关系；③沉积结构的纵向和横向分布与地形、水流能量、生物活动以及受海平面变化控制的旋回性有关；④层序地层学基础。作为构建地质框架的基本单元，年代地层界面的重要性受到关注。具有重要岩石物理意义的沉积结构有规律地分布在地质框架的基本单元内。

很明显，岩石物理性质的三维空间分布最初受沉积结构模式（组合）的控制。而储层研究表明，碳酸盐岩储层中见到的岩石物理性质不同于现代碳酸盐沉积。成岩作用往往使碳酸盐岩的孔隙度减小，孔隙空间重新分配，并改变渗透率和毛细管特性。现代碳酸盐沉积的孔隙度为 40%～70%，而美国碳酸盐岩储层的平均孔隙度为 9%～17%（Schmoker 等，1985）。同样，碳酸盐岩储层的渗透率也比现代沉积的低。因此，了解成岩作用以及成岩作用的结果是进行碳酸盐岩储层描述及构建储层模型的基础。

本章讨论的基本成岩作用包括：①亮晶方解石胶结作用；②机械和化学压实作用；③选择性溶解；④白云石化作用；⑤蒸发岩矿化作用；⑥大量溶解、洞穴坍塌和破裂作用。特定的组构可用于识别出各种相应的成岩作用。晶体形状和相对于颗粒组构的部位可用于识别被方解石充填的孔隙空间。颗粒的相互穿插、破裂、形变、缝合（柱状化）及颗粒的间距都可以用于识别压实作用。选择性溶解可理解为通过移去特定的岩石组构元素而形成孔隙空间，这是组构选择性孔洞孔隙类型的一种。白云石矿物的存在可以鉴别白云石化作用，诸如石膏、硬石膏、石盐矿物的出现可以鉴别蒸发岩的矿化作用。大规模溶解作用可形成相对大的孔隙空间，无论其岩石组构如何，孔洞空间达到足够大时就会坍塌，并形成坍塌角砾岩和相应的破裂模式。

尽管可以独立地识别和研究每种成岩作用，但它们在空间域和时间域是相互叠置的，所以各种成岩作用是相互影响的。只有当沉积物中深深打上上述任何一种或者所有的成岩作用烙印时，沉积地层才算真正形成。通过岩石物理性质研究，可以确定成岩作用事件的序列。这类研究表明，不同成岩作用在时间上大多是重叠的，同时也说明了成岩作用的重复性。事实上，成岩作用是一个连续的过程，它在沉积作用停止时就已经开始，到变质作用开始时结束。因此，成岩事件序列可能相当复杂，如果它们与沉积模式没有对应关系，则成岩作用产物的模式（分布）是难于预测的。

成岩作用结果的分布是受原始碳酸盐岩性质控制的，随着时间的增加，原始碳酸盐岩的结构变化越来越大。埋藏开始就出现压实作用，只有当岩层抬升或出露地表时压实作用才停止。胶结作用与沉积作用几乎同时发生，或者在随后的埋藏阶段开始，早期的胶结作用可能会阻止随后埋藏阶段的压实作用。白云石化作用发生在沉积之后不久或者沉积结束以后的数百万年；白云石化之前发生的胶结作用、溶解作用和压实作用都对白云石化模式（分布）有影响。早期白云石化可以产生层状白云岩，但晚期的白云石化则可能受断裂和坍塌角砾分布的控制，而形成不连续的白云石岩体。

因此，为了将岩石物理性质分配到碳酸盐岩储层的各个部位，必须了解在沉积结构中烙上成岩作用烙印的过程。关键问题是成岩产物与沉积模式之间的一致性程度。假如物质输入或输出岩石系统并不是产生成岩作用产物的重要因素，则成岩产物的组构与沉积模式大致一致。然而，如果成岩产物的形成需要离子经流体流动流入和流出成岩作用体系，则成岩产物的组构可能与沉积模式不一致。在这种情况下，对成岩产物成图就需要了解地球化学—水文体系，包括了解流体的来源以及流体流动的方向。

下面将根据成岩作用对碳酸盐岩储层进行分组。最简单的是石灰岩储层，它以胶结、压实和选择性溶解作用为特征。白云岩储层比较复杂，蒸发岩的矿化作用增加了它的复杂性。发育了与基质孔隙系统不连通的孔隙孔洞系统的储层是最复杂的，因为它涉及破裂、大规模溶解坍塌、胶结作用中的所有问题。

胶结、压实、选择性溶解和其他非变质作用的产物与沉积结构之间可以有正相关关系。压实作用和相应的胶结作用是成岩作用的一种，它是岩石强度和埋藏时间的函数（Weyl，1959）。这种作用不涉及物质搬运，所以与沉积结构相关性强。不稳定的文石异化颗粒的溶解和重结晶，以及同生方解石胶结物的沉淀作用与沉积环境有关，不需要经过流体的搬运。早期胶结作用需要流体流动使钙和碳酸盐输入体系，但是，流体流动与沉积环境紧密地联系在一起。后期或埋藏时期的胶结作用可以以化学压实作用的方式出现，因此，也与沉积环境有关联；但也可能需要通过地下水进行区域离子搬运，因此与原始沉积结构没有关联。

白云石化需要流体流动并使镁离子进入系统。因此，流体流动是白云石组构成因的重要因素，而且白云石化模式可能与原始沉积模式没有对应关系。渗透回流（reflux）白云化中，白云化介质（dolomitizing water）的来源和流动路径是大家所熟知的。白云化介质来自潮坪或者咸水湖，其流动路径总趋势是向下并流向海洋。石膏和硬石膏通常与白云石化有成因关系，它们的形成要求超盐度水将硫酸盐输入岩石体系。研究表明，沉积相与石膏或者硬石膏成岩模式之间几乎没有关联。由于先期的白云石化成岩作用已极大地改变了地层渗透性结构，并导致白云石化介质按成岩作用的结构流动，而不是遵循沉积结构流动，所以，埋藏白云石化的模式很难预测。尽管流体来源尚不清楚，但是，已知的断层控制了流体流动的路径。其他白云化模型的水文条件仍然存在争议。

孔洞连通储层是破裂、溶解、压实以及坍塌角砾岩化综合作用的产物。由于这类储层与沉积模式几乎没有关联，所以最难模拟。它们的产物受先前成岩事件的控制，包括破裂活动和地下水流动等。在复杂的地球化学—水文大气层水流动系统中，碳酸盐物质在某地溶解并被搬运到其他部位沉淀下来，整个过程已经使碳酸盐岩岩层中原有的孔隙空间完全重组。

本章集中讨论以胶结、压实和选择性溶解作用为特征的石灰岩储层。白云岩储层和孔洞连通储层在随后的章节讨论。

6.2 胶结作用、压实作用以及选择性溶解作用

胶结作用、压实作用和选择性溶解作用组成了海水成岩环境和大气淡水成岩环境的重要成岩作用特征。选择性溶解作用则通过选择性地溶解不稳定颗粒，形成分散的孔洞孔隙。被溶解的碳酸盐可以在附近的孔隙中以方解石胶结物形式沉淀。这些成岩作用产物的模式与原始沉积结构密切关联，并可通过原始沉积结构成图，对它们进行预测。

6.2.1 钙质碳酸盐胶结作用

钙质碳酸盐胶结作用使孔隙空间堵塞并使孔隙减小。研究表明，典型的胶结结构有等厚环边状、纤维状和叶片状胶结物、等轴状或块状亮晶胶结物、连晶状胶结物、下垂状胶结物、凹凸状胶结物和放射轴状胶结物（Harris 等，1985；Hurley 和 Lohmann，1989；图 6.1）。方解石胶结物在形成之初，由方解石、高镁方解石或文石组成。然而，高镁方解石和文石是不稳定矿物，在埋藏和地质时期中会被方解石取代。

沉积作用发生后不久，胶结作用就开始了。事实上，在后期沉积中可以见到再沉积的早期胶结地层的碎屑（内碎屑）。在浅埋藏环境中，沉积物的早期胶结作用由大量海水流过渗透性极强的沉积物（如颗粒灰岩和礁体岩屑）而形成的（Shinn，1969；James 和 Ginsburg，1979）。在形成颗粒灰岩和礁等的高能环境中，潮汐和波浪驱使海流流动。海相胶结物通常有规律地围绕着颗粒沉淀，并在颗粒周围形成纤维状和叶片状胶结物，被称为等厚环边状胶结物。在碳酸盐岩礁中见到的大型孔隙空间，通常被大型钟乳石扇中的放射状海相碳酸盐胶结物所充填（图 6.1）。

当沉积物被埋藏时，方解石胶结作用仍然继续（Heydari 和 Moore，1993）。埋藏胶结物的作用机理目前仍不清楚。据 Budd 等（1993）报道，佛罗里达组含水层中不存在胶结作用。相反，胶结作用在压实作用之前，对应于渐新世出露地表阶段，或者对应于早期的矿物稳定化阶段。Heydari 和 Moore（1989，1993）对热化学硫酸盐还原成因的深埋胶结作用作了描述，维持胶结作用所需要的钙和碳酸盐离子的来源是：①化学压实作用导致的颗粒溶解；②不稳定矿物（如文石）的溶解；③经地下水流动长距离搬运而来的离子。常见的埋藏胶结物组构包括等轴状方解石亮晶和连晶次生加大的晶体。常常可以见到，等轴状胶结物不规则地散布在岩层中，从而产生小范围的非均质性，这就是小范围内发生渗透率变化的原因。连晶状胶结物是颗粒的次生加大，它由单一的方解石晶体组成。棘皮动物碎片的连晶次生加大很常见，由棘皮颗粒组成的岩石中，孔隙空间通常基本全部被填满（Lucia，1962）。

渗流带（空气饱和带）存在数种独特的胶结物组构。凹凸状胶结物很特别，因为它保持了与空气和水之间接触界面的形状（图 6.1）。凹凸胶结物限制了孔隙喉道，因此，它的渗透率可降低至远小于同体积的等厚度或等轴状胶结物的预测渗透率值。下垂或微钟

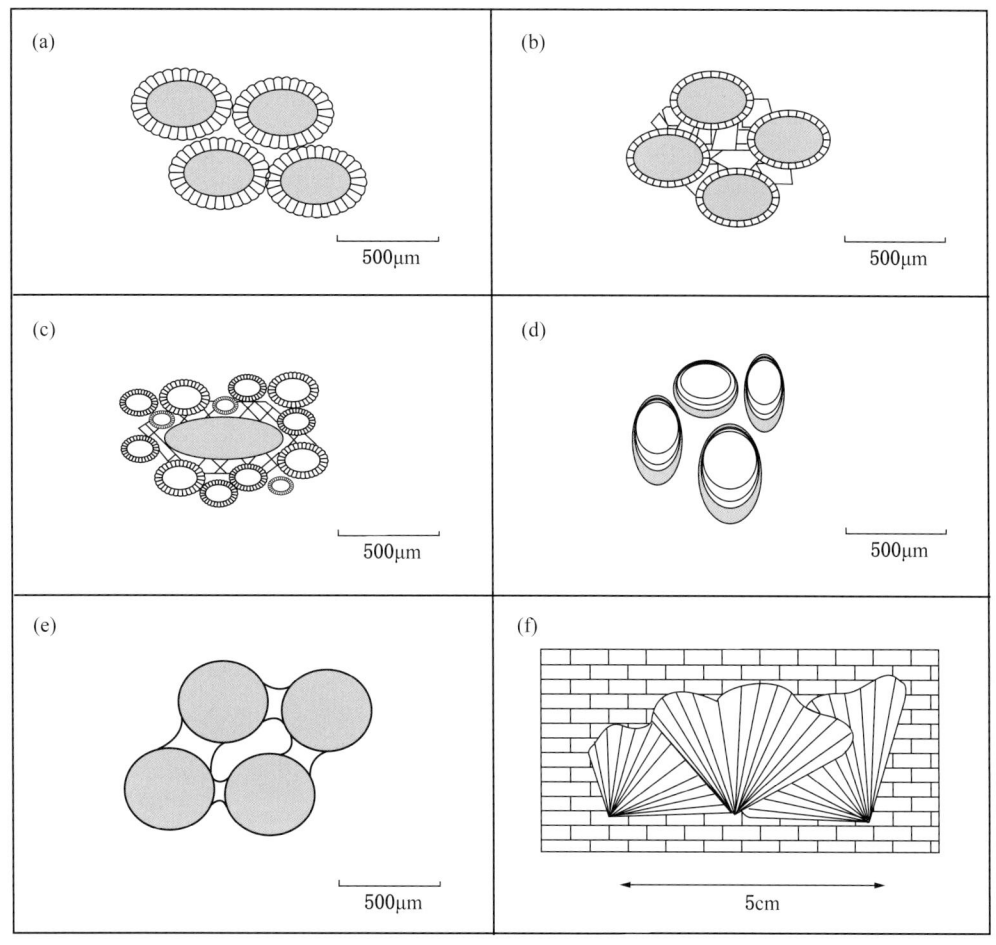

图 6.1　方解石胶结物的常见结构

(a) 一纤维状（叶片状）等厚环边胶结物；(b) 等轴状（块状）亮晶胶结物；(c) 共轴增生胶结物；(d) 悬挂状（微钟乳石状）胶结物；(e) 凹凸状胶结物；(f) 放射轴状（葡萄状）胶结物

乳石胶结物能够从完好的颗粒底部向下生长，说明由水渗滤的物质通过部分空气充填的孔隙向下生长。

上述所有胶结物的特征是：它们都从孔隙的壁向孔隙空间的中心生长，当它们不断生长时，孔隙空间逐渐减小。在胶结物有规律分布的状况下，孔隙大小的减小与胶结物沉淀的速度成正比（图 6.2）。孔隙大小的有规律降低可以解释所观察到的规律性渗透率变化以及毛细管特性随粒间孔隙度变化而变化的现象。因此，孔隙大小的分布是粒间孔隙度、颗粒大小以及碎屑分选性的总体反映（图 6.3）。

方解石胶结物的不规则分布会导致小范围的非均质性，样品的总孔隙度也会降低，但是，非胶结部分的孔隙度和孔隙的大小仍保持不变。由于渗透率和毛细管特性主要是孔隙大小的函数，它们的减小量小于均匀分布状况下同等体积胶结物的渗透率和毛细管特性值的减小量。因此，斑点状方解石胶结物会使岩石的孔隙度降低，但对于岩石的渗透性和毛细管特性不会有重大的影响。Lonoy（2006）公布的数据支持这一结论。

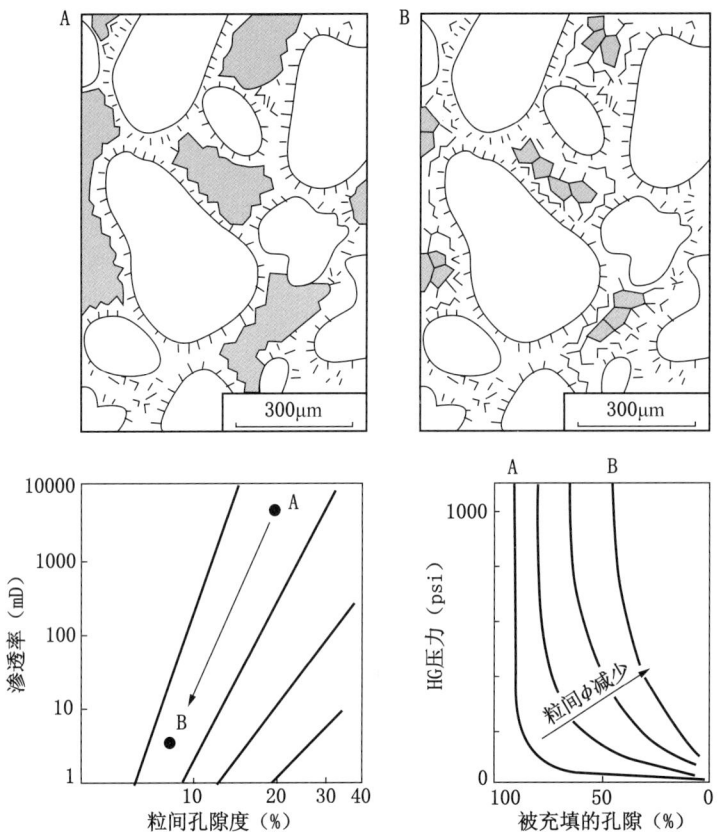

图6.2 由于颗粒间孔隙被充填,使孔隙度减少并导致渗透率和毛细管特性变化

颗粒间孔隙空间由 A 中的 20% 减小至 B 中的 7%,渗透率相应降低,毛细管压力曲线形状发生规律性变化,反映孔隙变得更小

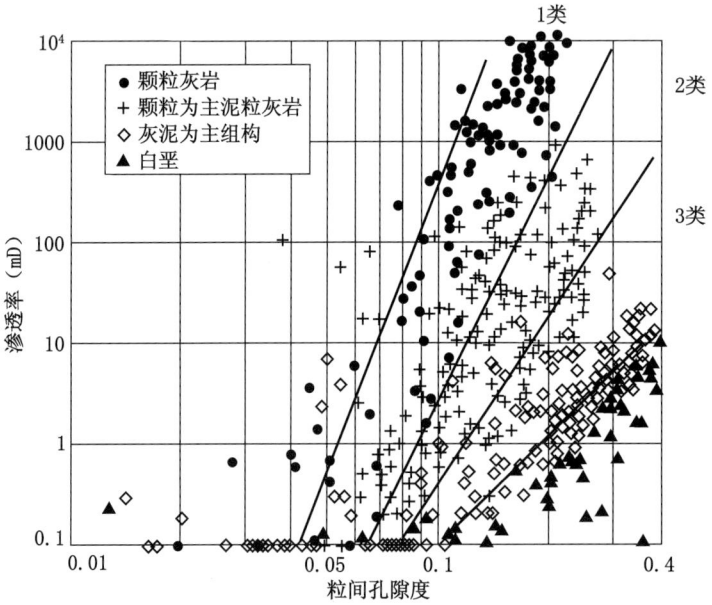

图6.3 非孔洞型灰岩的渗透率和粒间孔隙度对数交会图

图中展示了各个岩石组构区,每个区中的数据分散是不同的颗粒大小、分选性以及胶结物大小和分布状况所致

6.2.2 压实作用

压实作用的影响很难与胶结作用的影响完全分开，它们都使孔隙大小及孔隙度降低。Budd（2002）所提出的数据表明，压实作用与胶结作用两者引起的孔隙度减少程度稍有差别，可产生两种稍有差别的孔隙度—渗透率关系图。但是，我们将这两种作用结合在一起考虑。

压实作用是埋藏过程中上覆层压力增大所引起的物理和化学作用。结构效应包括损失孔隙度、降低孔隙的大小、颗粒间凹凸状穿刺、颗粒破裂、颗粒形变以及缝合面（柱状化）。压实作用无需从外部物源得到新的物质，它仅仅是结构的变化。此外，压实作用是导致流体流出沉积物并进入相邻沉积层（通常是向上流动）的动力。

实验数据表明，沉积岩在最初100m埋深范围内，单纯的机械压实作用能使灰泥的孔隙度从70%降低至40%（图6.4）（Goldhammer，1997）。软粪粒可被压实，其结构从球粒颗粒为主的泥粒灰岩变为球粒灰泥为主的泥粒灰岩、粒泥灰岩或者泥灰岩。而硬球粒则能够保持它们原来的形状和颗粒间的孔隙空间。相反，颗粒支撑沉积物在埋深700m时仍能保持它们的原始孔隙度（47%），深度大于700m时，由于颗粒的密集堆积和破裂，孔隙空间大量减小（图6.4）。

机械压实作用会使孔隙度减小，随着埋藏时间和深度的增大，在颗粒接触部位表现为压溶形式的化学压实作用，也会使碳酸盐岩的孔隙度减小。碳酸盐颗粒的压溶可产生钙和碳酸根离子，这些离子可以在附近的孔隙空间中沉淀。Schmoker和Halley（1982）提供的南佛罗里达实例说明了在埋藏时间和深度增大过程中的胶结和压实的综合作用。这个曲线与机械压实作用曲线相对比，说明在孔隙度随深度增加而损失的过程中，胶结和化学压实也是很重要的作用（图6.4）。

压实曲线说明，由于埋藏，碳酸盐岩地层的孔隙度缓慢地减小。深度1000m时，常见孔隙度是30%～40%。这一点已由巴哈马台地的岩心和测井数据所证实。巴哈马新近系碳酸盐岩在700m深度时，它的岩心和测井孔隙度仍然高达35%～50%（Anselmetti和Eberli，1993；Melim等，2001）。

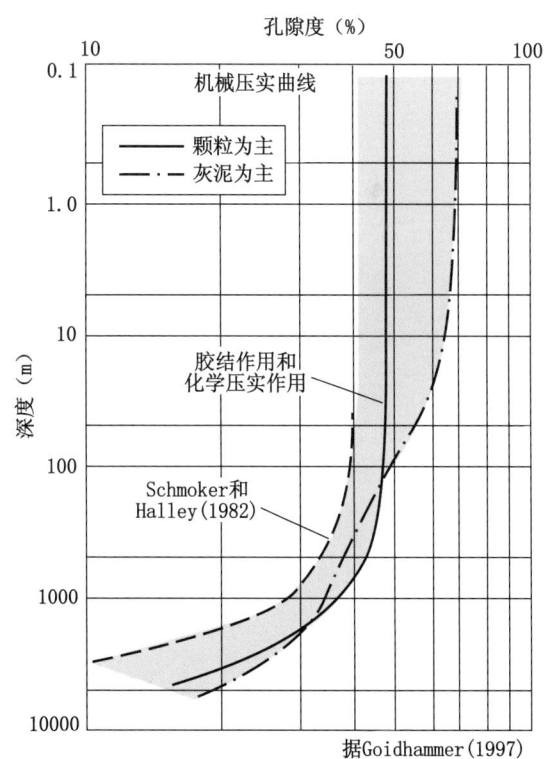

图6.4 灰泥和砂屑沉积深埋过程中的机械压实作用所导致的孔隙度变化（Schmoker和Halley，1982）

机械压实曲线与南佛罗里达地下孔隙度—深度关系曲线之间的差异，说明可能发生了化学压实和胶结作用

6.2.3 选择性溶解

在溶解作用中，岩石中的碳酸盐矿物和蒸发盐矿物被溶解移去，从而产生孔隙空间并使碳酸盐岩层中的孔隙空间发生变化。溶解作用对渗透率的影响，取决于最终形成的孔隙空间的几何形态和它在岩石组构中的相对位置。溶解作用可以是组构选择性溶解，形成印模孔隙（本书称为分散孔洞）。其他条件下，溶解作用并不是组构选择性的，所产生的是相互连通的孔隙空间（本书中称之为连通孔洞），这种孔隙类型将在下文讨论。

当岩石中的一种组构要素比其他组构要素更容易溶解时，就出现选择性溶解作用。这是因为碳酸盐岩地层是由溶解性不同的矿物组成的。硬石膏和石膏矿物比方解石或白云石更容易溶解，因此，它们通常被选择性溶解而形成硫酸盐印模。实验室试验表明，从低镁方解石（LMC）到文石，再到高镁方解石（HMC），钙质碳酸盐矿物的可溶性逐渐增大。然而，由高镁方解石组成的原始沉积颗粒易被低镁方解石交代，而不是被溶解。在地层中，常见的文石颗粒溶解先于低镁方解石和高镁方解石（Swirydezuk，1998；Melim 等，2001）。

经过选择性溶解作用形成的孔洞，使颗粒灰岩中的孔隙空间组构从颗粒间孔隙度和固体颗粒转变为印模孔隙度和被充填的颗粒间孔隙空间。相应的数据对比表明，选择性溶解作用的结果并没有增加岩石的孔隙度（图 6.5）。现代鲕粒颗粒灰岩的孔隙度为 45%，含印模孔隙空间的鲕粒颗粒灰岩的孔隙度很少高于 30%。从位于浪蚀带的井和斜积层井中的上岩溶层段之下所采集的岩心样品分析表明，印模颗粒灰岩和泥粒灰岩的孔隙度值

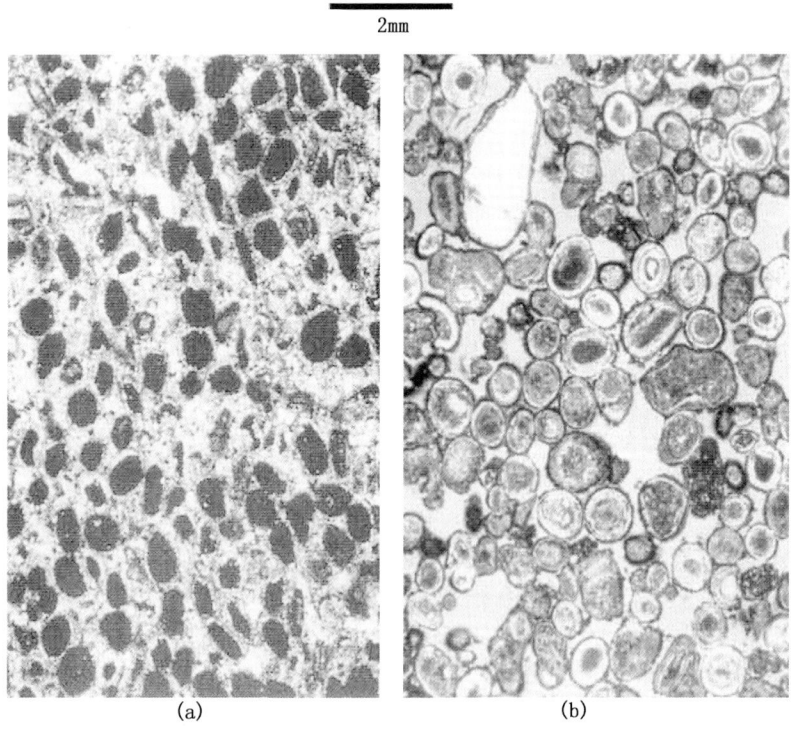

图 6.5 孔隙分布的逆结构，两个样品的孔隙度都是 20% ~ 25%
(a) 颗粒间孔隙空间被充填，岩石印模孔隙（黑色）发育；(b) 颗粒间孔隙

为 40%～50%（Melim 等，2001），略低于沉积时的孔隙度。孔隙度没有增大的最可能原因，是不稳定矿物文石溶解所产生的钙和碳酸盐离子成为方解石胶结物，沉淀在毗邻的孔隙空间中。在海水地下水环境（Dix 和 Mullins，1998），或者颗粒灰岩滩所见到的局部淡水层的浅埋藏环境（Budd 和 Land，1990）中都会出现这种情况。

印模孔隙空间只有通过粒间孔隙系统才能相互连通。因此，印模孔隙对渗透性的贡献相当小。存在分散孔洞的石灰岩和白云岩的渗透率远小于总孔隙度全部是粒间孔隙的同类岩石的预测渗透率（Lucia，1983）。

另一种选择性溶解可以使粒间孔隙空隙增大。粒间空隙空间的最终加大改善了岩石的流动特征和毛细管特性，这与印模孔隙空间的状况相反。例如，美国海岸地区部分侏罗系颗粒灰岩储层，由于后期地下咸水中含有较高浓度的 H_2S 而发生溶解，使储层的孔隙度增加（Moore 和 Druckman，1981）。其他的实例包括海百合颗粒为主的泥粒灰岩，由于地下的咸水溶解了粒间孔隙中充填的灰泥质，使之成为安德鲁斯南泥盆油田（西得克萨斯）的储层（Lucia，1962）。

6.2.4 对岩石物理性质分布的影响

浅层成岩作用和单一埋藏成岩作用对岩石物理性质的影响与沉积结构、埋深或者埋藏延续的地质时间有关。礁的孔隙度由于早期的海相胶结作用而大量降低。瓜达卢佩山脉（西得克萨斯、新墨西哥州）的二叠纪卡皮腾礁中，早期的海相连晶状胶结物的体积百分比达到 70%，这说明礁形成时的大型建礁结构性孔隙空间大部分在沉积后不久就被充填。在密执安州志留系底部的塔礁中，可见到礁生长早期形成的大量孔隙已明显地被早期的海相胶结物所充填（Sears 和 Lucia，1980）。在被动边缘的漫长地质时期中，其他的结构逐渐失去孔隙度，其中可能在某个构造事件中，孔隙度损失得更快。

为了说明孔隙度随时间推移而逐渐损失的现象，把不同地质时代的多种石灰岩的孔隙度和组构的数据点投影在三元图中（图 6.6）。现代的灰泥为主沉积物的孔隙度为 70%，经历 10～20Ma 的压实作用和胶结作用后，其孔隙度普遍为 30%～40%。侏罗纪颗粒为主的石灰岩，在 150Ma 后，其孔隙度仍保持在 25% 上下，而灰泥为主地层的孔隙度却减小很多。在古生代地层中，只有颗粒为主的组构目前仍然能够具有储层的品质，而下古生界灰岩基本都是致密灰岩。

在这种成岩条件下，埋藏之后的孔隙度和渗透性分布应该与沉积结构的分布有对应关系（第 4 章已讨论）。灰泥为主结构的地层中，岩石孔隙度的减少速度快于颗粒为主的地层。文石颗粒的选择性溶解可形成印模孔隙度，并促成颗粒间孔隙空间的胶结作用，导致渗透率的降低（图 6.7）。这类溶解作用可能是由于向上变浅的沉积层序中局部淡水渗入所致，或者与埋藏过程中不稳定矿物文石的溶解和胶结物沉淀在颗粒间的孔隙中有关。颗粒灰岩中印模孔隙度的形成所导致的孔隙度变化远没有渗透率减小那样剧烈。

这些成岩作用的影响将大大提高颗粒为主组构对储层分布的控制作用。颗粒为主泥粒灰岩的渗透率远高于灰泥为主组构，颗粒灰岩的渗透率最高（图 6.8）。地质年代直接制约着孔隙度和渗透率值。设想中东地区侏罗系的沉积模型，颗粒灰岩的平均渗透率为

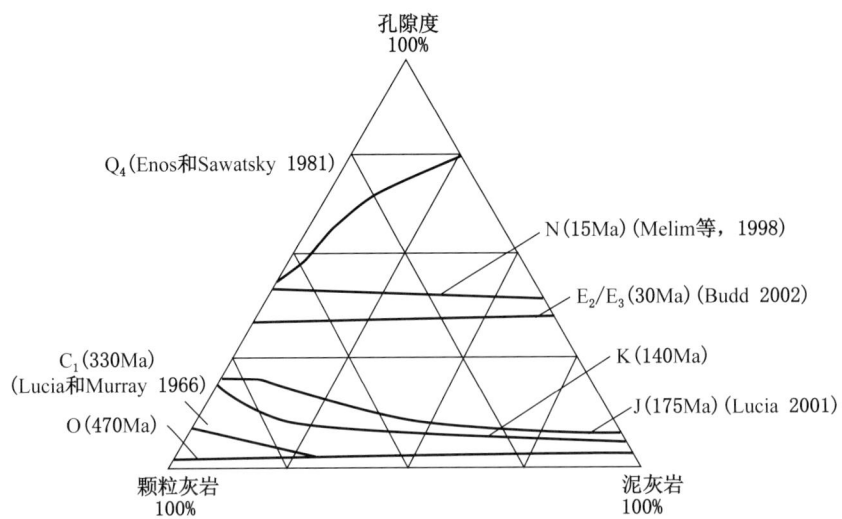

图 6.6　孔隙度、沉积结构和地质年代之间的关系

在埋藏成岩作用环境中，地质年代和深埋所导致的孔隙度损失很缓慢，灰泥为主结构的孔隙度损失速度大于颗粒为主结构

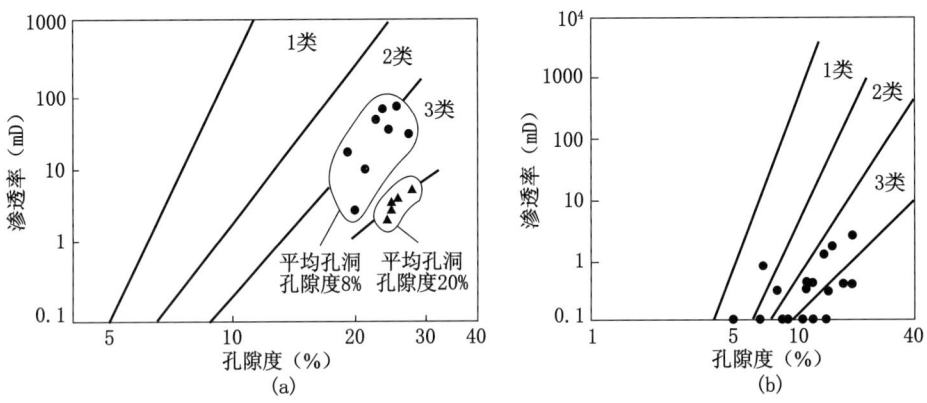

图 6.7　分散孔洞对碳酸盐岩岩石渗透率的影响

(a) 颗粒灰岩中的鲕模孔隙度，左侧平均孔洞孔隙度是 8%，右侧是 20%；
(b) 鲕粒颗粒灰岩中的粒内微孔隙度

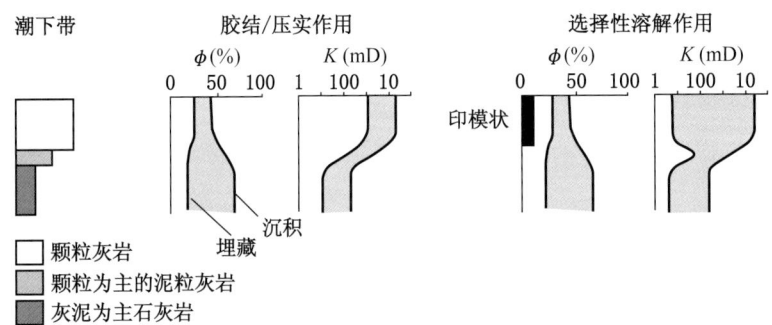

图 6.8　埋藏成岩作用过程中，典型沉积旋回层中岩石孔隙度和渗透率的减小

向上变浅的典型沉积旋回层中，地层岩石的孔隙度和渗透率在时间—深度相关因素作用下减小。埋藏曲线源自侏罗系 Arab D 层的数据（Powers，1962）。选择性溶解作用不会改变岩层的孔隙度剖面，但会降低颗粒灰岩的渗透率

1000mD，颗粒为主泥粒灰岩的渗透率是 100mD，而灰泥为主组构的渗透率只有 1mD，印模颗粒灰岩的渗透率为 1～10mD。

渗透性的颗粒为主组构往往发育在潮下带沉积旋回层的顶部，并集中分布在陆架边缘、斜坡脊的相域（图 6.9）。与沉积结构非常一致的成岩作用结果，可以用沉积模型预测岩石物理性质的分布。主要的差别是印模颗粒灰岩具有的渗透率非常低。

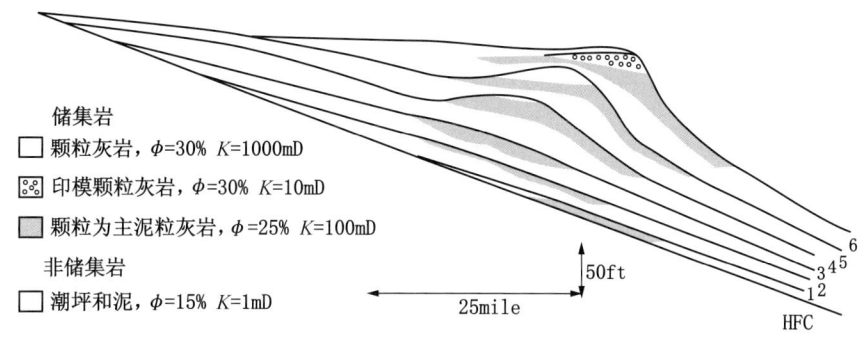

图 6.9　储集岩层在具胶结、压实、选择性溶解作用印痕的高频层序框架中的分布

6.3　石灰岩储层实例

6.3.1　俄克拉何马州切斯特密西西比系油田

俄克拉何马州西北的切斯特（Chester）密西西比系石灰岩是古生界石灰岩气藏的实例，气藏的孔隙度受控于沉积相和方解石胶结物类型（Lucia 和 Murray，1966）。尽管这是较早的研究成果，但是它仍然是说明沉积环境可用于模拟储层性质的极好实例。成岩演化相对较简单，主要受压实和胶结作用控制。气藏段由两个向上变浅的高频旋回组成，下部是海百合粒泥灰岩，上部是海百合、颗粒为主泥粒灰岩和颗粒灰岩层。每个高频旋回可以分为两个岩石组构流动层（图 6.10）。岩石组构分别是颗粒灰岩、颗粒为主泥粒灰岩和灰泥为主石灰岩。只有部分颗粒灰岩的颗粒之间存在可见的孔隙空间。大部孔隙空间已被连晶和等厚环边状胶结物充填，并已经压实，存在颗粒间孔隙空间是方解石胶结物的特性之一。骨屑颗粒大多数是海百合碎片。单晶海百合碎片中常见的胶结物是方解石连晶，它充填在颗粒间的孔隙空间。然而，当海百合被鲕状壳包住时，则发育等厚环边状胶结物，取代连晶胶结物，且等厚环边状胶结物也没有填满颗粒间孔隙空间。岩石物理性质研究表明，所有产层段都是颗粒灰岩，颗粒灰岩中 80% 或者 80% 以上的颗粒表面都有鲕状包壳（图 6.11）。

由于孔隙度分布与鲕粒颗粒灰岩分布相当一致，可用沉积模式预测岩石物理性质的分布。鲕粒颗粒灰岩是高能环境的沉积物，通常以滩坝和水道模式分布。密西西比系 Chester 岩层可划分为两种岩相：由鲕粒颗粒灰岩构成的滩坝相；坝间相，其主要特征是碎块含量少的非鲕粒骨质碎屑丰富，并含薄层状和混合的钙质泥页岩纹层。

可用电测数据中的自然电位曲线（SP）识别坝相和坝间岩相。尽管可以用伽马测井

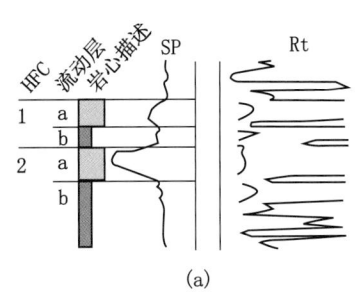

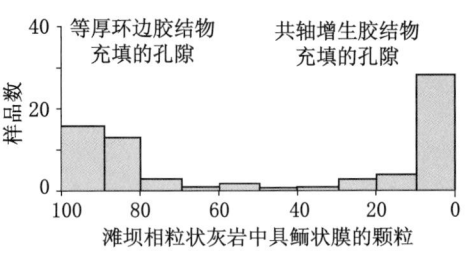

图6.11 切斯特油田储层（C_1）的岩石组构图

展示了孔隙空间被共轴增生胶结物充填的非鲕粒海百合灰岩（非产层）和部分孔隙空间被等厚环边胶结物胶结的鲕粒海百合颗粒灰岩（产层）。鲕状膜阻止了单晶共轴胶结物的生长，促进了多晶等厚环边胶结物的生长（数据源自Lucia和Murray，1966）

曲线识别岩相，但自然电位曲线与地质岩相相关性更好。SP曲线中的高位移部井段对应于坝相，而平直部分对应于坝间相。坝相内的微测井曲线分隔指示颗粒灰岩中的鲕粒达到80%。岩相与测井响应之间的经验关系可用于区域内的高频旋回和流动层组的对比。可以用颗粒灰岩坝和水道沉积模型作坝相的等厚度图（图6.10）和 ϕ—ft 图。

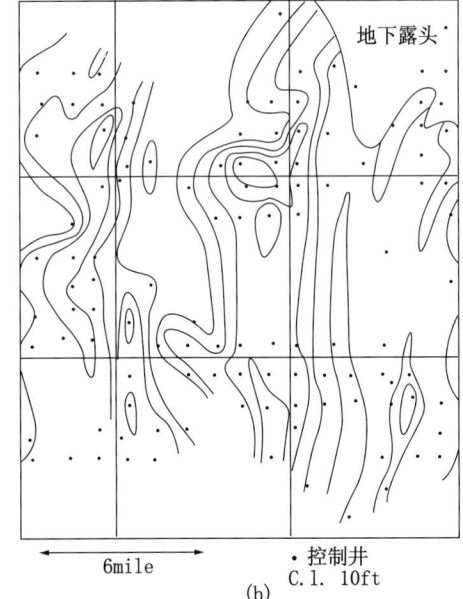

图6.10 切斯特（下石炭统）油田（美国）（Lucia和Murray，1966）
(a) 储层分成两个高频旋回，根据岩心描述，各高频旋回含两个流动层；
(b) 基于自然电位曲线的纯滩坝相岩层等厚图，展示了根据现代鲕粒颗粒灰岩滩模型预测的厚度线性趋势

6.3.2 巴西海域图巴朗（白垩系）油田

巴西海域桑托斯盆地中的图巴朗白垩系Albian统储层（Cruz，1997）是说明成岩作用产物的成图与沉积组构有关联的储层实例，但成岩演化已改变了岩石的孔隙结构和岩石物理性质。它的成岩史比密西西比系实例更加复杂，除了简单的胶结和压实作用外，颗粒内出现微孔隙（属分散孔洞孔隙度），并对岩石物理性质有很大影响。岩石组构范围从灰泥为主灰岩至颗粒灰岩，孔隙类型从颗粒间孔隙至分散孔洞型。岩石组构和岩石物理性质与沉积结构有关联，可以用沉积模型构建储层模型。

岩心描述（图6.12）表明，向上变浅的潮下带旋回的垂向序列由灰泥为主泥粒灰岩到似核形石颗粒为主泥粒灰岩或者鲕粒颗粒灰岩组成。这些高频旋回组合成两个高频层序，层序的顶、底都是颗粒灰岩层段，说明是主要的海泛事件的沉积。每个层序由六个高频旋回组成。深层的层序（BIC）以似核形石颗粒为特征，而浅部层序（BIB）以鲕粒颗粒为特征。

岩石组构研究表明，高频层序中存在岩石物理1类的颗粒灰岩，岩石物理2类的颗粒为主泥粒灰岩，岩石物理3类的灰泥为主泥粒灰岩和粒泥灰岩。深层层序中，岩石组

构垂向序列是从灰泥为主到颗粒为主泥粒灰岩。浅部层序中，岩石组构垂向序列从灰泥为主到颗粒灰岩，在每个高频旋回层中存在两个流动层（图 6.12）。

鲕粒颗粒灰岩的孔隙度—渗透率交会图表明，数据点集中在 3 类区及 3 类区以下（图 6.13（a））。这是由于虽然存在部分颗粒间孔隙空间，但大多数孔隙都存在于颗粒内，是颗粒内孔隙，属于分散孔洞。如第 2 章所介绍，颗粒为主组构中所增加的粒内孔隙空间几乎不增加岩石的渗透率。虽然数据相当分散，但渗透率值都在岩石组构数 3 的范畴。似核形石颗粒为主泥粒灰岩的孔隙度—渗透率交会图说明，数据点沿 1 类区与 2 类区的

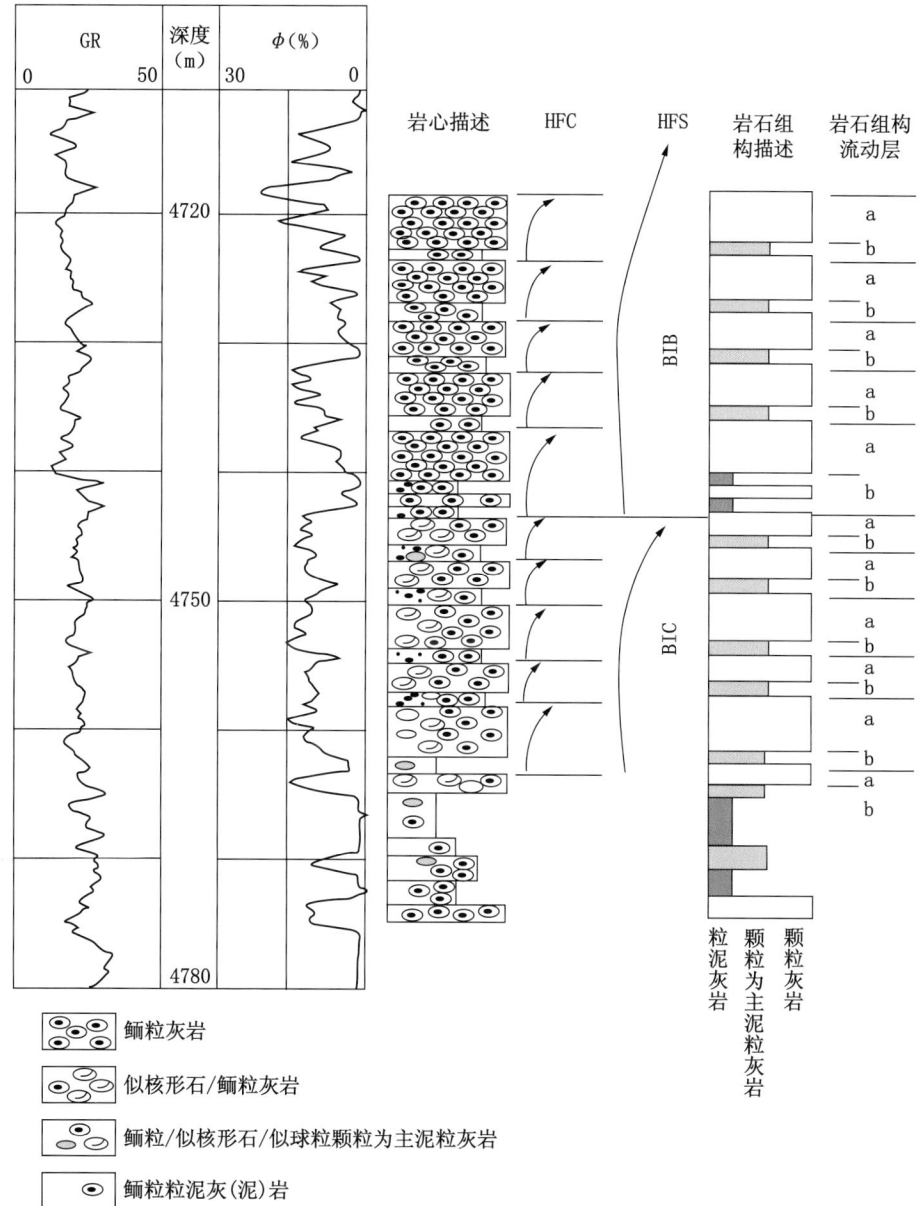

图 6.12 桑托斯盆地（巴西海域）白垩系岩心描述反映的岩相垂向叠置模式（Cruz，1997）

岩心描述揭示存在顶部是颗粒灰岩的潮下带高频旋回，根据旋回厚度和灰泥为主组构的分布，可将它们组合成高频层序。四种地质岩相组成三种基本的岩石组构，各高频旋回由上部的颗粒为主层段和下部的灰泥为主层段组成（Cruz，1997）

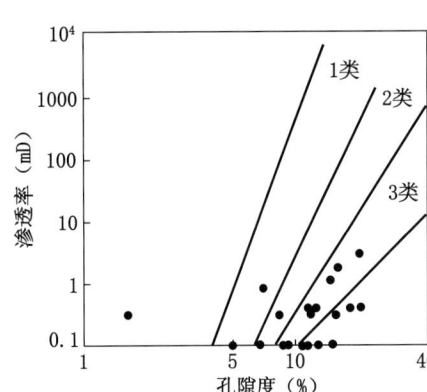 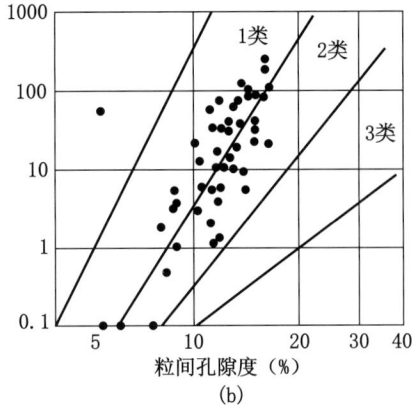

图 6.13 图巴朗油田（桑托斯盆地）中碳酸盐岩孔隙度—渗透率—岩石组构图

渗透率限定在岩石物理 2 类的似核形石颗粒为主泥粒灰岩（GDP），灰泥为主岩相的渗透率低

(a) 含颗粒内孔隙的鲕粒颗粒灰岩的孔隙度值与 GDP (B) 的相似，但它的渗透率小于 1mD；(b) GDP 的数据点横跨在 1 类与 2 类区的边界线，这是由于似核形石颗粒很大（数据源自 Cruz，1997）

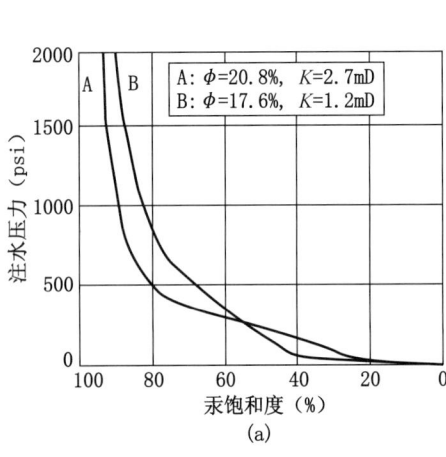 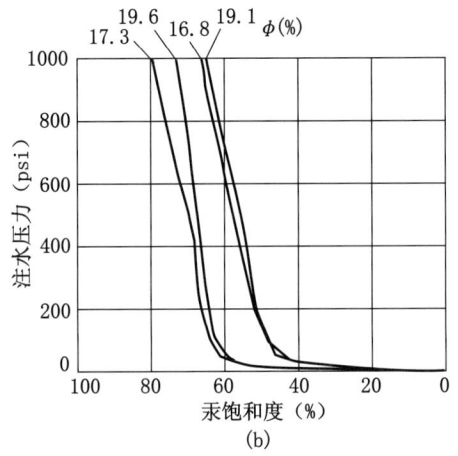

图 6.14 图巴朗油田（桑托斯盆地）的毛细管压力曲线

(a) 似核形石颗粒为主泥粒灰岩层段曲线，展示了大颗粒间孔隙空间的低排替压力特征，以及粒间泥和颗粒内微孔隙小孔隙空间的相对高的水饱和度特征；(b) 孔隙性鲕粒颗粒灰岩段的曲线实例，展示了大多数孔隙空间位于鲕粒内的颗粒灰岩具有双峰曲线特征

边界分布（图 6.13 (b)）。似核形石颗粒直径大于 1mm，所以，似核形石泥粒灰岩中的孔隙大于一般颗粒为主泥粒灰岩中的孔隙。因此，数据点落在 1 类与 2 类边界的两侧，应用岩石组构数 1.5 预测其渗透率，灰泥为主泥粒灰岩和粒泥灰岩的平均孔隙度是 2%，渗透率小于 0.1mD。正如预测的结果，渗透率大于 0.1mD 的样品极少落在 3 类区。

可以用毛细管压力曲线估算储层的原始水饱和度。鲕粒颗粒灰岩的曲线呈双峰式，说明进入少量颗粒间孔隙空间的排替压力低，而进入粒内微孔隙的排替压力较高（图 6.14 (a)）。似核形石、颗粒为主泥粒灰岩的毛细管压力曲线略带双峰型，说明进入似核形石间构垂向序列是从灰泥为主到颗粒为主泥粒灰岩。浅部层序中，岩石组构垂向序列从灰泥为主到颗粒灰岩，在每个高频旋回层中存在两个流动层（图6.12）。

鲕粒颗粒灰岩的孔隙度—渗透率交会图表明，数据点集中在3类区及3类区以下（图6.13（a））。这是由于虽然存在部分颗粒间孔隙空间，但大多数孔隙都存在于颗粒内，是颗粒内孔隙，属于分散孔洞。如第2章所介绍，颗粒为主组构中所增加的粒内孔隙空间几乎不增加岩石的渗透率。虽然数据相当分散，但渗透率值都在岩石组构数3的范畴。似核形石颗粒为主泥粒灰岩的孔隙度—渗透率交会图说明，数据点沿1类区与2类区的

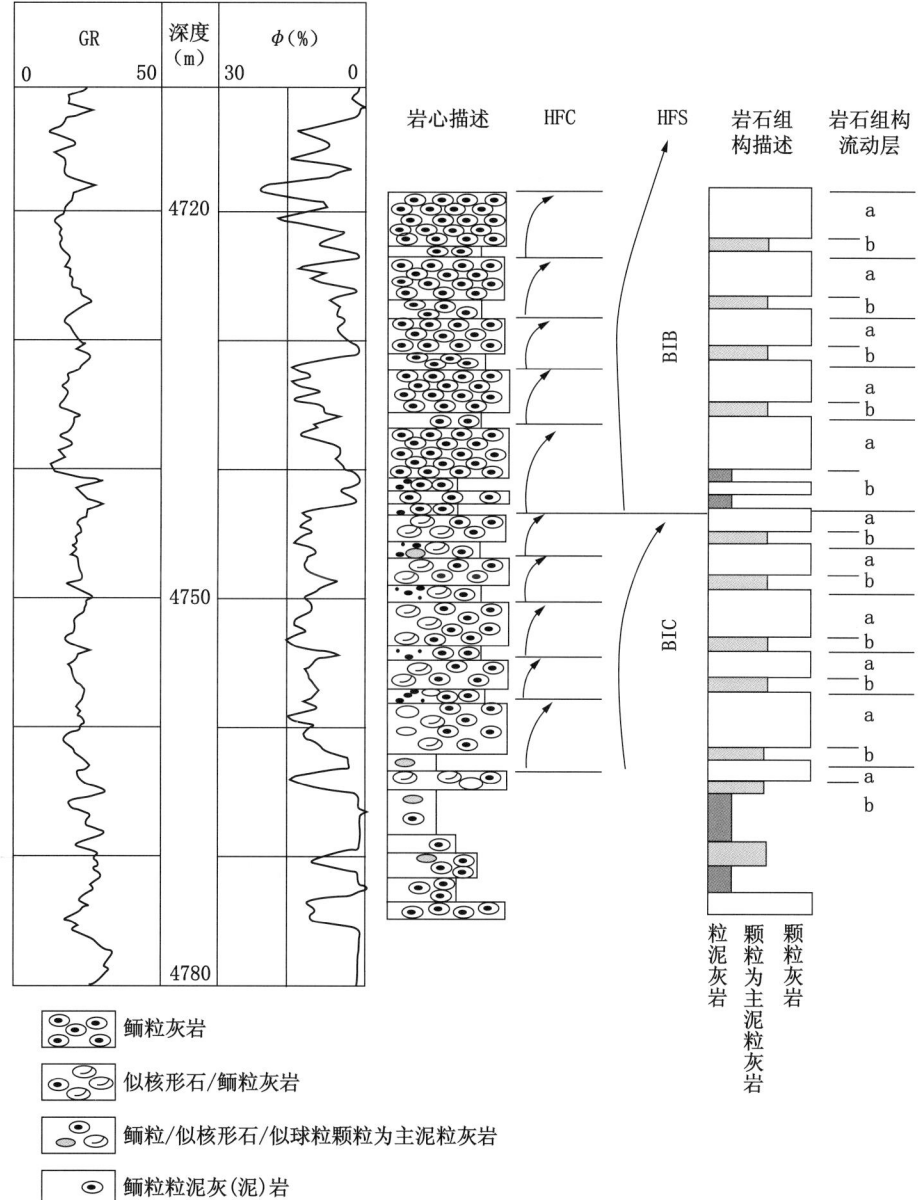

图6.12 桑托斯盆地（巴西海域）白垩系岩心描述反映的岩相垂向叠置
模式（Cruz，1997）

岩心描述揭示存在顶部是颗粒灰岩的潮下带高频旋回，根据旋回厚度和灰泥为主组构的分布，可将它们组合成高频层序。四种地质岩相组成三种基本的岩石组构，各高频旋回由上部的颗粒为主层段和下部的灰泥为主层段组成（Cruz，1997）

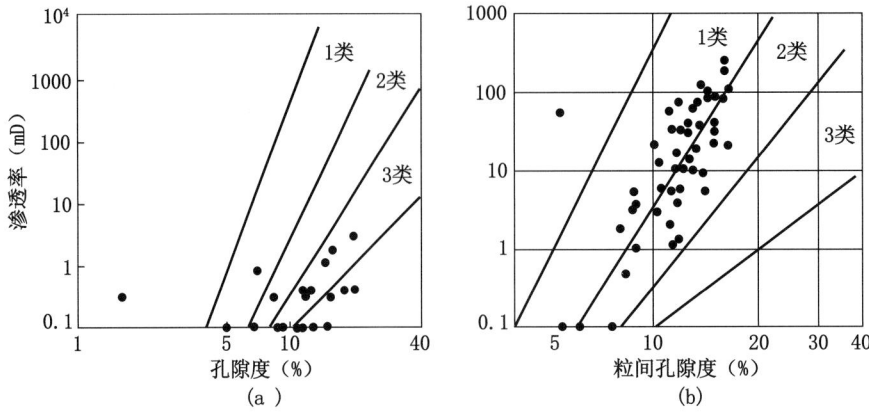

图 6.13 图巴朗油田（桑托斯盆地）中碳酸盐岩孔隙度—渗透率—岩石组构图

渗透率限定在岩石物理 2 类的似核形石颗粒为主泥粒灰岩（GDP），灰泥为主岩相的渗透率低

(a) 含颗粒内孔隙的鲕粒颗粒灰岩的孔隙度值与 GDP（B）的相似，但它的渗透率小于 1mD；(b) GDP 的数据点横跨在 1 类与 2 类区的边界线，这是由于似核形石颗粒很大（数据源自 Cruz，1997）

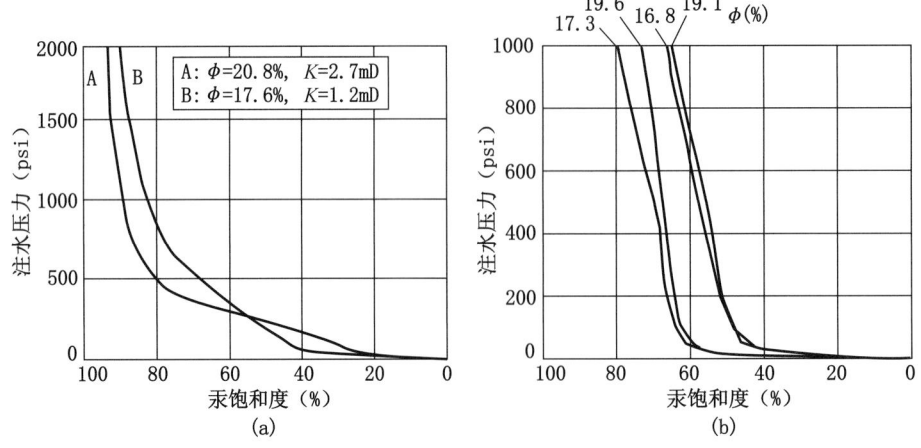

图 6.14 图巴朗油田（桑托斯盆地）的毛细管压力曲线

(a) 似核形石颗粒为主泥粒灰岩层段曲线，展示了大颗粒间孔隙空间的低排替压力特征，以及粒间泥和颗粒内微孔隙小孔隙空间的相对高的水饱和度特征；(b) 孔隙性鲕粒颗粒灰岩段的曲线实例，展示了大多数孔隙空间位于鲕粒内的颗粒灰岩具有双峰曲线特征

边界分布（图 6.13（b））。似核形石颗粒直径大于 1mm，所以，似核形石泥粒灰岩中的孔隙大于一般颗粒为主泥粒灰岩中的孔隙。因此，数据点落在 1 类与 2 类边界的两侧，应用岩石组构数 1.5 预测其渗透率，灰泥为主泥粒灰岩和粒泥灰岩的平均孔隙度是 2%，渗透率小于 0.1mD。正如预测的结果，渗透率大于 0.1mD 的样品极少落在 3 类区。

可以用毛细管压力曲线估算储层的原始水饱和度。鲕粒颗粒灰岩的曲线呈双峰式，说明进入少量颗粒间孔隙空间的排替压力低，而进入粒内微孔隙的排替压力较高（图 6.14（a））。似核形石、颗粒为主泥粒灰岩的毛细管压力曲线略带双峰型，说明进入似核形石间孔隙的排替压力较低，而进入发育在颗粒间钙质泥（或者似核形石颗粒本身）的较小孔隙的排替压力较高（图 6.14 (b)）。这些关系表明，对于油柱高度和孔隙度相同的储层，颗粒为主泥粒灰岩储层的原始水饱和度最低，颗粒灰岩储层的原始水饱和度最高。因此，大部分油残留在似核形石、颗粒为主泥粒灰岩中。

由于鲕粒灰岩（$rfn = 3$）与似核形石、颗粒为主泥粒灰岩（$rfn = 1.5$）存在毛细管特性差别，用电阻率测井方法可以区分这两种岩石。在 Archie 原始水饱和度与孔隙度对数值的交会图中，孔隙度相同的状况下，鲕粒相的原始水饱和度高于似核形石相（图 6.15）。可以根据灰泥为主组构（$rfn = 3$）孔隙度低的特征将其识别出来。

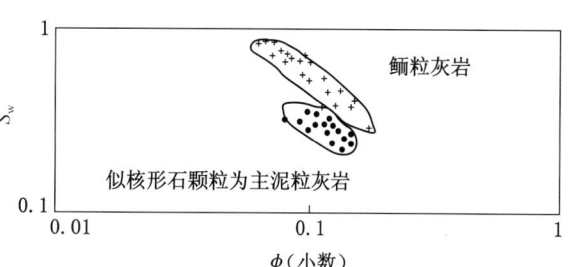

图 6.15　孔隙度—水饱和度交会图

展示了鲕粒岩相与似核形石岩相之间的区别，鲕粒岩相是以颗粒内微孔隙为主，似核形石岩相则是以较大的颗粒间孔隙空间为主

可以用整体渗透率转换式计算得到垂向渗透率剖面。孔隙度可以直接从孔隙度测井数据读取，岩石组构数可以从孔隙度—饱和度交会图中得到。

可以用岩石组构方法构建二维储层模型。对油田区的旋回层和层序成图，便可以形成构建岩石物理模型（图 6.16）所需要的年代地层框架。根据从灰泥为主到颗粒为主的垂向组构序列，每个旋回划分为两个岩石组构流动层。用整体渗透率转换关系式计算得到垂向渗透率剖面。孔隙度从孔隙度测井数据读取，岩石组构数根据孔隙度—饱和度交会图确定。原始水饱和度根据 Archie 对数计算。对每个流动层中的渗透率和原始水饱和度取平均值。图 6.16 展示了渗透率的分布状况。尽管所有颗粒为主组构的孔隙度都较高，但由于岩石组构的差异，模型中渗透率的垂向变化性和横向变化性都很剧烈。假如采用单一的渗透率转换关系或水饱和度模型，则储层动态预测就会出现重大的偏差。

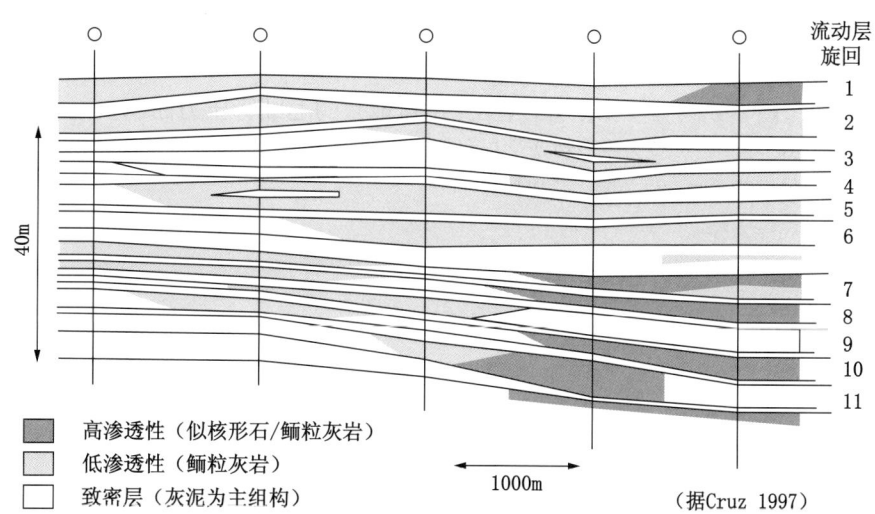

图 6.16　储层模型，展示了似核形石岩相储集岩层和鲕粒岩相差储集岩层的剖面分布（Cruz，1997）

6.3.3 美国瓜达卢佩山脉二叠系印模颗粒灰岩

作为选择性溶解对岩石物理性质分布影响的实例,印模颗粒灰岩的研究成果也收集在本书中。第4章中,阿尔及利塔陡崖区露头的研究成果,说明高位体系域中的进积层序是颗粒灰岩的集中发育段。尽管剖面中的地层已经完全白云石化,但其组构与沉积结构相当一致。野外收集到的数据表明,颗粒灰岩的平均渗透率是100mD,泥粒灰岩是10mD,而粒泥灰岩只有1mD。但是,这三种组构的孔隙度都近似为13%。

只有旋回7中的颗粒灰岩是例外,颗粒灰岩颗粒选择性溶解已经改变了岩石原来的孔隙结构,在交错层理的颗粒灰岩中产生了高孔隙度(平均孔隙度为20%)层段,但该层段的渗透率很低(平均渗透率是2.5mD)(Hovorka等,1993;图6.17)。渗透率的降低与印模孔隙度的形成有关,而印模孔隙度是局部淡水渗入所致,淡水渗入可能与上覆的潮坪沉积有关,或者与上覆的高频层序边界有关。因此,印模颗粒灰岩的分布不仅与颗粒灰岩的沉积模式有关,也与局部的古地下水的活动有关。

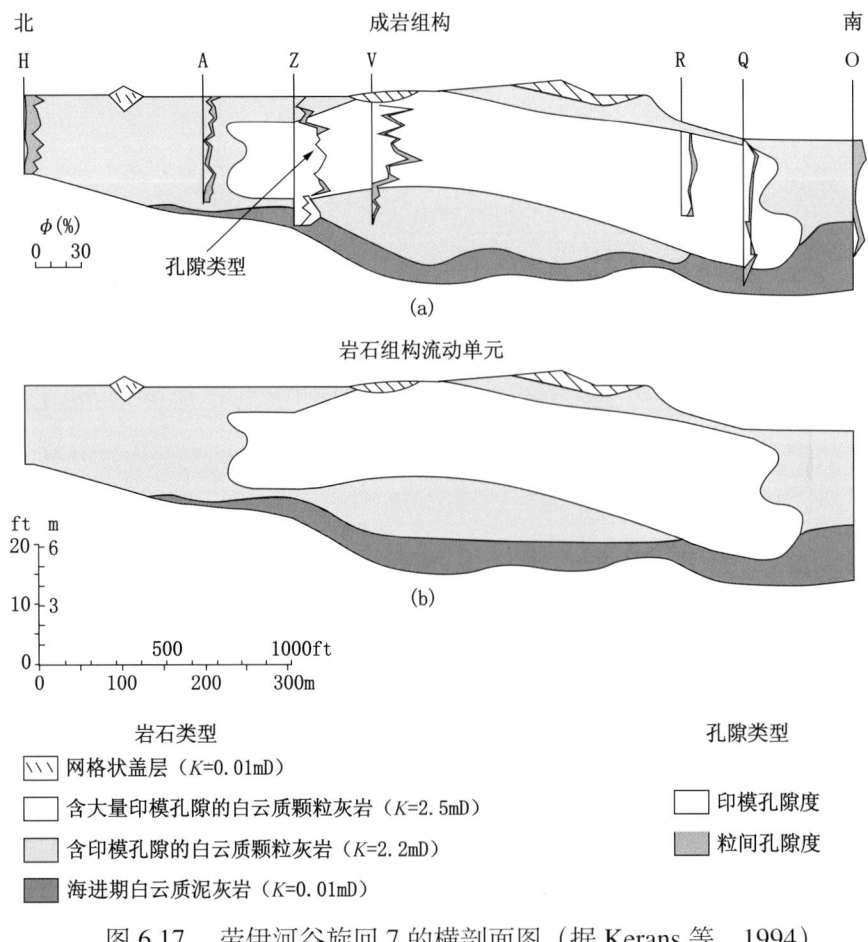

图6.17 劳伊河谷旋回7的横剖面图(据 Kerans 等,1994)

展示了印模颗粒灰岩岩体的剖面形态,颗粒灰岩中颗粒的选择性溶解使渗透率远低于预测值

6.3.4 卡塔尔伊德舍尔杰的白垩系储层

前文讨论的石灰岩储层中,产油层是颗粒灰岩或者颗粒为主泥粒灰岩,而灰泥为主

组构的渗透率都极低。但中东地区白垩系 Shuaiba 组的产层却是高孔隙性的 3 类粒泥灰岩和泥灰岩。伊德舍尔杰（Idd el Shargi）油田位于卡塔尔东部海岸，是高孔隙性 3 类粒泥灰岩储层的实例。油田的构造闭合度与深层的盐构造有关。构造中断裂发育，油田的高产与断层活动所形成的断裂有关。

Shuaiba 组可以分为四段，从 D—A，产量集中在 A 段（图 6.18）。最深的是 D 段，厚 60ft，是海进期沉积。C—A 段，每段厚度为 100ft，是盆地沉降期的充填沉积。Shuaiba 组中唯一的浅海相发育在该地层组的顶部，其上是 Nahr Umr 泥岩。Shuaiba 组与 Nahr Umr 组泥岩接触面的性质尚有争议，常将其解释为曾经出露地表的界面，孔隙性的灰泥为主灰岩则被解释为是大气淡水渗滤作用的产物。然而，在伊德舍尔杰油田研究区，至今尚未见到该地层出露地表的证据。

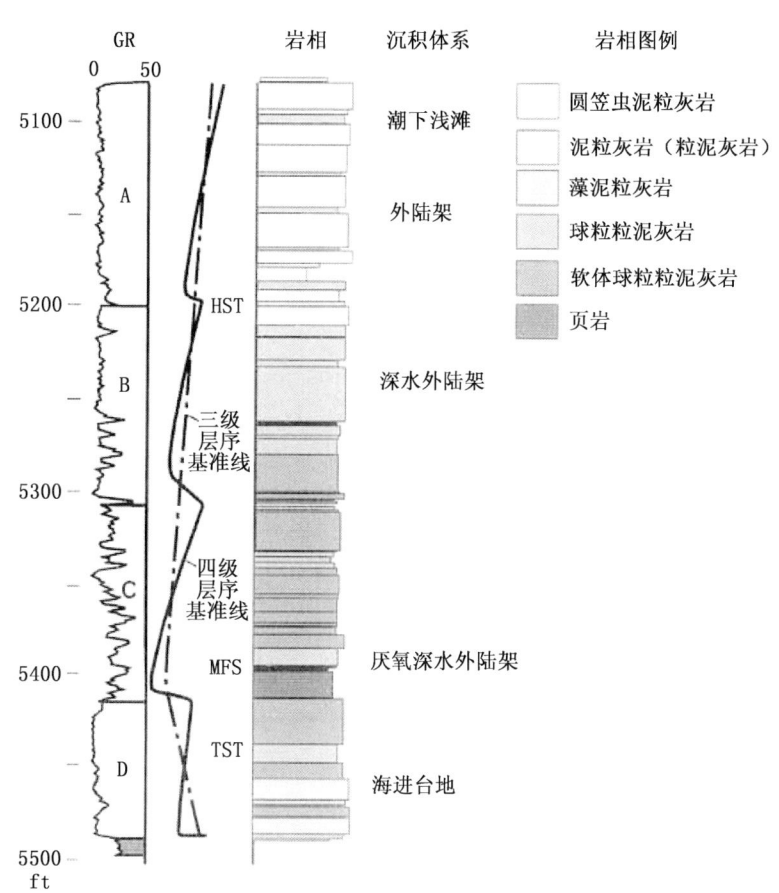

图 6.18　伊德舍尔杰油田 Shuaiba 组的垂向岩相剖面和层序地层解释（据 Kerans）

根据向上变浅的韵律层特征，可将 A 段和 B 段细分为多个旋回（图 6.19）。根据水深，已解释出 10 种岩相，其中 8 种岩相是灰泥为主岩相。B 段中有 3 个旋回，C 段中有 6 个旋回。确定地层沉积时水深的主要根据是生物组分，而不是岩石组构。除上部的两个旋回外，其余旋回都由深水沉积组成，沉积的旋回性可能与全球海平面变化无关。

岩相变化局限于 A1 和 A2（图 6.20）。这种岩相模式反映了构造区最终变浅并进入浪基面，从而，受北西向盛行风的驱使，成为迎风和背风的不对称的沉积区。迎风面沉积了圆笠虫细球状颗粒为主泥粒灰岩，偶尔出现珊瑚生物堆置灰岩；在该带后方，是守护

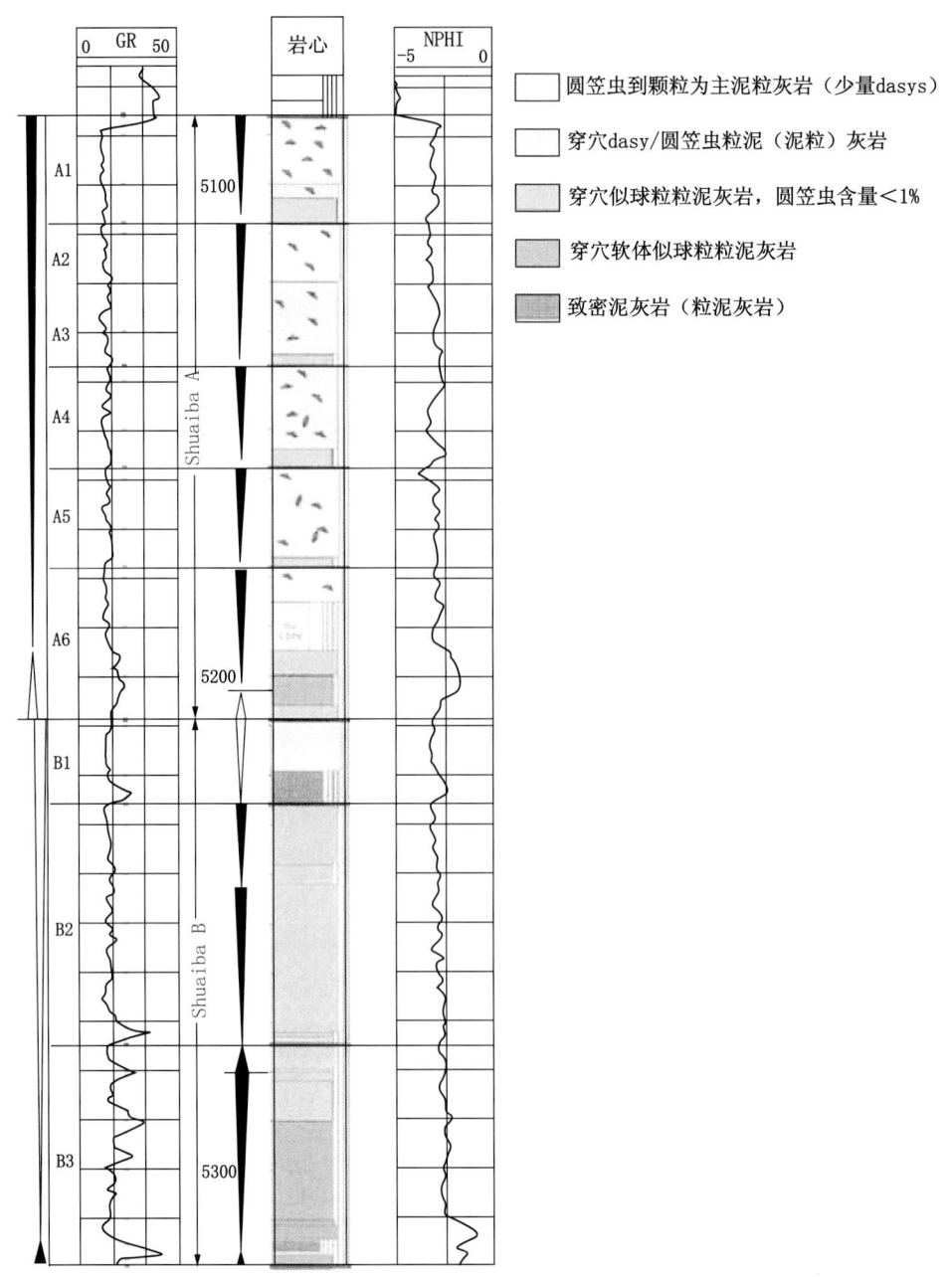

图 6.19　图 6.18A、B 地层段中的垂向岩相序列
地层段 A 由六个向上变浅的层（高频旋回层）组成，地层段 B 由三个对称旋回组成，
旋回并无明显向上变浅的迹象（据 Kerans）

潟湖相的粗枝藻/圆笠虫、灰泥为主泥粒灰岩。背风面一侧则沉积了低能环境的圆笠虫粒泥灰岩。

所有这些岩相都属于灰泥为主岩石组构，泥灰岩、粒泥灰岩和灰泥为主泥粒灰岩，以及油田的所有数据都落在 3 类区（图 6.21）。然而，这些岩石组构之间存在很大的渗透率差异。粒泥灰岩的孔隙度为 30% 左右，渗透率大致是 3mD，它是 3 类的下限，这种组构被视为岩石组构 C 类。当灰质泥变得更球粒状，就能见到 80μm 球粒之间的孔隙空间，渗透率增加到 10mD；尽管孔隙度保持不变，但印模粗枝藻状灰泥为主泥粒灰岩中，颗粒印模在压实作用时受压产生微裂缝，微裂隙使颗粒印模连通，形成了微连通孔洞孔隙外形，其渗透率通常能达到 10～20mD，而孔隙度却与其他两类的相同，这种组构被视为岩石组构 A 类。

下面是为各岩石组构类型研发的孔隙度—渗透率转换关系式。

岩石组构 A 类：$K=5286 \times \phi^{4.306}$

岩石组构 B 类：$K=1096 \times \phi^{3.86}$

岩石组构 C 类：$K=270 \times \phi^{3.86}$

利用这些转换关系式计算渗透率剖面。根据原始水饱和度与孔隙度交会图可以识别这三种岩石组构类型（图 6.22（a））。应用 Archie 方程，根据测井数据可以计算得到原始水饱和度。对于所给定的孔隙度，岩石组构 C 类的原始水饱和度最高，而岩石组构 A 类的原始水饱和度最低。由于缺乏 A 类和 B 类的毛细管压力数据，就排除了根据水饱和度和孔隙度用数字公式计算三种岩石组构类型垂向渗透率剖面的可能性。替代的方法是，根据每口井交会图中的具体关系，识别这三种类型，然后用岩石组构特别转换关系式和测井孔隙度计算各类的渗透率。图 6.22（b）是该方法的计算实例。大多数井是岩石组构 C 类，但上部层段是 A 类和 B 类，它们均有较高的渗透率。计算出的渗透率与岩心测定渗透率间的符合性很好。

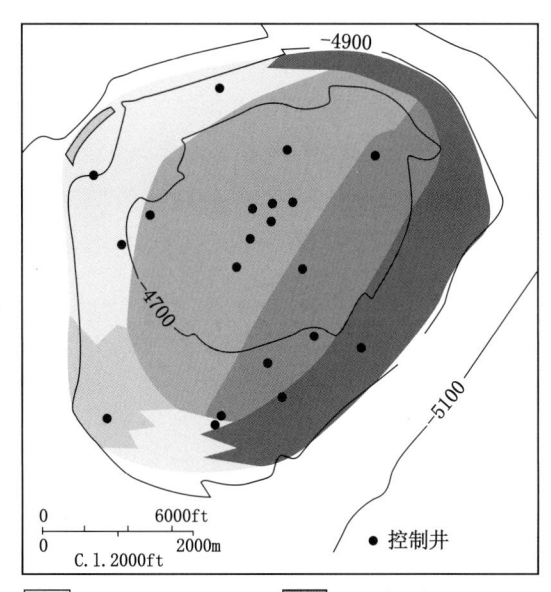

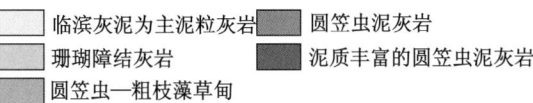

图 6.20　地层段 A 中最顶部两个旋回层（A1，A2）的岩相图，展现出独特的 NW—SE 向非对称岩相模式（据 Kerans）

经过下列步骤可以构建二维储层模型：①综合岩石组构岩相和层序地层框架；②构建岩石组构流动层组，使它们与岩石组构岩相以及旋回的边界一致；③在井间地层中配置岩石组构特别的岩石物理参数，并使之与岩石组构流动层组一致。方法的第一步是岩石组构岩相与层序地层框架的综合，图 6.23a 用图示法说明这一步骤的实施。根据孔隙度—水饱和度交会图确定岩石组构岩相，所确定的岩石组构岩

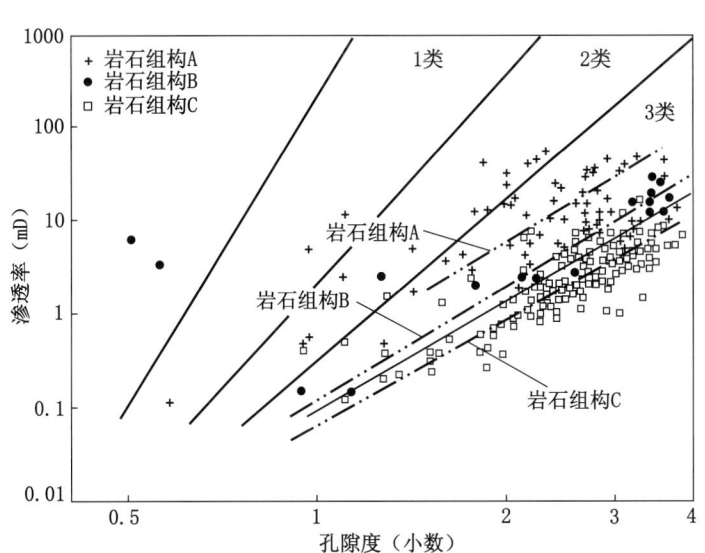

图 6.21　孔隙度—渗透率交会图

展示了能表示该储层特性的三种岩石组构的岩石组构渗透率转换关系，图中，几乎所有的数据点都落在 3 类区，为了描述该储层的特征，必须确定 3 类区中的三种不同岩石组构

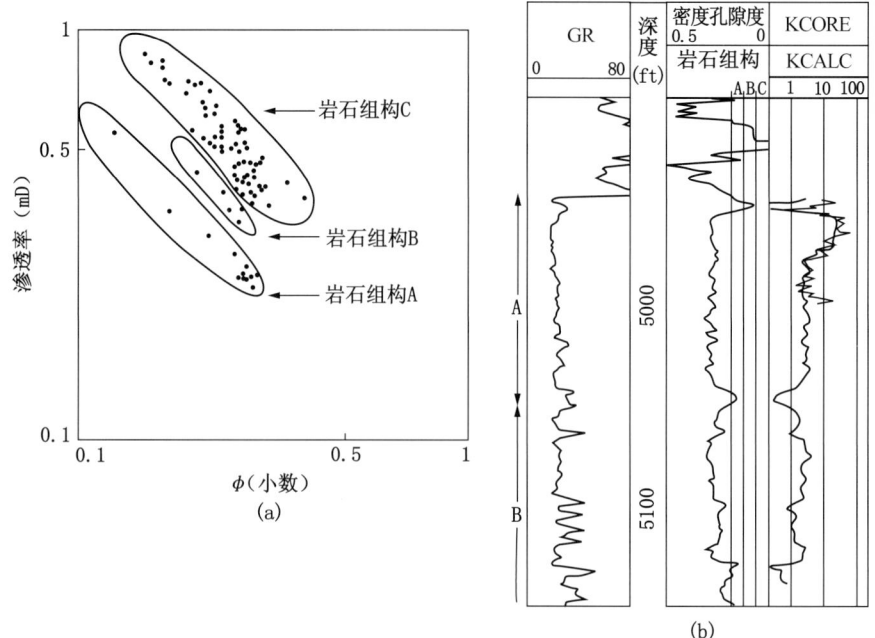

图 6.22　说明岩石组构、测井曲线、计算求取的渗透率
（KCALC）与岩心渗透率（KCORE）间校正的简图

（a）测井孔隙度与 Archie 水饱和度的交会图，说明三种岩石组构之间的分布差异；（b）用岩石组构特别渗透率转换关系和计算的渗透率测井孔隙度的垂向剖面。该图表明，计算渗透率值与岩心渗透率值相当一致

相与层序地层框架进行综合时，因为岩石物理岩石组构、岩相描述和地层之间关系密切，因此，几乎不需要对层序地层框架作修正。岩石组构 A 类、B 类、C 类以及缝合薄层分布在 10 个高频旋回中。岩石组构 C 类内的低孔隙度层（致密层）位于旋回 A6、B1 以及 B3 的底部。

方法的第二步是构建岩石组构流动层组，这些层组是构成储层模型的基本单元。岩石组构的每一次垂向变化部位都是岩石组构流动层组中的边界。为了约束模拟，所有流动层边界必须连续贯穿整个模型，并与作为地质约束的高频旋回边界一致。为了遵循这一规定，要求部分岩石组构层段含有一个以上的岩石组构。代表垂向流动障碍（阻隔）层的薄层（如本研究中的缝合面）位于岩石组构流动层之间的边界上。

图 6.23（b）说明，为了能够将岩石组构、致密层，以及缝合面薄层完善配置，需要 17 个岩石组构流动层。旋回 A1 和 A2 中各含 2 个流动层；旋回 A3、A4、A5 中各含 1 个流动层，尽管 A4 和 A5 之间的边界含有 1 个不连续的缝合层。旋回 A6 中要求存在 4 个流动层，其中 2 个区别于组构类型 2 和 3，另外 2 个分别限定底部致密层和缝合层。在层段 B，B1 旋回底部是致密层，上部是岩石组构 C 类地层。旋回 B2 分为两层，在内部确定了一个不连续的缝合层。旋回 B2 和 B3 之间的边界是一个连续的缝合层。旋回 B3 只含一个流动层，因为底部致密层不属于这一模型。

第三个步骤是在井间地层中配置岩石组构的特别岩石物理参数，并使之与岩石组构流动层一致。多种方法可以完成这一步骤。本书所用的方法是在井间地层进行岩石组构层组数据内插，具体步骤在图 6.23 作了说明。提供每口井的垂向渗透率剖面，它们是根据密度孔隙度和岩石组构特别渗透率转换得到的。前文已经说明，可以将每个岩石组构层

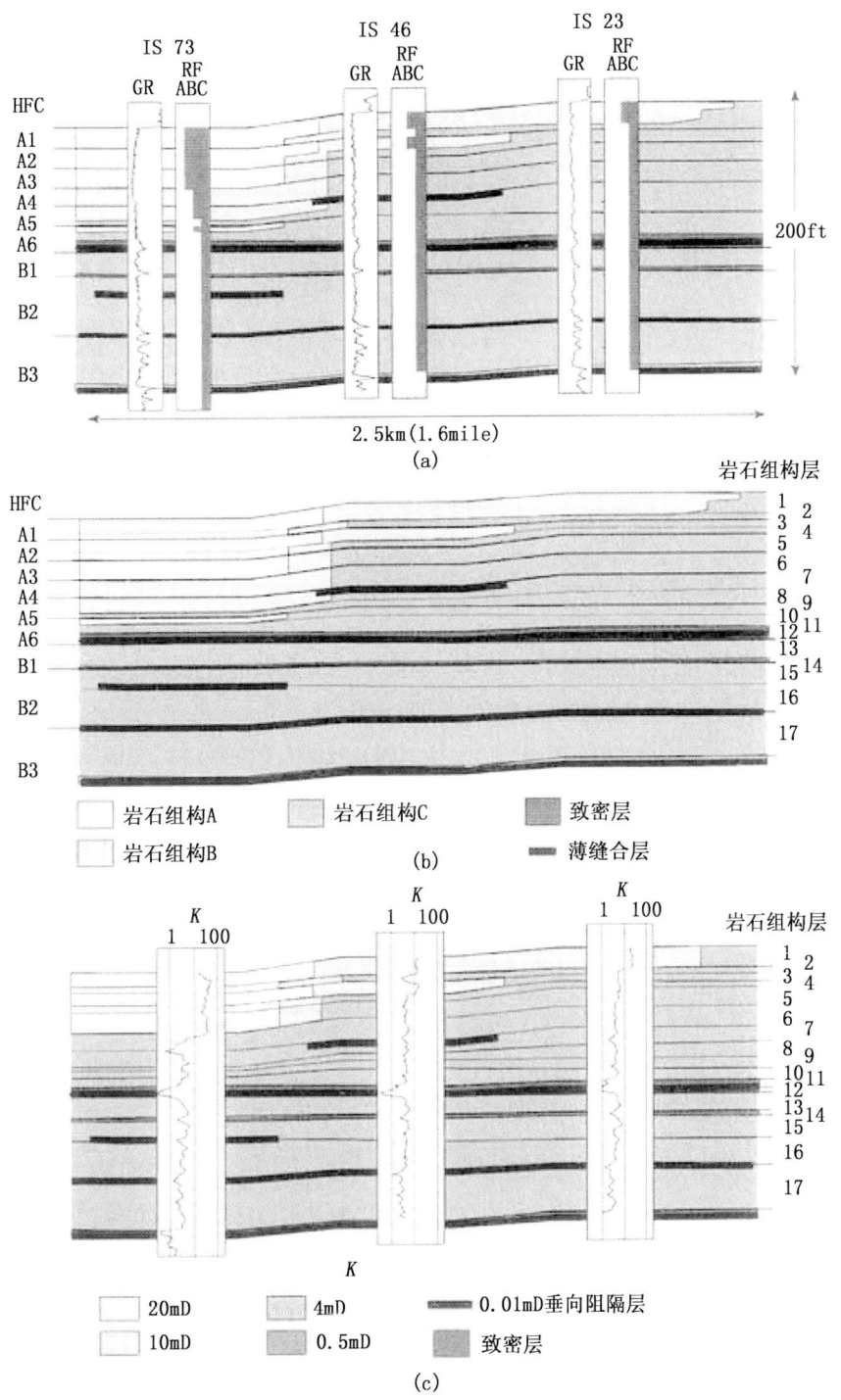

图 6.23　构建储层模型的方法

(a) 高频旋回和岩石组构岩石物理类别综合法；(b) 构建岩石组构流动层法，在岩石组构的垂向变化处确定为流动层的界面，部分岩石组构层段中需要包含一个以上的流动层，才能保证流动层的连续性，层 12 和层 16 中需要寻找缝合面；(c) 量化的渗透率模型，用作模拟的输入，除顶部的 1～5 层外，其余各层的渗透率值都是均匀的

视为一个流动单元，在该单元内，可取孔隙度、渗透率和水饱和度的对数平均值。因此，取各岩石组构流动单元层中的渗透率平均值，并在井间作内插（图6.23（c））。

缝合层是流动的阻隔层，但由于太薄，大多数流动模拟器中都不输入它。但是，它们的位置是明显的，它们使流动模拟器中穿越该部位流动单元边界的垂直流动受到限制。

6.3.5 加拿大艾伯塔省上泥盆统的礁建造

上面所述的石灰岩储层实例都发育在碳酸盐岩斜坡。在镶边陆架的陡翼也存在大型的石灰岩储层，这些储层可以与陆架相连，也可能是孤立的。艾伯塔盆地的上泥盆统中已发现礁建造高产储层。这些生物岩丘都是孤立的台地，每个台地的表面起伏达数百英尺，面积达150mile^2，是典型的镶边台地。过去一直将这些生物岩丘叫做"礁体"。但它们更确切的名称应该是生物岩丘，狭义术语礁只限于黏结灰岩岩相。该陆架盆地一侧边缘的斜坡相对较陡，并具有镶边台地黏结灰岩相礁的特征。生物岩丘已经完全白云岩化。雷德沃特（Redwater）和天鹅山（Swanhills）两个生物岩丘都是灰岩，原油产量受沉积相分布的控制。

雷德沃特岩丘最大，面积达到150mile^2（图6.24（a））。产油层位于岩丘东北部的构造高部位，Klovan（1964）的文章对这一地区作了详细的描述。主要的岩相包括生物礁（黏结灰岩，图6.24），由似层孔虫组成，它们相互附生形成黏结组构。还包括板状珊瑚和大量腕足类。礁发育在陆架边缘。在陆架边缘也见到了似层孔虫岩屑相（砾状灰岩）（图6.24（a）），将它们解释为被强烈的波浪作用击破的礁碎块。礁前沉积是粒泥灰岩，含有分散分布的似层孔虫和珊瑚碎片。礁后沉积包括七种岩相，不规则纹层和网状组构组成的潮缘相发育在古岩丘的高部位，粒泥灰岩和颗粒为主泥粒灰岩组成的双孔层孔虫岩相位于岩丘建造的内部。

天鹅山生物岩丘由多个上泥盆统的岩丘组成，其岩相分布与雷德沃特岩丘相似，但单个岩丘的面积较小，面积约40mile^2（图6.25）。岩丘的边缘存在以粗粒骨屑颗粒灰岩和泥粒灰岩为基质的似层孔虫黏结灰岩—砾状灰岩。前斜坡相中，存在骨屑颗粒、灰泥与礁屑相的混合物（图6.25）。灰泥的含量向下坡方向增加，盆地相由粒泥灰岩和泥灰岩组成。在礁的后侧，发育似层孔虫漂浮岩和砾状灰岩，砾状灰岩的基质是颗粒灰岩和泥粒灰岩。双孔层孔虫漂浮岩组成岩丘内部，漂浮岩基质是灰泥为主到颗粒为主组构（图6.25）。岩丘可以划分为六个生长阶段。顶层内部为似层孔虫漂浮岩（基质为颗粒灰岩），侧缘部位为漂浮岩（以细砂为基质）。

所有生物岩丘中普遍发育颗粒间孔隙和粒内孔隙。印模孔隙以溶蚀的文石颗粒形态出现，礁后的潮坪相中存在窗格孔。尽管曾出露地表，但描述中没见到大规模的溶解组构，只报道存在少量白云石。因此，主要的成岩作用是压实作用、胶结作用和选择性溶解，岩石物理性质的分布应该与沉积结构模式一致。

由于生物是沉积环境的主要指示，利用化石对镶边台地作了详细的地质描述。岩丘的地形、各种似层孔虫、双孔层孔虫以及珊瑚是描述这两个岩丘岩相分布和沉积环境的基础数据。但对颗粒大小注意不够，颗粒大小是孔隙大小的控制因素。化石以大颗粒出现，

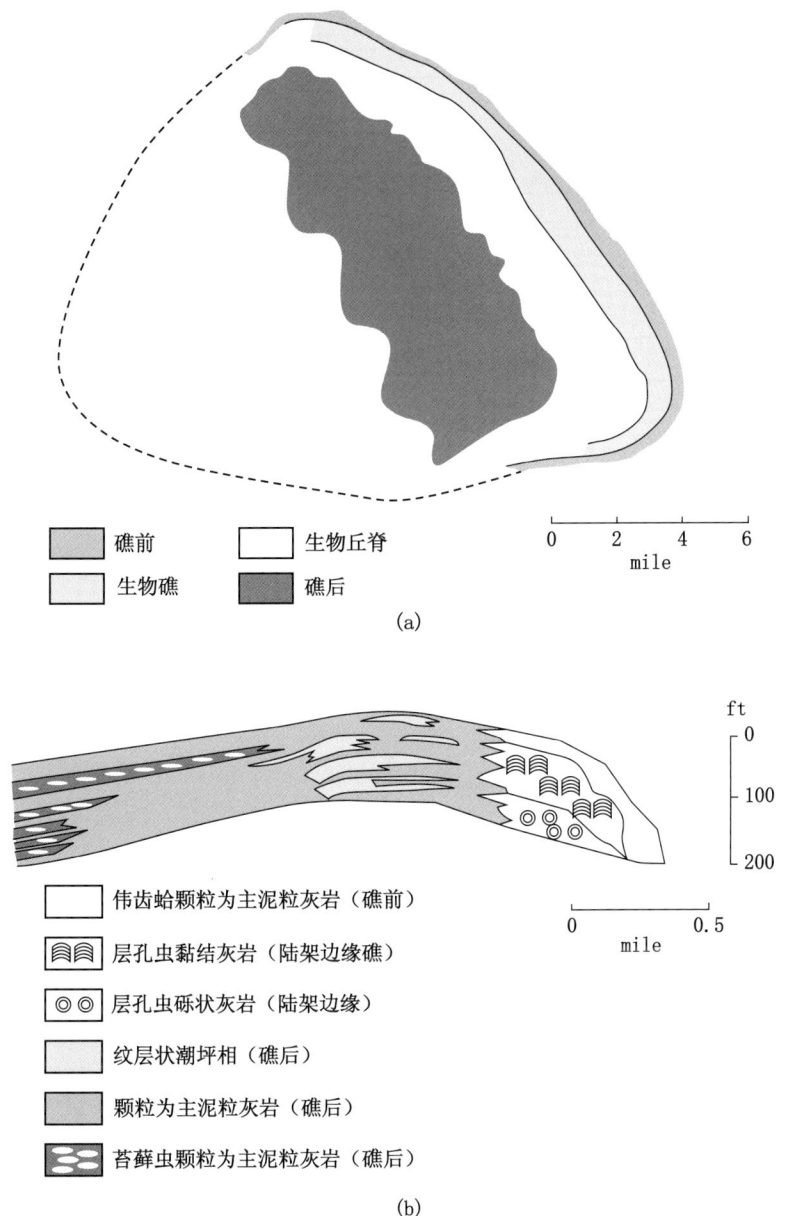

图 6.24　上泥盆统雷德沃特组生物丘内的岩相分布图（Klovan，1964）
(a) 生物丘外形和岩相分布图；(b) 过生物丘东北缘的剖面，显示岩相的总体分布模式

故引入术语砾状灰岩和漂浮岩。但是，在用岩石物理性质描述储层的特征时，主要感兴趣的是对大颗粒化石之间沉积物的描述。

两个岩丘的描述说明，颗粒为主的组构分布在黏结灰岩礁的附近，而灰泥为主的组构分布在生物岩丘的内部和前斜坡相。这些岩相都是由大化石碎片与颗粒级或泥级的基质组成，而基质颗粒的大小、分选程度高低以及粒间孔隙度等是控制孔隙大小分布的主要因素。在黏结灰岩相（礁）附近，大颗粒之间的孔隙空间通常被砂级颗粒充填，同时，砂屑大小控制孔隙的大小。大颗粒之间的空间偶尔就是孔隙空间，这种情况下，大颗粒的大小控制孔隙的大小。在岩丘内部（潟湖）和岩丘侧翼的下倾部位，大颗粒之间的孔隙空间中往往被灰泥充填，但偶尔也存在基质是颗粒为主泥粒灰岩的地层。

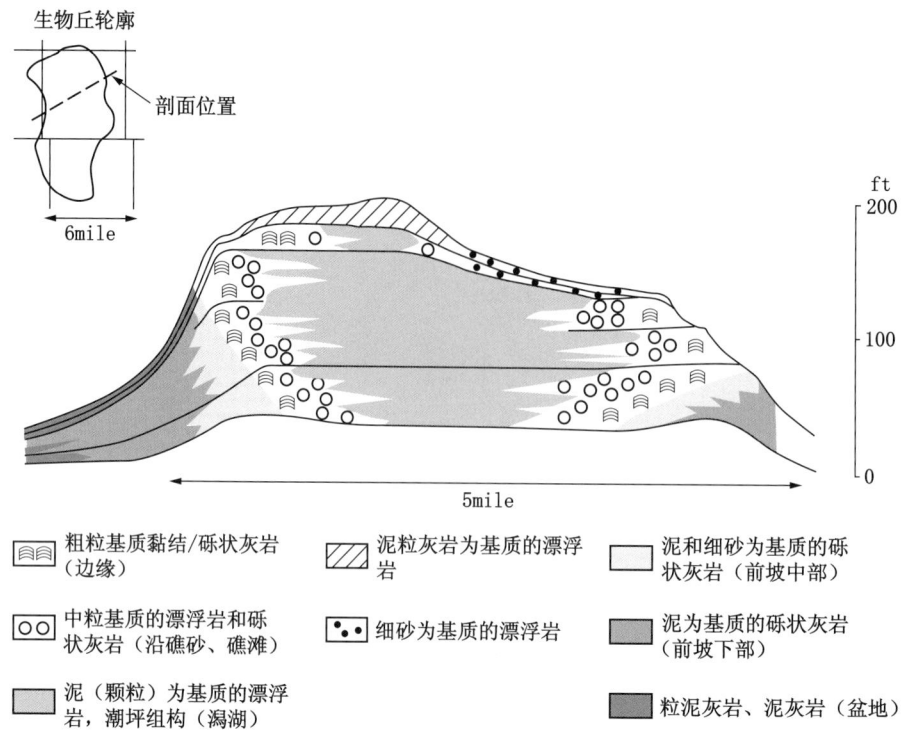

图6.25 天鹅山上泥盆统生物丘内的岩相分布（Viau，1983）
最常见的大化石是层孔虫和双孔层孔虫

岩丘边缘的井通常都是高产井，这些部位，颗粒为主砾状灰岩的基质中集中发育粒间孔隙度。岩丘的内部，油则产自颗粒为主组构的不连续地层中。

参 考 文 献

Anselmetti F S, Eberli G P. 1993. Controls on sonic velocity in carbonates. Pageoph. 141, 2/3/4：287-323

Budd D A, Land L S. 1990. Geochemical imprint of meteoric diagenesis in Holocene ooid sand, Schooner Cays, Bahamas：correlation of calcite cement geochemistry with extant groundwaters. J Sediment Petrol 60, 3：361-378

Budd D A, Hammes U, Vacher H L. 1993. Calcite cementation in the upper Floridian aquifer：a modem example for confined-aquifer cementation models? Geology 21, 1：33-37

Budd D A. 2002. The relative roles of compaction and early cementation in the destruction of permeability in carbonate grainstones：a case study of the Paleogene of west-central Florida, U.S.A. J Sediment Research 72, 1：116-128

Cruz W M. 1997. Study of Albian carbonate analogs：Cedar Park Quarry, Texas, USA, and Santos Basin reservoir, southeast offshore Brazil. Unpubl PhD thesis, The University of Texas at Austin, Austin, Texas

Dix G R, Mullins H T. 1988. Rapid burial diagenesis of deep-water carbonates：Exuma Sound, Bahamas. Geology 16, 8：680-683

Enos P, Sawatsky L J. 1981. Pore networks in Holocene carbonate sediments. J. Sediment Petrol 51, 3: 961-985

Goldhammer R K. 1997. Compaction and decompaction algorithms for sedimentary carbonates. J Sediment Res 67, 1: 26-56

Harris P M, Kendall CGSTC, Lerche I. 1985. Carbonate cementation: a brief review. In: Schneidermann J S, Harris P M, (eds). Carbonate cements. SEPM Spec Publ 36: 79-95

Heydari E, Moore C H. 1989. Burial diagenesis and thermochemical sulfate reduction, Smackover Formation, southeastern Mississippi salt basin. Geology 17, 12: 1080-1084

Heydari E, Moore C H. 1993. Zonation and geochemical patterns of burial calcite cements: Upper Smackover Formation, Clarke County, Mississippi. J Sediment Petrol 63, 1: 44-60

Hovorka S D, Nance H S, Kerans C. 1993. Parasequence geometry as a control on porosity evolution: examples from the San Andres and Grayburg Formation in the Guadalupe Mountains, New Mexico. In: Loucks R G, Sarg J F, (eds). Carbonate sequence stratigraphy: recent developments and applications. AAPG Mem 57: 493-514

Hurley N F, Lohmann K C. 1989. Diagenesis of Devonian reefal carbonates in the Oscar Range, Canning Basin, Western Australia. J Sediment Petrol 59, 1: 127-146

James N P, Ginsburg R N. 1979. The seaward marginal Belize barrier and atoll reefs. Int Assoc Sedimentol Spec Publ 3, 191 pp

Kerans C, Lucia F J, Senger R K. 1994. Integrated characterization of carbonate ramp reservoirs using outcrop analogs. AAPG Bull 78, 2: 181-216

Klovan F E. 1964. Facies analysis of the Redwater Reef Complex, Alberta, Canada. Bull Can Pet Geol 12, 1: 1-100

Lonoy A. 2006. Making sense of carbonate pore systems. AAPG Bull 90, 9: 1381-1405

Lucia F J. 1962. Diagenesis of a crinoidal sediment: J Sediment Petrol 32, 4: 848-865

Lucia F J. 1983. Petrophysical parameters estimated from visual description of carbonate rocks: a field classification of carbonate pore space. J Pet Technol March: 626-637

Lucia F J. 1995. Rock/fabric petrophysical classification of carbonate pore space for reservoir characterization. AAPG Bull 79, 9: 270-300

Lucia F J, Murray R C. 1966. Origin and distribution of porosity in crinoidal rocks. Proc 7th World Petroleum Congress, Mexico City, Mexico, 1966, pp 409-423

Melim L A, Anselmetti F S, Eberli G P. 2001. The importance of pore type on permeability of Neogene carbonates, Great Bahama Bank. In: Ginsburg, R N (ed). Subsurface geology of a prograding carbonate platform margin, Great Bahama Bank: Results of the Bahamas drilling project. SEPM Spec Publ 70: 217-240

Mitchell F J, Lehman P J, Contrell D L, Al-Jallal I A, AL-Thagafy M A R. 1988. Lithofacies, diagenesis, and depositional sequence; Arab-D member, Ghawar field, Saudi Arabia. In: Lomando A J, Harris P M, (eds). Giant oil and gas flelds: A core workshop.

SEPM Core Workshop 12, 2: 459-514

Moore C H, Druckman Y. 1981. Burial diagenesis and porosity evolution, upper Jurassic Smackover, Arkansas and Louisiana. AAPG Bull 65, 4: 597-628

Munn D, Jubralla A F. 1987. Reservoir geological modeling of the Arab D reservoir in the Bul Hanine Field, offshore Qatar: approach and results. SPE Middle East Oil Show, Bahrain, SPE Paper 15699, pp 109-120

Powers R W. 1962. Arabian Upper Jurassic carbonate reservoir rocks, in Classification of Carbonate Rocks: A Symposium. AAPG Mem 1: 122-192

Schmoker J W, Halley R B. 1982. Carbonate porosity versus depth: a predictable relation for south Florida. AAPG Bull 66, 12: 2561-2570

Schmoker F W, Krystinic K B, Halley R B. 1985. Selected characteristics of limestone and dolomite reservoirs in the United States. AAPG Bull 69, 5: 733-741

Sears S O, Lucia F J. 1980. Dolomitization of northern Michigan Niagaran reefs by brine refluxion and freshwater/seawater mixing. In: Zenger D H, Dunham J B, Ethington R L, (eds). Concepts and models of dolomitization. SEPM Spec publ 28: 215-236

Shinn E A. 1969. Submarine lithification of Holocene carbonate sediments in the Persian Gulf. Sedimentology 12: 109-144

Swirydezuk K. 1988. Mineralogical control on porosity type in upper Jurassic Smackover ooid grainstones, southern Arkansas and northern Louisiana. J Sediment Petrol 58, 2: 339-347

Viau C. 1983. Depositional sequences, facies and evolution of the Upper Devonian Swan Hills reef buildup, Central Alberta, Canada. In: Harris P M: (ed). Carbonate Buildups-A Core Workshop. SEPM Core Workshop 4: 112-143

Weyl P K. 1959. Pressure solution and the force of crystallization-a phenomenological theory. J Geophys Res 63, 11: 2001-2025

7 白云岩储层

7.1 引言

沉积和成岩两种地质作用的空间分布控制了岩石物理性质的三维空间分布。尽管沉积结构的空间分布基本控制了岩石物理性质的空间分布，但无数储层研究明确地表明，碳酸盐岩储层中见到的岩石物理性质与现代碳酸盐岩沉积存在重大的差异。成岩作用降低了岩石的孔隙度，使孔隙空间重新分布，并改变了岩石的渗透率和毛细管特性。

本章讨论的基本成岩作用包括：①方解石胶结作用；②机械和化学压实作用；③选择性溶解；④白云石化；⑤蒸发岩矿化作用；⑥大规模溶解、坍塌和破裂作用。第6章石灰岩储层中，已经对胶结、压实和选择性溶解作用作了介绍。本章讨论白云岩储层。

成岩作用影响成图的关键问题是成岩作用产物与沉积模式之间的一致性程度。如果在成岩作用过程中，物质输入和输出成岩系统并不是产生成岩结果的主要要素，则成岩作用结果与沉积结构模式总体一致。但是，如果成岩作用结果需要流体流动将离子带入和带出成岩系统，则成岩作用结果与沉积结构模式不相符，在这种情况下，对成岩作用结果成图就必须对水文系统有清晰的认知，包括流体的来源、流体的流动方向以及流动途中出现的地球化学变化。

如第6章所讨论，压实、胶结和选择性溶解作用的结果通常都与沉积结构有关联。尽管大气水的局部介入可以增强选择性溶解作用，但压实作用、不稳定矿物文石异化颗粒的选择性溶解和与其相关的方解石胶结物的沉淀都不需要考虑物质搬运问题。早期胶结作用需要流体流动并使大量钙和碳酸盐进入成岩体系，流体流动与沉积环境密切相关。晚期或者埋藏期的胶结作用可以通过化学压实作用实现，因此它可能与沉积环境有关，也可能需要地下水搬运离子物质，在后一种情况，胶结作用无需与沉积环境有对应关系。因此，简单石灰岩储层的渗透率结构与颗粒灰岩、颗粒为主泥粒灰岩、灰泥为主灰岩的基本岩石组构以及颗粒间孔隙度有密切的关联。

本章将集中讨论白云石化和蒸发岩矿化作用。白云石化要求流体流动将镁引入系统。因此，流体流动是白云岩组构的一个重要成因要素，同时，白云石化模式与沉积模式可能一致，也可能不一致。关键是白云化流体的来源及流动路径。早期的白云化流体最可能源自潮缘环境的超浓度盐水，其流动路径受沉积组构和早期成岩事件的控制。先期存在的白云岩成岩演化可以改变岩石的渗透性结构，并使白云化介质按成岩作用结果的流动路径流动，而不是按沉积结构的路径流动。成岩石膏和硬石膏常与白云石化伴生，它要求高硫酸盐含量和超盐度盐水将硫酸盐带入体系。研究表明，沉积相模式与成岩石膏和硬石膏模式之间几乎不存在对应关系。当然，层状硬石膏/石膏是一种沉积矿床，它的空间分布形态可用沉积模型预测。

7.2 白云石化

7.2.1 水文模型

普遍认为，形成大量白云石所需镁的唯一充足来源是变质海水。然而，由石灰岩转变成白云岩需要动力驱使大量变质海水流动，并使其通过碳酸盐岩地层。已经提出多个海水流动的模型：①超盐度的回流（reflux flow）；②混合带；③热对流（图7.1）。混合带是发育在台地边缘或岛屿之下的大气水与海水潜流带的混合带。两种钙饱和流体的混合所产生的混合流体是钙不饱和液体（Ward 和 Halley，1985），从而产生适合于方解石溶解和白云石沉淀的化学环境。这就是白云石化的过程。热对流（Kohout）的基础是温度梯度驱动海水流经碳酸盐台地（Whitaker 等，2004）。研究表明，假如有足够量的海水流经台地，则白云石过饱和海水能使石灰岩转变成白云岩。很多环礁的研究都将白云石成因归结为超盐度回流模型（Saller，1984）。然而，数字模拟这一过程却不能产出如此大量的白云石（Whitaker 等，2004）。温压（热液）是一个埋藏模型，其热水溶液的来源仍有争议。地层水加热能形成环流，从而增大浮力，并使热地层水沿破裂面或者其他的高渗透性层上升。断层控制白云石化是众所周知的，尤其是伴生的矿床（Davies 和 Langhorne，2006）。目前对超盐度盐水的体积是否足以产生大量白云岩还存在争议。这里主要讨论超盐度水回流模型，因为这种白云岩成因模型已经应用于许多大型储层，它与潮缘环境之间的关系可以为识别白云化介质的来源以及总体流动路径提供有说服力的前提。

超盐度水回流模型的特征是：蒸发作用形成的超盐度海水从地表向下回流进入下伏地层，取代地层中的海水；回流的超盐度水与地下水相互作用（图7.2）。超盐度海水来自超盐度的潮坪环境以及同期的超盐度池塘、湖泊、潟湖。高密度的盐水以及抬升潮坪所形成的水动力势能是咸水向下流动并经过下伏地层流向海洋的条件，在这一过程中，白云石取代钙质碳酸盐并出现石膏及硬石膏的沉淀。这是预测白云石生成的最有说服力的模型。Jones 和 Xiao（2005）用该模型进行了有效模拟。

7.2.2 白云石化和岩石物理性质

白云石化是由石灰岩转变为白云岩的成岩过程，它是一个碳酸盐溶解和白云石沉淀的微化学作用过程。下列两化学方程式可说明白云石的形成：

$$2CaCO_3 + Mg^{2+} = CaMg(CO_3)_2 + Ca^{2+} \quad （摩尔置换）$$

$$Mg^{2+} + Ca^{2+} + 2CO_3^{2-} = CaMg(CO_3)_2 \quad （胶结作用）$$

根据置换反应式，水中 Mg/Ca 两种离子的比例是反应的控制因素。与古代和现代白云石相关的水化学分析结果表明，Mg/Ca 比值大于1是石灰岩转变为白云岩的必需条件（Folk 和 Land，1975）（图7.3）。而正常海水中，Mg/Ca 比值为7，但并没有形成白云石，这说明运动学环境对白云石化的重要意义。经过蒸发的海水中，Mg/Ca 比值为 10～50

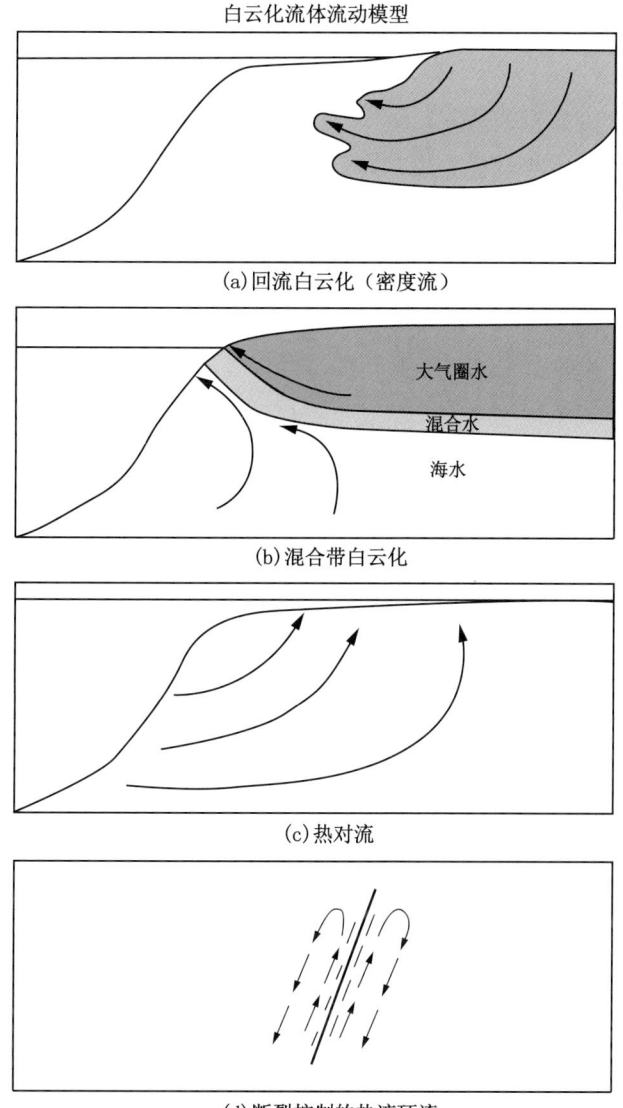

图 7.1 白云石化的水文模型,展示了白云化流体的来源和流动模式

(a) 回流白云石化,来自潮坪环境的白云化流体向下流动;(b) 混合带白云石化,流体源位于大气圈水与潜流带海水的接触位,没有固定的流动方向;(c) 热对流白云石化,流体源是台地斜坡区的海水,流体向台地内和向上方流动;(d) 断裂带局部白云石化流体热对流型,白云石化流体的来源不明,流体向上流动并向断裂带外侧流入渗透性地层

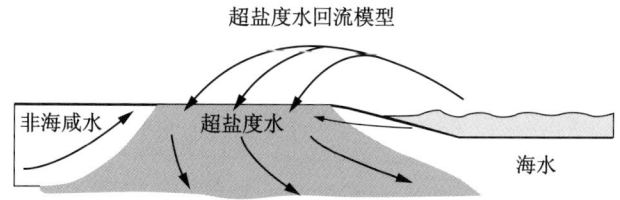

图 7.2 基于特鲁西尔海岸和卡塔尔现代数据的超盐度咸水回流模型

输送到干燥潮坪区的海水,经过蒸发后向下流经潮坪带和潮下带沉积,将沉积物中的碳酸盐转变为白云石。超盐度海水与大陆一侧的区域地下水混合,形成海水—大气淡水超盐度混合流体

时，往往可见到海相白云石形成，Mg/Ca 比值的增大是海水蒸发过程中石膏或硬石膏沉淀所导致钙消耗的结果（图 7.4）。

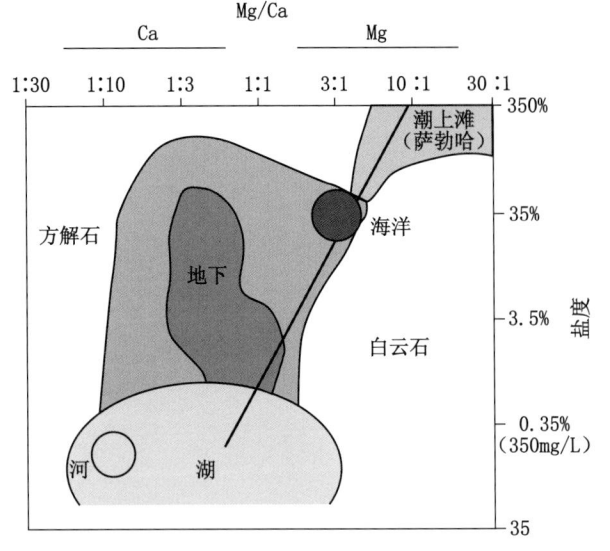

图 7.3　白云石、方解石的稳定性与流体中的 Mg/Ca 比值和盐度的关系（据 Folk 和 Land，1975）
白云化介质可以在潮坪带、地下水和咸水湖等不同环境见到

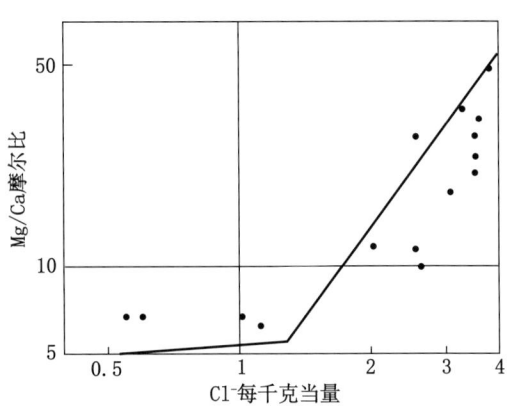

图 7.4　海水蒸发时，由于 $CaSO_4$（石膏或者硬石膏）的沉淀，使溶液的 Mg/Ca 摩尔比值增大（Deffeyes 等，1965）
数据源自博奈尔岛，曲线是根据石膏和文石的沉淀曲线算得的

在一个封闭体系内，方解石或文石被白云石置换将使矿物的体积减小，这是由于白云石的摩尔体积小于方解石和文石。方解石变为白云石后，摩尔体积减小 12.5%，这就是经过白云石化后孔隙度增大的原因（Beaumont，1876）。同时，白云石化还需要大量的水流经岩石，这就要求开放体系。因此，不但镁离子加入到了系统中，系统中也还增加了碳酸盐，在置换过程中出现置换作用和白云石的孔隙充填作用。所以，白云化作用包括方解石、文石被白云石置换，以及白云石胶结物在孔隙空间的胶结作用。这种作用被称为体积—体积置换，可用下列反应式表示（Morrow，1990）。

$$(2-x)CaCO_3 + Mg^{2+} + xCO_3^{2-} = CaMg(CO_3)_2 + (1-x)Ca^{2+}$$

式中，x 是源自白云化流体的碳酸盐摩尔数。

白云岩中孔隙度的成因远比所提出的摩尔—摩尔反应复杂得多。年代较新的石灰岩与有关白云岩研究结果表明，白云岩中的大部分孔隙继承了母岩石灰岩中的孔隙，并在白云石化作用过程中被充填（Lucia，2004）。现代的白云质地层表明，随着白云石数量的增加，岩石的孔隙体积几乎没有变化（图 7.5）。

巴哈马台地新近纪石灰岩和白云岩的孔隙度几乎相同（Melim 等，2001），它说明白云岩的孔隙度基本继承了石灰岩的孔隙度。同样，中新世大堡礁（Ehrenburg 等，2006）中见到的中新统石灰岩和白云岩的孔隙度也基本相同。然而，上新—更新统白云岩的孔隙度通常都小于它们母岩（石灰岩）的孔隙度。荷兰安德列斯群岛博奈尔岛的上新—更新统白云岩研究表明，石灰岩的平均孔隙度是 25%，而白云岩的平均孔隙度才 11%，说明过度白云石化（overdolomitization）使孔隙度受到损失（Lucia 和 Major，1994）。假如

7 白云岩储层

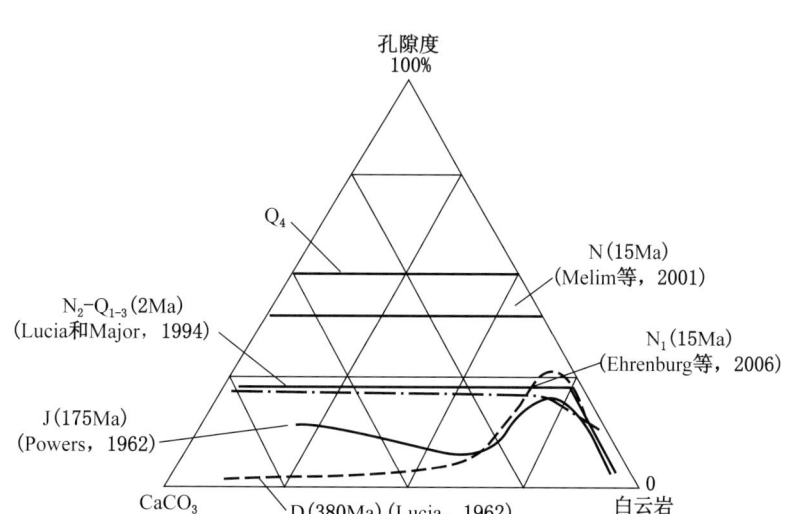

图 7.5 孔隙度、白云石化与年代的关系图

年代较新的碳酸盐岩，石灰岩的孔隙度高于白云岩，但年代较老的碳酸盐岩，石灰岩的孔隙度低于白云岩。随着时间和埋深增大，石灰岩中的孔隙损失（与白云岩相比）可能是差异压实作用所致

白云石化作用发生在一个封闭体系，而且只有镁取代了碳酸盐晶格中的钙，则所形成白云岩的孔隙度应为 35%（图 7.6）。

相反，古生代白云岩的孔隙度都高于同期石灰岩的孔隙度。这经常用来证明白云化使孔隙度增加 12.5%，另一种解释是石灰岩比白云岩更容易压实，因此，孔隙度损失的速度比白云岩快。这种关系可以在南佛罗里达地区的孔隙度—深度图上看到（图 7.7），在该

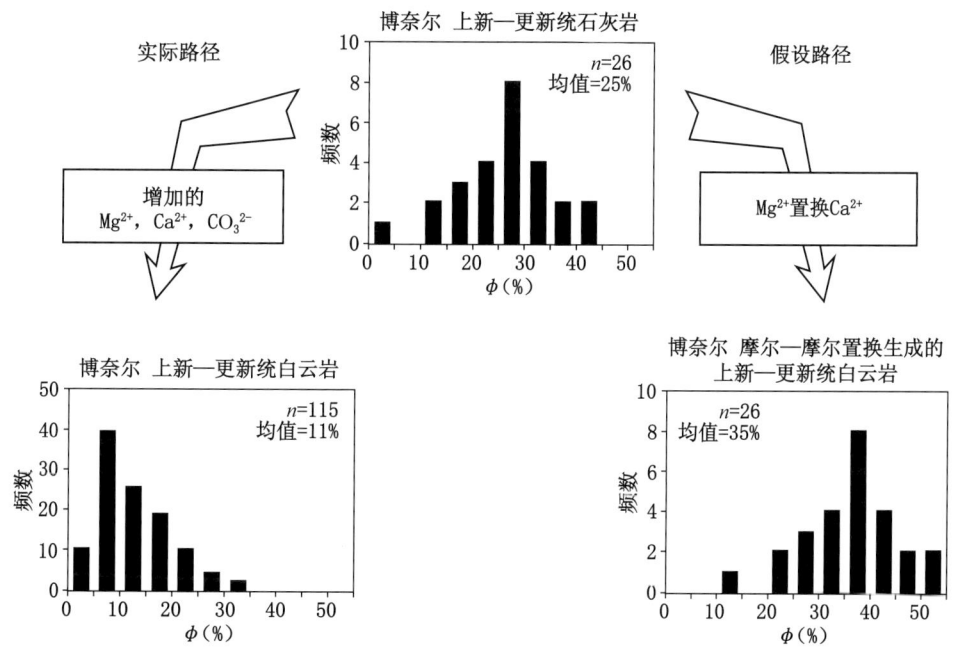

图 7.6 白云岩、石灰岩（母岩）的孔隙度频数图以及在摩尔置换前提下按石灰岩（母岩）数据计算得到的理论白云岩孔隙度频数图（据 Lucia 和 Major，1994）

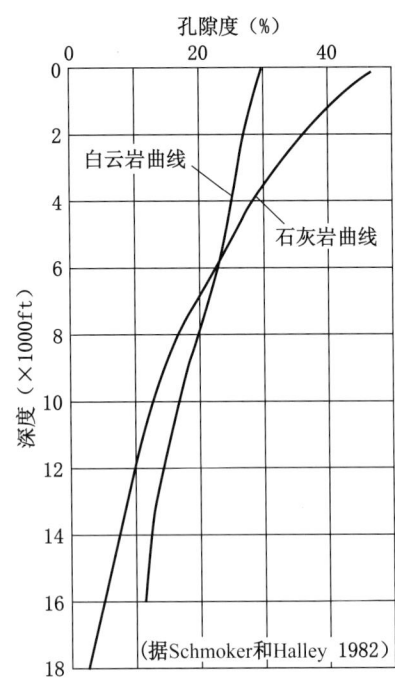

图7.7 南佛罗里达地区碳酸盐岩孔隙度与岩性和埋深的关系图（Schmoker和Halley，1982）

最浅的是第四系碳酸盐岩，最深的是白垩系碳酸盐岩。深度为6000ft时，白云岩的孔隙度高于石灰岩，该深度大致相当于第三系—白垩系的界面

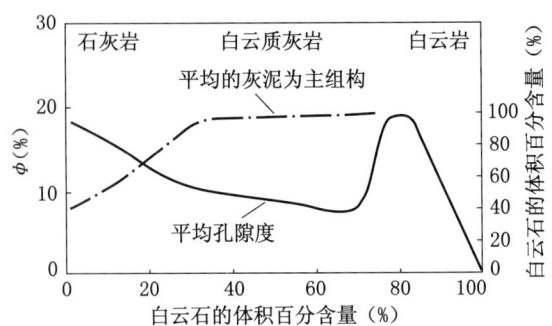

图7.8 白云石体积百分比、孔隙度和灰泥为主岩相体积百分比之间的关系图（Lucia等，2001）

说明颗粒灰岩的孔隙度与白云岩的孔隙度相似，但灰泥为主岩相的孔隙度却低得多，这可能是这些侏罗纪沉积物的差异压实作用所致

区的第三纪地层以及较浅的地层中，白云岩的孔隙性比石灰岩的孔隙性差，但是，随着埋深增大，白云岩孔隙度降低速度远没有石灰岩降低得快，这就出现深层白垩系中白云岩的孔隙度高于石灰岩的孔隙度。这种现象在盖瓦尔油田也能见到（Powers，1962；Lucia等，2001），该油田的颗粒灰岩与白云岩具有相同的孔隙度变化范围，而灰泥为主组构已被压实，降低了其孔隙度。在灰泥为主组构中，白云石含量较高，白云石百分含量及孔隙度图表明，当白云石百分含量和灰质泥增大时，孔隙度逐渐降低；当所有碳酸盐岩被取代时，孔隙度突然增加（图7.8）。在白云岩中，当孔隙度在0～30%范围内时，过度白云石化影响非常明显。

　　根据这些现象，可以作以下推测，即白云岩的孔隙度与下列因素有关：①母岩石灰岩的孔隙度；②过度白云化的数量；③压实作用。后期白云化流体导致的进一步胶结作用可能是孔隙被充填的第四种事件。

　　白云石化作用发生的时代对于理解任意特定白云岩体的成因也是很重要的。为了使大量水流经碳酸盐岩，碳酸盐岩体必须具有孔隙性和渗透性。这就意味着原始石灰岩（母岩）必须具有孔隙性。超盐度回流白云石化模型生成的白云岩往往形成于成岩作用的早期，且石灰岩是孔隙性岩层。埋藏成因白云岩往往形成在成岩作用晚期，由于压实和胶结作用，此时石灰岩的孔隙性相对较低。而确定晚期成岩作用的年代和原始石灰岩的孔隙度都是很困难的。年代确定通常根据结构与其他成岩事件（如破裂、坍塌角砾岩化、胶结作用等）之间的关系。Davies和Langhorne（2006）介绍了一种方法，将从分析包裹体中流体得到的白云化温度与埋藏曲线进行对比，从而确定晚期成岩作用的年代。原始石灰岩的孔隙度通常是根据孔隙度—深度曲线（Schmoker和Halley，1982）获得的。然而，简化的深度图件并不能很好地解释不同深度碳酸盐岩孔隙度的分散状态，因此，对白云岩体的研究也毫无用处（图7.9）。

　　白云化作用可强烈地改变岩石组构（图7.10）。在灰泥为主组构，白云石晶体的大小

7 白云岩储层

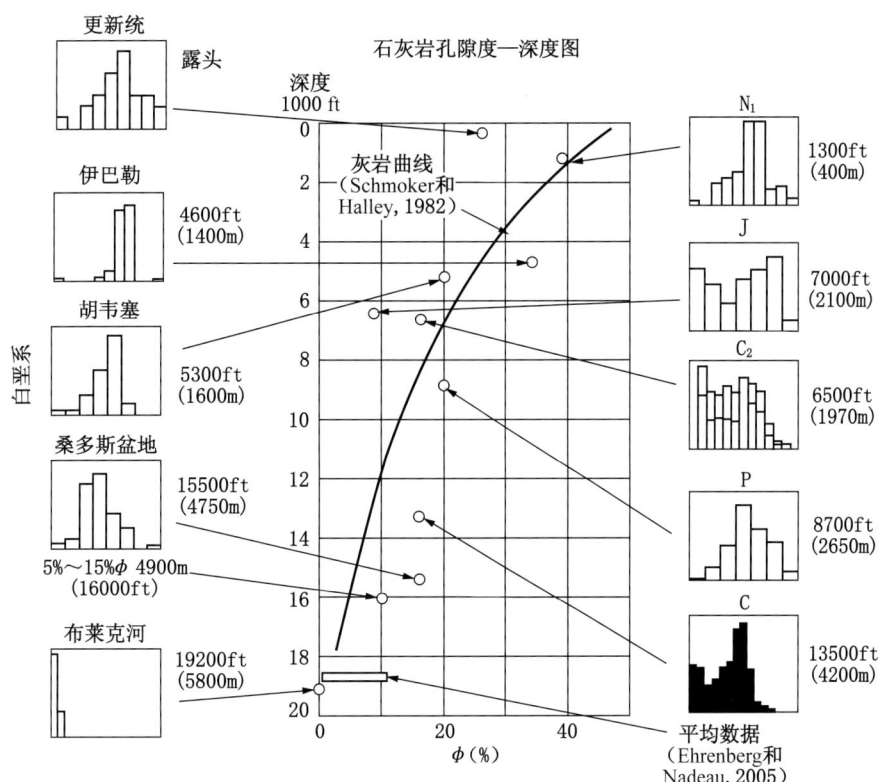

图 7.9　不同石灰岩的深度—孔隙度图与 Schmoker 和 Halley（1982）的深度—孔隙度曲线的对比

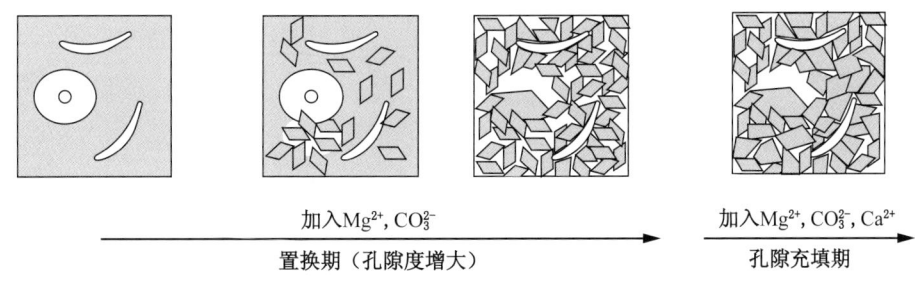

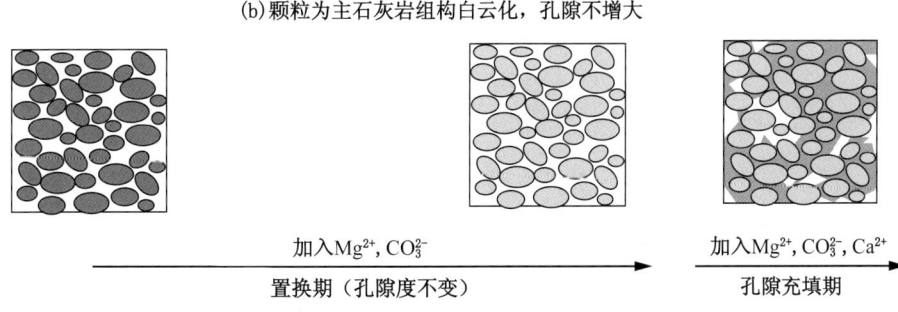

图 7.10　灰泥为主石灰岩（a）和颗粒为主石灰岩（b）在白云岩化过程中孔隙结构的变化

灰泥为主石灰岩转变为中或粗晶白云岩时，孔隙增大；颗粒为主石灰岩在白云岩化过程中的孔隙变化程度极小

可能与泥粒的大小相当，但也可能比它们所取代的泥粒大得多，白云石晶体的大小通常为数微米到 200μm，而钙质碳酸盐泥的晶体大小通常为 1～10μm。所以，碳酸盐泥的白云化作用可以使晶体大小由小于 20μm 增大至 200μm 以上，孔隙的大小也相应增大。灰泥为主组构经过白云化作用所导致的颗粒体积增大，会使孔隙的大小相应增大，从而极大地增大岩石的流动特性，并提高毛细管特性。由较大颗粒导致的孔隙增大被白云化介质带入的镁和碳酸盐导致的新增白云石所抵消。物质的净增加使孔隙度呈总体损失，也使孔隙大小相应减小。

白云化作用中，孔隙空间的重组使孔隙的大小增大。例如，200μm 的白云石晶体不但占领了先前 20μm 的方解石和文石小晶体所占的空间，还占据了这些小晶体之间的微孔隙空间。所以，200μm 的白云石晶体同时取代了方解石晶体和充填在晶体之间的微孔隙。由于白云石晶体所占的空间大于原先方解石晶体所占空间，镁、钙以及碳酸盐就必须被搬运到白云石晶体生长的部位。镁、钙和碳酸盐离子的来源有两个：①相邻碳酸盐晶体的溶解；②区域地下水带入。Murray（1960）将它们分别称为当地和异地来源。相邻的碳酸盐溶解产生晶间孔隙，而从区域地下水中沉淀的白云石会产生白云石胶结物（图 7.10）。

白云石化作用同样也产生孔洞孔隙度。白云石晶体一旦形成，就成为白云石沉淀的优先部位。因此，某处溶解的碳酸盐会被搬运至正在生长的白云石晶体处。由于骨屑的大小因素，它们往往在白云石化作用中最后被溶解，当被溶的碳酸盐运抵正在生长的白云石晶体处时，被溶解掉的骨屑形成化石印模（一种分散的孔洞）（图 7.10）。然而，由溶解作用产生的颗粒印模抵消了由于孔隙被白云石充填所导致的晶间孔隙空间的损失，因此对总孔隙度没有任何影响。

通常情况下，颗粒灰岩的组成颗粒远大于白云石晶体（图 7.10），所以，白云石化作用对颗粒灰岩孔隙的大小特征不会产生重大的影响。颗粒为主的泥粒灰岩也是由较大的颗粒组成，这些颗粒被远小于它们的白云石晶体取代也不会对它们的孔隙大小有重大影响。但是，颗粒为主泥粒灰岩颗粒被大于 100μm 的白云石晶体所取代时，它的岩石物理性质一定会改善。

白云石晶粒大小是影响白云岩岩石物理性质的重要因素。两个因素影响白云石晶体的大小：①反映白云石相对饱和度的 Mg/Ca 比值；②原始组构的表面积。在蒸发回流模型中，白云石过饱和的超盐度水从潮坪面进入系统，向下流动并流向海洋。沿向下和流出系统的路径，白云石饱和度逐渐降低，而沿流动路径生成的白云石晶体应该逐渐增大。在现代蒸发潮坪中见到的白云石颗粒可达到 5μm，与地质历史白云石化的潮坪沉积地层中的一样。圣安德列斯和格雷布格（西得克萨斯，新墨西哥州）的白云岩储层中，白云石晶粒的大小往往与低于潮缘相的距离有关。塞米诺尔圣安德列斯（西得克萨斯）二叠系储层中的白云石晶粒随深度增大而变大（图 7.11）。这一储层上方的岩层是潮缘岩相，白云石晶粒的增大被解释为是白云化介质从潮缘相向下流动途径中白云石饱和度逐渐减小所致。

白云石晶粒大小也与原始结构有关。通常情况下，白云石化颗粒的晶体都比白云石化灰泥的晶粒粗。最极端的例子是棘皮动物碎片的假象交代，在 200μm 晶体的基质中产生毫米级的白云石晶体（Lucia，1962）。表面面积与岩石中的碳酸盐泥的数量有关系，它可能是控制白云石晶体大小的重要参数。在塞米诺尔深度图（图7.11）中，可以见到颗粒成分对白云石晶体大小的影响，图中颗粒为主组构的白云石晶粒大于灰泥为主组构，虽然晶体平均大小都是随深度增大而变大。表面面积的影响也可以部分解释晚期形成的白云石晶体都是中粒到粗粒。先期白云岩化阶段的埋藏胶结和压实作用减小了岩石的孔隙度和颗粒表面积，为形成粗粒白云石晶体创造了条件。

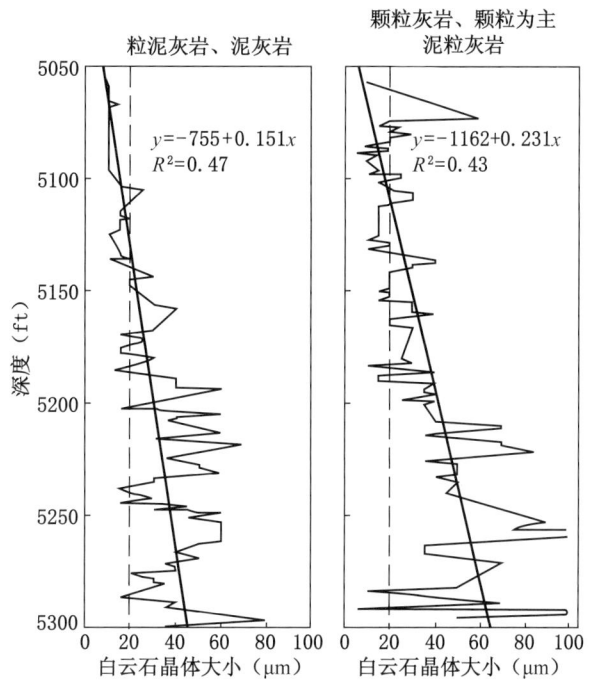

图7.11 塞米诺尔圣安德列斯储层中，灰泥为主和颗粒为主白云岩中白云石晶体大小与埋深的关系图，表明随着埋深增大，晶体总体呈增大趋势

总之，白云岩化作用通过下列方式影响碳酸盐岩储层的流动特征：①增加颗粒大小；②由于白云石的净增加而减小了孔隙体积；③发育印模孔隙；④增大抗压实的能力。

白云岩的岩石物理类别可能与它的沉积结构不一致，这是因为白云岩分类是根据白云石晶体的大小和沉积结构确定的（修正的Dunham分类，Lucia，1995）。白云质颗粒灰岩、晶粒大于100μm的颗粒为主白云质泥粒灰岩和晶粒小于20μm的灰泥为主白云岩分别分布在岩石物理1类、2类、和3类区。白云石晶粒小于20μm的白云岩集中分布在潮坪及与潮坪相邻的岩相带。在这些地层中，岩石物理类别与沉积结构一致，可以用沉积模式对岩石物理性质的空间分布成图（图7.12）。距潮坪相较远的灰泥为主白云岩中，白云石晶体通常都大于20μm，但小于100μm，在这些地层中，灰泥为主白云岩属于岩石物理2类；而它的母岩（灰泥为主灰岩）则属于岩石物理3类（图7.12）。灰泥为主白云岩和颗粒为主白云石化泥粒灰岩都属于2类。只有白云质颗粒灰岩属于1类。所以，除了颗粒灰岩发育部位外，只需要一种转换关系式。假如白云石晶体大于100μm，无论母岩的原始沉积环境如何，所有白云岩都属于1类。因此，只需要一种转换关系式，沉积环境对确定岩石物理类别已经失去意义。

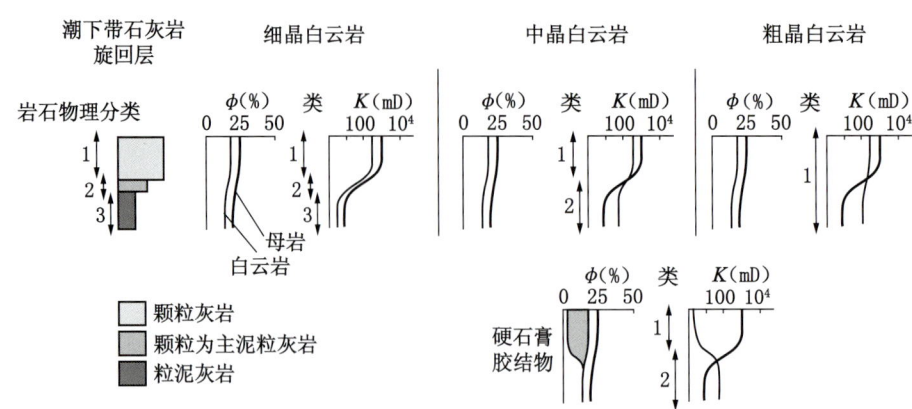

图 7.12　在单个向上变浅的潮下带旋回层，超盐度白云石化对孔隙度和渗透率剖面的影响
石灰岩（母岩）曲线基于侏罗系 Arab D 层段的数据（Powers，1962）。白云石化作用使石灰岩的孔隙度减小。渗透率剖面的变化取决于①孔隙度的变化；②灰泥为主组构中最终白云石晶体的大小。各类岩石物理特性岩石的垂向叠置随白云石晶粒大小的变化而改变

7.2.3　白云岩的分布

白云石化模式受白云化介质的来源、体积以及流动路径的控制。对于超盐度回流模式成因的白云岩而言，白云化介质来自潮上带，白云化介质的体积与潮缘环境的演化有关，流动路径受下伏石灰岩的渗透率结构控制。假如只形成了少量的超盐度水，则只有潮坪相被白云石化。假如产生了大量的超盐度水，则下伏数百米的潮下带沉积都会被白云石化。对于其他的白云石化模型，白云化介质的来源和数量都是很难确定的。尽管大型的晚期白云岩体并不常见，但它的形成必须存在能提供大量白云化介质的源地（可能与海水不直接相连）。渗透率对晚期白云岩形成的控制是通过裂缝、断层、岩溶、岩溶角砾岩以及残余基质渗透率等多种因素的综合作用。对特定储层讨论时，我们将对此作深入探讨。

白云石化作用增加了碳酸盐台地的储层潜力（图 7.13）。在石灰岩层序，压实作用一般使灰泥为主岩相的孔隙度降低到其渗透率低于储集岩的临界值。但是，白云石化可以使这些灰泥为主的石灰岩转变成中晶灰泥为主白云岩，形成的白云岩可以在压实过程中保存孔隙度，并可增大孔隙的大小。因此，白云岩储层的储集空间远大于石灰岩储层的储集空间。

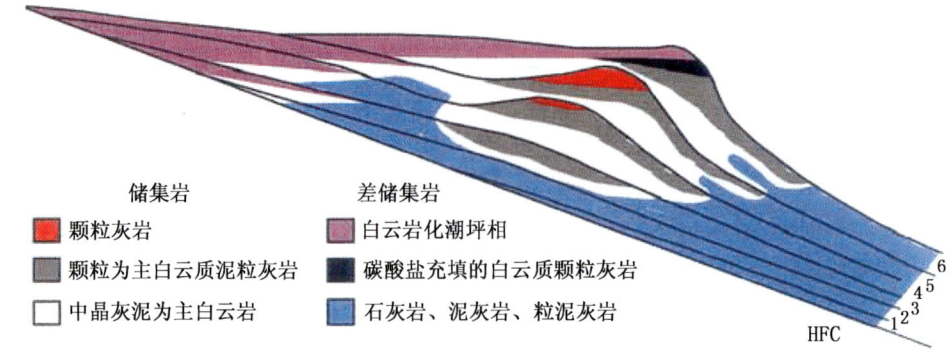

图 7.13　经胶结、压实作用及随后的超盐度回流白云石化和蒸发盐矿化作用产生的高频层序中，储集岩的总体分布示意图
灰泥为主白云岩中的颗粒增大，使潜在产油层的孔隙体积增加

7.2.4 白云石的方解石化

白云石的置换作用是可逆的，在富钙介质的条件下，白云石可以方解石化。Mg/Ca 比值低于 1 的地下水有能力溶解白云石，并沉淀方解石。使白云石发生方解石化的低 Mg/Ca 比率介质的形成模型是多样的，但所有模型都涉及大气淡水或者深层地下水。$CaSO_4$ 在大气淡水和地下水中被溶解，产生低 Mg/Ca 比值的水，这种水有方解石化的能力（Lucia，1972；Back 等，1983）。源自深部盐沉积的富钙介质沿断层向上运移，也使白云石方解石化（Land 和 Prezbindowski，1981）。

方解石化的白云石晶体通常呈方解石核和白云石周缘。已在许多白云岩体中见到空心白云石菱形晶（常被称为骨屑白云石），这说明白云石晶体的核比白云石的周缘更容易溶解。白云石晶体溶解往往产生分散孔洞型孔隙，岩石物性研究中观察到的有些现象认为方解石充填占据了空心白云石菱形晶，而其他研究则表明方解石置换了白云石（Evamy，1967）。

7.3 蒸发岩矿化

硬石膏（$CaSO_4$）和石膏（$CaSO_4 \cdot 2H_2O$）是白云岩储层中常见的蒸发盐矿物。石盐（NaCl）不常见，但可能见到它充填了与盐层相邻的孔隙空间。在现代沉积和浅埋藏地层中通常都可以见到石膏，但在特鲁西尔海岸潮上滩可以见到硬石膏结核和硬石膏层（Butler，1969）。蒸发潮坪区是产生硫酸盐和富镁水的源地。嵌晶状和结核状石膏对储层性质几乎没有影响。层状蒸发岩常发育在潮坪相岩层中，成为储层的盖层或内部的阻隔层。与厚层潮坪相岩石同生的颗粒灰岩体中，经常可以见到充填在孔隙中的石膏，可根据沉积模式对它们进行成图。

由石膏转变到硬石膏的过程受控于温度和水的活动（图 7.14）。波斯湾潮坪沉积中可见到现代的硬石膏，该处的地表温度极高，隙间水的盐度很高。温度随深度增高，使近地表的石膏转变成硬石膏。在西得克萨斯的二叠盆地，4000ft 深处可见到石膏（Murray，1964；Kasprzyk，1995）。

白云岩储层中常见的硬石膏有四种类型（图 7.15）。嵌晶状硬石膏常表现为含有白云石包裹体的大型晶体，通常随机分布在整个岩层中。晶体是经过置换和孔隙充填综合作用形成的。孔隙度的减小与被充填的孔隙数量成正比。嵌晶状硬石膏通常呈分散和不规则状分布在岩层中。因此，晶体之间的基质中的原始孔隙大小分布状态保持不变。渗透率和毛细管特性与孔隙大小的关系较密切，与孔隙度的关系不大。嵌晶状硬石膏的形成对岩石的渗透率和毛细管特性不会产生大的影响。

白云岩中见到的结核（条带）状硬石膏一般呈微晶硬石膏状态，其形成通常是置换作用的结果，

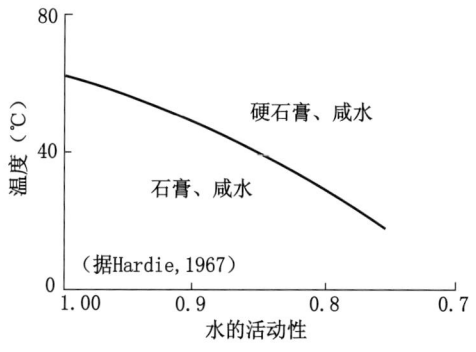

图 7.14 硬石膏、石膏共存咸水中的温度与水活动性的关系图

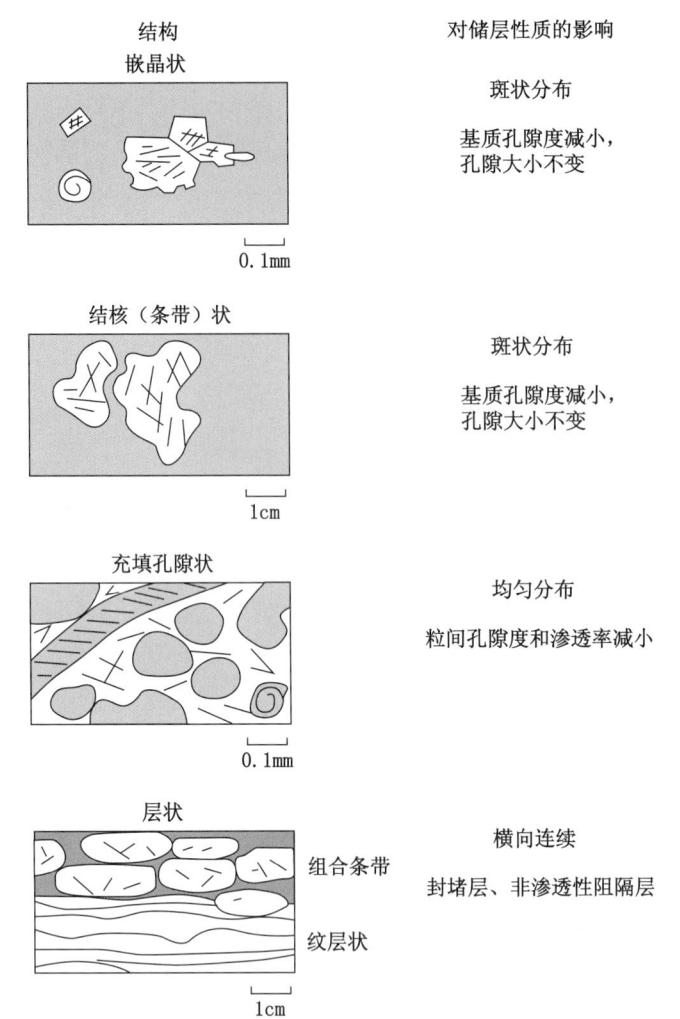

图 7.15　碳酸盐岩中常见的硬石膏和石膏的基本结构，以及它们对储层品质的影响

在地层中以硬石膏或石膏形式存在。因此，属于成岩结构，不可以将它解释为沉积环境的特征。岩石总体积中，条带状硬石膏所占的百分比往往很低，它对岩石的孔隙度和渗透性影响都很小。

孔隙充填状硬石膏通常呈弥漫状分布在岩层中，由于它充填了粒间孔隙、晶间孔隙以及孔洞孔隙空间，从而使碳酸盐岩储层的孔隙度和孔隙大小都减小。

层状硬石膏发育在横向连续的地层中，厚度为数英寸到数百英尺，它先以石膏形式从超盐度水中沉积出来，后期又转变为硬石膏。其产状可以是纹层状，也可以呈聚合条带状。纹层状硬石膏是从超盐度水中沉淀出的石膏晶体沉积物（Lucia，1968）。聚合条带状硬石膏被认为是在高盐度湖（或潟湖）底部形成并生长的大型石膏晶体（Schreiber 等，1976）。层状硬石膏往往是储层内的阻隔层或者是储层的盖层。

石盐也是充填孔隙的常见蒸发盐矿物，常发育在与层状石盐层同生的碳酸盐岩储层中。石盐非常容易溶解，在取样准备时很容易从地下样品中溶解掉。石盐是均质体，在岩石物性检测时是透明的，在薄片中难以鉴定。蓝色铸体片可有效地区别石盐与其他孔

7 白云岩储层

隙空间。

长期以来，人们都认为硬石膏是充填在白云岩孔隙空间的矿物，它使碳酸盐岩变得致密，不能成为产层。对于层状硬石膏和孔隙充填状硬石膏而言，确实如此。西得克萨斯二叠纪白云岩储层的研究表明，这种认识并不完全正确（Lucia等，2004）。西得克萨斯二叠纪的白云岩储层中常见的是嵌晶状硬石膏。它常与白云石包裹体一起分布在斑礁中，斑礁大小从数千米到数厘米不等。嵌晶状硬石膏充填了粒间孔隙度，也取代了碳酸盐岩围岩。含相当数量嵌晶状硬石膏的中晶灰泥为主白云岩和颗粒为主白云质泥粒灰岩，在粒间孔隙度与渗透率交会图中落在岩石物理1类区，而不是Lucia（1995）所预测的2类区（图7.16）。同样，这些岩样的毛细管压力数据也说明它们是具有很大隙间喉道的2类组构。

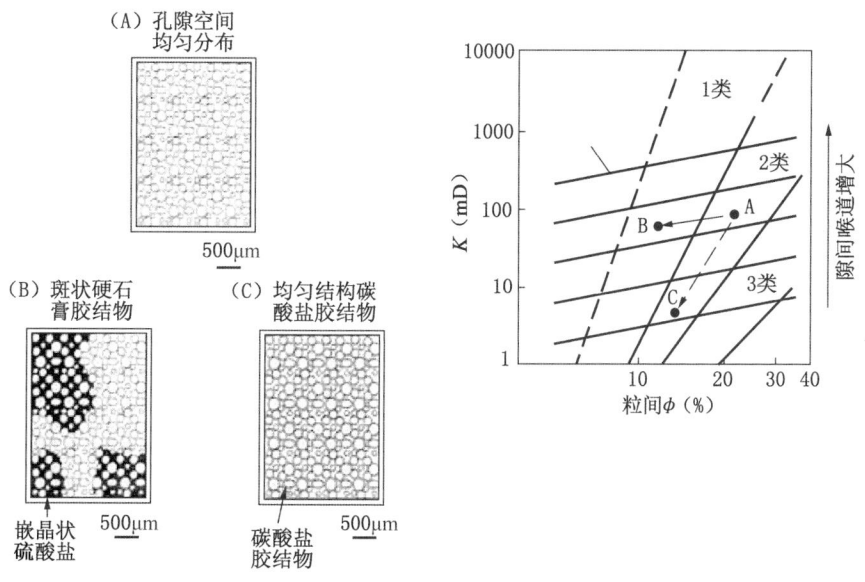

图7.16 动画演示斑状硬石膏对孔隙度—渗透率关系的影响
所增加的胶结物均匀分布（C）使各岩石物理类别（A—C）的隙间喉道、孔隙度和渗透率减小。所增加的斑状胶结物（本例中是硬石膏）使岩石的孔隙度减小，隙间喉道没有变化，渗透率略有减小，岩石组构由2类移至1类（A—B）

这些现象说明，嵌晶状硬石膏降低了岩石的孔隙度，但没有降低隙间喉道的大小。渗透率基本受隙间喉道大小的控制，即使斑状硬石膏充填了部分孔隙空间，而降低了岩石的孔隙度，但其渗透率基本保持不变。这种影响使图中的数据点向左移动，从2类区移至1类区。这种影响已经被流动模拟的初步结果证实。因此，嵌晶状硬石膏以及结核状硬石膏并不形成无生产能力的致密白云岩，而是改善了白云岩的岩石物理性质。

硬石膏和石膏可以被方解石替代，有时也可见到被自然硫和自生硅替代（Lucia，1972）。瓜达卢佩山脉（得克萨斯，新墨西哥州）出露的二叠系斜坡和陆架地层中，含有条带状和嵌晶状硬石膏的方解石假象，这说明在地下相当地层中发育的硬石膏，在岩层隆升过程中，由于浅层大气淡水的存在，这些硬石膏已经被方解石替代（Lucia，1961；Scholle等，1992）。方解石中有时也可以见到轻碳同位素，说明它们是被有机碳替代，有机碳可能源于油气。与方解石替代硬石膏相当的地下地层中，偶尔也可见到自然硫，说明地层中存在还原硫酸盐的细菌。

7.4 油田实例——白云岩/石灰岩储层

根据白云岩与石灰岩的相互关系，可选取不同的方法预测白云岩储层中岩石物理性质的分布。当白云岩与石灰岩呈互层状时，最重要的问题是预测白云岩的分布；当储层中全部是白云岩时，则主要问题是预测岩石物理性质在白云岩中的分布。我们将讨论三个白云岩/石灰岩的储层，集中讨论预测白云岩的分布问题；讨论三个白云岩储层，集中讨论预测和模拟各岩石物理类别的分布问题。在白云岩储层研究中，将侧重于具体的储层模型对于流动模拟和储层动态预测的重要性。

7.4.1 蒙大拿州和北达科他州雷德河储层

雷德河（Red River）储层是白云岩储层实例，它的形状与潮坪相有关。雷德河储层年代为晚奥陶世，是发育于广阔的浅水碳酸盐岩陆架的潮下带和潮上带的沉积（Clement，1985）。白云岩分布广泛，并与潮上带和潮缘带的岩相相当一致。然而，潮下带岩相的白云岩之间存在不一致性。无论哪种岩相，孔隙性潮下白云岩横向都变成致密灰岩。

Red River 组存在三个顶部是潮坪相的旋回（图 7.17）。深部旋回（C 层）的潮上带岩

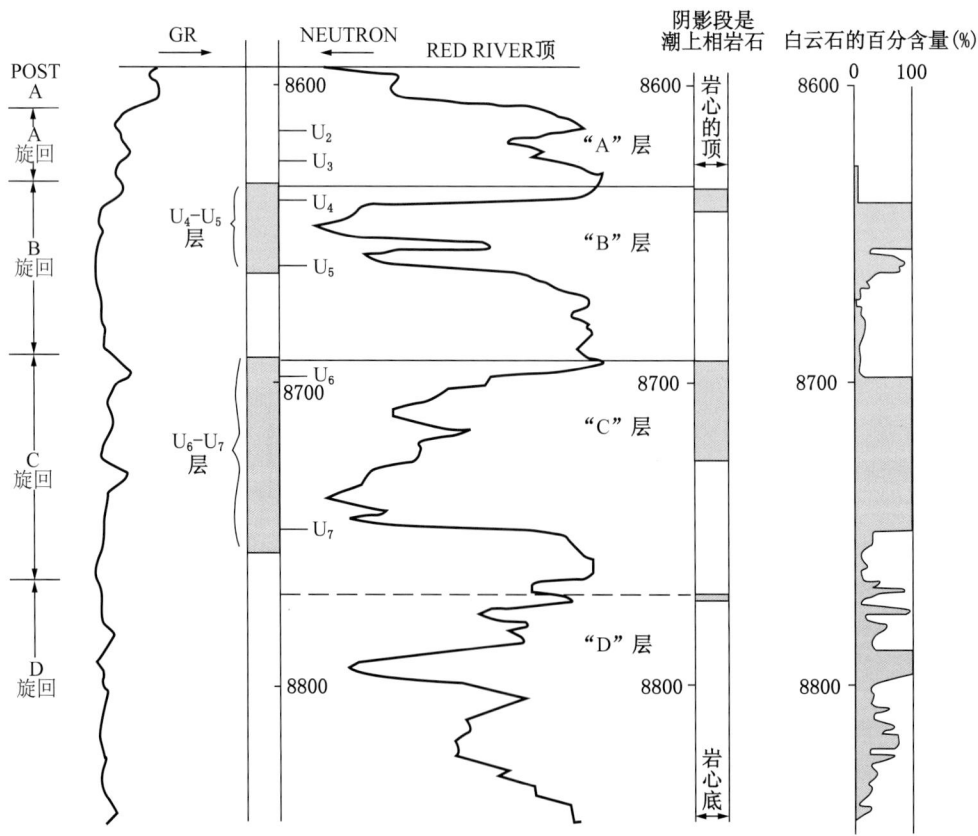

图 7.17　伽马射线—中子测井曲线（Clements，1985）
显示了白云岩和潮上带岩层相关的沉积旋回以及 Red River 组上段主要产油层。石灰岩致密，白云岩有孔隙，白云岩组构与潮上带岩层及下伏的潮下带 Red River 组的沉积结构一致

相是厚层硬石膏质细晶低渗白云岩，含层状和条带状硬石膏。分布在潮上带岩相下方的白云岩，延伸一定距离后就进入潮下带岩相，延伸的距离受潮上环境中由于海水蒸发作用形成的超盐度水的回流控制（图7.18）。潮下带白云岩层中的白云石晶体颗粒大于潮上带的白云石晶体颗粒，因而具有更好的孔渗性。因此，产油白云岩层的厚度随潮下带白云岩层的厚度而变化。已经提出，潮下带白云岩体的几何形状与超盐度流体在区域渗透性带向下回流有关，而区域渗透性带受断裂分布的控制。

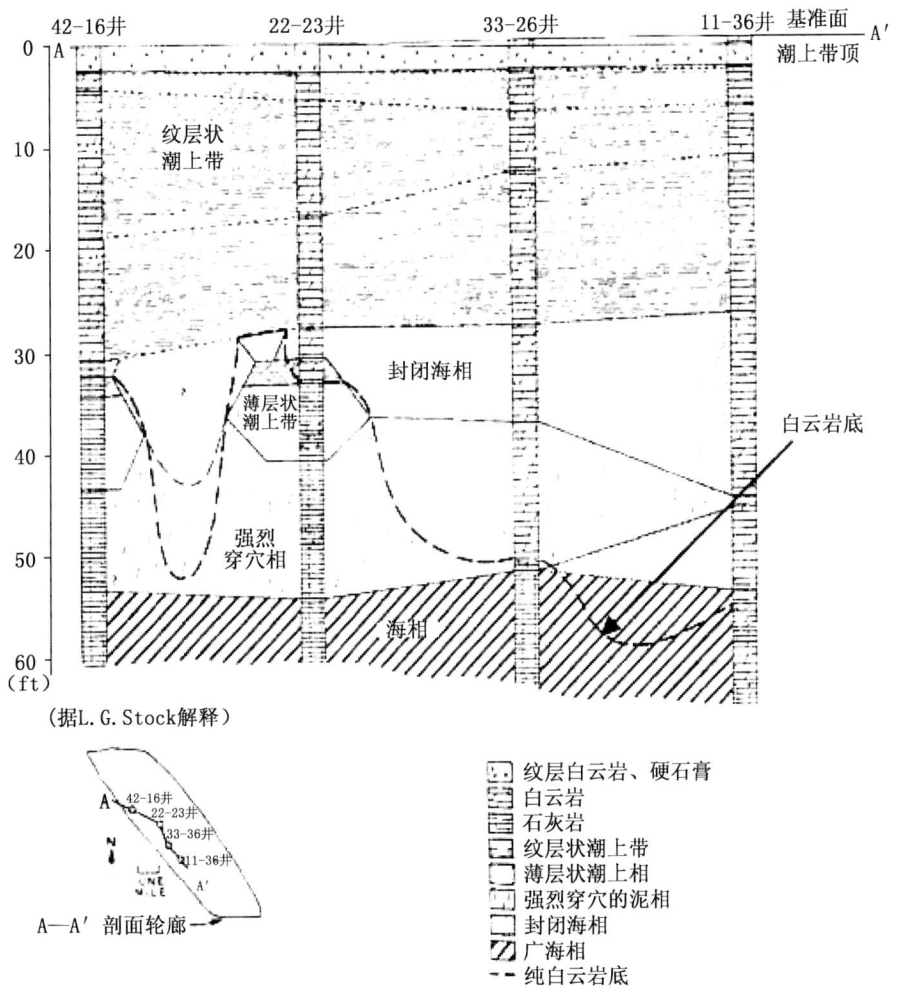

图7.18　Red River组U6—U7段中的岩性和沉积相关系图（据Clements，1985）
白云岩—石灰岩界面与潮下带岩相并不一致，这是由于岩性界面取决于
白云化介质的流动路径，与沉积模式无关

中部旋回（B层）是锡达河背斜中的主要产油层，潮上带岩相很薄，其顶部为层状和条带状硬石膏层。潮上带岩相已经白云石化，白云石化岩层的厚度不等，向下进入潮下带沉积。旋回可以分为三个孔隙性白云岩相产油层段，即潮上带、潮间带和潮下带岩相段。根据孔隙度和电阻率测井曲线可以识别出这些岩相段，因为它们的颗粒及孔隙大小特征不同。潮上带和潮间带岩相是细晶白云岩，其渗透性比粗晶潮下带白云岩差。潮上带和潮间带白云岩横向连续，而潮下带白云岩层横向不连续。

在这些储层中，石灰岩都是致密层，白云岩则从致密层过渡为孔隙层。基于上述假设，石灰岩由于压实作用成为致密岩层；而白云岩则具有抗压实性。假设在浅埋藏后，白云石化作用停止，则潮下带白云岩的孔隙度与相邻石灰岩的孔隙度基本相等。埋藏500Ma后，由于压实作用，石灰岩经压实已经失去原有的孔隙度；白云岩有抗压实性，所以仍然保留原有的孔隙度。

实例中，垂向上从致密层变成孔隙性层，可以说明过度白云石化作用与潮缘岩相地层的厚度有关。C层中的潮缘带岩层厚，所以孔隙度小；根据过度白云石化假设，由于大量白云化介质流过这一地层，出现白云石化作用。相反，B层段的薄潮缘带沉积具有孔隙性和渗透性，这表明只有很小体积的白云化流体流经该地层段，过度白云石化作用较弱。因此，白云岩的孔隙度与潮缘带地层段的厚度有关。

7.4.2 西得克萨斯安德列斯南泥盆油田

在有些白云岩储层中，选择性白云石化作用发生在灰泥为主岩相中，白云岩的分布可以根据对灰泥为主沉积环境的了解进行预测。安德列斯南泥盆油田是这类储层的实例。储层中的白云岩分布可根据对灰泥为主沉积环境的了解进行预测。

安德列斯南泥盆油田位于西得克萨斯的安德列斯郡。产油层是泥盆系陆架边缘沉积。该层序是一个从灰泥为主沉积向上变为颗粒为主沉积的向上变浅层序，层序顶是区域不整合面。产油层的岩相是孔隙性灰岩和白云岩。这个层序可以分成下部的似球粒状颗粒为主泥粒灰岩地层段和上部的海百合颗粒灰岩地层段。这两个地层层段可以用伽马测井数据进行标定。下部层段是低能环境沉积的地层，地层中灰泥含量不同，所以呈不规则的孔隙分布模式。

上部颗粒灰岩地层段可以分为三种岩相。颗粒灰岩相主要包含海百合碎片，由于连晶方解石胶结物而变得致密。颗粒为主的泥粒灰岩相是颗粒支撑的沉积物，部分颗粒之间含灰泥。由于颗粒之间灰泥的溶解，该岩相具孔隙性和渗透性。白云岩岩相是粗晶白云化粒泥灰岩，它是储层中渗透性最好的岩相。该岩相可以根据孔隙度标定（图7.19）。白云化介质可能是在上覆的潮上带环境形成的，然后向下流入这些地层。海百合颗粒灰岩在这一时期胶结并成为非渗透性层。由于粒泥灰岩埋得不深，它们仍然具有孔隙性和渗透性。因此，白云化介质偏向于流经粒泥灰岩，并使粒泥灰岩转变成白云岩。

白云石化作用的组构选择性使沉积模型可以被直接用于对储层特征成图，并能预测其他岩相的分布（图7.20）。也可以用它预测从低产或非产层石灰岩变为高产白云岩段的快速横向变化。已对加拿大艾伯塔省Turner Valley组（下石炭统）露头和地层中类似的海百合沉积选择性白云石化作用进行了描述（图7.21；Murray和Lucia，1967；Lucia和Murray，1966）。在白云岩地层露头区，可以见到白云石化粒

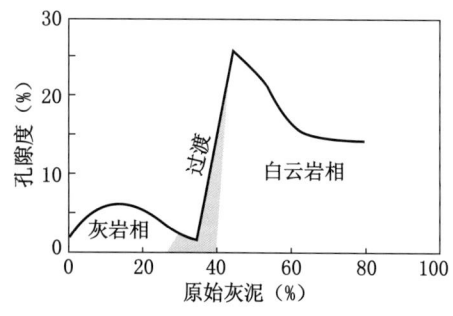

图7.19 灰泥的百分含量、孔隙度、石灰岩、白云岩之间的总体关系（据Lucia，1962）

安德列斯南泥盆油田（西得克萨斯）中，可用孔隙度测井数据进行岩石组构岩相成图

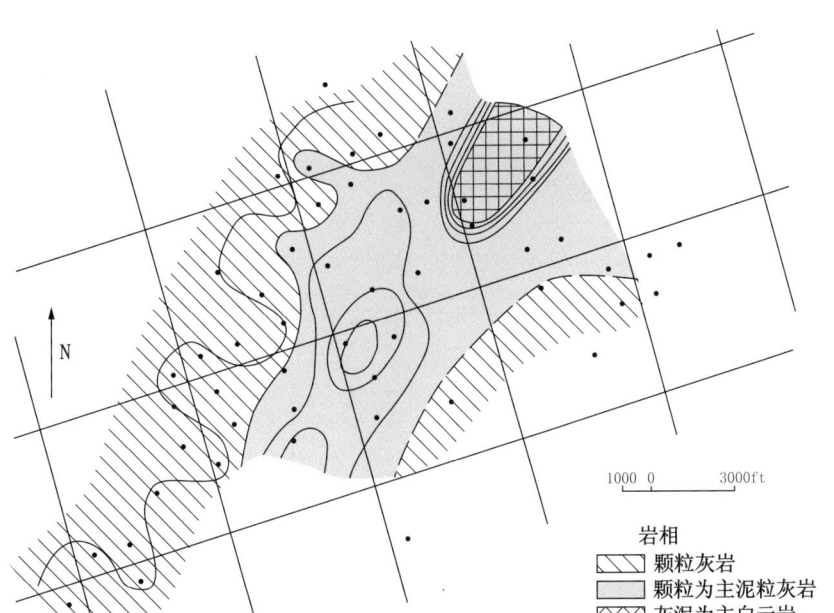

图 7.20 安德列斯南泥盆油田有效油层等厚度图
（据 Lucia 和 Murray，1966）

表明最厚的油层是白云岩化的灰泥为主岩相，部分产油层是石灰岩
中颗粒为主的泥粒灰岩（内坝）相，极少数是颗粒灰岩（坝）相

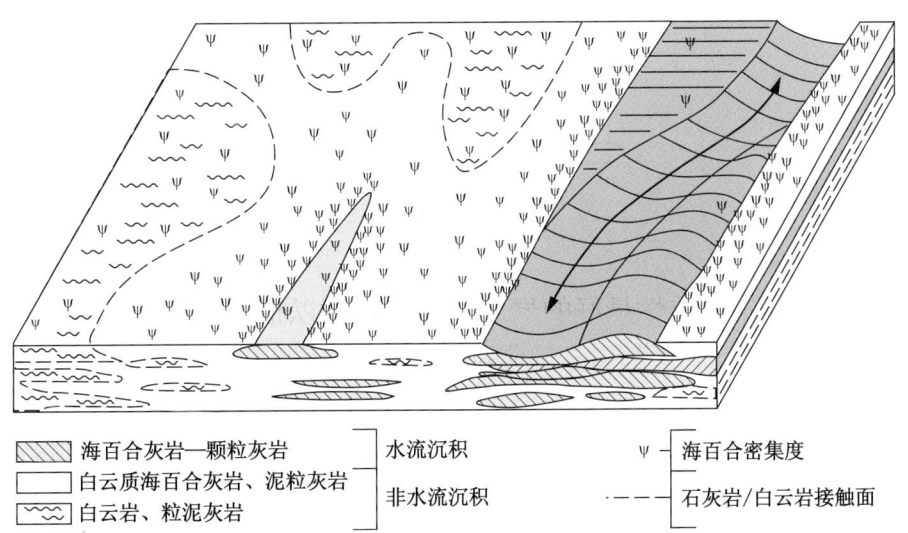

图 7.21　加拿大穆斯山 Turner Valley 组出露区的古沉积环境图，展示了岩
相对中晶白云质粒泥灰岩分布的控制作用（据 Murray 和 Lucia，1967）

泥灰岩在垂向和横向上变为白云石海百合颗粒为主泥粒灰岩，最终变为海百合颗粒灰岩。最终的白云岩分布模式与沉积环境相当一致。

7.4.3　盖瓦尔油田的 Haradh 段

沙特阿拉伯的盖瓦尔（Ghawar）油田中，大多数白云岩（侏罗系）与蒸发性潮坪岩相都没有关联，因此，预测白云岩的分布变得相当困难。唯一与蒸发盐层有直接关联的

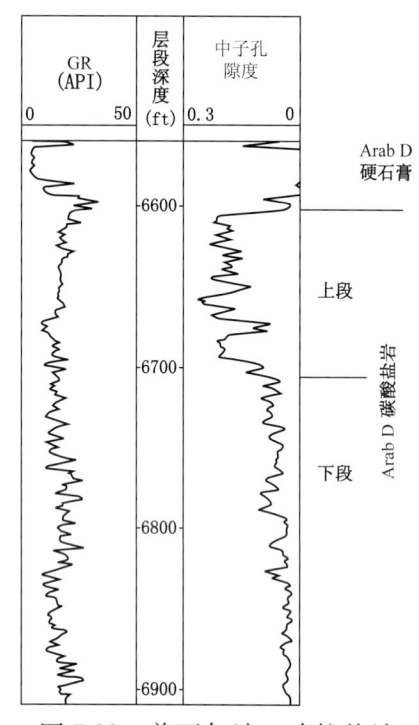

图7.22 盖瓦尔油田哈拉德地区储层的典型测井曲线

细晶白云岩薄层，发育在上覆的硬石膏地层之下，这一薄层白云岩可能是成岩作用早期的回流超盐度盐水成因。然而，大多数白云岩体都是粗晶白云岩，它们与潮坪岩相没有直接关系，与其他任意的沉积组构也没有直接关系。它们可能形成于成岩作用晚期。地球化学研究（Swart等，2005）表明，白云化介质是变质海水，但至今尚无法确定流体源和流体的流动路径。这使预测白云岩分布变得很困难。根据盖瓦尔油田的白云岩厚度图，Cantrell等（2004）提出，白云化介质来自上覆的硬石膏地层，且沿断裂向下流动，并在渗透性地层中作横向流动。这是有争议的现有最好的水文模型，但白云岩岩体的规模尚不清楚。

7.4.3.1 沉积结构的垂向序列

盖瓦尔油田的储层可以划分为上单元和下单元，上单元以颗粒灰岩和颗粒为主泥粒灰岩为特征；下单元以灰泥为主组构为特征（图7.22）。岩心描述表明，沉积组构的垂向序列可以与高频旋回层进行对比，并且可以为构建层序地层框架确定年代地层界面。然而，只有石灰岩层段才具有这一特征。白云岩取代石灰岩后，使垂向序列的岩相分析复杂化，这是因为白云岩中的粗晶白云岩掩盖了原始石灰岩（母岩）的沉积结构。

7.4.3.2 岩石组构描述和岩石物理性质

这个储层包含石灰岩的所有基本组构以及细晶和粗晶白云岩（Lucia等，2001）。颗粒灰岩含分选良好的包壳颗粒（200～400μm），多晶颗粒上可见等厚状方解石胶结物，单晶棘皮动物碎片表面附着共轴增生胶结物。颗粒为主泥粒灰岩的组构变化范围宽。在均匀结构的岩样中，颗粒间的灰泥占总体积的几个百分点至40%～50%。灰泥为主组构包括：灰泥为主泥粒灰岩，以颗粒为支撑，但颗粒间填充泥晶；以泥晶为支撑的粒泥灰岩；由几乎看不到的极小颗粒组成的泥灰岩。除了与上覆硬石膏层相接触处的细晶白云岩薄层外，白云岩中的白云石晶粒大小为100～500μm。

粗晶白云岩大多数都具渗透性，数据点落到1类区（图7.23）。颗粒灰岩也在1类区。颗粒为主泥粒灰岩的点集中在2类区，灰泥为主组构落在3类区。

7.4.3.3 测井数据的校正（标定）

在其他研究中，常用伽马测井和孔隙度测井数据识别沉积相。但是，该方法在盖瓦尔油田并不适用。在原始水饱和度、孔隙度和岩石组构交会图（图7.24）中，可将岩石组构分组并得到与岩石物理分类相类似的结果（Lucia等，2001；Jennings和Lucia，2003）。1类粗晶白云岩和颗粒灰岩形成一个低水饱和度区，粗晶白云岩的水饱和度最低。赋予这一区域的下限岩石组构数是0.5，上限岩石组构数是1.5，这样，就与赋予整体转换关系的岩石组构值相一致。2类颗粒为主泥粒灰岩的数据点在交会图中形成一明显的高孔隙度

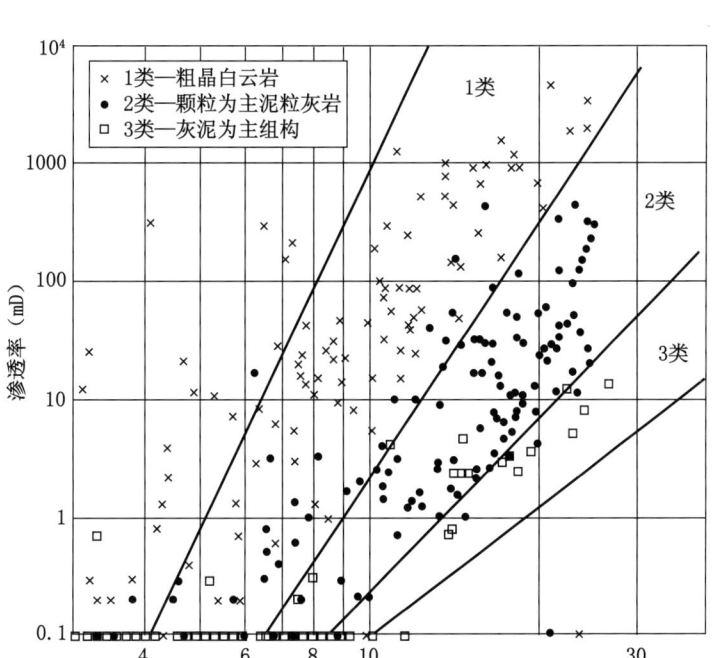

图 7.23 盖瓦尔油田哈拉德区储层的孔隙度—渗透率交会图
展示岩石组构与岩石物理类别。大多数 3 类灰泥为主组构的渗透率小于 0.1mD

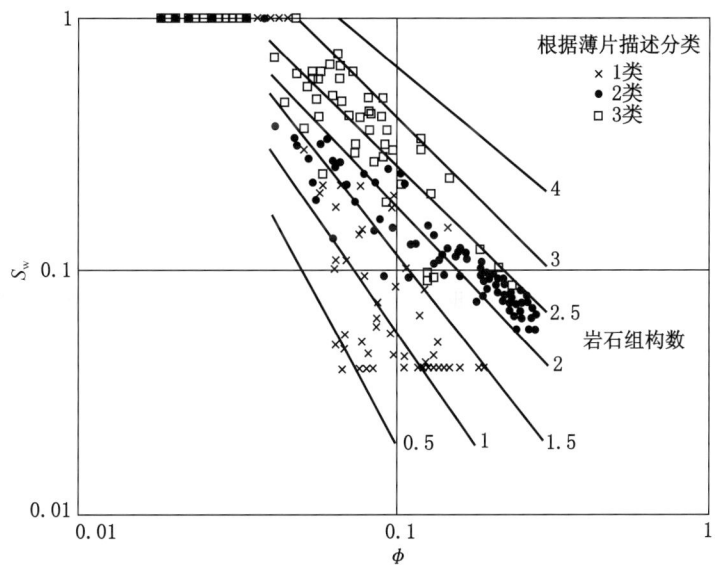

图 7.24 哈拉德地区储层的孔隙度—水饱和度交会图（Lucia，1995）
1 类区以粗晶白云岩为主；2 类区以颗粒为主泥粒灰岩为主，叠置在 1 类区的数据点可能是粗颗粒组构的响应。低孔隙度的灰泥为主组构分布在 3 类区，4 类区的边界位于 3 类岩样区的上方

带。高孔隙度带描述了上段石灰岩的特征。赋予这一高孔隙度带上限的岩石组构数为 2.5。3 类灰泥为主组构形成的孔隙度带位于 2 类组构带的上方，它描述了下段石灰岩的特征。灰泥为主组构区的上限位于 3 类组构的上方，标注有岩石组构数 4 的部位。

用多重线性回归研发了岩石组构岩石物理类别、水饱和度与孔隙度关系式，用这关系式确定了分类的界线。本项研究中,由于孔洞孔隙空间相当小,因此,总孔隙度与粒间孔隙度非常接近。因此,关系式中用的是总孔隙度。

$$\lg(rfn) = (A + B\lg(\phi) + \lg(S_w))/(C + D\lg(\phi))$$

式中,rfn 为岩石组构数,其值为 0.5～4.0;$A = 3.1107$,$B = 1.8834$,$C = 3.0634$,$D = 1.4045$。

图 7.25 中,计算求取的岩石组构数与两口井岩心描述得到的岩石物理类别进行对比。上段是以 1 类和 2 类为主(颗粒为主组构和粗晶白云岩),下段中 3 类灰泥为主组构成分较多。求取的岩石组构数是连续的,而从岩心描述得到的岩石物理类别只有 3 个数。然而,求取的岩石组构数(rfn)的点总体上落在岩石薄片描述所得到的三种岩石类别区的范围内。

在石灰岩层序中,可将 rfn 等同于基本岩石组构岩相;在白云岩层序中,由于原始沉积组构未知,rfn 不能等同于岩石组构岩相。图 7.25 中,上部地层中的大部分石灰岩是 2 类颗粒为主泥粒灰岩,含少量粒泥灰岩薄层。粒泥灰岩是四个可能高频旋回层底部的标志。下部地层中的大部分石灰岩是 3 类灰泥为主岩相,含粗的颗粒为主泥粒灰岩薄层。确定下部地层段中的高频旋回层是非常困难的。

7.4.3.4 岩石物理性质垂向剖面的计算

用岩石组构数和粒间孔隙度代入整体转换关系式,就可以根据测井数据求取岩石的

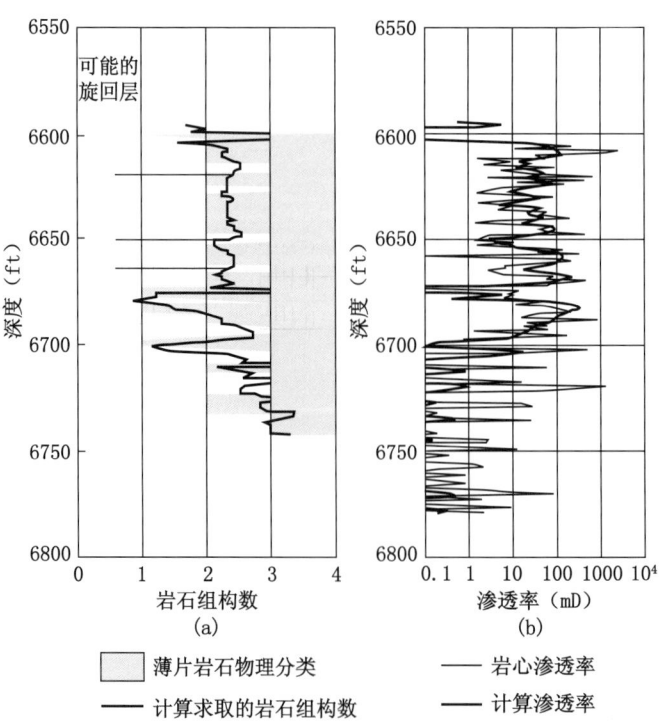

图 7.25　用饱和度方程计算的岩石组构数(a)与用岩心岩石物理分类和岩心渗透率整体变换关系计算的渗透率(b)的对比图

层段上部,尽管岩心数据中的小规模变化性比测井数据的多,但渗透率对比性较好;层段下部,由于高渗透率层太薄,测井曲线无法反映。根据岩石组构数的变小,大致可确定 4 个向上变粗的高频旋回层

渗透率。由于 Haradh 段岩层中的分散孔洞孔隙度很小，所以可以用总孔隙度进行计算。用这种方法求取的上层段岩石渗透率与岩心栓渗透率相当一致（图 7.25）。测井数据平滑掉了小范围内的变化性，而岩心栓渗透率值的变化比测井数据计算值的变化大。在下层段中，存在分散的高渗透率岩心栓测定值，这些值与测井数据计算得到渗透率值不一致。高渗透率值存在于粗晶、颗粒为主泥粒灰岩中，集中分布在总体呈灰泥为主的层段的薄片中，用电阻率测井曲线无法识别出这些地层。孔隙度值是合理的，但岩石物理类别数过大，导致渗透率值过低。

7.4.3.5 构建储层模型

在几乎不含白云岩的井之间，四个旋回层可以进行井间对比。对比井间的白云岩就变得比较困难。鉴于各旋回层的顶是年代地层界面，它们与白云岩的年代没有对应关系。图 7.26 中的白云岩分布完全是示意性的，并不是基于任何水文作用的模型。尽管认为白云岩选择性地取代了特定结构，但没有任何岩石物理证据来证实。岩石物理和地球化学研究（Swart 等，2005）认为，尽管白云化介质可能来自上覆的硬石膏地层，但是，这些白云岩与潮缘岩相带并没有直接的关联。假如真是这样，说明白云化介质在白云化作用之前就已经流经这厚层灰岩。在缺乏白云化介质来源和流体流动模式信息的状况下，预测白云岩的几何形态是没有任何意义的。

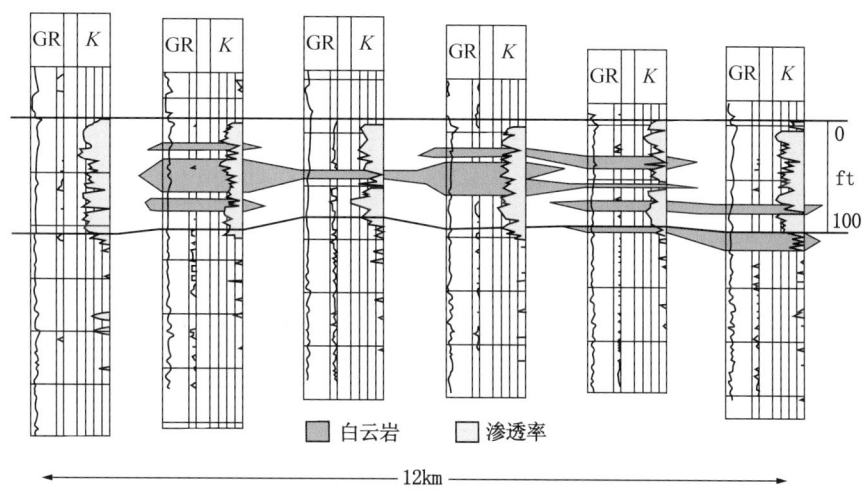

图 7.26　联井剖面，说明 4 口井中的白云岩分布
由于白云化作用的水文资料极少，对比带有主观性

7.5　油田实例—白云岩储层

岩石组构方法构建储层模型包括：①描述沉积结构的垂向序列；②描述岩石组构的垂向序列，并确定岩石物理性质与岩石组构之间的对应关系；③对测井数据进行岩石组构和沉积相标定；④计算得到孔隙度、渗透率和原始水饱和度的垂向剖面；⑤根据岩心描述和测井曲线对比构建高频旋回层框架；⑥建立岩石组构流动层组；⑦用各种地质统计方法，在岩石组构层组中配置岩石物理性质。这种储层模型是为流动模拟器的输入作

参数分配，以便预测储层的动态。

在此将描述如何用这种方法为美国的三个白云岩储层构建储层模型。这三个白云岩储层在很多方面都很相似，它们都位于西得克萨斯的二叠盆地，属于二叠系，且都发育在中斜坡部位。但是，在沉积相与岩石物理分类之间的关系、如何根据测井数据确定岩石物理分类和沉积相等方面却存在差异。塞米诺尔油田中，根据孔隙度和伽马测井数据计算渗透率和原始水饱和度（S_{wi}）需要三个转换关系式。孔隙度测井和原始水饱和度/孔隙度关系则是用于识别沉积相和流动层（组）。在南瓦松克利尔福克油田，计算时只需要一个转换关系式，孔隙度测井是作为沉积相的替代。对于富勒顿（Fullerton Clear Fork）油田，计算渗透率和原始水饱和度需要三个转换关系式，岩石物理分类与地层学有关联，孔隙度测井是连接沉积相与流动层（组）的主要纽带。

7.5.1 得克萨斯盖恩斯郡塞米诺尔 San Andres 地层

塞米诺尔（Seminole）储层的 San Andres 地层是采用多种转换关系，根据孔隙度测井数据计算岩石组构岩相、渗透率和原始水饱和度的研究实例。塞米诺尔储层位于中央盆地台地北部的二叠盆地（图7.27）。产油层是 San Andres 组（瓜达卢普阶）。油田区面积约 23mile^2，已钻井 600 余口。油田于 1936 年发现。储层属于具有小型初始气顶的溶解气驱动型。原始地质储量是 $11×10^8$bbl（Galloway 等，1983）。油田于 1970 年开始注水，采

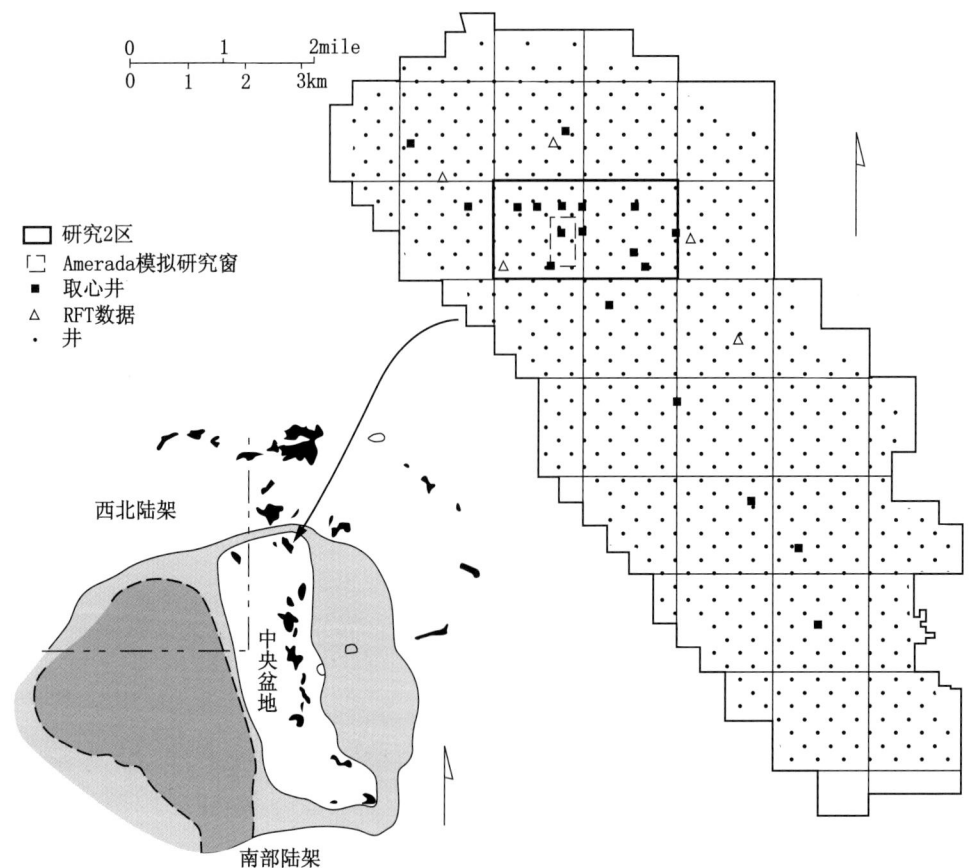

图 7.27　塞米诺尔 San Andres 组所处地理位置图

用 160a 反九点井网。1976 年钻加密井，变成 80～160a 混合反九点井网。1984—1985 年再次钻加密井，成为 80a 反九点井网，并于 1985 年开始注 CO_2 气体。

7.5.1.1 沉积结构的垂向序列

为构建层序地层框架，根据薄片进行沉积结构垂向序列的描述。储层中最常见的沉积韵律层是向上变粗的潮下带旋回层，旋回层由下部灰泥为主层段和上部颗粒为主层段组成。大多数潮下带旋回层的顶部都是灰泥或者颗粒为主的泥粒灰岩，但也有少数是以颗粒灰岩为顶。已经见到少数储层顶部的旋回层以薄的潮坪地层为顶。

认真描述了 11 个岩心的垂向岩相序列，它们成为构建塞米诺尔油田年代地层层序框架的基础。经过岩心描述和反复对比，在岩心中确定 12 个高频旋回层，并根据测井数据在全油田进行对比（图 7.28，Kerans 等，1993）。根据垂向岩相序列和岩相的横向连续性，组合成两个高频层序。最下部的三个高频旋回层（旋回 12，11，10）是外斜坡相域的组成部分，是富含纺锤䗛的 40～50ft 厚的地层，地层中含低孔隙度的纺锤䗛球状粒、灰泥为主白云岩，向上颗粒变粗，变为孔隙性更好的海百合—纺锤䗛球状粒、颗粒为主的白云质泥粒灰岩（图 7.28），组成一个海进体系域。上部的九个高频旋回层（旋回 1，2，

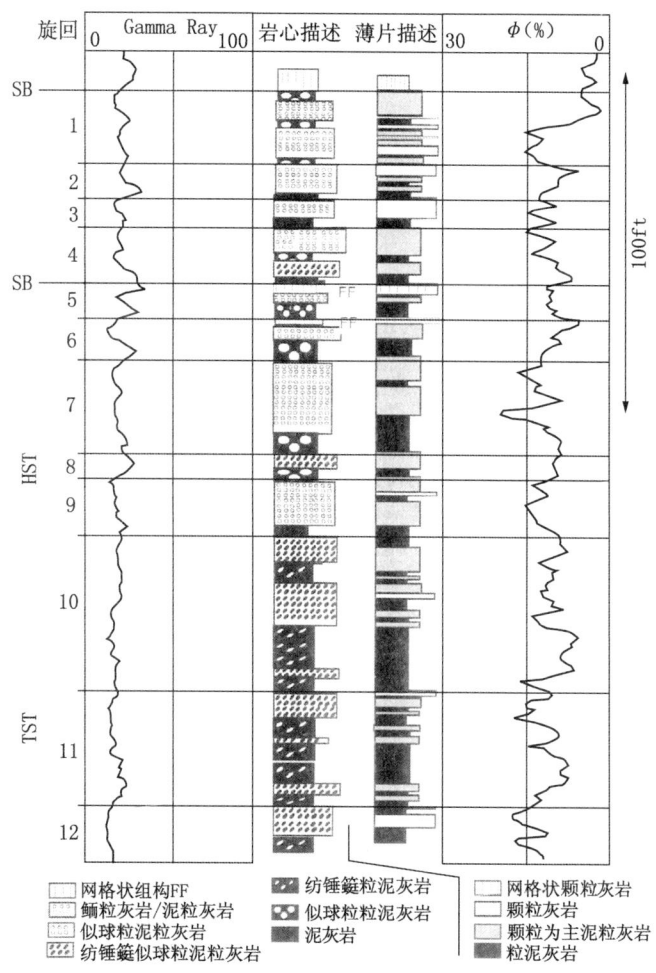

图 7.28　塞米诺尔油田的垂向岩相序列、层序以及旋回层

3，4，5，6，7，8 和 9）中含有少量纺锤鋋，是斜坡脊部和内斜坡岩相的进积沉积。高频旋回层都是向上变浅的旋回，底部是泥灰岩和粒泥灰岩，向上过渡为颗粒为主的泥粒灰岩和颗粒灰岩（图 7.28）。旋回 9—5 是进积型地层，层序边界在旋回 5 的顶，该处出现潮坪岩相。旋回 4 是水变深的标志，层内含有丰富的纺锤鋋，这是确定水深的可靠标志。旋回 1 的顶部是厚层颗粒为主沉积，它的上部覆盖了厚度为 300ft 的潮缘沉积。这一明显的岩相变化表明它是二级层序的界面。

7.5.1.2　岩石组构描述和岩石物理性质

岩石组构垂向序列的岩石物理性质量化描述与沉积结构的层序地层分析是密切相关的，最好进行联合研究。然而，岩石组构描述却不同于沉积结构描述，岩石组构描述包括成岩作用的影响，它主要描述目前的岩石组构，而不是沉积结构。通常用薄片描述进行层序地层学分析，也经常根据薄片详细区分下列组构：①颗粒灰岩，颗粒为主组构泥粒灰岩，灰泥为主组构；②颗粒间和颗粒内的孔隙空间；③细晶、中晶、粗晶白云岩中白云石晶体的大小。观察尺度不同，得到的组构描述也有差别。这是在地质描述与岩石物理性质数据综合研究中必须解决的问题（图 7.28）。

塞米诺尔储层的产油层是硬石膏白云岩，含有五个主要的岩石组构：①白云质颗粒灰岩（1 类）；②细晶、中晶白云质颗粒为主泥粒灰岩（2 类）；③细晶灰泥为主白云岩（3 类）；④中晶灰泥为主白云岩（2 类）；⑤分散孔洞（印模和化石内）白云岩（图 7.29）。

1 类白云质颗粒灰岩是两个剖面研究区内最少见的组构。尽管颗粒灰岩具有高渗透率和最低原始水饱和度的特性，但该油田的颗粒灰岩已经被硬石膏致密胶结。该储层中普遍存在 2 类颗粒为主白云质泥粒灰岩。由于它们是颗粒支撑，且颗粒之间的灰泥很少，所以经常被错误地认作颗粒灰岩。最普遍的颗粒类型是似球粒和纺锤鋋。在储层下部，2 类中晶灰泥为主白云岩非常普遍。中等大小的白云石晶体使灰泥为主组构的岩石物理分类从 3 类升高到 2 类；这是因为晶间孔隙大于泥晶灰岩中的粒间孔隙。储层段的上部常见到 3 类细晶灰泥为主泥粒灰岩、粒泥灰岩以及泥灰岩。常见的颗粒类型包括似球粒、软体动物碎片、纺锤鋋。这些组构具最低的流动能力和最高的原始水饱和度。

可用于研究的岩心分析数据包括全岩心孔隙度和渗透率测定值，以及少量毛细管压力曲线和相对渗透率曲线。怀疑岩心孔隙度值有误差，为了检查岩心分析的精度，在 12 个全岩心中各钻取 3 个岩心栓。新样品的平均孔隙度比原来的孔隙度值高两个百分点，这可能是对原来的全岩心样品进行重新清洁处理的结果（见第 3 章）。

用新岩心栓得到的新数据所作的粒间孔隙度、渗透率和岩石组构交会图与专属交会图（图 7.30（b））符合性好。重新清洁过的样品是白云质颗粒灰岩（1 类），颗粒为主泥粒灰岩（2 类），20～25μm 白云石晶体的灰泥为主白云岩（落在 2 类与 3 类的交界处，因此定为 2.5 类）。没有一个重新清洁过的岩样的值落在 3 类区。根据这些数据，可以认为专属交会图表达了岩石组构、粒间孔隙度和渗透率间的关系，并且可以应用整体渗透率转换关系式。在原来的研究中，岩石组构特别转换关系式是用岩心渗透率和测井孔隙度开发出来的，但是，由于尺度和深度匹配方面的问题，使这一传统做法出现缺陷。

颗粒印模孔隙和化石内孔隙是主要的分散孔洞类型，它们包括：①溶解的鲕粒、软体动物碎片、纺锤䗴；②纺锤䗴内孔隙。在 SSAU 2309 井含分散孔隙层段取样，调查分散孔洞孔隙度对岩石渗透率的影响。正如专属关系式所预测的那样，与总孔隙度值全部都由粒间孔隙度组成的岩样相比，存在分散孔洞孔隙度而总孔隙度相当的岩样，其渗透率小于前者（图 7.31）。

随着埋深增大，白云石晶体从 10～20μm 增大到 50～100μm（图 7.11）。颗粒为主组构中的白云石晶体大于灰泥为主组构中的白云石晶体。储层上段的灰泥为主组构以细晶白云岩为特征，白云岩组构与原始灰岩组构非常相似。这些组构属于岩石物理 3 类。储层深部灰泥为主白云岩中，白云石晶体介于 20μm 和 100μm（2 类）之间，灰泥为主白云岩的岩石物理特性与原始石灰岩不再相似。晶体由细粒增大至中粒，从而使孔隙增大，并使岩石的物理性质得到改善（图 7.30（a））。

7.5.1.3　测井数据的标定

测井数据是构建储层模型的基础信息。然而，测井数据只有经过岩心数据的标定后，

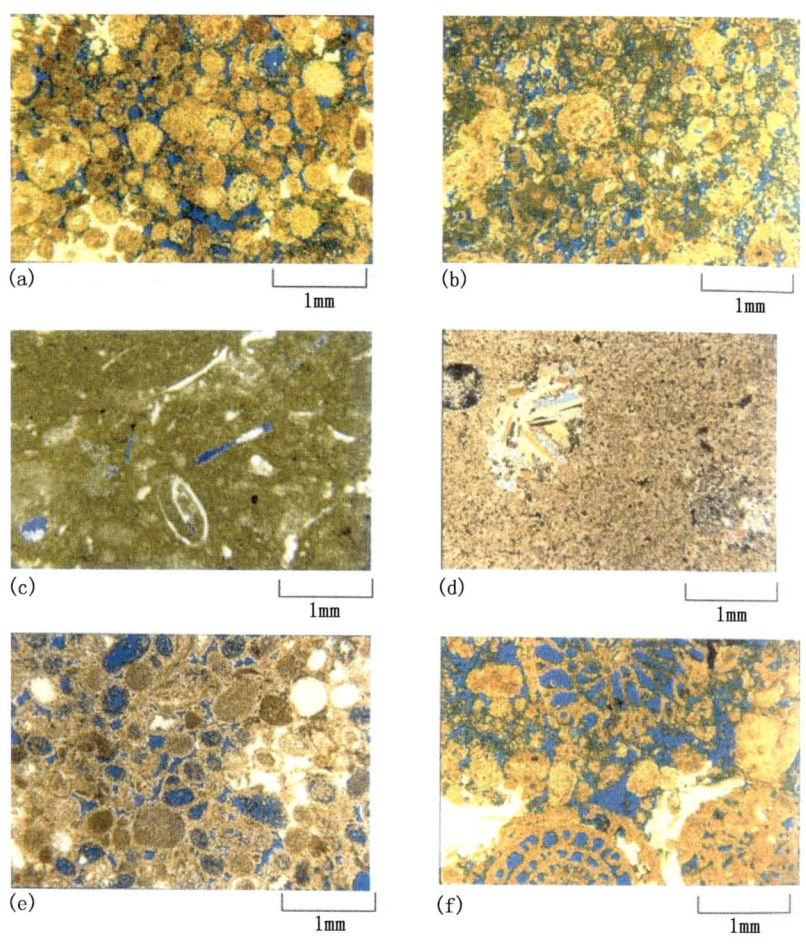

图 7.29　蓝色铸体片显微照片，说明岩石组构（白色区是硬石膏）
(a) 含颗粒间孔隙空间的白云质颗粒灰岩；(b) 含颗粒间孔隙空间和颗粒间白云化泥晶的颗粒为主白云质颗粒灰岩；(c) 细晶白云质泥粒灰岩；(d) 中晶白云质粒泥灰岩（正交光）；(e) 白云质鲕粒灰岩中的分散孔洞（印模）孔隙度；(f) 颗粒为主白云质泥粒灰岩中的分散孔洞（纺锤䗴内）孔隙

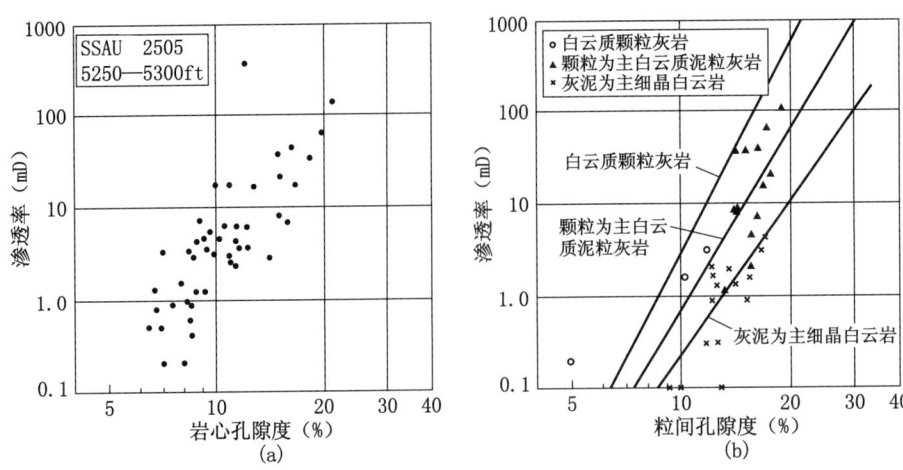

图 7.30　2505 井中岩心栓的孔隙度—渗透率—岩石组构之间的转换关系图

(a) 储层下段颗粒为主的白云质泥粒灰岩和中晶灰岩为主白云岩的孔隙度—渗透率交会图，其分布特征与岩石物理性质 2 类的一致；(b) 再清洁岩心栓岩石样品的粒间孔隙度—渗透率交会图，说明颗粒为主白云质泥粒灰岩的渗透率高于灰泥为主的白云岩。转换关系与 Lucia (1995) 的专属岩石物理分类区的一致

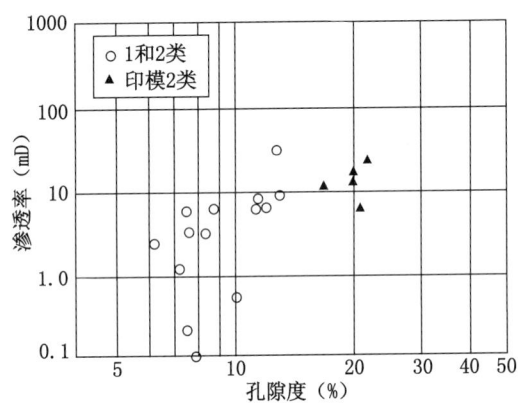

图 7.31　总孔隙度与渗透率的交会图

说明颗粒为主印模粒灰岩的渗透率低于含高孔隙度的 2 类颗粒为主白云质泥粒灰岩的预期渗透率

才可以用于提取岩相和岩石组构信息。伽马测井常用于岩层对比，中子和密度测井常用于计算孔隙度，声波和电阻率测井常用于估算岩石的粒间孔隙度、岩石物理类别/岩石组构数。

在该储层中，经常利用伽马射线测井对比高频旋回层。与颗粒为主岩相相比，灰泥为主岩相趋向于具有较高的伽马值（图 7.32）。由于灰泥为主岩相的孔隙度值低于颗粒为主岩相（见第 3 章），所以，也可以用孔隙度测井对比高频旋回层。灰泥为主沉积物比颗粒为主沉积物更容易被压实，导致旋回层中的孔隙度和渗透率呈向上增大的特征。应用这些经标定后的测井数据，可以区分岩石物理 3 类与 1 和 2 类的组合。

为了要区分具岩石物理 1 类和具 2 类的岩石，研发了孔隙度、原始水饱和度、岩石物理分类以及油柱高度间的关系。旋回 1—9 中，根据测井数据求取的原始水饱和度与孔隙度可以与根据薄片描述确定的岩石组构进行对比（图 7.33）。孔隙度与原始水饱和度交会图表明，1 类细晶灰泥为主的白云岩可以与 2 类颗粒为主白云质泥粒灰岩以及 2 类中晶灰泥为主白云岩区分开。在检测样品中，颗粒灰岩组构极少，但是，如果存在这种组构，它应该落在 2 类下方的区域。在原先的研究中，用各边界的经验公式，根据原始含水饱和度/孔隙度值确定岩石的物理类别。但是，在研究盖瓦尔油田（Lucia 等，2001）时，又提出了 S_{wi}—ϕ—rfn 经验公式，这公式更接近于这些岩石物理分类区（图 7.34）。

以下是用水饱和度确定岩石物理分类的应用范围：

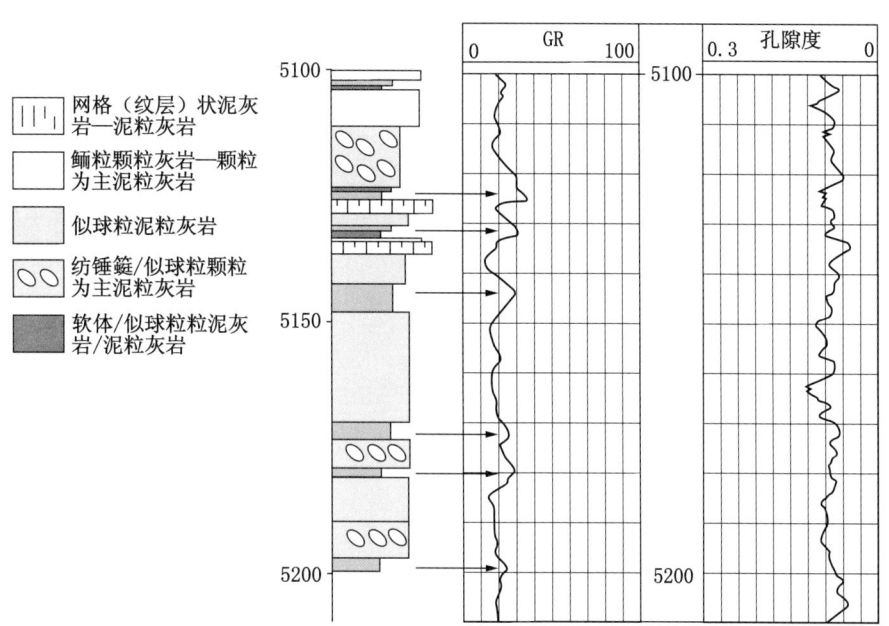

图 7.32 用伽马测井曲线对塞米诺尔油田中的颗粒为主岩相和灰泥为主岩相进行对比的示意图，岩心描述的岩相多于伽马曲线分辨出的岩相

（1）该方法不适用于水饱和的层段。用于构建储层模型的塞米诺尔油田测井数据都取自油柱高度范围内。

（2）必须满足零毛细管压力层高程以上的高度（称为油柱高度）。研究中只使用了过渡带以上层段的数据。

（3）该方法不能用于已经水淹的层段。在塞米诺尔油田，无水完井的井被视为具有原始水饱和度和原始水电阻率值。

粒间孔隙度等于总孔隙度减去分散孔洞孔隙度所得的差。Lucia 和 Conti（1987）研发了一种估算石灰岩中分散孔洞孔隙度的方法，即根据薄片测定的分散孔洞孔隙度与怀利时间平均方程曲线的偏离建立对应关系。用同样的方法，已为塞米诺尔油田建立了分散孔洞孔隙度与总孔隙度和时差（Δt）对应关系的经验公式（见下文；图 7.35）。这方程与 Lucia 和 Conti 的方程相似，只是由于石灰岩与硬石膏质白云岩间存在速度差异，因此，对原方程作了修正。

$$\phi_{sv}=10^{4.4419-0.1526[\Delta t-145\phi]}$$

在这一经验公式中，总孔隙度可以分为两个部分，即粒间孔隙度和分散孔洞孔隙度，粒间孔隙度等于总孔隙度与分散孔洞孔隙度之差。

7.5.1.4 计算垂向岩石物理性质剖面

孔隙度垂向剖面是以中子、密度和声波测井

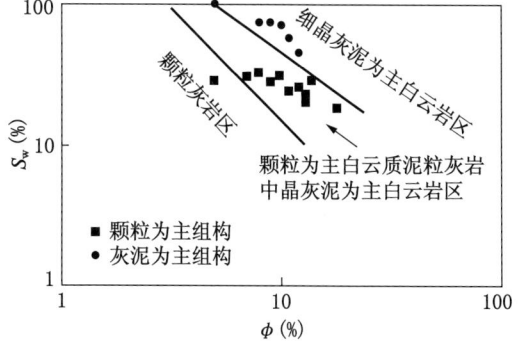

图 7.33 水饱和度、孔隙度、岩石组构—岩石物理分类之间的关系图

孔隙度和水饱和度值是旋回 1—9 中各岩石组构单元的平均值

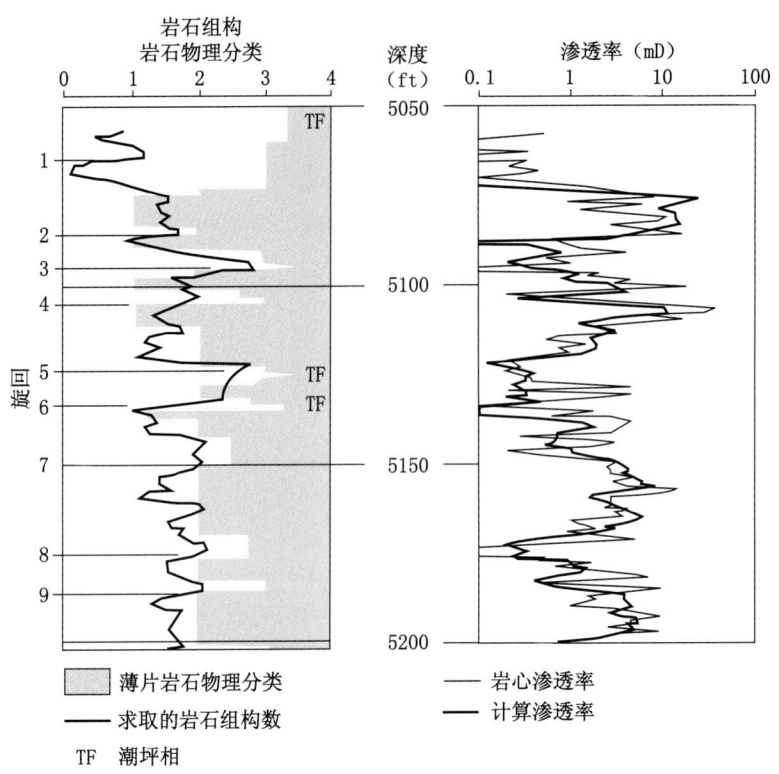

图7.34 塞米诺尔油田中,用水饱和度方程计算的岩石组构数与用整体变换(含岩心岩石物理分类和渗透率信息)求取的渗透率之间的对比图

为基础得到的。用上述经验公式计算求取粒间孔隙度。在无水完井的井,应用粒间孔隙度和 S_{wi}—phi 算法可以得到的岩石组构数,计算求取 Archie 水饱和度和渗透率。在完井产水的井,用地层对比估算岩石物理类别数,估算出的岩石物理分类别数用于整体转换关系式以及第3章所提出的专属毛细管压力模型(图7.36)。图7.34展示了求取的岩石组构数与薄片描述的岩石物理分类别之间的比较。

7.5.1.5 构建储层模型

构建岩石组构层状模型包含五个步骤:①构建高频旋回层框架;②在各井中识别出重要的岩石组构岩相;③构建岩石组构流动层(组);④求取岩石组构岩相内的平均岩石物理性质;⑤在井间地层中配置岩石物理性质。通过研究中已确定的12个层面的对比,建立高频旋回层框架(图7.37)。

流动单元(本文称为岩石组构流动层(组))是储层模型的基本地层单元。术语"流

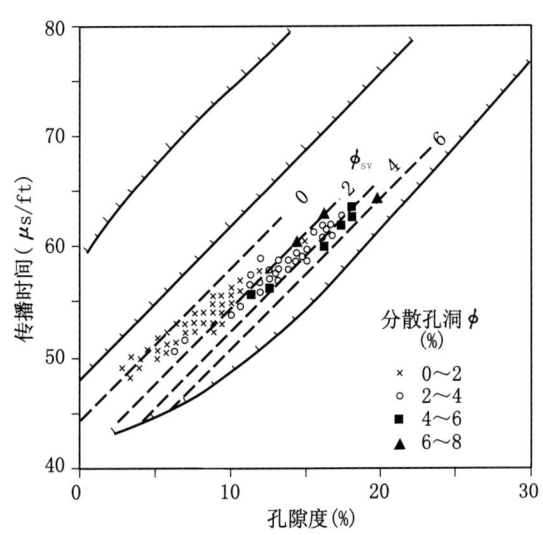

图7.35 塞米诺尔油田储层段的传播时间、总孔隙度、分散孔洞孔隙度间的关系图

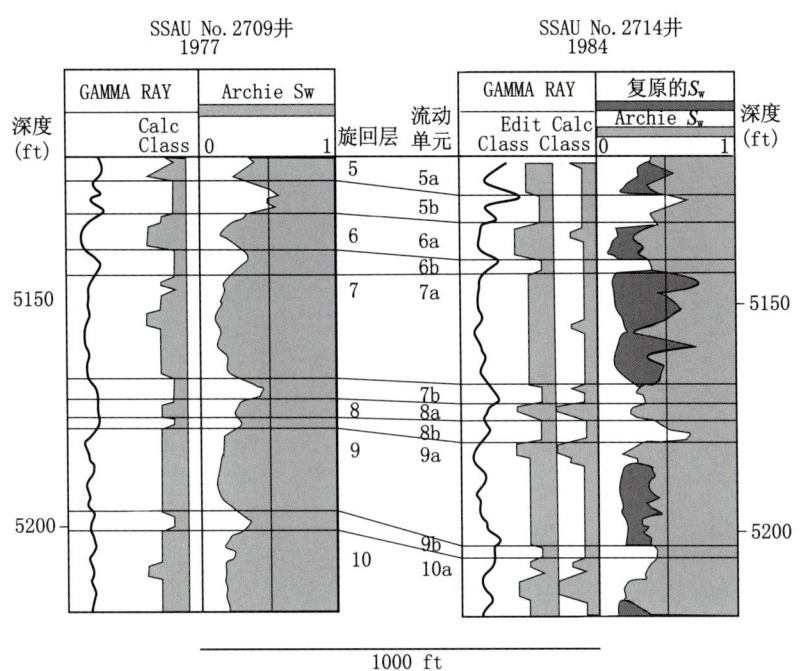

图 7.36　利用岩石物理类别，根据地层对比求取原始水饱和度（据毛细管压力模型）并确定塞米诺尔油田中水淹层段位置的实例

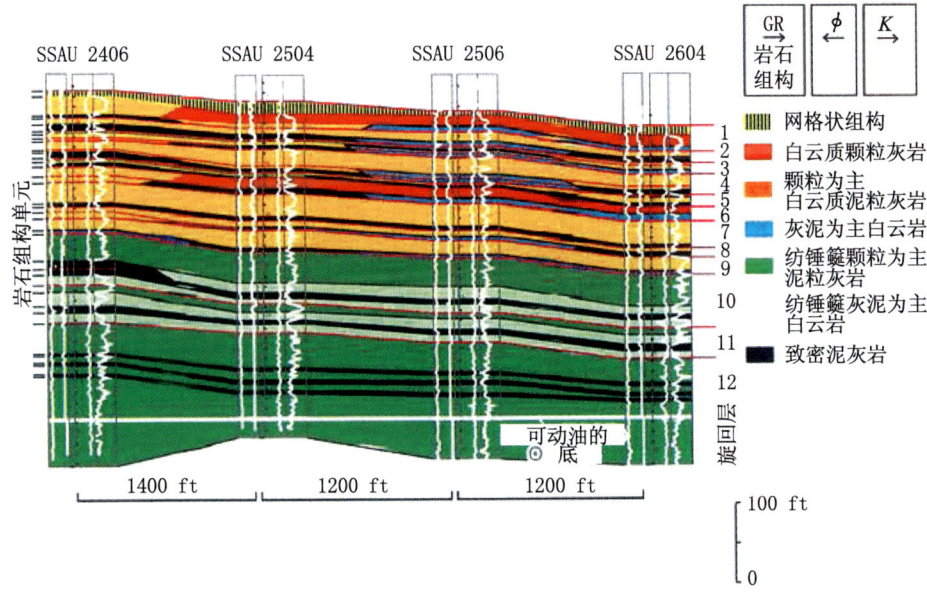

图 7.37　塞米诺尔油田部分 San Andres 地层段的横剖面
说明岩石组构岩相和岩石组构流动层在高频旋回层框架内的分布

动单元"具有多种定义。据第 5 章，本书将流动单元（或流动层）定义为一种岩石组构岩相，在该岩石组构岩相内，岩石物理性质近于随机分布。所以，只对高频旋回层顶成图是不够的。为了完善地配置岩石物理性质，必须也对岩石组构流动层（组）成图。在塞米诺尔油田，可以用伽马测井和孔隙度测井数据确定灰泥为主和颗粒为主组构，并在整个油田区进行对比。

在白云岩储层中，只有当灰泥为主组构由细晶白云石组成时，才能用 S_{wi}—phi 方法确定岩石组构岩相。这种状况只发育在这储层的上半部，该部位的岩石组构数与沉积结构相一致，可以用于确定流动层（组）。储层的下半部，灰泥为主组构由中晶白云岩组成，所以落在岩石物理2类区，与颗粒为主泥粒灰岩在一起，不能用岩石组构数确定岩石组构流动层（组）。

如图7.38所示，旋回层11中含有4个岩石组构层：①上部的2类中晶颗粒为主白云质泥粒灰岩；②下部的2类中晶白云质粒泥灰岩；③致密白云岩。厚度为2ft的颗粒为主白云质泥粒灰岩由于厚度小于测井的分辨率，已被平均到3类流动层内。对四个流动层都用2类孔隙度—渗透率转换关系式计算，所得结果与岩心渗透率值吻合得很好。

在旋回层10的上方，白云石晶体大小趋于与原始灰岩结构一致，岩石物理组构类1，2和3分别和颗粒灰岩、颗粒为主泥粒灰岩以及灰泥为主组构相一致。如图7.39所示，旋回层4、3、2是向上变浅的旋回层，每个旋回层含有两个岩石组构流动单元：下部的是3类细晶灰泥为主地层；上部是2类或1类颗粒为主白云岩地层。使用了三种岩石组构特别孔隙度—渗透率转换关系式，最终结果与岩心渗透率相当吻合。用 S_{wi} / 岩石物理分类 /

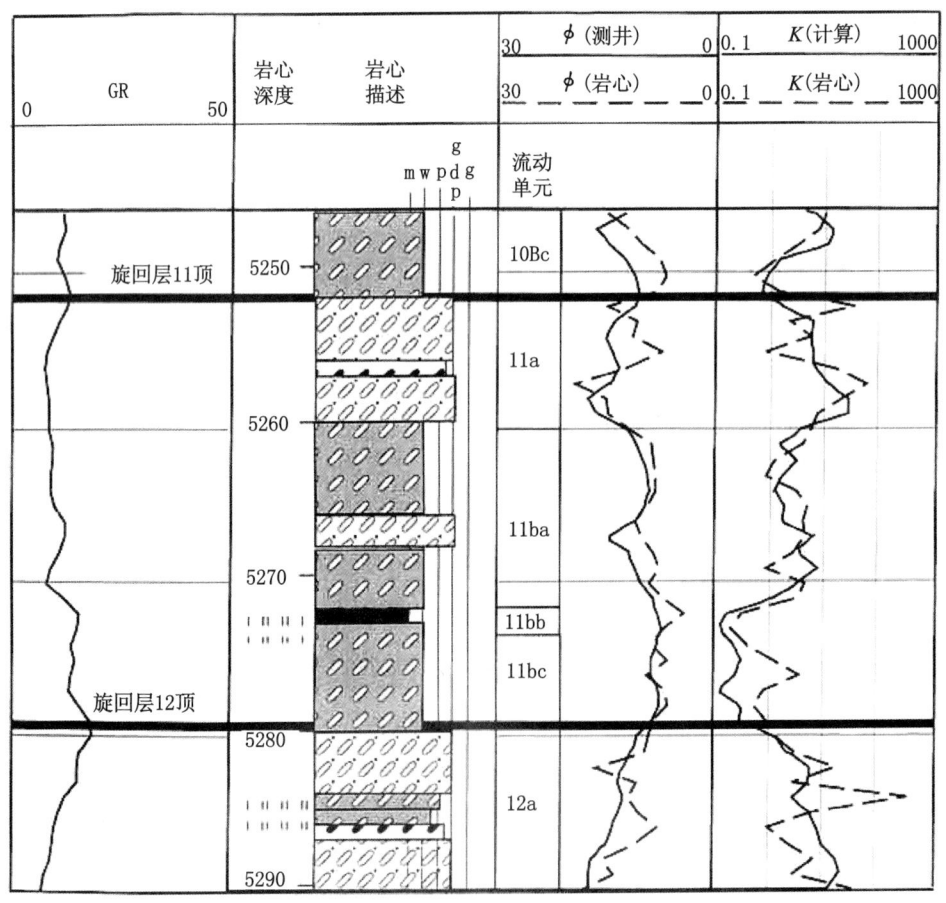

图7.38　旋回层11的岩心描述，岩石组构流动层，岩心和测井计算的孔隙度、渗透率、伽马测井曲线综合图

根据较高的孔隙度值识别并确定岩石组构流动层11a，根据岩心描述中的致密灰泥岩层确定岩石组构流动层11bb，用单一的2类孔隙度—渗透率转换关系式计算出渗透率

7 白云岩储层

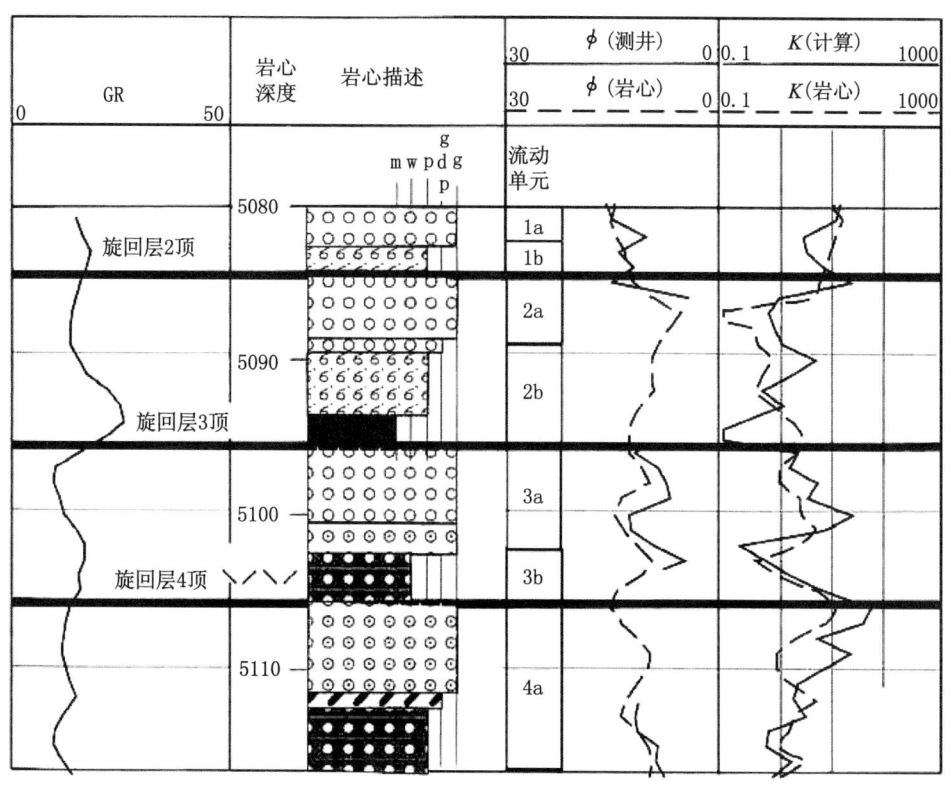

图 7.39　旋回层 2—4 的岩心描述，岩石组构流动单元，岩心和测井计算的孔隙度、
渗透率、伽马测井曲线综合图

岩石组构流动单元是根据岩石物理分类确定的，并由岩心描述的岩石组构岩相所证实，岩石物理
分类是用测井数据计算求取的，用三种岩石组构孔隙度—渗透率转换关系分别计算相应的渗透率

孔隙度关系确定三种岩石物理类别，这是因为岩石物理分类与孔隙度的对应性较差，尽管可以用伽马测井数据确定旋回层的顶，但却无法区分是 1 类还是 2 类岩石组构。

根据各口井的测井数据计算确定岩石组构流动单元。在旋回层 12—10，岩石组构流动单元是根据旋回层的孔隙度差异确定的；在旋回层 9—10，岩石组构流动单元是根据 S_{wi}/岩石物理分类/孔隙度间的关系确定的。将致密的薄泥层叠置在这些流动单元上，使它们都成为完整的流动层。对这些流动单元进行井间对比，就形成岩石组构流动层（组）。由于大多数储层模拟程序不允许存在不连续层，在储层模型内，所有流动层的边界必须是连续的。这就导致出现这样的结果，即一个流动层内存在一种以上岩石组构岩相，以及一种岩石组构岩相包含一个以上流动层。由于 20a 的井距小于岩相非均质性的变化距离，所以，在这一储层中，它对储层模型的影响不大。

最终的储层模型含 41 个岩石组构流动层（图 7.37）。岩石组构层内，岩石组构岩相发生横向变化。在水进体系域（旋回层 12—10），岩石组构横向几乎不发生变化；但是，在进积体系域（旋回层 9—5，3—1）可见到明显的横向变化。在类似的露头区，1000ft 范围中没有见到明显的横向相变，所以没有将明显的横向相变边界放入模型。

7.5.1.6　流动模拟模型

在每口井中，取每一种岩石组构岩相内的平均岩石物理性质值，将它们分配给岩石组构流动层,经过对比后在井间进行内插。将这些岩石组构流动层和岩石物理性质数据的平均值输入流体流动模拟器,图 7.40 展示了最终的模拟模型。这个模拟模型的 12 个高频旋回层中,含有 41 个岩石组构流动层。岩石物理性质在 1000ft 范围内可能会出现横向变化,数英尺或数十英尺会出现垂向的特性变化。用这个模型进行流体流动模拟,以确定残留油的赋存位置(Wang 等,1998)。

本书所描述的岩石组构法可以产生岩石物理性质的三维图像,该图像可以与露头描述相比拟。它不但保存了以旋回层为基础的地质框架,同时还保存了基于岩石物理特性岩石组构的结构。在岩石组构岩相内取岩石物理数据的平均值,以及用岩石组构层构建模拟模型,都可以使平均值提取区间所出现的问题最小化。与常用的单一转换方式相比,

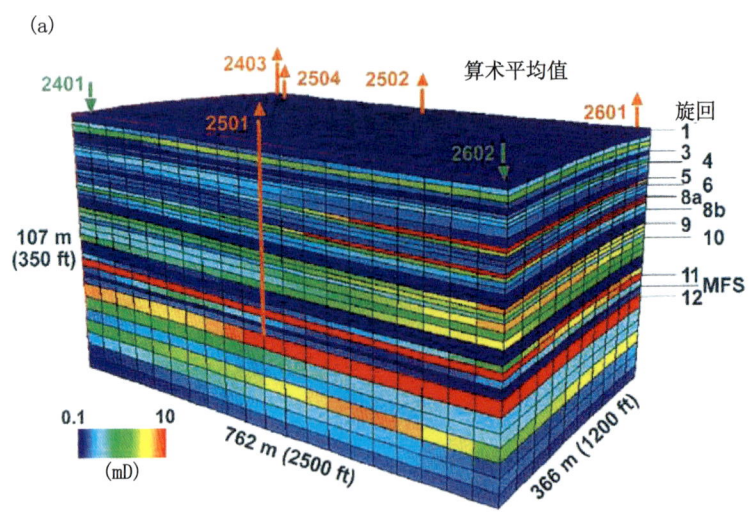

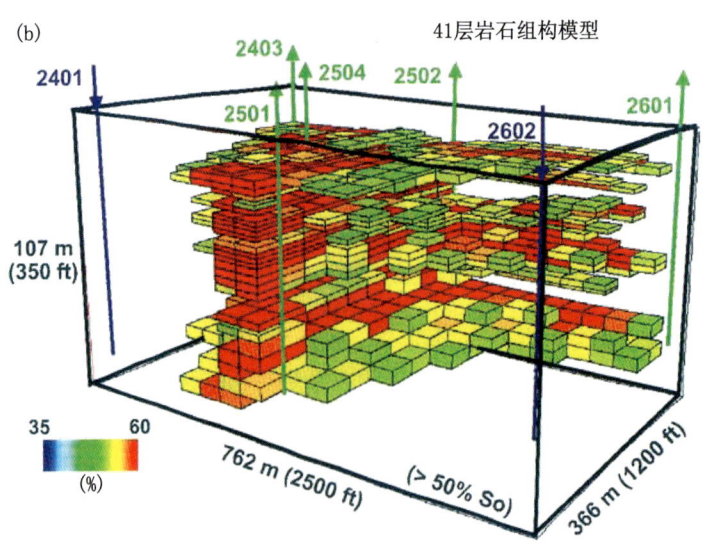

图 7.40 (a) 渗透率在 80-a 模拟模型中的分布状况,该模型由 41 个岩石组构层组成;(b) 模拟结果表明经过 17 年注水开发后,目前含油饱和度大于 50% 的油层的分布状况

岩石组构特别渗透率转换式可以更好地保存高值和低值，分散孔洞孔隙度计算可以消除高估高分散孔洞孔隙度区的渗透率的现象。此外，岩石组构模拟模型中允许包含对应于特定岩石组构的渗透率曲线（Wang等，1994）。

应用41层模拟模型，模拟研究区内面积为80a区块的石油生产。最终的剩余油饱和度图像（图7.40）展示出各地层中死油层的分布。经一次开发和注水采油后，这类储层的回采率通常是地质储量的35%，模拟结果表明，剩余地质储量的65%都赋存于低渗透率的死油层中。这是一个很真实的图像，它为所建议的回采程序提供了更精确的动态预测（Wang等，1994；Lucia等，1995）。

7.5.2 南瓦松克利尔福克油田

南瓦松克利尔福克（South Wasson Clear Fork）油田是用孔隙度测井替代岩石组构岩相，用一种转换关系式求取渗透率和原始水饱和度的储层模型实例。该报告的全文可以从美国能源署的网上查到（Lucia，2002）。该油田是二叠盆地北部陆架东侧边缘区Clear Fork组的油田之一。构造上，该油田位于北东向延伸、倾向南东的单斜带，该单斜带从西南的拉塞尔（Russell）油田一直延伸到东北的普林提斯（Prentice）油田（图7.41）。油田区的小型背斜为中部油田提供了局部圈闭。上倾方向的封堵层是高蒸发盐含量的碳酸盐岩；下Clear Fork段顶部的盖层是Tubb砂岩（原文如此，译者），中Clear Fork段的盖层是致密白云岩（图7.42）。

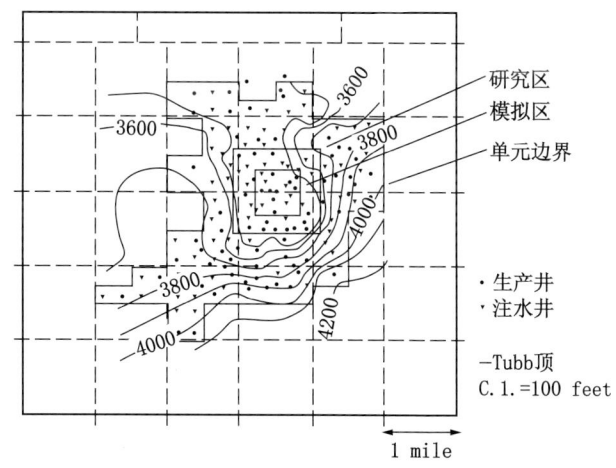

图7.41 南瓦松克利尔福克油田构造图

南瓦松克利尔福克油田的累计产量已经超过1.38×10^8bbl，主要产油层是上Clear Fork段的中段和下Clear Fork段。少量原油产自其下伏的Wichita/Albany组或Abo组。与伦纳德统（P_1）台地中的大多数储层一样，该油田的原油采收率相当低。

7.5.2.1 沉积结构的垂向序列

岩心中观察到的沉积相垂向叠置模式是确定南瓦松克利尔福克油田Clear Fork组旋回的基础。在下Clear Fork段，高频旋回的厚度为2～15ft，平均厚度约6ft。潮下带旋回主要有两类：外陆架旋回（深水）由底部的纺锤鋋粒泥灰岩—泥粒灰岩，以及上部的球状

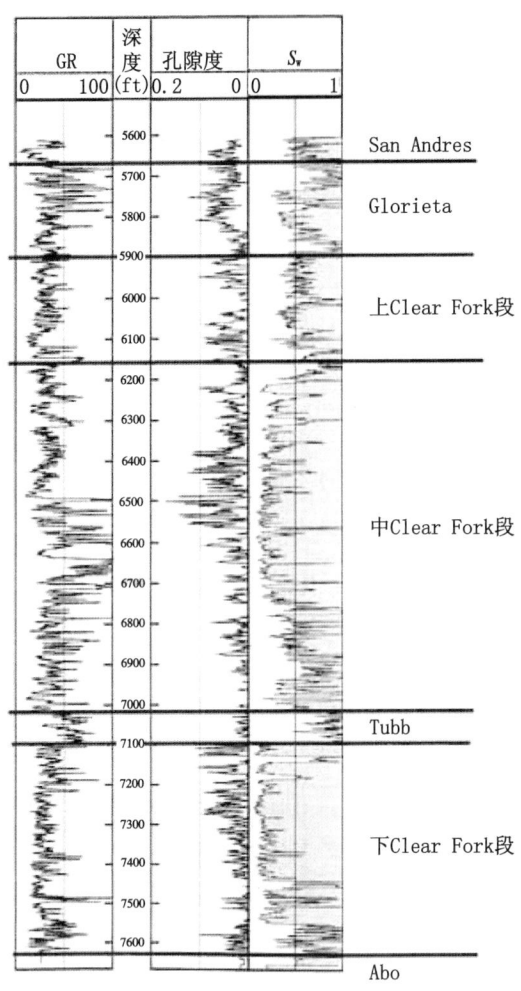

图 7.42　南瓦松克利尔福克油田储层的典型测井曲线

泥粒灰岩组成；浅海台地旋回层中包含底部的球粒—骨屑粒泥灰岩和顶部的球状颗粒为主泥粒灰岩。

中 Clear Fork 段的高频旋回层中，各旋回层的厚度，岩相叠置模式与下 Clear Fork 段中的基本相同，厚度为 2～15ft，平均厚度 7ft（图 7.43）。旋回层的组成岩相是不同的，从底部的骨屑粒泥灰岩、顶部的球状泥粒灰岩旋回层变化到底部的球状粒泥灰岩、顶部的球状颗粒为主泥粒灰岩—泥粒灰岩的旋回层。在上部旋回层的底部，普遍是粉砂岩和粉砂质粒泥灰岩相。

7.5.2.2　岩石组构描述和岩石物理性质

根据岩心和薄片描述岩石组构的垂向序列。岩石组构描述与岩相描述不同，对 Dunham 分类中的"泥粒灰岩"要具体区分为灰泥为主泥粒灰岩，或颗粒为主泥粒灰岩；同时需要描述白云石晶体大小，测定硬石膏含量。

南瓦松克利尔福克油田中的岩石组构包括：1 类粗晶白云岩，白云质颗粒灰岩，粗粒颗粒为主白云质泥粒灰岩；2 类中包含颗粒为主白云质泥粒灰岩，中晶灰泥为主白云质泥粒灰岩和白云质粒泥灰岩。油田中有关 3 类细晶灰泥为主白云质泥粒灰岩和白云质粒泥灰

7 白云岩储层

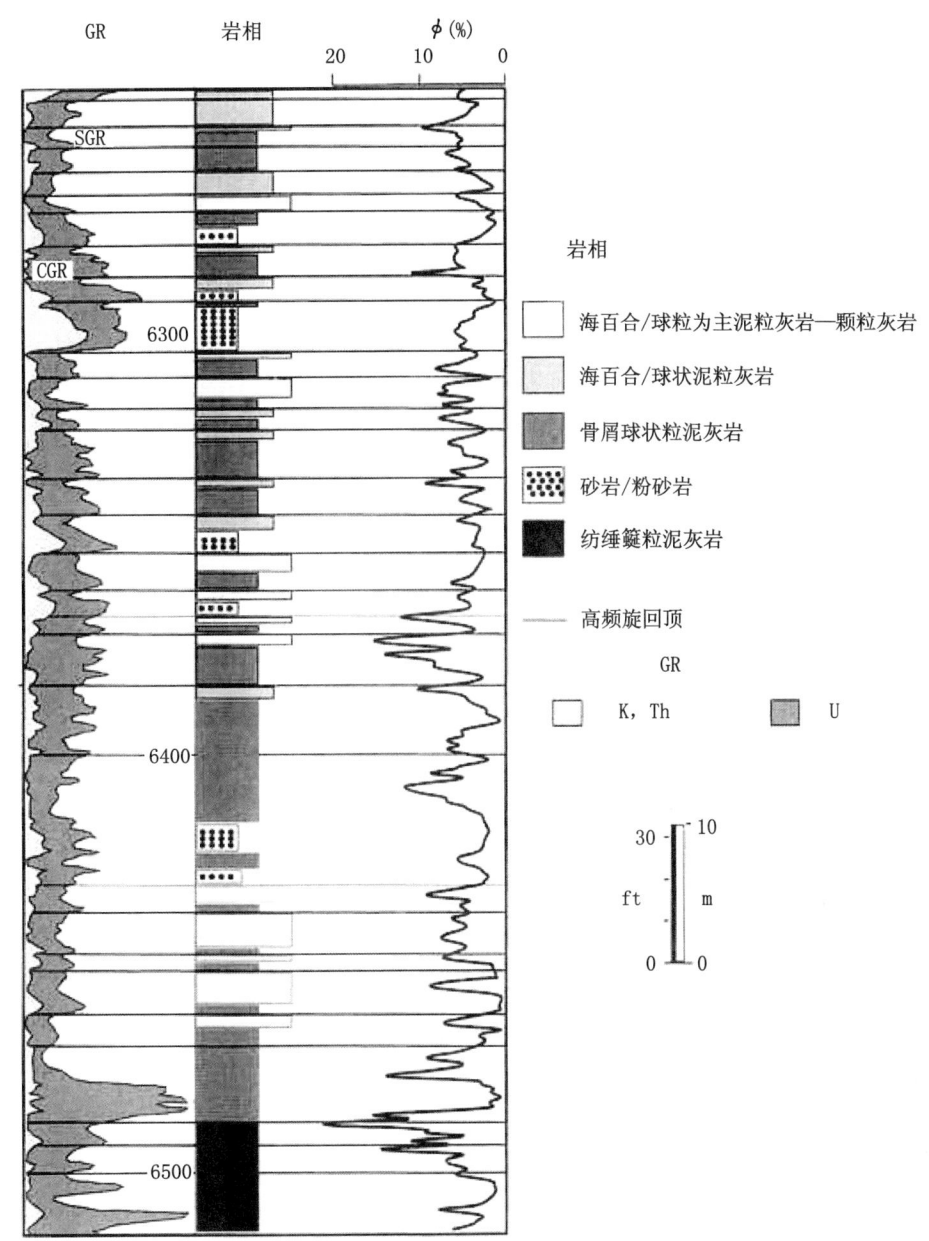

图 7.43 南瓦松克利尔福克油田的岩心描述
展示了中 Clear Fork 储层段的高频旋回和旋回组，伽马测井曲线说明存在多个高铀层段

岩的描述较少。由于大多数化石内孔和印模孔隙空间已经被硬石膏充填，所以分散孔洞孔隙极少。部分连通孔洞孔隙以微裂缝的形式存在，但大部分裂缝已被硬石膏充填。砂岩由粉砂级石英颗粒和极少量长石颗粒与细晶白云石混合组成。砂岩的渗透率小于 0.1mD，是储层中的流动阻隔层。

硬石膏是这些白云岩的主要组分，都呈孔隙充填状、嵌晶状、结核条带状形式。结核条带状硬石膏分散在整个储层中，占有相当的体积。在薄片中，孔隙充填状和嵌晶状硬石膏占薄片面积的 0 ~ 60%，平均为 20%。大量的硬石膏对岩石的岩石组构、孔隙度、渗透率和毛细管特性之间的关系有重大影响。

孔隙度—渗透率交会图表明，渗透率大于1mD的数据具有相对好的分组性（图7.44a），而小于1mD的数据相对分散，这是因为许多样品具有低的孔隙度和可测定的渗透率。判断认为，这些有偏差数据是由于测量误差、样品准备不善以及流经缝合面或者其他的诱发裂缝所致。作为研究的一部分，在休斯敦韦斯特波特实验室对41个新岩心栓样品作了仔细的测定，测定结果展示了好的组合特性，渗透率小于1mD的样品也不例外（图7.44b）。这种分组组合特征再次证明常规岩心数据中，1mD以下的分散数据是有偏差数据，在研发孔隙度—渗透率转换式时不能应用。

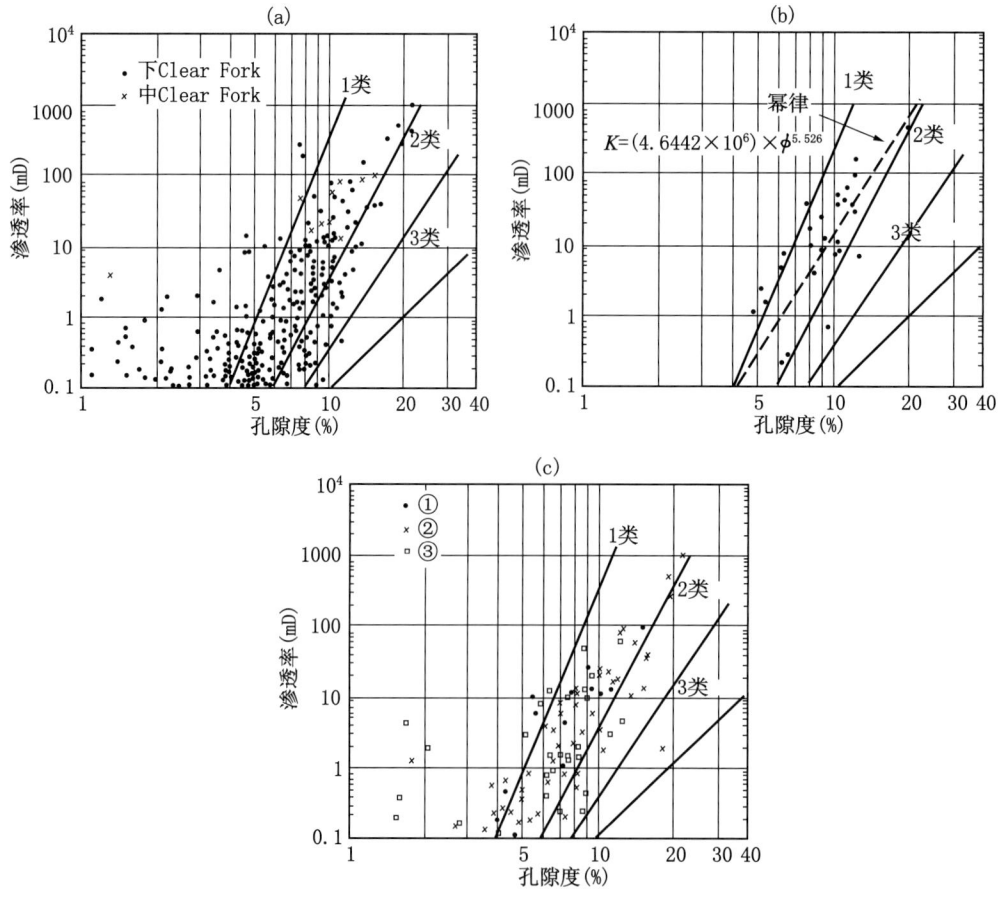

图 7.44　孔隙度—渗透率交会图
(a) 老数据；(b) 新数据，为幂律转换关系；(c) 新数据、老数据以及薄片组构描述的综合图，①白云质颗粒灰岩，粗晶颗粒为主泥粒灰岩；②颗粒为主泥粒灰岩；③中晶灰岩为主组构，印模状灰泥为主组构
图表明：新数据在低孔隙度区没有分散点；2类颗粒为主白云质泥粒灰岩和2类中晶泥
为主组构数据的点都落在1类区

有薄片样品岩石的孔隙度—渗透率交会图与所有数据的图相同，说明储层中所采集的薄片样品是好的（图7.44c）。薄片描述的岩石组构包括1类白云质颗粒灰岩、粗晶颗粒为主白云质泥粒灰岩和灰泥为主白云岩，2类中晶颗粒为主白云质泥粒灰岩和灰泥为主白云岩。然而，2类组构的数据点落入了1类区内（图7.44c），Lucia（1995）的对此未作预测。

用孔隙大小的分布可以解释这种与预测不符的现象。在研发岩石组构特别孔隙度—渗透率转换式时，假设样品中的所有孔隙大小都是均匀分布的。但是，这些样品中存在大量的硬石膏，其含量为 0～60%，平均含量是 20%。硬石膏斑块不存在孔隙度，因此，岩石中形成了多孔区块和致密区块。硬石膏斑块的存在使岩石的孔隙度减小，却不影响岩石中孔隙的大小。虽然，实际孔隙的大小没有变化，但是，孔隙大小的分布却发生了根本变化，而渗透率受控于孔隙的大小。

Pittman（1992）和 Kolodizie（1980）描述了确定与孔隙度和渗透率有关的有效隙间喉道大小的 Winland R35 方法（见第 1、2 章）。在岩石组构分类中，由于隙间喉道大小（或者孔隙大小分布）随粒间孔隙度的改变而发生变化，所以，隙间喉道大小的等值线穿越岩石组构岩石物理类别区（图 7.16）。假设大量的硬石膏以斑块状加入到具均匀隙间喉道大小的碳酸盐岩中，则孔隙度会减小，但隙间喉道大小不会发生变化。结果是孔隙度减小了，但岩样的数据将会沿隙间喉道大小等值线移动，而不是沿岩石组构的变换线移动。由于孔隙度减小，岩样的数据会从高岩石物理分类区移向较低的类别区。这一模型解释了为什么含有大量硬石膏的 2 类岩石物理岩样的数据从 2 类区迁移到了 1 类区。

由于横向移入 1 类区，单一的孔隙度—渗透率转换关系式就可以描述研究区内中、下 Clear Fork 段储层的特性。以下转换关系中的相关系数是 0.95，它是根据休斯敦韦斯特波特实验室的最好数据为基础得出的（图 7.44b）。

$$K = (4.6442 \times 10^6) \times \phi^{5.526} \qquad r = 0.95$$

式中，K 是渗透率，mD；ϕ 是孔隙度（小数表示）。

南瓦松克利尔福克（SWCF）二叠系储层 1 类的孔隙度—渗透率转换式是唯一的。该储层的孔隙度截点是 4%，而圣安德列斯储层和格雷布尔格（Gray burg）储层的孔隙度截点是 6%～8%。转换线较陡说明较小的孔隙度变化可以导致较大的渗透率值变化。根据转换关系，可求得孔隙度为 7% 时，渗透率为 2mD；孔隙度 10% 时，渗透为 14mD；孔隙度是 13% 时，渗透率是 60mD。因此，尽管 SWCF 储层的平均孔隙度低于圣安德列斯储层和格雷布尔格储层，但它们的平均渗透率却相当接近，这是因为在渗透性层段中含有大量斑块状分布的硬石膏。

为求取原始水饱和度，根据 19 个毛细管压力曲线，构建了一个毛细管压力模型。将数据按孔隙度分为 5 个小区，并计算出平均毛细管压力曲线。以这 5 个平均毛细管压力曲线为基础，应用多变量方法构建了表达水饱和度与孔隙度和毛细管压力对应关系的孔隙度模型。最终模型可用下式表示。

$$S_w = [1 - A \times \ln(B/P_c)]^{(-\lambda/A)}$$

式中，P_c 是毛细管压力；$\lambda = C \times (D + \ln \phi)$；所给常数值是 $A=0.98$，$B=22.7$，$C=0.91$，$D=4.2$。

7.5.2.3 测井数据的标定

由于在 Clear Fork 组中存在大量成岩作用中加入的铀（图 7.43），所以，不能用伽马曲线识别岩石的沉积相和岩石组构岩相；同时，由于组构都属于同一岩石物理组，所以孔隙度—水饱和度交会图也几乎没有用处（图 7.45）。然而，岩石组构和孔隙度数据则表

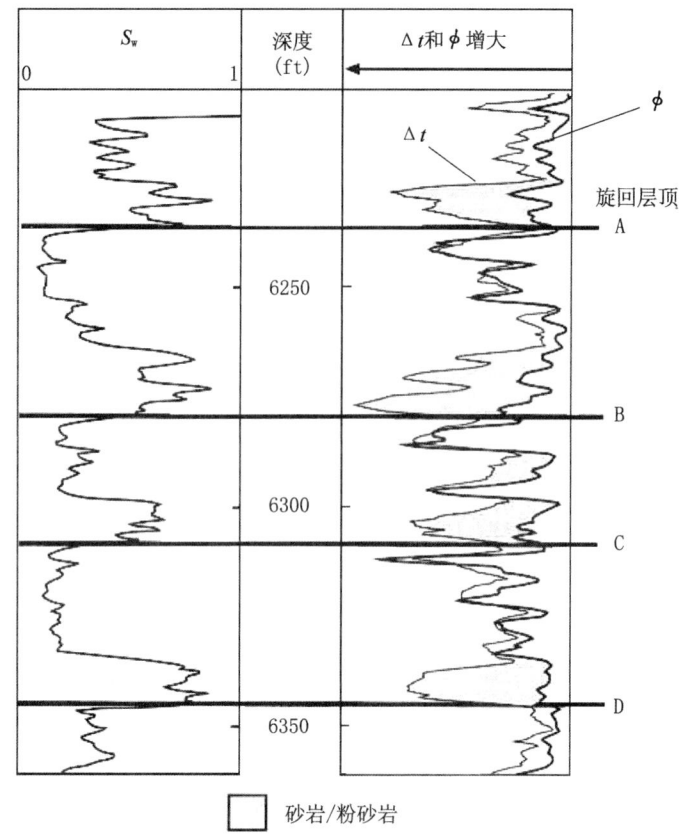

图 7.45 中 Clear Fork 组上段深度剖面，展示了由叠置的声波传播时间和孔隙度测井曲线以及由高含水饱和度值确定的粉砂质地层的分布

明，颗粒为主泥粒灰岩的孔隙度高于灰泥为主的岩相。

用下 Clear Fork 段和中 Clear Fork 段的岩心孔隙度数据以及岩石薄片描述，对上述现象进行验证。在中 Clear Fork 段，白云质粒泥灰岩的平均孔隙度是 4.5%，70% 以上样品的孔隙度都小于 5%。灰泥为主白云质泥粒灰岩的平均孔隙度是 7%，颗粒为主泥粒灰岩的平均孔隙度是 9%。总体而言，白云质粒泥灰岩占孔隙度大于 5% 样品的 70%，颗粒为主泥粒灰岩占孔隙度大于 10% 样品的 70%。下 Clear Fork 段的孔隙度和渗透率也是如此，灰泥为主白云岩的平均孔隙度是 3%，颗粒为主白云质泥粒灰岩的平均孔隙是 7%。在下 Clear Fork 段，孔隙度小于 5% 的样品中 60% 为以泥为主的石灰岩，孔隙度大于 5% 的样品中 80% 为以颗粒为主的泥粒灰岩。

因此，在中 Clear Fork 段，平均孔隙度大于 10% 的层段最可能是颗粒为主泥粒灰岩。平均孔隙度小于 5% 的层段最可能是灰泥为主组构的岩石。在下 Clear Fork 段，孔隙度大于 5% 的层段，则应该是颗粒为主泥粒灰岩；孔隙度较低的层段可能是灰泥为主组构，也可能是颗粒为主的组构。

图 7.46 展示了如何用孔隙度测井区分低孔隙度的灰泥为主组构与高孔隙度的颗粒为主组构。在中 Clear Fork 段，旋回 6、5、4 和 2 都呈孔隙度向上增大的趋势，顶部对应于岩心描述确定的旋回顶。旋回 3 是明确阐明的。旋回 7 的顶在区内井中不是高孔隙度，

7 白云岩储层

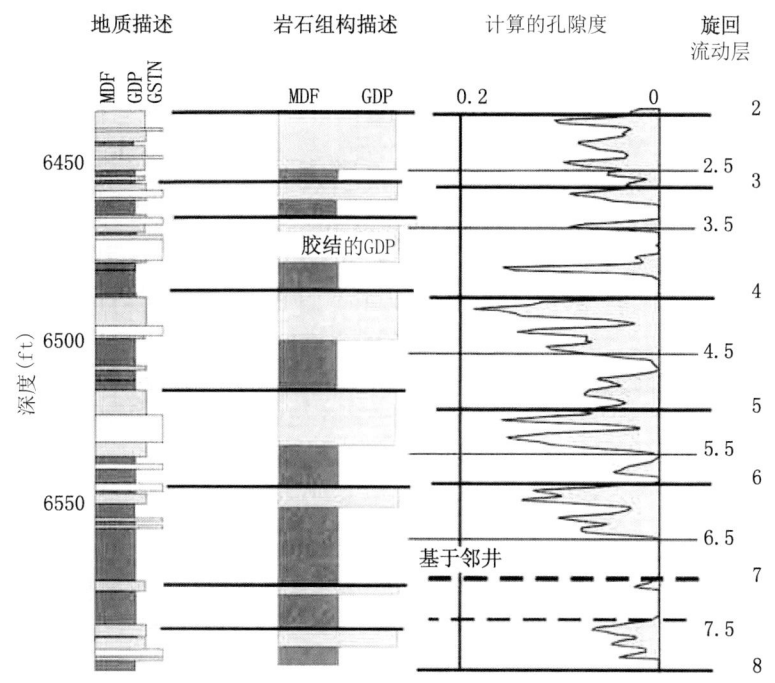

图 7.46 中 Clear Fork 组中，基于岩心和岩石组构描述的高频
旋回层与基于孔隙度测井的旋回层之间的对比
按照孔隙度的高低，各旋回划分成两个流动层
MDF—灰泥为主组构；GDP—颗粒为主泥粒灰岩；GSTN—颗粒灰岩

但在边界井中，旋回 7 的顶是高孔隙度。根据岩心描述所确定的标有 4 的旋回顶，由于薄片中可以见到颗粒为主白云质泥粒灰岩顶部的孔隙空间被硬石膏和白云石胶结物充填，所以孔隙度测井中并不表现为明显的高孔隙度特征。因此，用孔隙度测井的方法只能明确地识别出 7 个旋回顶中的 5 个。旋回 7 和 3 的顶是在边界井中识别出的。在本井中，这两个旋回的顶在模型中都不是流动层，而是致密层。因此，7 个旋回顶在该井中都存在，包括根据边界井中确定的而在本井是致密的层段。旋回 4 全部遗漏掉，它与旋回 3 组合在一起。

7.5.2.4 计算垂向剖面的岩石物理性质

井壁中子、中子—密度交会图和声波测井是确定孔隙度垂向剖面的基础。由于在岩心观察中几乎没有见到孔洞孔隙，所以，可认为粒间孔隙度等于总孔隙度。根据孔隙度及上述的孔隙度—渗透率转换式，计算求取岩石的渗透率和原始水饱和度。砂岩层不要求进行单独的转换，因为如用上述转换，会得到极低的渗透率值（小于 0.1mD），水饱和度为 100%。因为，在低孔隙度值的层段，电阻率测井往往不准确，且经常高估 Archie 水饱和度，所以没有用 Archie 水饱和度。图 7.47 展示了岩心渗透率与计算渗透率的对比。

7.5.2.5 构建储层模型

研究区的 48 口井中，以孔隙度替代岩石组构，确定了各高频旋回。图 7.48 展示了中上 Clear Fork 储层的最终旋回地层段。为了保持层段中的高渗透率段和低渗透率段，将各个高频旋回分成两个岩石组构流动层。砂岩和灰泥为主白云岩位于旋回的底部，颗粒为

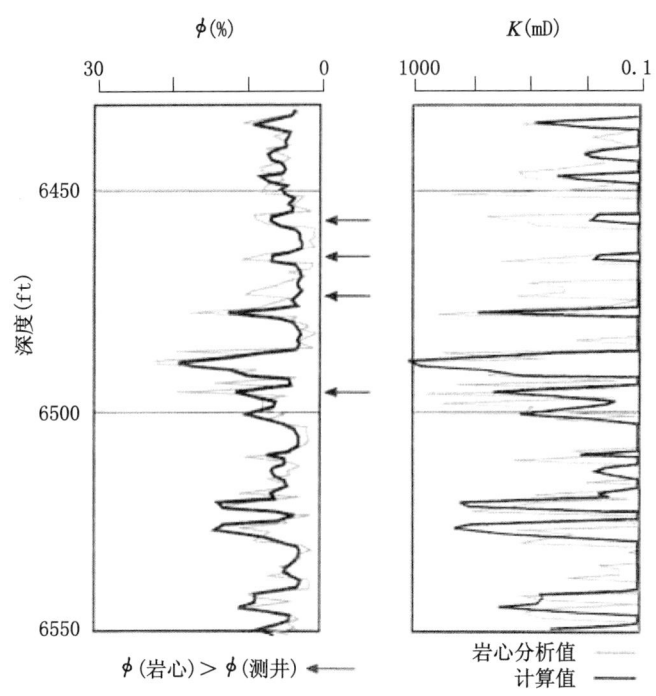

图 7.47 中 Clear Fork 储层中，岩心孔隙度、渗透率与基于测井数据的孔隙度、渗透率值之间的对比

当岩心孔隙度值与基于测井的孔隙度值相符时，岩心渗透率值与计算渗透率值的符合性相当好

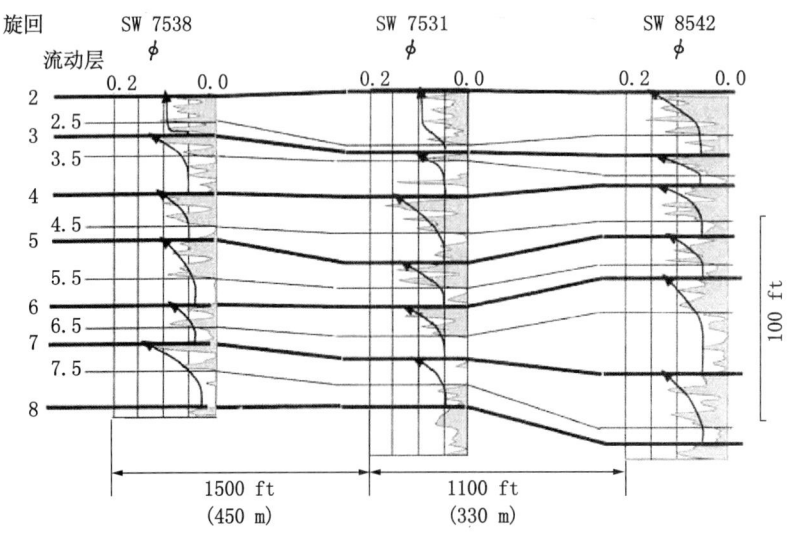

图 7.48 中 Clear Fork 储层横剖面，展示了高频旋回层与根据孔隙度测井确定的流动层之间的对比关系

主白云岩位于旋回的顶部。中上 Clear Fork 储层分成 21 个高频旋回，进而分成 42 个流动层。同样，下 Clear Fork 储层也被分成 42 个流动层（图 7.49）。高频旋回是储层模型的基本地质单元，而流动层是构建储层模型的基本地球物理单元。

对研究区的高频旋回和流动层进行对比，形成基础储层模型。图 7.50 展示了中上 Clear Fork 储层模型中的旋回和流动层。没有对下 Clear Fork 储层的旋回进行描述，因为

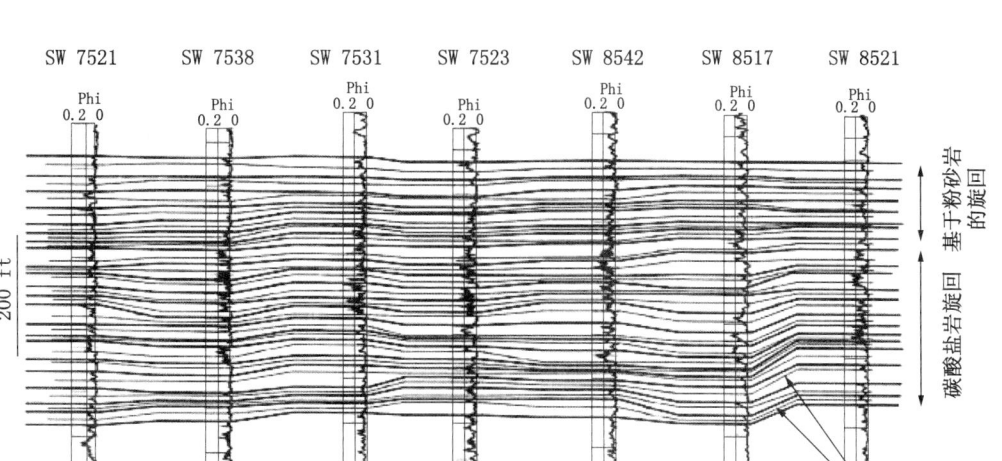

图 7.49　中 Clear Fork 储层的横剖面，表明剖面中有 7 个基于粉砂的旋回（A—G），14 个碳盐酸岩旋回，共 21 个岩石组构流动层

该段是位于过渡带的高水饱和度段，并不属于油层。为了便于说明，用简单线性内插法将岩石物理性质配置到流动层。

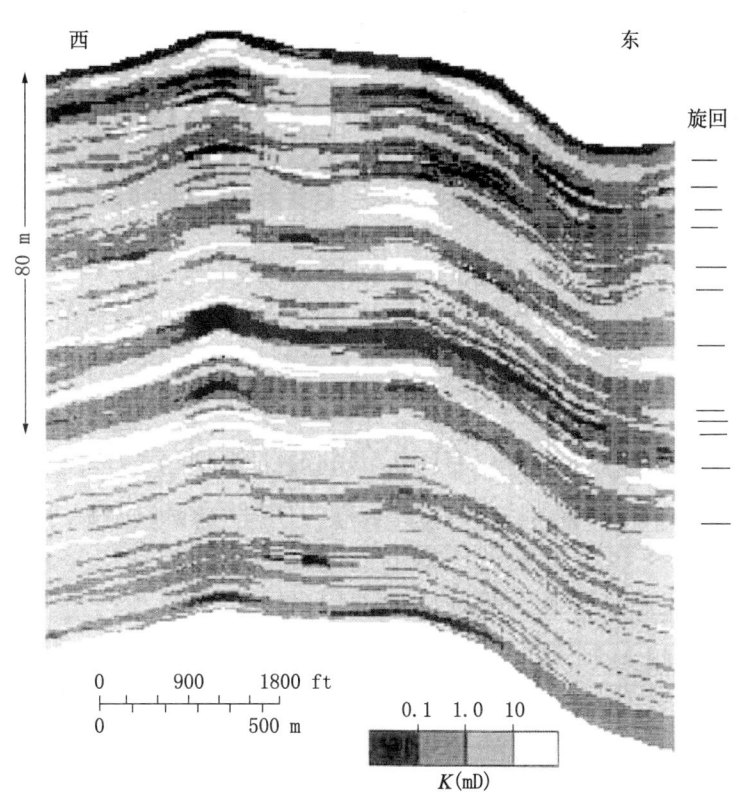

图 7.50　南—北向地层模型横剖面，展示中 Clear Fork 储层中渗透率的分布

7.5.2.6 流动模拟模型

综合利用高频层序地层框架、岩心数据描述获得的孔隙度—渗透率关系、基于露头资料的小规模空间统计产生的模型以及对孔隙度—渗透率按比例放大（Jennings 等，待版）等方法，构建了研究区三维储层流动模拟模型（图 7.51）。岩石物理分层的确定及模型构建是储层注水开发动态预测的关键。本书中，分层是以高频旋回和岩石组构流动层（组）为基础。大范围的岩石物理分量的变化性组合成空间分布的岩石组构流动单元，以岩石物理性质垂向突变面作为流动单元的边界，岩石组构单元中的横向岩石物理性质是渐变过渡。在井之间，流动单元规模的岩石物理分层（组）横向是固定的，这就导致层状储层的高渗透性层是快速水驱层，低渗透性层为绕过层，层间很少出现窜流及早期水突破等特征。

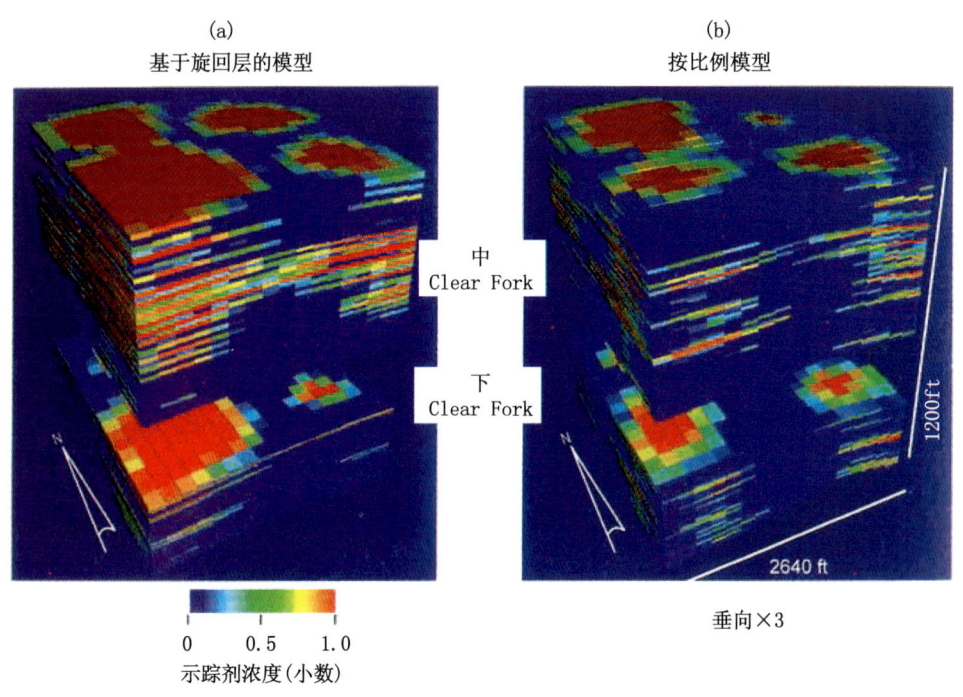

图 7.51　示踪剂模拟（单向注水）结果
(a) 改进模型中示踪剂的驱扫模式；(b) 传统模型中示踪的驱扫模式

进行流体流动模拟是为了对比本书所提供的改进模型与原先模型在储层动态预测方面的优劣。原先的模型中没有高频层序地层框架，在传统的标志地层之间按比例划分确定分层，可将原先的模型称为传统模型。本书描述模型中的流动层是用岩石组构和高频旋回确定的，可将它称为改进模型。改进模型选取的面积网格与传统模型的完全一致，构建模型所用的测井数据也完全相同。两种模型所用的控制井简化数据也相同。

注水度（injectivity）和扫油（sweep）是本书中表达储层动态的两个概念。通过单相示踪剂注入模拟，完成了两种模型的注水度和扫油的预测对比，避免了注水模拟中其他复杂情况的出现。因此，不需要原始水饱和度、残余水饱和度或者相对渗透率模拟。所模拟的单相流体是具有固定黏度的不可压缩性流体。

在先前的研究中，所进行的注水与以前 SWCF 储层传统模型动态预测时的完全一致。

用传统模型时，为了降低地层间的窜流，所用的 K_v/K_h 值是 0.0002，为了要适应储层压力，将横向渗透率乘以 2。本研究中，也用了单一的不可压缩性示踪剂，通过调整两个参数，改进模型的模拟结果与传统模型的模拟结果相符。

对改进模型中的 K_v/K_h 乘数进行调整后，获得了与传统模型相同注水量条件下的扫油效果。但是，达到同样的扫油效果，要求 K_v/K_h 值为 0.02，比传统模型所用值 0.0002 高二个数量级，并接近于碳酸盐岩储层全岩心数据所预测的中等流动单元中的 K_v/K_h 比值。动态模拟的改进是模型中岩石物理分层表示法改进的结果。

改进模型中，单向孔隙体积注水的示踪剂扫油模式，按地层进入中 Clear Fork 储层不同的高渗透性流动单元和低渗透性流动单元，以及下 Clear Fork 储层顶部附近具较高渗透性的薄流动单元（图 7.51a）。这种扫油组合模式是根据地层的岩石物理分层产生的。在传统模型中，相应的扫油模式具有更强的随机性（图 7.51b）。与传统模型相比，改进模型预测的注水量在模型南部较高，这是因为孔隙度自北向南有所增大所致，孔隙度从北向南增大是本书用趋势模拟检测确定的。除本研究涉及内容外，还必须与储层动态数据作认真地比较，以说明改进模型中的扫油模式是储层特性的最好表达。无论如何，这种扫油模式与 SWCF 储层的地质解释是一致的，因此是更满意的模拟结果。

7.5.3 富勒顿储层

富勒顿（Fullerton）油田 Clear Fork 地层是应用地层学获得岩石物理分类数研究的实例，研究中可以利用的只有伽马测井和中子测井，由于岩石组构的多样性，因此，还需要多种数据。富勒顿油田位于得克萨斯的安德列斯郡（图 7.52），油田于 1942 年发现，Clear Fork 地层单元于 1953 年命名。该油田面积 47mile^2，油田区已钻井 1250 口，从该地层段已经产出原油 2.89×10^8 bbl。估计的原始地质储量为 $16 \times 10^8 \sim 19 \times 10^8$ bbl，目前的采收率已达到 17%。油田的产油层分散在 500ft 厚的二叠系 Wichita 组和下 Clear Fork 层段渗透性灰岩和白云岩中。

7.5.3.1 沉积结构垂向序列

根据颗粒类型、颗粒大小、分选性、组构、沉积结构以及岩性，可将富勒顿储层的层序划分成 12 种岩相（Ruppel, 2004）。

(1) 潮缘相泥灰岩—粒泥灰岩：一般都已经白云岩化，主要分布在 Wichita 组，在下 Clear Fork 层段局部分布，与潮坪相共生。

(2) 碳酸盐质泥岩：通常为薄层状，局部可见到与潮缘相泥灰岩—粒泥灰岩共生。

(3) 出露潮坪相：根据网格状、豆状、泥裂、微生物纹层确定，说明在 Wichita 组和下 Clear Fork 层段沉积期间的海平面明显变化。

(4) 球状粒泥灰岩：低能潮下带环境中沉积的潜穴泥为主组构。

(5) 球状泥粒灰岩：低能潮下带环境中沉积的含丰富球粒（可能是粪粒）的潜穴泥为主组构。

(6) 球粒为主泥粒灰岩：具中等能量的潮下带环境的沉积物，颗粒间孔隙空间中存在分选性中等的球粒。

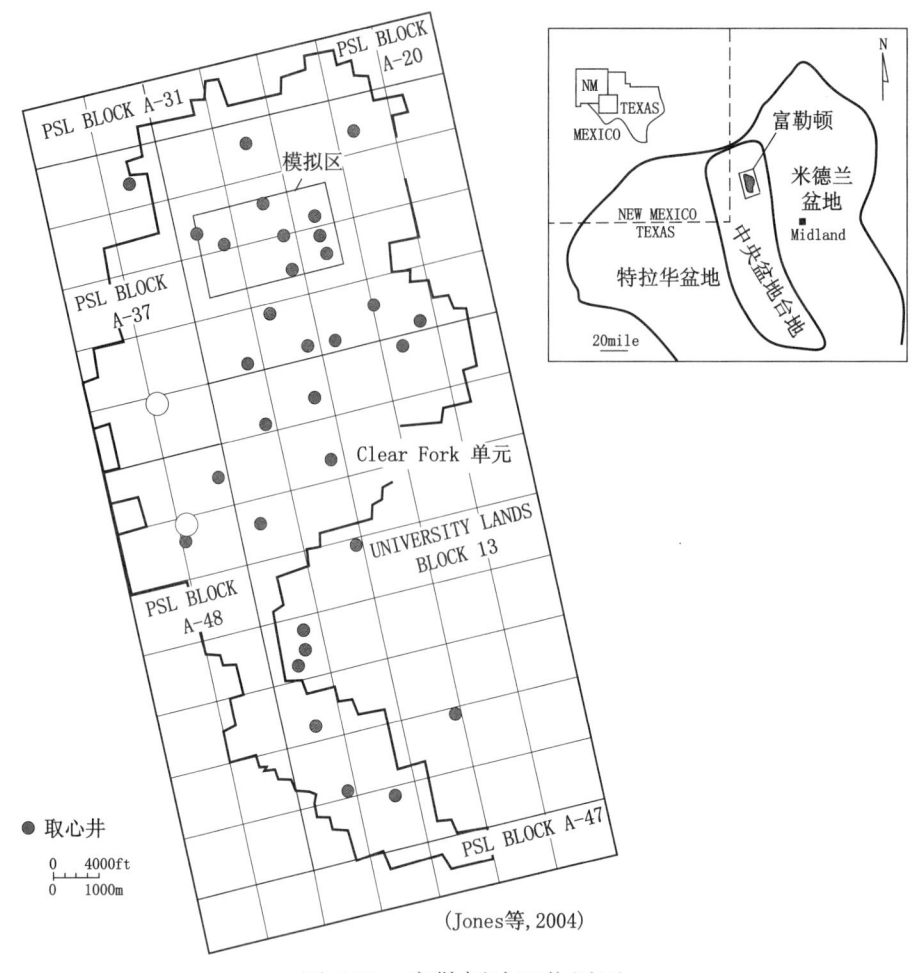

图7.52 富勒顿油田位置图

(7) 鲕粒—球状颗粒为主泥粒灰岩—颗粒灰岩：除球粒外，还含有鲕粒和骨屑颗粒，分选中等（颗粒为主泥粒灰岩）到好（颗粒灰岩），说明是中等到高能环境的沉积。

(8) 纺锤蜓粒泥灰岩—泥粒灰岩：主要分布在下Clear Fork层段，可在水深30m或大于30m处见到，是富勒顿油田中水深最大的岩相。

(9) 骨屑粒泥灰岩—泥粒灰岩：主要分布在下Clear Fork层段，含有软体动物和海百合，说明是台地内的低能环境的沉积物。

(10) 似核形石粒泥灰岩—泥粒灰岩：主要分布在油田区的下Clear Fork层段底部，与纺锤蜓和其他有孔虫同生，说明属于台地被淹期间广海环境的沉积。

(11) 粉砂岩—砂岩：局限分布在Tubb组，该组覆盖在下Clear Fork层段之上。但常可以见到潮缘带和潮坪相的痕迹。

(12) 岩屑粒泥灰岩：覆盖在潮坪岩相之上的薄层状潮坪组构。

根据岩心描述所识别出的沉积相垂向序列，富勒顿油田的产油层段可划分为层序和旋回。已经确定两个层序：伦纳德统1（L1）和伦纳德统2（L2）。发现的储层大多分布在L2层序，L2层序可以划分为四个高频层序（HFS）：L2.0（HFS L2.0），L2.1（HFS L2.1），L2.2（HFS L2.2），L2.3（HFS L2.3）（图7.53）。

7 白云岩储层

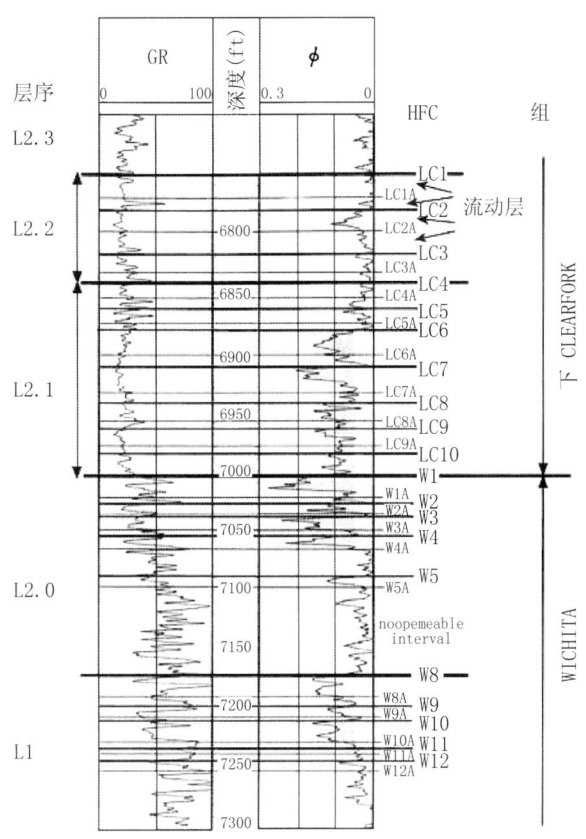

图 7.53　富勒顿油田储层的典型测井曲线，展示了组、层序、高频旋回以及流动层的分布（Ruppel，2004）

Wichita 组包含不同的潮缘相和潮坪相组合，它们组合成为 L1 层序中的高位体系域和 L2 层序中的海进体系域（图 7.54）。L1 层序的高位体系域是与盆地方向 Abo 组的外台地岩相相当的向陆方向的潮坪相。层序 L2 中海进体系域是与下 Clear Fork 层段底部潮下带相当的潮坪相沉积。在有些岩心中，Wichita 组中部的 L1/L2 界面之下可见到明显的岩溶现象（图 7.54）。在岩心中出现厚度为 25～60ft 的复屑角砾岩层。这些复屑角砾岩分布不连续的特性以及其他的岩溶作用特征都说明它们是洞穴充填成因。

层序 L2 可细分为四个高频层序（L 2.0、L 2.1、L 2.2、L 2.3）（图 7.54）。HFS L 2.0 是紧随着 L1 末期地层出露之后的台地初始被淹期的沉积。在油田区，它由 Wichita 组上段的潮缘相和潮坪相沉积组成。HFS L 2.1 组成下 Clear Fork 层段的底部，它由底部的海进期潮下台地相和上部的高位期潮坪相组成。反映了从 Wichita 组的潮缘带快速变为下 Clear Fork 层段底部的潮下带沉积。与 HFS L 2.1 相似，HFS L 2.2 底部的海进体系域由后退的潮坪相组成，中部主要是潮下带沉积，最顶部是高位体系域的潮坪相。HFS L 2.3 在油田区由顶部是潮坪相沉积的潮下带旋回组成，其上是 Tubb 组的硅质碎屑岩。

旋回地层学的基本目的是在等时面的基础上，建立旋回对比框架。这种等时面是构建储层模型的基本对比层面，并用于限定高频旋回。由于 Wichita 组由潮缘相和潮坪相组成，所以旋回难以认定，也很难对比。只见到了一个完整的潮下带岩相地层。大多数对

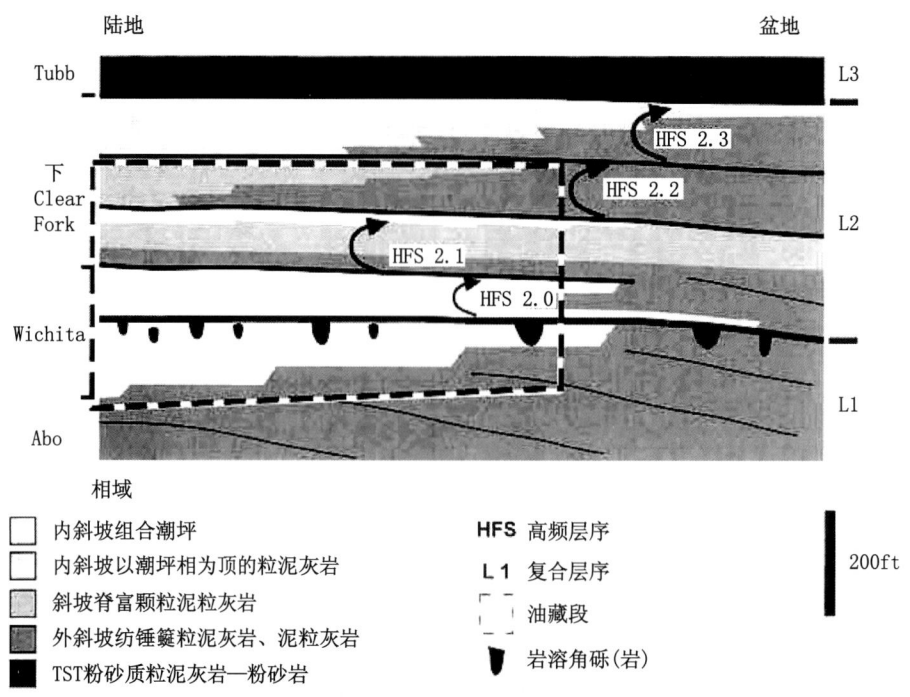

图7.54　富勒顿油田的简化横剖面，展示了组、层序和各种岩相的分布状况（Ruppel，2004）

比是根据孔隙度和石灰岩—白云岩的分层性进行的，孔隙性层段是白云岩，致密层段大多数是石灰岩，但也见到少量致密白云岩层。其前提是假设各白云岩层都是超盐度盐水回流成因，是超盐度盐水从潮坪带向下流入下伏的潮缘带岩相形成的。因此，白云岩层是高频旋回顶的标志（图7.55）。通过这一途径，将Wichita组细分为10个高频层序，并相应标注为W1—W5和W8—W12、W5和W8之间的层段，由于孔隙度极低，没有再细分。

HFS L 2.1分为7个高频旋回（图7.53）。分别标记为LC4—LC10。最下部的是海进期旋回，向上由纺锤䗴和似核形石灰泥为主岩相逐渐过渡为分选性好的富球粒和潮坪相的顶。上旋回层高位期地层，它的底部由球粒岩相组成；顶部是颗粒丰富的球粒或者含鲕粒的岩相。最顶部的两个旋回由潮缘相和潮坪沉积组成。

由于HFS L 2.2的孔隙度很低，所以，在该高频层序的白云岩层段中很难确定旋回。然而，根据仅有的石灰岩岩心中存在3个向上变浅的层序，可以将其分为3个高频旋回。分别标注为LC1—LC3。为了全油田区成图，将这3个旋回细分为8个自旋回，但在模型中没有应用这8个自旋回。

HFS L 2.3具有很好的旋回性，所以确定高频旋回比较容易。该高频层序中的岩层以顶部是潮坪相的潮下带旋回层为特征，所以容易对比。然而，这一高频层序并不是储层的组成部分，所以不包括在储层模型中。

7.5.3.2　岩石组构描述和岩石物理性质

在富勒顿，岩石组构特别孔隙度—渗透率转换关系和毛细管压力模型研究用于确定岩石的渗透率和S_{wi}（Lucia，1995，1999）。石灰岩和白云岩中都存在大量岩石组构。石

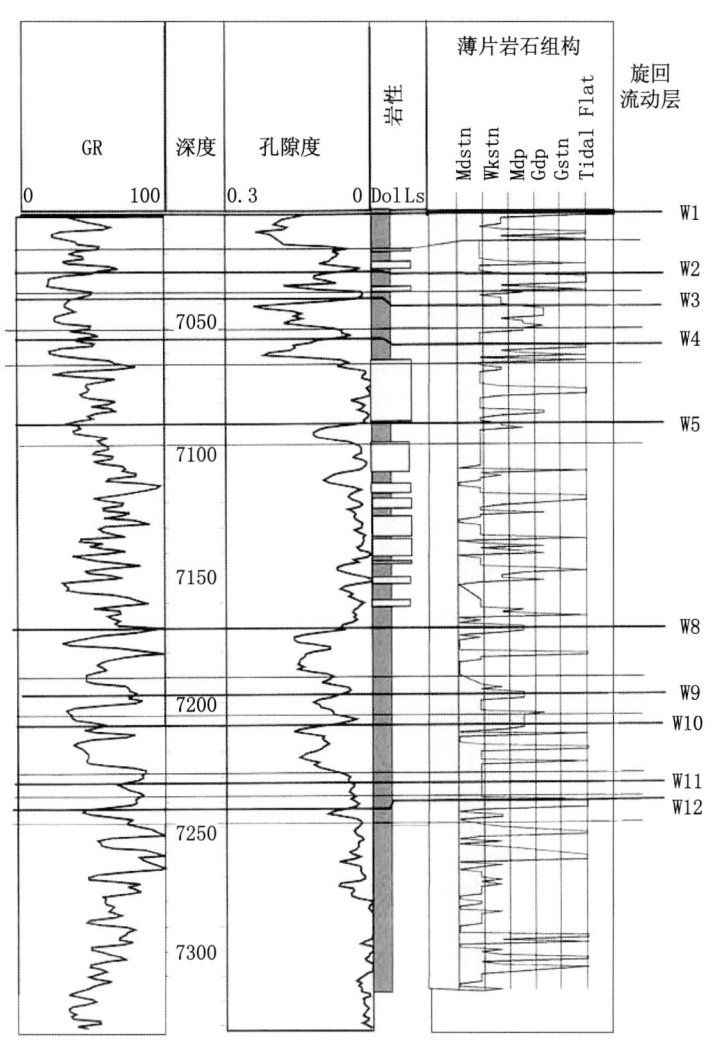

图 7.55 Wichita 组的测井曲线，展示了主要按孔隙度和岩性确定的高频旋回和流动层的分布

Mdstn—泥灰岩；Wkstn—粒泥灰岩；Mdp—灰泥为主泥粒灰岩；Gdp—颗粒为主泥粒灰岩；
Gstn—颗粒灰岩；Tidal Flat—潮坪相

灰岩岩石组构包括：1 类鲕模孔颗粒灰岩、2 类颗粒为主泥粒灰岩和 3 类粒泥灰岩。白云岩的组构包括：2 类中到细晶颗粒为主泥粒灰岩、2 类中晶灰泥为主白云岩和 3 类细晶灰泥为主白云岩。假如将这些岩石的渗透率和粒间孔隙度投影在图中，数据可以组合成 1 类、2 类和 3 类区，就如预期的那样。然而，由于该油田中，大多数井都只有伽马测井和中子测井，所以无法计算粒间孔隙度。

因此，在岩石组构交会图中用总孔隙度，以产生渗透率转换式（Jones 和 Lucia，2004）。细晶白云岩中几乎不含孔洞孔隙度，与预期相同，位于 3 类区，因此，可以用 3 类转换式来描述它的特征（图 7.56（a））。3 类灰泥为主灰岩的孔隙度很低，渗透率值小于 0.1mD。2 类中晶灰泥为主白云岩、颗粒为主白云质泥粒灰岩，以及颗粒为主泥粒灰岩的点都落在 2 类区，可以用 2 类转换关系式描述该组的特征（图 7.56（b））。由于鲕穴状孔隙对渗透率不作贡献，所以 1 类鲕模颗粒灰岩的数据点落在 2 类和 3 类区。落在 1 类区

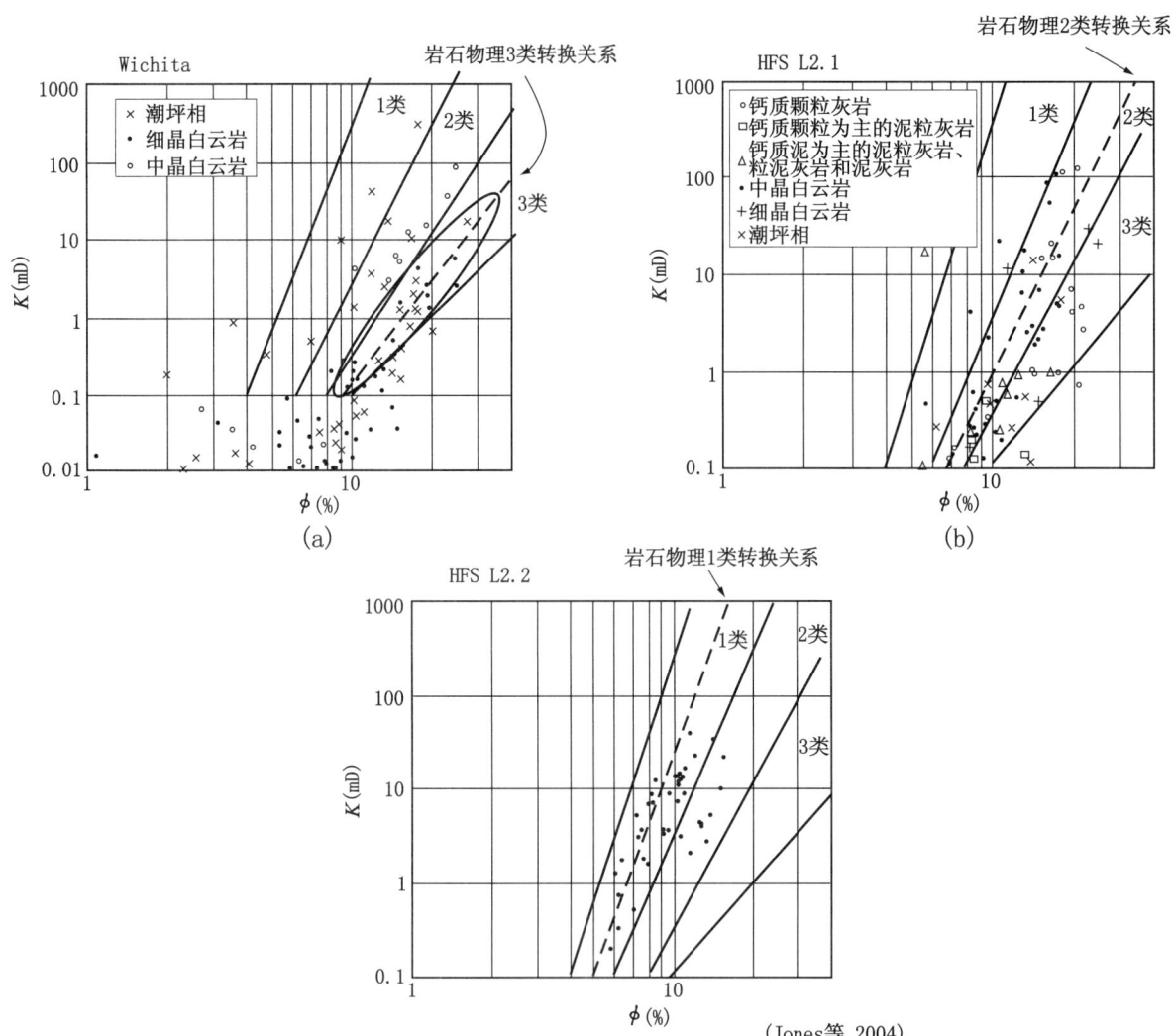

图7.56 三个地层单元的孔隙度—渗透率交会图，说明了各自独特的转换关系
(a) Wichita组，表现为在潮缘带岩相中常见的细晶泥为主白云岩的3类岩石物理特性；(b) 高频层序L 2.1，表现为在潮下带旋回中常见的多岩相2类岩石物理特性；(c) 高频层序L 2.2，表现为含有大量嵌晶状硬石膏的潮下带白云岩的2类岩石物理特性

的组构只有中晶白云岩，该白云岩中含10%以上的嵌晶硬石膏（图7.56（c））。出现这种现象是因为虽然硬石膏斑块的孔隙度降至零，但它并没有改变围岩基质的孔隙大小。因此，可以将所有岩石组构组合成岩石物理1类、2类和3类区。可以根据总孔隙度和岩石物理分类用整体转换关系式计算渗透率。

用毛细管压力模型估算原始水饱和度，毛细管压力模型展示了岩石物理类别特定原始水饱和度（S_{wi}）与孔隙度和油柱高度的相应关系。作为本研究的一部分，得到了6个新的1类毛细管压力曲线，这些曲线与专属1类模型的对比性好。得到了11个新的2类毛细管压力曲线，与专属模型相比，它们的原始水饱和度值不同程度都较低。得到了11个新的3类毛细管压力曲线，它们所对应的原始水饱和度比专属模型的低得多。鲕模颗粒灰岩对应4条毛细管压力曲线，这些曲线与3类毛细管压力曲线相类似。

为了描述毛细管压力曲线的特性，用Thomeer（1960）方法为2类和3类组构研发了新的模型。Thomeer 方法根据汞所占总体积的百分数和经过表面影响校正的排替压力交会图，估算残余水饱和度、排替压力和毛细管压力曲线的形态（G 因子）。相关关系研究表明，尽管在各种条件下具不同的对应关系，但外延的排替压力与孔隙度对应关系相当好。然而，孔隙度与 G 因子之间不存在相关性，各种岩石物理类别都有自己独特的 G 因子。下面是所应用的模型。

1类 $S_{wi} = 0.02219 \times H^{-0.316} \times \phi^{-1.745}$

2类 $S_{wi} = 1-2.71828-0.2/(\lg(15.5064 \times H/(\phi^{-2.8394})))$

3类 $S_{wi} = 1-[2.71828(-0.1/(\lg(0.3827 \times H/(\phi^{-1.9717}))))$

7.5.3.3 岩石组构和沉积结构对测井数据的校正

富勒顿油田中的大部分井都只有孔隙度和伽马测井数据，而 Clear Fork 组和 Wichita 组中的铀含量较高，致使伽马数据不能用于识别岩石组构或者岩相。孔隙度测井成为高频旋回层对比方法的主要数据。在下 Clear Fork 层段高频层序 L 2.1 和 L 2.2 中，下部的灰泥为主组构的孔隙度低于上部的颗粒为主岩相（图 7.57）。组构和孔隙度分析表明，颗

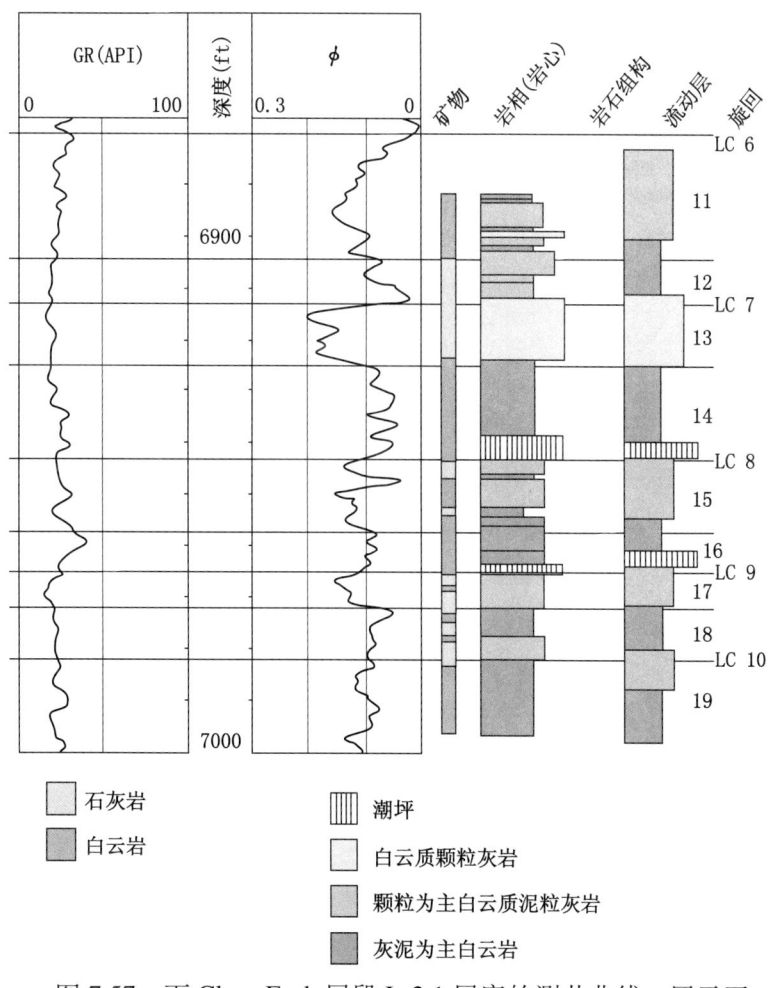

图 7.57 下 Clear Fork 层段 L 2.1 层序的测井曲线，展示了高频旋回以及按垂向孔隙度增大划分出的下部低孔隙度流动层和上部高孔隙度流动层

粒为主白云质泥粒灰岩的平均孔隙度是 11.5%，灰泥为主白云质泥粒灰岩的平均孔隙度是 9.4%，而白云质粒泥灰岩和白云质泥灰岩的平均孔隙度是 4.9%。钙质颗粒灰岩的平均孔隙度是 14.9%，颗粒为主泥粒灰岩的平均孔隙度是 8.2%，灰泥为主岩相的孔隙度是 7.3%。简单地用孔隙度值并不能区分这两种岩石组构，因为两者的孔隙度值存在重叠区。因此，可以用孔隙度向上增加描述高频旋回的特性，并可以用孔隙度剖面为下 Clear Fork 层段中的各个旋回成图。

Wichita 组中，旋回主要由灰泥为主石灰岩或者细晶灰泥为主的白云岩组成，所以，岩石组构与孔隙度之间没有明确的对应关系。通常认为，Wichita 组中的高频旋回是白云岩覆盖在石灰岩之上的旋回，且旋回的顶部是潮坪相沉积。白云岩是孔隙性地层，而石灰岩层的孔隙度小于 3%。因此，孔隙度剖面反映了从低孔隙度的潮缘相石灰岩过渡为高孔隙度的潮坪—潮缘相沉积（图 7.55）。在许多高频旋回中，低孔隙度和高孔隙度的都是白云岩，则可以作出假设，即潮坪岩相分布在高孔隙度段的顶部。因此，孔隙度的垂向增大可以确定高频旋回顶部的潮坪相沉积，并可以据此对 Wichita 组中的旋回成图。

由于灰泥为主白云岩依据其晶体的大小，既可以是 1 类或 2 类，也可以是 3 类，同时，由于颗粒为主组构因含有不同数量的分散孔洞孔隙，可以是 1 类，也可以是 2 类，因此，灰泥为主到颗粒为主的垂向序列不能用于估算岩石物理分类，只能用独特的方法来解决岩石物理分类的估算问题。用岩石组构描述地层特性，而不是对测井数据作校正。Wichita 组主要由 3 类细晶灰泥为主白云岩组成。由于存在网状孔隙，部分潮坪相岩层具有较高的渗透率，存在数量不多且局部分布的 2 类颗粒为主的白云质泥粒灰岩和中晶灰泥为主白云岩。因此，应用 3 类转换关系式和毛细管压力模型，结合总孔隙度，可以计算 Wichita 组的渗透率和 S_{wi}。

下 Clear Fork 层段中的高频层序 L 2.1 是由多种岩石组构的岩层组成的。大多数的泥灰岩为主组构已经白云石化，变成 2 类中晶白云岩。无论是石灰岩形式还是白云岩形式，颗粒为主泥粒灰岩是 2 类组构。鲕穴状颗粒灰岩的数据点落在 2 类和 3 类区，尽管它的渗透率在某些状况下被高估，但总体具 2 类的特性。因此，HFS L 2.1 的潮下旋回是以 2 类为特征。在 HFS L 2.1 中，也存在灰泥为主石灰岩，这些石灰岩属 3 类组构。然而，它们的孔隙度很小，渗透率小于 0.1mD，用 2 类转换关系式计算，其渗透率也小于 0.1mD。因此，在计算渗透率或 S_{wi} 时，没有必要增加 3 类转换关系式。

然而，HFS L 2.1 顶部的两个旋回是由潮缘带和潮坪带岩相的岩层组成的。岩石组构属于 3 类细晶灰泥为主白云岩。因此，尽管 HFS L 2.1 下部的 5 个高频旋回以岩石物理 2 类为特征，顶部的两个旋回层则以岩石物理 3 类为特征。

在油田的北部地区，下 Clear Fork 层段中的 HFS L 2.2 由白云岩组成，存在少量石灰岩斑块；在南部地区，则由互层状的石灰岩和白云岩组成。白云岩组构包括颗粒为主白云质泥粒灰岩和中晶灰泥为主的白云岩，它们都是 2 类组构。但是许多岩样中，嵌晶状硬石膏的含量大于 10%，而且数据点都落在 1 类区，而不是 2 类区。从 2 类区迁至 1 类区，这可以解释为硬石膏斑块失去了孔隙度，但岩层其他部分孔隙的大小并没有变化（Lucia 等，2004）。因此，油田北部的 HFS L 2.2 是以岩石物理 1 类为特征。

富勒顿油田南部的大部分地区，HFS L 2.1 和 HFS L 2.2 由互层状石灰岩和白云岩组成。该区的组构是低孔中晶灰泥为主白云岩和高孔颗粒为主印模石灰岩。如果用它们的总孔隙度，则这两种组构的点都落在 2 类区。因此，南部地区这两个高频层序以岩石物理 2 类为特征。

下 Clear Fork 层段中，高频层序 L 2.3 由含细晶灰泥为主白云岩组构的潮缘和潮坪岩相的岩层组成。岩石物理 3 类能最好地说明该层序的特性。该层序并非储层的组成部分。

7.5.3.4 计算岩石物理性质的垂向剖面

渗透率和 S_{wi} 的求取是基于根据地层关系确定的岩石物理分类数（如上文所讨论）、总孔隙度（源自测井数据）和各岩石物理分类的转换式。计算值的精度很大程度上取决于从测井数据求取的孔隙度值的精度。富勒顿油田区有 1206 口井，这些井的测井数据是先前 60 年间，用不同技术采集的。由于对老井（1960 年前）数据进行校正非常困难，只有 733 口井有孔隙度测井，这些测井数据经校正后可以应用。对 733 口井的测井资料数字化，很多的时间是花费在查证数字化测井资料、图头与纸记录的测井资料的一致性。查对完毕后，对孔隙度曲线进行归一化，并与岩心数据进行对比（Kane 和 Jennings，2005）。

根据测井数据，用整体转换式计算求取渗透率。由于岩石物理分类和岩石组构数都基于粒间孔隙度，所以，在整体转换方程中通常都采用粒间孔隙度。但是，本书中的岩石物理类别是基于总孔隙度，岩石物理类别是根据地层关系确定的，整体转换方程计算渗透率时用的是源自测井数据的总孔隙度。

用 6 口井的岩心检测这种方法，效果都很好（图 7.58）。Wichita 组以岩石物理 3 类为特征，计算求取的渗透率与 Wichita 组上段（层序 L 2）的渗透率有很好的对比性。下 Clear Fork 层段以多种岩石物理类为特征。HFS L 2.1 中，下部 5 个高频旋回以岩石物理 2 类为特征，上部的两个高频旋回以岩石物理 3 类为特征。计算求取的渗透率与岩心渗透率相当一致。高频层序 L 2.2 是以岩石物理 1 类为特征，计算求取的渗透率与岩心渗透率也相当一致。

用上文描述的毛细管压力模型估算 S_{wi}，假设零毛细管压力层位于海平面以下 4000ft。只有少数井能用于计算 Archie 饱和度，图 7.59 展示了 Archie 法求取的饱和度剖面与毛细管压力模型的饱和度剖面的对比情况。在已水淹的层段，Archie 饱和度略高于模型的饱和度。

7.5.3.5 构建全油田模型

应用孔隙度测井对研究区的所有高频旋回进行了对比，并以部分伽马测井作为辅助资料。用 Gocad 模拟软件完成了全区孔隙度、渗透率和原始水饱和度的三维空间模型准备工作。岩石物理性质图表明，岩石物理性质横向变化相当大，不同层序之间的变化也相当大（图 7.60）。北部地区岩层的孔隙度普遍高于南部地区，Wichita 组的孔隙度普遍高于下 Clear Fork 层段。在下 Clear Fork 层段，孔隙度最好的层序是 HFS L 2.1。这些图也展示了北部背斜中孔隙度的具体分布模式，背斜的东北部和北部岩层具有较高的孔隙度，

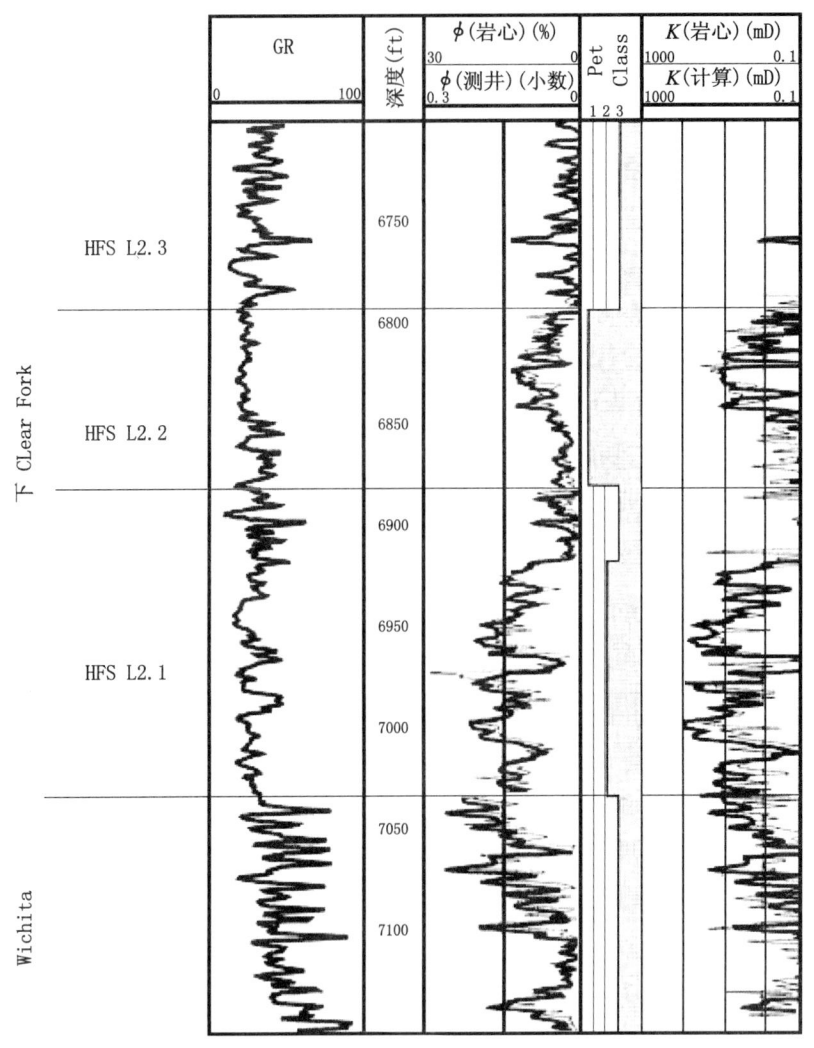

图7.58 根据测井孔隙度和岩石物理分类值（根据地层对比确定），用整体转换关系式计算渗透率的说明，计算值与岩心测定值进行了对比

西北部地层的孔隙度相当小。在 Wichita 组，高孔隙度层位于上部和下部。在 HFC W1 和 HFC W2，孔隙度发育局限于北部背斜的东北部，而在 HFC W5，孔隙度发育区迁移到北部背斜的南部。W8—W12 在油田分布分散，但都有较高的孔隙度。

渗透率分布与孔隙度的分布一致，反映了岩石组构岩石物理类别的影响。以 1 类和 2 类组构为主的下 Clear Fork 层段，其渗透率远高于 Wichita 组（主要是 3 类组构），即使后者的孔隙度总体较高。然而，受岩溶作用影响，W8—W12 旋回中可能有较高的渗透率。尽管 HFS L 2.2 的孔隙度低于 HFS L 2.1，但由于 HFS L2.2 中存在 1 类组构，所于它具有相当好的渗透性。

原始水饱和度展示了它受零毛细管压力层以上不同高度的影响，以及岩石组构岩石物理类别的影响。Wichita 组底部旋回由于接近零毛细管压力层，虽然具有较高的孔隙度，但仍具有高 S_{wi} 值。HFS L 2.2 的原始水饱和度与 HFS L 2.1 相似，但由于它属于 1 类，因

7 白云岩储层

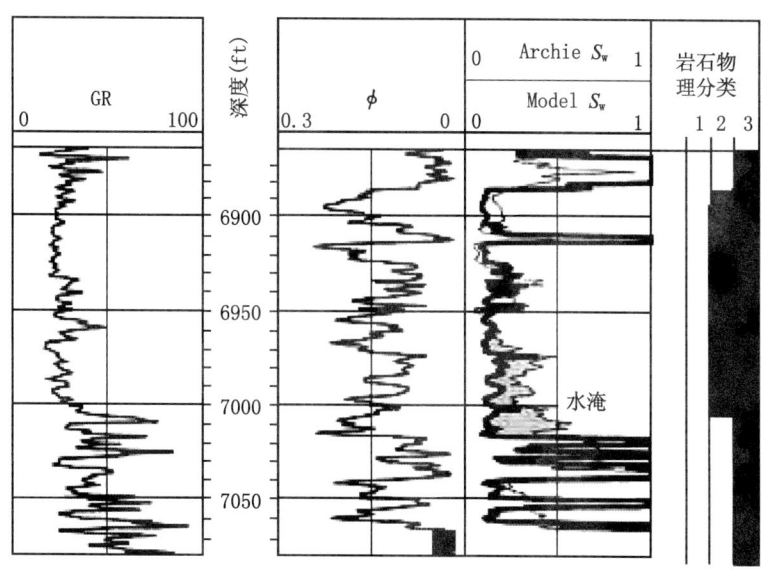

图 7.59　根据测井孔隙度和岩石物理分类值（根据地层对比确定），用岩石组构毛细管压力模型计算原始水饱和度的说明

计算值与 Archie 水饱和度值的对比指示出水淹的层段，在水淹层段，两种水饱和度值分离

而具有较低的孔隙度值，而 HFS L 2.1 则为 2 类组构。比较油气的体积时，孔隙度差异的影响是明显的。因此，60% 的油气残存在下 Clear Fork 层段（40% 在 HFS L 2.1），约 30% 油气残存在 Wichita 组上部，最底部的旋回是孔隙性层，但具有高水饱和度。

7.5.3.6　流动模拟模型

选取具有岩心分布密度高且测井数据最好的油田进行流动模拟（图 7.52），其面积为 2000acre。为了构建这个模拟模型，将各高频旋回划分为两个岩石组构流动层，下部的泥为主岩层是低孔隙度层，上部的颗粒为主岩层是高孔隙度流动层。最终模型含有 39 个岩石组构流动层（图 7.61）。

富勒顿（Clear Fork）油田原来的岩石物理模型中含有 254 层，共含有 3.165×10^6 个单元，各单元的面积为 105×10^3 ft（Wang 和 Lucia，2004）。为了进行储层模拟，模型中的流动单元的厚度是放大的。本书提供的模型含 39 个流动层，共有 136656 个单元，各单元面积为 200×200 ft。所用的孔隙度是孔隙度的算术平均值，渗透率和 S_{wi} 是用与岩石组构岩石物理分类和孔隙度的相关性计算求取的。由于模拟模型内的渗透率是根据 K—phi 关系求取的，单元渗透率往往被低估，所以，将渗透率值乘以 5 才能与生产史相符。在流动层 W9—W11 中，渗透率值增大到 30 倍时，才能与 L1—L2 界面之下岩溶裂缝中产出的水量相一致。

在老的碳酸盐岩油田，进行详细的流动模拟的主要原因是为了确定经过注水作业后的剩余油的赋存位置。通过重构油田史和模拟生产史以及用已知的生产史作检测，完成这一工作。富勒顿模拟模型与从发现到 2002 年的生产情况作了历史对比。模型的 2002 年油饱和度的分布表明，HFS L 2.2 中的驱油效果很差，这是是因为该高频层序的低孔隙度制约了注水井与生产井之间储层的连通性。HFS L 2.1 是油田中储层品质最好的层段，但

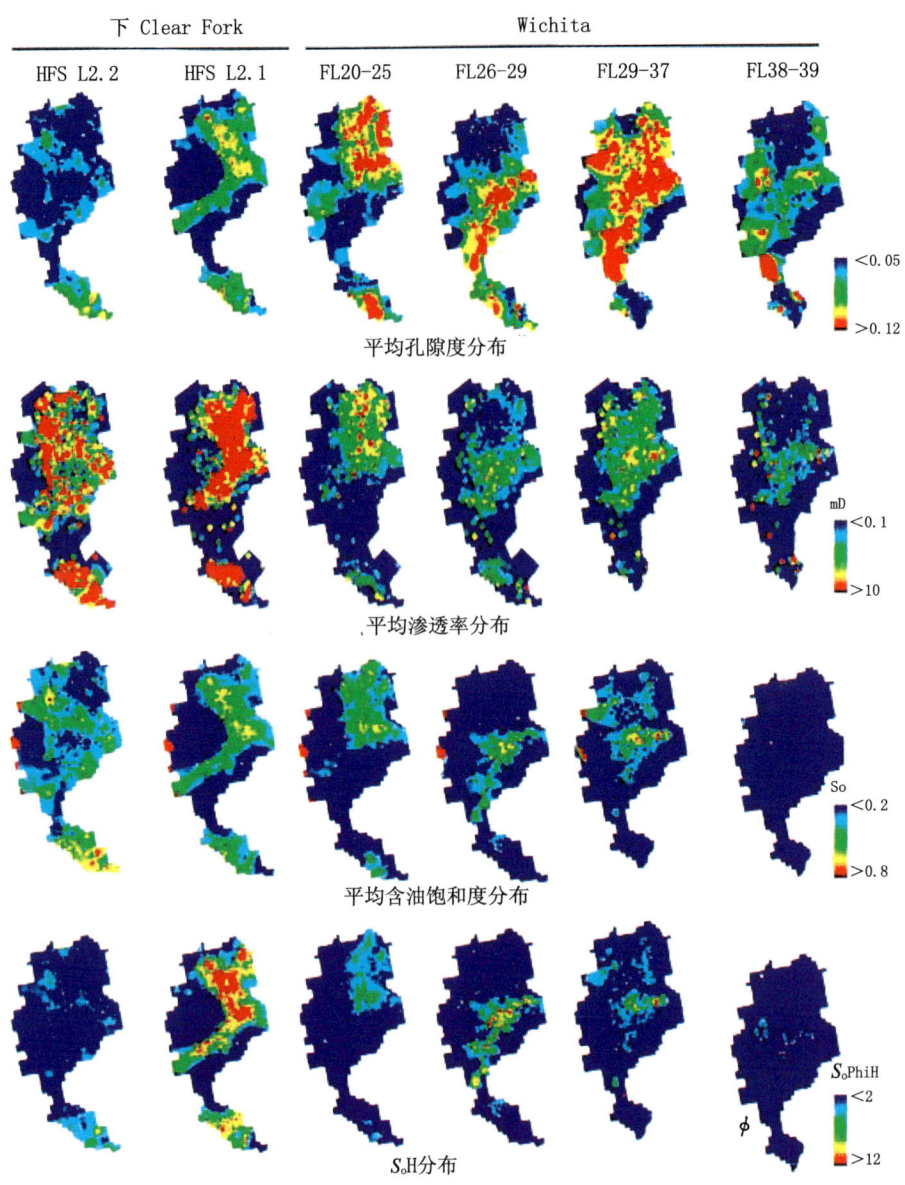

图 7.60 高频层序 L 2.2 和 L 2.1 以及 Wichita 组各层段流动
层中岩石物理性质的分布（据 Wang 等，2004）

油饱和度分布模拟结果表明，由于横向渗透率的非均质性，该层段的许多地区还没有受到水驱作用的影响（图 7.62）。在模拟模型中，Wichita 组高频旋回 W1—W3 的孔隙度和储层连通性最好。在模拟结果中，2002 年流动层 20 和 22 的油饱和度分布，表明这两个流动层中除尚未完井的局部区域以外，已经全部驱油（图 7.62）。因此，死油的赋存与注水井和生产井之间产油层的连通性有关。这种连通性在不同的高频旋回和不同的流动层是极不相同的。

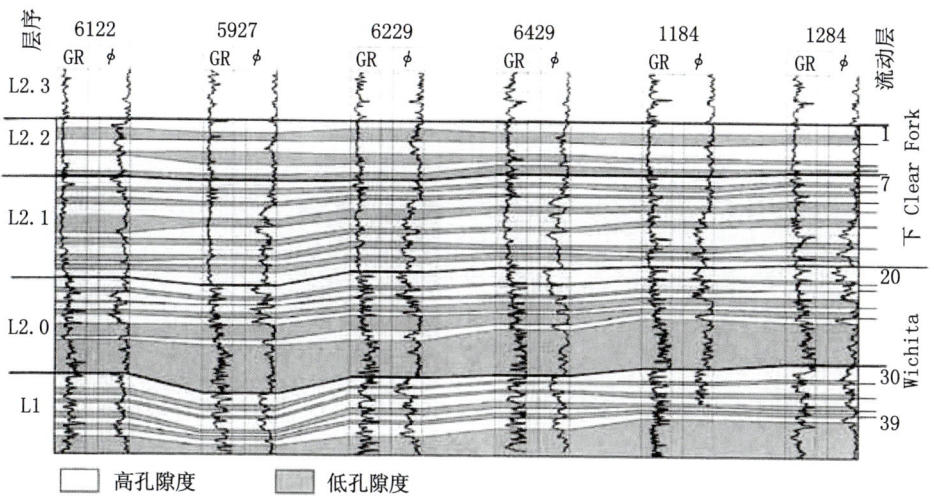

图 7.61　模拟区取岩心井中下 Clear Fork 层段和 Wichita 组流动层的分布，说明孔隙度在构建流动模型中的用途

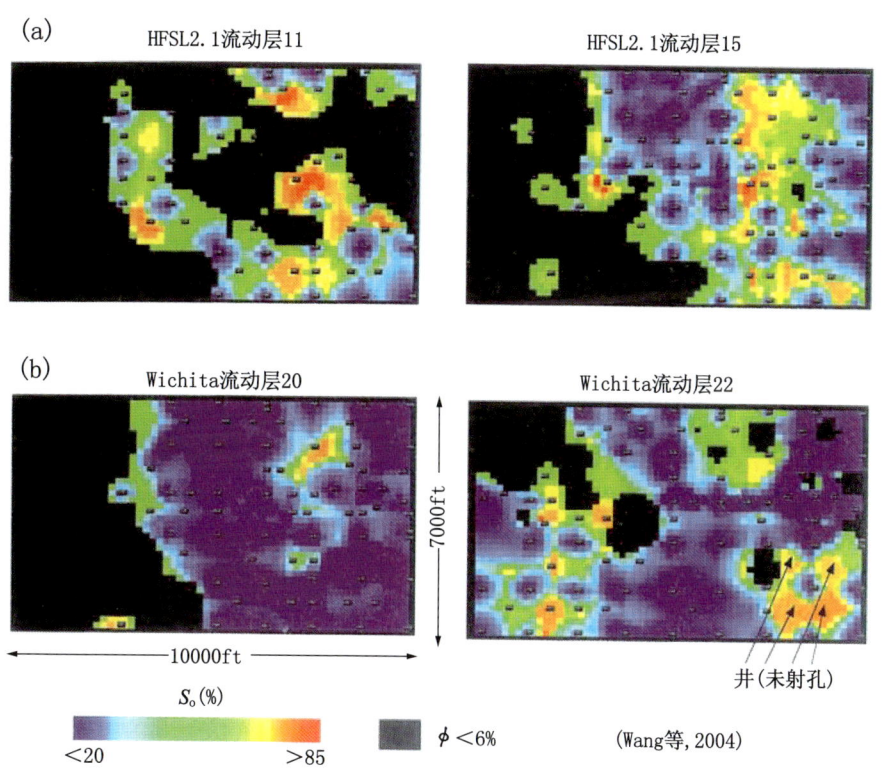

图 7.62　模拟结果中 2002 年油饱和度的分布状况
说明经过 60 年的注水开发后，剩余油的分布（a）—在下 Clear Fork 层段中两个流动层中的分布；（b）—在 Wichita 组两个流动层中的分布

参 考 文 献

Back W, Hanshaw B B, Plummer L N, Ralm P H, Rightmire C T, Rubin M, 1983. Process and rate of dedolomitization: mass transfer and 14C dating in a regional carbonate aquifer. GSA Bull 94, 12: 1415-1429

Beaumont E De. 1837. Application de calcul a l'hypothese de la formation par epigenie des anhydrites, des gypses et des dolomites.: Soc. Geol. France Bull. 8: 174-177

Butler G P 1969. Modern evaporite deposition and geochemistry of co-existing brines, the sabkha, Trucial Coast, Arabian Gulf, Journal of Sed. Petrology 39: 70-89

Cantrell D, Swart P, Handford R C, Kendall C G, Westphal H. 2004. Geologic and production significance of dolomite trends, Arab-D reservoir, Ghawar Field, Saudi Arabia. Geo-Arabia 6: 45-60

Clement J H. 1985. Depositional sequences and characteristics of Ordovician Red River Reservoirs, Pennel Field, Williston Basin, Montana. In: Roehl R O, Choquette P W, (eds). Carbonate petroleum reservoirs. Springer, Berlin Heidelberg New York, pp 85-106

Davies G R, Langhorne B S. 2006. Structurally controlled hydrothermal dolomite reservoir facies: An overview. AAPG Bulletin, 90, 11: 1641-1690

Deffeyes K S, Lucia F J, Weyl P K. 1965. Dolomitization of Recent and Plio-Pleistocene sediments by marine evaporite waters on Bonaire, Netherlands Antilles. In: Pray LC, Murray RC, (eds). Dolomitization and limestone diagenesis—a symposium. SEPM Spec Publ 13, pp 71-88

Ehrenberg S N, Eberli G P, Baechle B. 2006. Porosity-permeability relationships in Miocene carbonate platforms and slopes seaward of the Great Barrier Reef, Australia (ODP Leg 194, Marion Plateau). Sedimentology 53, 6: 1-30

Ehrenberg S N, Nadeau P H. 2005. Sandstone vs. carbonate petroleum reservoirs: a global perspective on porosity-depth and porosity permeability relationships. AAPG Bull, 89, 4: 435-446

Evamy B D. 1967. Dedolomitization and the development of rhombohedral pores in limestones. J Sediment Pet 37: 1204-1215

Folk R L, Land L S 1975 Mg/Ca ratio and salinity: two controls over crystallization of dolomite. AAPG Bull 59, 1: 60-68

Galloway W E, Ewing T E, Garrett C E, Tyler N, Bebout D G: 1983. Atlas of major Texas oil reservoirs. The University of Texas at Austin, Bureau of Economic Geology, 139 pp

Hardie L A. l967. The gypsum-anhydrite equilibrium at one atmosphere pressure. Am. Mineral. 52: 171-200

Jennings J W, Jr., Lucia F J. 2003. Predicting permeability from well logs in carbonates with a link to geology for interwell permeability mapping: Society of Petroleum Engineers Reservoir Evaluation & Engineering 6, 4: 215-225

Jennings J W, Jr, Lucia F J, Ruppel S C. 2007. 3D modeling of stratigraphically controlled petrophysical variability in the South Wasson Clear Fork Reservoir, In Press

Jones G D, Xiao Y. 2005. Dolomitization, anhydrite, cementation, and porosity evolution in a reflux system: Insights from reactive transport models. AAPG Bull 89, 5: 577-601

Jones R H, Lucia F J. 2004. Integration of rock fabric, petrophysical class, and stratigraphy for petrophysical quantification of sequence-stratigraphic framework, Fullerton Clear Fork field, Texas. In: Ruppel, Sc (ed) Multidisciplinary imaging of rock properties in carbonate reservoirs for flow-unit targeting: Univ. Texas Austin Bureau of Economic Geology, final technical report prepared for U.S. Department of Energy under contract no. DE-FC 26-01BC 15351, p. 121-162

Kane J A, Jennings J W Jr. 2005. A method to normalize log data by calibration to large-scale data trends. Society of Petroleum Engineers, Paper No. SPE 96081 12 p

Kasprzyk A. 1995. Gypsum-to-anhydrite transition in the Miocene of southern Poland. J Sedimentary Research, A65, 2: 348-357

Kolodizie S Jr. 1980. Analysis of pore throat size and use of the Waxman-Smits equation to determine OOIP in Spindle Field, Colorado. SPE paper 9382 presented at the 1980 SPE Annual Technical Conference and Exhibition, Dallas, Texas

Land L S, Prezbindowski D R. 1981. The origin and evolution of saline formation water, lower Cretaceous carbonates, South-Central Texas, USA. J Hydrol 54: 51-74

Lucia F J. 1995. Rock-fabric/petrophysical classification of carbonate pore space for reservoir characterization. AAPG Bull 79, 9: 1275-1300

Lucia F J. 1961. Dedolomitization in the Tansill (Permian) Formation. Geol Soc Am Bull 72: 1107-1110

Lucia F J. 1962. Diagenesis of a crinoidal sediment. J Sediment Petrol 32, 4: 848-865

Lucia F J. 1972. Recognition of evaporite-carbonate shoreline sedimentation. In: Rigby J K, Hamblin W K (eds). Recognition of ancient sedimentary environ-ments. SpecPub116: 160-191

Lucia J, Kerans C, Wang F P. 1995. Fluid-flow characterization of dolomitized carbonateramp reservoirs: San Andres Formation (Permian), of Seminole field and Algerita Escarpment, Permian Basin, Texas and New Mexico. In: Stoudt E L, Harris P M (eds). Hydrocarbon reservoir characterization: geologic framework and flow unit modeling. SEPM (Society for Sedimentary Geol-ogy), SEPM Short Course 34: 129-153

Lucia F J, Major R P. 1994. Porosity evolution through hypersaline reflux dolomitization. In: Purser B H, Tucker M E, Zenger D H (eds). Dolomites, a volume in honor of Dolomieu. Int Assoc Sedimentol Spec Publ 21: 325-341

Lucia F J, Murray R C. 1966. Origin and distribution of porosity in crinoidal rock. Proc World Petroleum Congr, Mexico City, Mexico, 1966, pp 406-423

Lucia F J, Conti R D. 1987. Rock fabric, permeability, and log relationships in an upward-shoaling, vuggy carbonate sequence. The University of Texas at Austin, Bureau of

Economic Geology, Geological Circular 87-5, 22 pp

Lucia F J, Kane J A. 2004. Calculations of permeability and initial water saturations from wireline logs. In: Ruppel S C (ed). Multidisciplinary imaging of rock properties in carbonate reservoirs for flow-unit targeting: Univ. Texas Austin Bureau of Economic Geology, final technical report prepared for U.S. Department of Energy under contract no. DE-FC 26-0l BC 15351, p. 189-218

Lucia F J, Jennings J W Jr, Rahnis M A, Meyer F O. 2001. Permeability and rock fabric from wireline logs, Arab-D reservoir, Ghawar field, Saudi Arabia. GeoArabia 6, 4: 619-646

Lucia F J. 2002. Integrated outcrop and subsurface studies of the interwell environment of carbonate reservoirs: Clear Fork (Leonardian-age) reservoirs, West Texas and New Mexico, www. osti. Gov/servlets/purl/811895-4EHgbz/native/

Lucia F J, Jones R H, Jennings J W. 2004. Poikilotopic anhydrite enhances reservoir quality (abs): AAPG Annual Convention Abstracts Volume, v. 13, p. A88

Lucia F J. 2004. Origin and petrophysics of dolostone pore space. In: Braithwaite CJR, Rizzi G, Darke G, (eds). The geometry and petrogenesis of dolomite hydrocarbon reservoirs, London, Geological Society, Special Publications 235, pp 141-155

Lucia F J. 1968. Recent sediments and diagenesis of South Bonaire, Netherlands Antilles, J. Sediment Petrol 38: XX

Melim L A, Anselmitte F S, Eberli G P. 2001. The importance of pore type on permeability of Neogene carbonates, Great Bahama Bank. In: Ginsburg R N (ed). Subsurface geology of a prograding carbonate platform margin, Great Bahama Bank: Results of the Bahamas drilling project. Society for Sedimentary Geology Special Publication 70, pp 217-241

Morrow D W. 1990. Dolomite-part 1: the chemistry of dolomitization and dolomite precipitation. In: McIlreath I A, Morrow D W (eds). Diagenesis. Geoscience Canada, Reprint Series 4, pp 113-123

Murray R C. 1960. Origin of porosity in carbonate rocks. J Sediment Petrol 30: 59-84

Murray R C. 1964. Origin and diagenesis of gypsum and anhydrite. J Sediment Petrol 34: 512-523

Murray R C, Lucia F J. 1967. Cause and control of dolomite distribution by rock selectivity, Geological Soc. of America Bulletin, 78: 21-36

Pittman E D. 1992. Relationship of porosity and permeability to various parameters derived from mercury injection-capillary pressure curves for sandstone. AAPG Bull 72: 191-198.

Powers R W. 1962. Arabian Upper Jurassic carbonate reservoir rocks. In: Ham WE, (ed) Classiflcation of carbonate rocks, AAPG Mem 1: 122-192.

Ruppel S C, Jones R H. 2004. Facies, sequence stratigraphy and porosity development in the Fullerton Clear Fork reservoir. In: Ruppel S C (ed). Multidisciplinary imaging of rock properties in carbonate reservoirs for flow-unit targeting: Univ. Texas Austin Bureau of Economic Geology, final technical report prepared for U.S. Department of Energy under contract no. DE-FC26-0l BC 15351, p. l-120

Ruppel S C, ed. 2004. Multidisciplinary imaging of rock properties in carbonate reservoirs for flow-unit targeting: Univ. Texas Austin Bureau of Economic Geology, final technical report prepared for U.S. Department of Energy under contract no. DE-FC 26-01 BC 15351

Ruppel S C, Jones R H. 2006. Key role of outcrops and cores in carbonate reservoir characterization and modeling, Lower Permian Fullerton field, Permian Ba-sin, USA. In: Harris P M, Weber L J (eds). Giant hydrocarbon reservoirs of the world-from rocks to reservoir characterization, SEPM/AAPG Core Work-shop, AAPG Annual Meeting

Saller A H. 1984. Petrologic and geochemical constraints on the origin of subsurface dolomite, Enewetak Atoll: an example of dolomitization by normal seawater. Geology 12: 217-220

Schmoker J W, Halley R B. 1982. Carbonate porosity versus depth: a predictable relation for south Florida. AAPG Bull. 66, 12: 2561-2570

Scholle P A, Ulmer D S, Melim L A. 1992. Late stage calcites in the Permian Capitan Formation and its equivalents, Delaware Basin margin, West Texas and New Mexico: evidence for replacement of precursor evaporites. Sedimentology 39: 207-234

Schreiber B c, Friedman G M, Deecima A, Schreiber E. 1976. Depositional environments of Upper Miocene (Messinian) evaporite deposits of the Sicilian Basin. Sedimentology, 23: 729-760

Swart P K, Cantrell D L, Westphal H, Handford C R, Kendall C G. 2005. Origin of dolomite in the Arab-D reservoir from the Ghawar Field, Saudi Arabia: Evidence from petrographic and geochemical constraints. J Sediment Research, 75, 3: 476-491

Thomeer J H M. 1960. Introduction of a pore geometrical factor defined by the capillary pressure curve: AIME Transactions, v. 219, p. 354-358

Wang F P, Lucia F J, Kerans C. 1994. Critical scales, upscaling, and modeling of shallow-water carbonate reservoirs. Society of Petroleum Engineers, Paper No. SPE 27715, Midland, Texas, pp. 765-773

Wang F P, Lucia F J, Kerans C. 1998. Integrated reservoir characterization study of a carbonate ramp reservoir: Seminole San Andres Unit, Games County, Texas. SPE Reservoir Evaluation & Engineering, 1, 3: 105-114

Wang, Fred, and Lucia F J. 2004. Reservoir modeling and simulation of Fullerton Clear Fork field, Andrews County, Texas. In Ruppel S C (ed). Multidisciplinary imaging of rock properties in carbonatc reservoirs for flow-unit targeting: Univ. Texas Austin Bureau of Economic Geology, final technical report prepared for U.S. Department of Energy under contract no. DE-FC26-0l BC 15351, p. 219-304

Ward W C, Halley R B. 1985. Dolomitization in a mixing zone of near-seawater composition, Late Pleistocene, Northeastern Yucatan Peninsula. J Sedimentary Petrology 55, 5: 407-420

Whitaker F F, Smart P L, Jones D G. 2004. Dolomitization: from conceptual to numerical models. In: Braithwaite C J R, Rizzi G, Darke G (eds). The geometry and petrogenesis of dolomite hydrocarbon reservoirs. London, Geological Society, Special Publications 235, pp 99-139

8 连通孔洞型储层

8.1 引言

　　岩石物理性质的空间分布受两种地质作用的控制——沉积作用和成岩作用。尽管岩石物理性质的空间分布最初明显受沉积结构空间分布的控制，但大量储层研究表明，碳酸盐岩储层的岩石物理性质与现代碳酸盐岩之间存在较大的差别。成岩作用使碳酸盐岩的孔隙度普遍降低，使孔隙空间分布重组，并使渗透率和毛细管特性发生变化。

　　本章讨论的基本成岩作用包括：①方解石胶结作用；②机械和化学压实作用；③选择性溶解作用；④白云石化作用；⑤蒸发岩矿化作用；⑥溶解、坍塌和破裂作用。每种成岩作用都可以根据特别的组构进行识别。岩石物理性质在碳酸盐岩储层中的分布预测和成图研究中，主要的问题是了解这些成岩作用的痕迹以及它们对沉积结构的改造。

　　成岩作用影响成图的关键问题是成岩产物与沉积模式（组合）之间的一致性程度。假如系统中的物质输入和输出不是产生成岩产物的重要因素，则成岩产物组构与沉积模式（组合）应该基本一致。然而，如果离子经流体流动输入和输出成岩系统是成岩产物所必需的，则成岩作用产物的组构可能与沉积模式（组合）不一致。在这种情况下，对成岩产物成图就需要对水文系统有所认知，包括流体的来源和流体流动的方向。

　　由于主要目的是预测并对岩石物理岩石组构的分布进行成图，所以可按成岩产物与沉积模式的一致性状况对成岩作用进行分组。胶结作用、压实作用和选择性溶解作用为第一组，回流白云石化和蒸发盐矿化作用为第二组，溶解、坍塌角砾岩化、破裂作用为第三组。

　　如第 6 章所讨论，胶结作用、压实作用以及选择性溶解作用的产物一般都与沉积结构有关联。第 7 章中，讨论了回流白云石化和蒸发岩的矿化作用，这两种地质作用都需要流体流动并将镁和硫酸盐引入成岩系统，因此，它们产物的模式可能与沉积模式没有关联。白云石化能增加颗粒的大小，使地层岩石的孔隙大小分布发生重大改变，并使原始沉积结构中常见的重要岩石物理性质的差异平滑。先期白云岩的成岩史可能已改变了岩石的渗透率，并导致白云化介质流动遵循成岩组构的路径，而不是沉积结构的路径。石膏和硬石膏的分布模式与沉积相的分布模式毫无关联，即使在硫酸盐选择性地充填了颗粒灰岩孔隙空间的情况也是如此。

　　本章主要讨论溶解、坍塌角砾岩化以及破裂作用。溶解作用可以是组构选择性的，也可以是非组构选择性的，这种组构的关键是在破裂作用和岩溶作用的同时，增大了渗透性，渗透率远大于根据组构所预测的渗透率。我们将溶解作用分为两类：一类是组构选择性溶解作用成因的小规模（型）连通孔洞；另一类是非组构选择性岩溶作用成因的大规模（型）连通孔洞。小型连通孔洞包括上覆层压实作用成因的微裂缝。微破裂作用提高了分散孔洞之间的连通性，并增大了渗透率。这类组构通常包含在具有渗透率的岩样中，它的特性可以用薄片进行描述。

大型连通孔洞包括多种多样的空洞，包括简单断裂、断层角砾岩、溶蚀加大的断裂、层状蒸发盐矿物的溶解、不同规模的孔洞以及它们所引起的坍塌、破裂和角砾岩化。大型连通孔洞组构的范围通常都大于岩心样，它与岩石组构几乎没有关系。因此，岩心测定值无法精确地描述它们的岩石物理性质，构建模型也较困难。

通常情况下，将渗透率高于基质组构所预测渗透率的储层都视为裂隙储层（裂隙储层的说明参阅 Aguilera（1979））。然而，渗透率特别高的碳酸盐岩储层具有的孔隙结构比简单断裂复杂得多。这类孔隙空间常见于溶蚀加大的断裂、相互连通的不同大小和形状的孔洞系统和坍塌角砾等。一般认为，这些孔隙类型的形成都与近地表的地下水流动有关，可能受断裂以及大气淡水环境或岩溶环境等成岩环境控制。部分非组构溶解作用和角砾岩化作用也被视为是深层流体运动成因的，而与地表事件无关（Dravis 和 Muir，1993；Wierzbicke 和 Dravis，2006）。也有人认为，深部溶解作用的成因与热化学硫酸盐还原有关，即油气中的硫酸盐矿物经还原产生硫酸或 H_2S 的作用（Heydari 和 Moore，1989；Kaufman 等，1990）。这些埋藏流体沿断裂和断层带流动，通常将这类成岩过程称为热液成岩作用（Evans 和 Smith，2006）。本章只讨论大气淡水环境，尽管大气淡水环境和埋藏环境由于溶解、坍塌和破裂作用所形成储层的性质是非常相似的。

8.2　小型溶解、坍塌和微破裂作用

小型溶解作用通常与文石颗粒和石膏/硬石膏晶体的溶解有关。白云石晶体的中心部位被溶解也是罕见的小规模溶解作用。这种溶解作用可以发生在大气淡水环境，也可以出现在埋藏环境。随着埋深增大，溶解印模由于上覆层压力增大而易于破碎。颗粒印模的破碎使颗粒及其周围的基质破裂，导致微裂隙和颗粒印模相连通。这就是小型连通孔洞系统，这种系统中，孔隙度并没有发生重大变化，但渗透率却增大了。小型连通孔洞孔隙类型在第 6 章中的伊德舍尔杰油田部分已作介绍。

由石膏逆向变化成为硬石膏，会导致岩石体积减小 40%。这种逆向变化受温度和地层水盐度的控制（见第 7 章），在西得克萨斯，埋深达到 4000ft 左右，就出现这种变化。上覆层压力致使深埋的孔洞坍塌，并使围岩破裂。这些裂隙通常被硬石膏充填，成为逆向变化和坍塌作用产物的一部分。然而，硬石膏在后期被溶蚀，最终的孔洞和裂隙就形成了小型的连通孔洞系统。

8.2.1　对岩石物理性质的影响

小规模溶解作用和微破裂作用可以用岩心进行分析。溶解作用的结果，岩石的孔隙度变化极小，但渗透率却增大了（见第 6 章中的伊德舍尔杰的油田部分）。因此，3 类灰泥为主泥粒灰岩的数据点会落在 2 类区；2 类颗粒为主泥粒灰岩的数据点会落在 1 类区。萨克鲁克（西得克萨斯）油田（上石炭统）的岩样表明，存在微裂隙的岩样数据点落在 1 类区，而不发育微裂隙的同种岩样的数据点却落在 2 类区（图 8.1）。微裂隙岩样的渗透

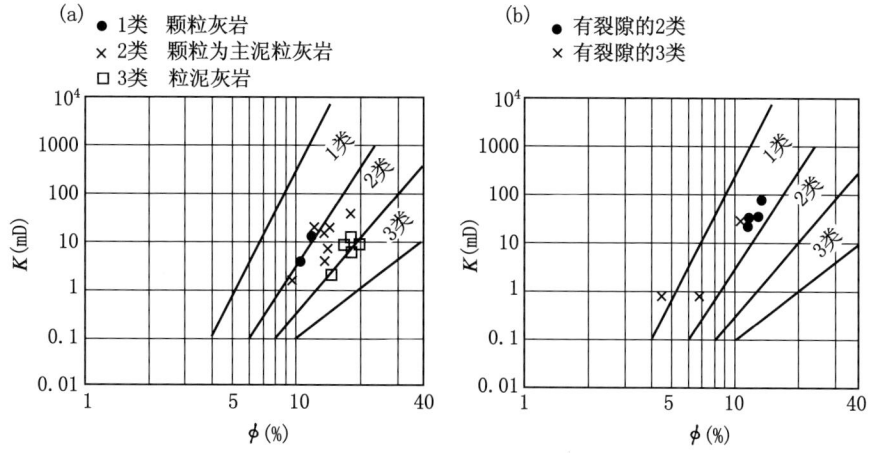

图 8.1 萨克鲁克（上石炭统）油田（西得克萨斯）储层的孔隙度—渗透率交会图

(a) 不含微裂隙的组构落在 2 类区，从粒泥灰岩区到颗粒灰岩区，其对应的分类数减小；(b) 含微裂隙的组构落在 1 类区

率增加 5～10 倍，超过基质渗透率。南考登（South Cowden）（西得克萨斯）油田（二叠系）的岩样表明，中晶白云质粒泥灰岩和颗粒为主泥粒灰岩岩样数据点落在 2 类区，这与预测结果一致；但同样的岩性，发育有微裂隙后，渗透率增大到原来的 5 倍。因此，颗粒级的溶解、坍塌和破裂作用的结果，孔隙度基本不变，但渗透率却是原来基质渗透率的 5～10 倍。

8.2.2 小型连通孔洞储层

第 6 章对阿曼的伊德舍尔杰油田作了讨论，并说明了压实作用产生的裂隙，以及它连接形成的颗粒印模小型连通孔洞是如何使灰泥为主泥粒灰岩的渗透率增大的。颗粒印模局限发育在特定的沉积环境，因此，可以根据已知的这种特定沉积环境的分布，预测连通孔洞的分布。本章讨论另一个小型连通孔洞储层实例——南考登白云岩储层（西得克萨斯），该储层中的微裂隙成因与硬石膏的侵位和溶解有关。Dehghani 等（1999）的文章对与硬石膏溶解有关的连通孔洞作了类似的研究。

南考登储层（Grayburg）是小型连通孔洞系统使渗透率增大的储层实例，小型连通孔洞系统由颗粒印模和微裂隙组成。该储层位于得克萨斯州的埃克托郡（图 8.2），产油层是 Grayburg 白云岩和砂岩，产油层深度 4000～5000ft。油田于 1948 年开始开发，为了进行注水作业，于 1962 年作整体规划。原始开发井的累计产量图表明：各口井的累计产量差别很大，在西部的上倾部位，产量由于孔隙度的逐渐消失而减小；在东部的下倾部位，产出的原油量也因为产油层变薄和产水量增加而变少（图 8.3）。Lucia 和 Ruppel（1996）以及 Saller 和 Henderson（1998）都认为，上倾部位孔隙度的损失是过度白云石化作用的结果。

Grayburg 组可细分为四个高频层序。产油层段为层序 3 和层序 4，它们由 11 个高频旋回组成（图 8.4）。用伽马射线和孔隙度测井数据对旋回层进行对比。各个旋回都由下部的低孔、粉砂质白云岩或者骨屑—球状灰泥为主白云岩和上部的孔隙性颗粒为主白云

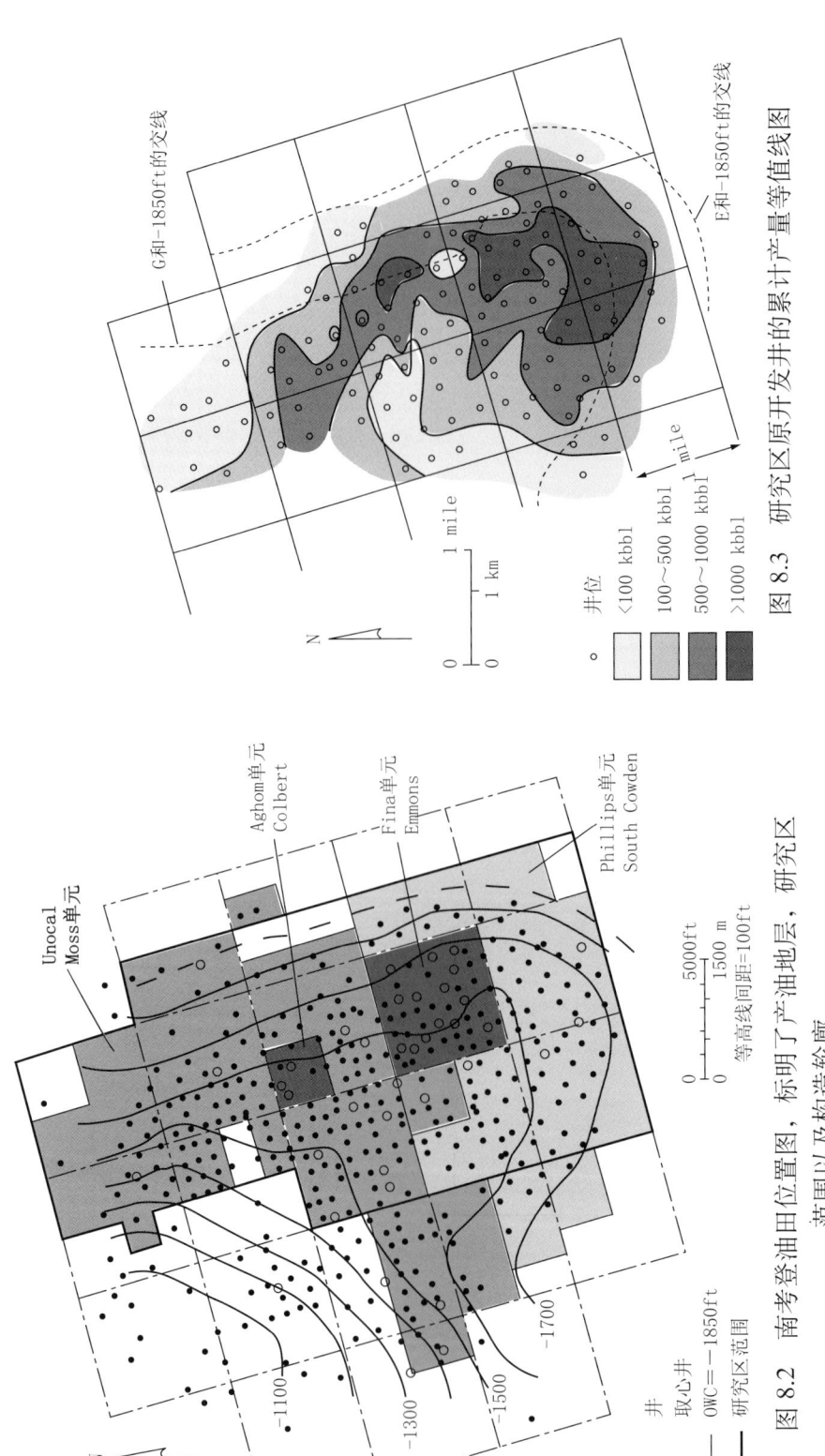

图 8.3 研究区原开发井的累计产量等值线图

图 8.2 南考登油田位置图，标明了产油地层，研究区范围以及构造轮廓

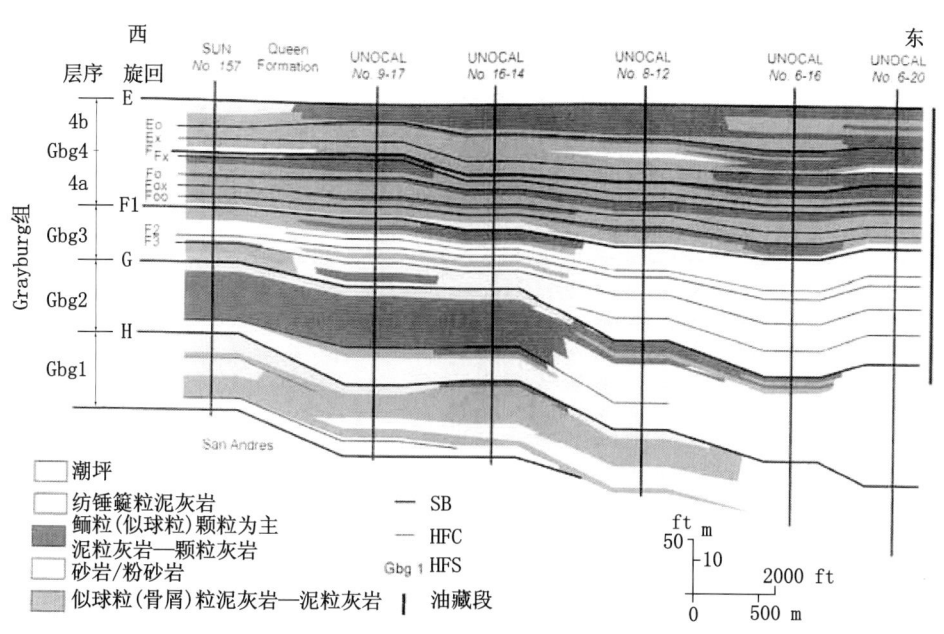

图 8.4　南考登油田地层横剖面，展示高频层序和旋回的分布

质泥粒灰岩组成。根据组构变化，各旋回可分为两个流动层。

白云石化是控制该储层岩石物性的重要因素。通过中粒白云石晶体替代灰泥的方式，白云石化使灰泥为主组构中的颗粒增大。灰泥是 3 类组构，而白云石化的组构是 2 类。如图 8.5a 所示，白云石化的结果，可用 2 类的孔隙度转换式估算渗透率。硬石膏以结核状、嵌晶状以及孔隙充填状晶体形式分布在储层中。孔隙充填状硬石膏晶体充填在颗粒之间、颗粒印模以及裂隙的孔隙空间。在油田的大部分产油区，这些硬石膏已被溶蚀掉。大量硬石膏结核印模、纺锤鋋印模以及交代小部分硬石膏的方解石充填的微裂隙，都是说明硬石膏已经搬移的证据。其成因很大程度与深埋流体流出中陆盆地有关。

通过溶解微裂隙和颗粒印模中充填的硬石膏，形成小型的连通孔洞系统，硬石膏溶解已经使渗透率增大至原基质渗透率的 5 倍（图 8.5b）。渗透率的提高是造成图 8.3 所示

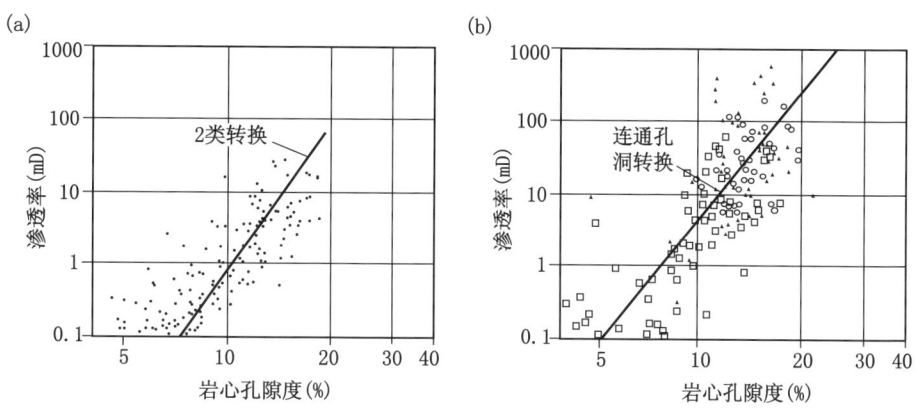

图 8.5　岩心测定的孔隙度—渗透率交会图
(a) 粒间孔隙度；(b) 小型连通孔洞孔隙度，说明连通孔洞孔隙系统中的渗透率有所提高

高产区的原因。利用孔隙度—地震波旅行时间的交会图，有可能勾画出渗透率增大的大致分布区。硬石膏溶蚀区的声波响应曲线梯度比存在硬石膏的地区和部分硬石膏溶蚀区的曲线梯度平缓得多（图8.6）。

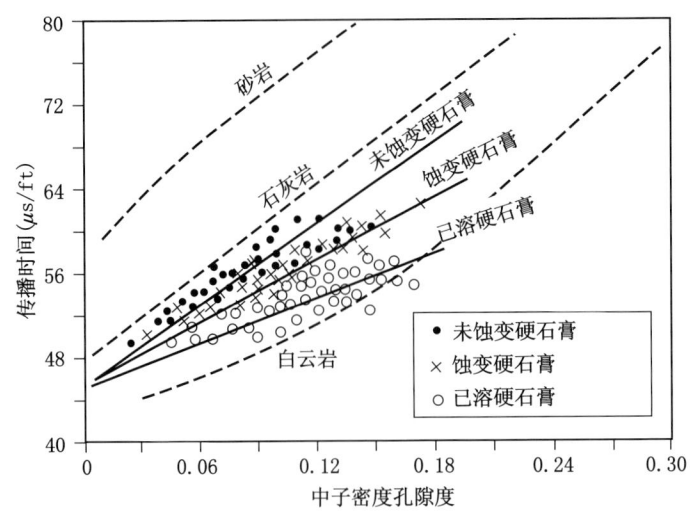

图 8.6 传播时间（源自声波测井）—孔隙度（源自中子和密度测井）的交会图
（展示了硬石膏溶蚀区见到的连通孔洞孔隙系统的特征）

可以用声波技术识别硬石膏溶蚀区并识别出溶蚀带的总体分布。在硬石膏溶解区，钻井数据能说明已发生溶解作用的数百英尺直径区域内存在未蚀变的硬石膏白云岩柱体。同样，在溶蚀区也不存在能够阻碍穿层流动的未蚀变低渗透率岩层。

然而，目前的控制井还没有达到完成绘制硬石膏溶解区设计图所要求的密度。所以尝试用地震振幅数据勾画高孔隙度岩石分布区，所得到的结果与高产区能够吻合（图8.7）。断裂图中可见到存在两组正交的断裂系统，断裂系统控制了深层流体的流动，从而也控制了硬石膏溶蚀区的分布。只依靠控制井是不可能完成这类图件的，这也说明了地震数据的重要性，地震数据同地质和岩石物理模型是有关联的。

8.3 大规模溶解、坍塌和破裂作用

大规模溶解与大型淡水层有成因关系，即大气圈成岩作用环境（图8.8）。这种环境中，常见的溶解作用产物是发育洞穴，许多储层的原油产自含有古洞穴的碳酸盐岩层段（Lucia，1999）。地表的大气降水会进入地下水系统，并向海的方向流动。在地表与潜水面之间，除强降水或洪泛外，部分孔隙空间被毛细管束缚水所饱和，部分被空气饱和，该带叫做渗流带。在强降水和汛期，渗流带内的流体汇集于裂隙相交部位和落水洞，主要是向下流动。在潜水面以下，孔隙空间全部被水占满，该带叫做潜流带。潜流带内，流体流动具有横向流动分量和垂直向下流动分量，流体主要沿断裂和正在被溶蚀的通道流动。

渗流带与潜流带之间接触面的位置并不是固定不变的，而是随着雨水补给量、总蒸发量以及流入水体的排出水量之间的平衡状况而上、下移动。渗流带的厚度取决于地形

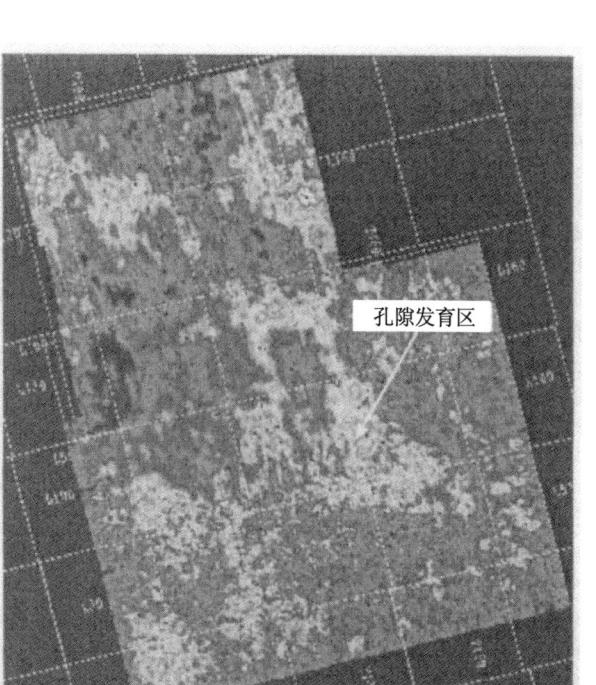

图 8.7　南考登储层段的地震属性图

展示了格子状的孔隙度分布模式

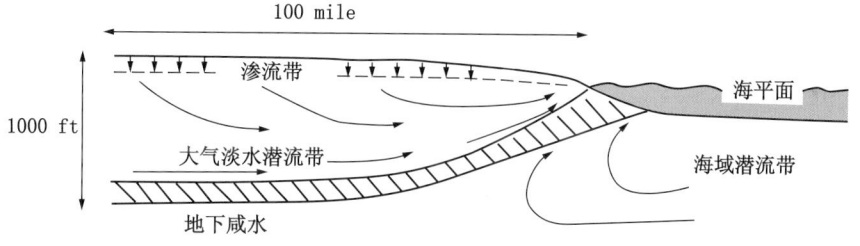

图 8.8　大气淡水—地下水环境，展示了地下水带、混合带及其流体流动的方向，溶解作用集中分布在渗流带、大气淡水潜流带的上部以及混合带

起伏。在山区，渗流带自地表向下延伸1000ft以上，而在平地，其厚度从数英尺到200ft不等。由于多数已发现的储层发育在被动边缘，而被动边缘区地表起伏平缓。所以，重点关注地形起伏量很小区域的大气淡水成岩作用环境。

岩溶和现代洞穴研究主要考虑渗流带的状况。岩溶地貌以内陆水系流入落水洞为特征，落水洞的形成可能与断裂相交部位的强烈溶解作用有关。落水洞通至地下通道，地下通道可以包含地下河流，地下通道的底部通常存在洞穴沉积和坍塌角砾岩。洞穴集中分布在渗流带和上潜流带。延伸到潜水面以下的现代洞穴极少，但是，地质研究表明，它们可以延至潜水面以下数百英尺的深层。

地下水的地球化学性质和水文条件是理解连通孔洞孔隙系统成因和分布的关键。在该环境中，既发生溶解作用，也发生沉淀作用。在这个复杂地球化学和水文条件的系统中，某些地区的碳酸盐因溶解而被移走，被携带至另一个合适的部位沉淀下来。渗流带

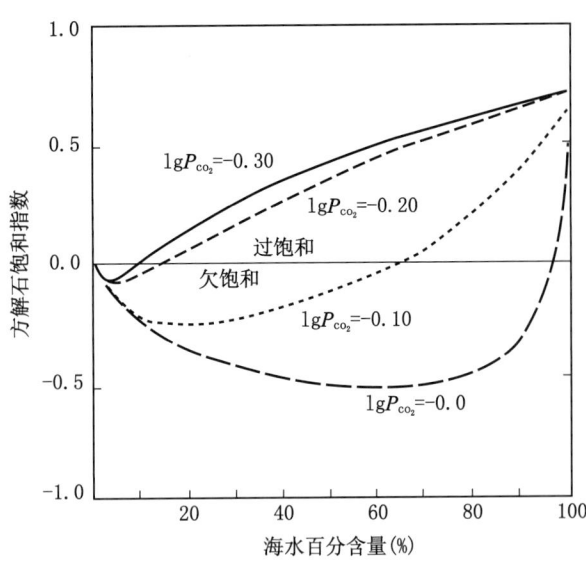

图 8.9 25℃环境中，不同 CO_2 分压的饱和方解石溶液与不同比例海水的混合液中，方解石的溶解指数（据 Plummer.1975）

中，毛细管束缚水产生下垂状和新月形胶结物，地下水中形成亮晶胶结物，这些都导致渗流带的孔隙度受到损失。

未饱和大气淡水是大气淡水成岩环境的典型特征，溶解作用集中发生在渗流带、上潜流带以及混合带。由于雨水是欠饱和的，溶解作用开始发生在渗流带和上潜流带。地球化学研究已经表明，两种不同 CO_2 分压下的方解石饱和水相混合，可以产生未（欠）饱和方解石溶液，该溶液具有溶解方解石的能力（Plummer，1975）。海水是 $CaCO_3$ 的过饱和溶液，在混合带，当混入更多大气圈地下水稀释液时，使它变成未饱和溶液，导致产生孔洞孔隙空间（图 8.9，据 Plummer，1975）。佛罗里达水层和尤卡坦（墨西哥）海岸洞穴已经说明，在含水层中，海水（或地下咸水）与淡水的混合带，石灰岩被溶解（Stoessell 等，1989）。

大气淡水环境中连通孔洞孔隙系统的形态受控于原先存在的构造断裂的分布、渗流带/潜流带接触面的位置、混合带的形态以及岩石岩性。沉积结构对大规模溶解作用的分布几乎没有影响，然而，在地下水环境中，地层中的可溶解矿物（如硬石膏、石膏、石盐等蒸发盐矿物）可以被选择性地溶解，形成洞穴系统（Warren 等，1990）。同样，在石灰岩和白云岩互层段，石灰岩层的溶解先于白云岩。

洞穴图件一般都能说明断裂系统对洞穴形态的强烈控制作用。断裂是碳酸盐岩地层中常见的构造现象，它是应力作用的结果，而应力的产生可以有多种成因。三种常见的应力分别是构造应力、地压力以及大型空洞（洞穴）。构造断裂是地层弯曲和制动的响应，裂隙的分布与弯曲力矩和离断层的距离有关。在某些实例中，裂隙的密度与岩石性质有关。例如，白云岩比石灰岩更容易破裂。当上覆层压力增大，被圈闭的孔隙流体无法排出时，会产生地压力裂隙。当孔隙压力与上覆层压力接近时，达到岩石的破裂压力，岩层就破裂。当埋深增大时，在洞穴的顶板产生裂隙，当上覆层压力增加到一定程度时，洞穴顶板破裂、坍塌并形成角砾岩。裂隙的分布与洞穴分布直接相关，与构造断裂和潜水面也有间接关系。

大规模的溶解和岩溶作用与岩层出露地表有直接的成因关系，因为出露的地层是地表水进入地下水系统的入口。在回流白云石化模型中，潮上带表面和蒸发潟湖是白云化介质流入成岩系统的入口，识别它们对预测大规模溶解作用产物（洞穴、坍塌角砾和裂隙）的分布具重要意义。同样，识别出大气圈地下水系统的流入点对于大规模溶解作用产物的预测也具有重要意义。

层序地层学研究认为，岩溶作用在高频旋回层界面部位不甚发育。在出露地表的高频层序和复合层序的界面上能见到充填了上覆层沉积碎屑的小型岩溶洼地（Kerans等，1994）。然而，大规模溶解作用似乎与二级层序的不整合面，即缺失数百万年沉积的出露面有关（Budd等，1995）。

由于大规模溶解作用可以在地表出露层以下数百英尺的深处发生，识别与坍塌角砾岩和洞穴形成有关的界面可能是很困难的。不存在可用于识别岩溶面的标准岩溶组构的垂向层序，一维数据（如垂向的岩心）中可能存在岩溶面和岩溶面下方第一坍塌角砾岩层之间的原始产状地层。观测者将出露面直接放置在坍塌角砾之上的趋向已经导致出现主要溶解作用发生在旋回界面部位的错误解释。无论如何，露头观察不能证实这个结论。

总之，由大规模溶解所形成的洞穴和洞穴体系引发了一系列事件，这些事件（作用）对储层的几何形态有重要影响（图8.10）。第一个事件（作用）是通过流动的地表水将沉积物带入洞穴。这些沉积物可以沉积在渗流带洞穴中，或者通过潜流带中的裂缝和通道向下渗透。大型洞穴不能支撑很长时间，它因顶板坍塌而破坏。顶板坍塌可能发生在暴露地表的过程中，也可能维持到出露地表之后，又接受上覆层沉积，且在上覆层压力增大时才发生坍塌。坍塌过程相当复杂，往往能延续数亿年之久（Loucks和Handford，1992）。

对储层描述具重要意义的坍塌作用产物是裂缝和坍塌角砾岩，所形成的裂缝孔隙度和角砾碎块间的连续孔隙空间属于连通孔洞孔隙类型。坍塌角砾岩的几何形状遵循主要洞穴的发育模式。破裂的洞穴顶板和洞穴系统侧缘是裂缝孔隙度的主要发育区（Loucks和Handford，1992）。

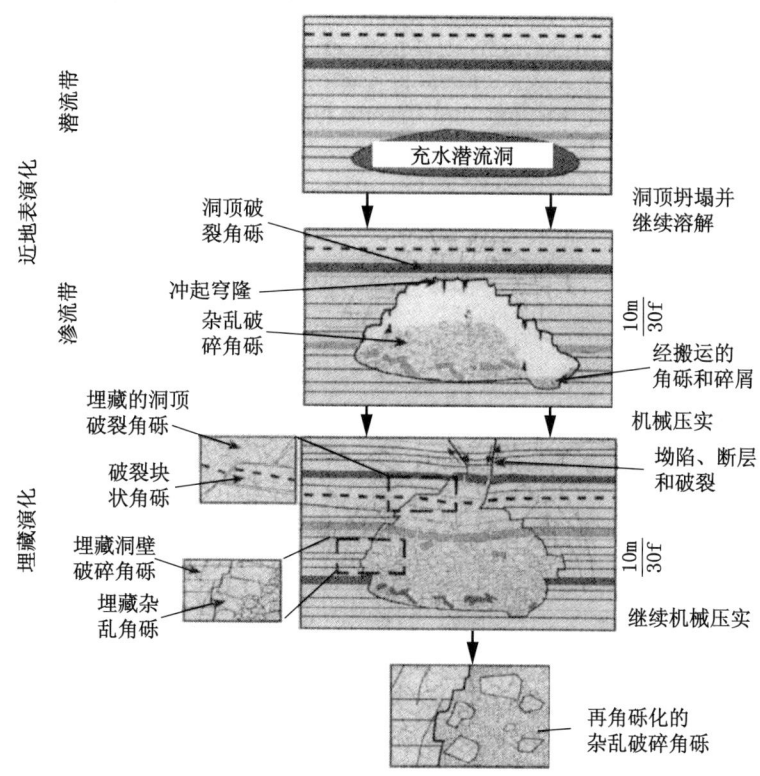

图8.10 洞穴角砾形成过程简图
（据Loucks和Handford，1992）

大规模溶解、坍塌和断裂环境中的岩石物理性质分布，受控于已存在断裂的模式、大气淡水的流动状况以及地层岩性（图 8.11）。大规模溶解作用产生大型连通孔隙空间，本书称为连通孔洞。如果孔洞大到一定程度，它们就形成岩洞和洞穴。洞穴坍塌并使其顶板地层破裂，形成具角砾碎块间连通孔隙的坍塌角砾岩。洞穴的发育和坍塌能形成裂缝和角砾岩类型的垂向序列（Kerans，1988）。破裂角砾岩、嵌镶状角砾岩和镶嵌状裂缝角砾岩是坍塌顶板的特征。开启性内碎屑孔隙空间或者充填了内碎屑沉积的混杂角砾岩是坍塌洞室的特征组分。有沉积物充填的开启性孔洞和小型岩洞是坍塌洞穴附近地层和坍塌洞穴之下地层的特征组分。

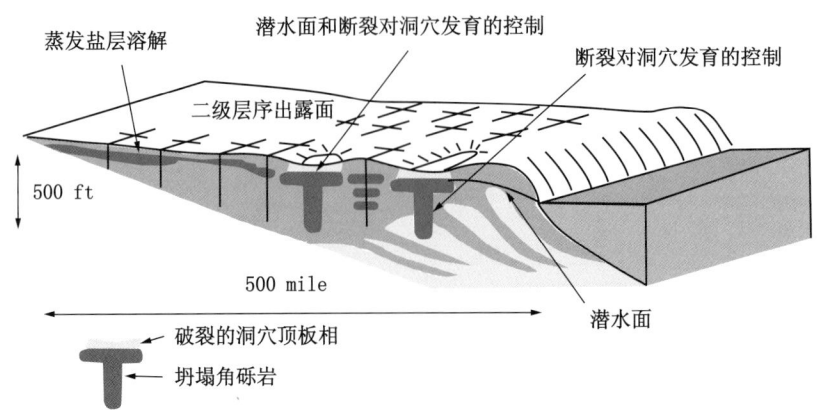

图 8.11　经大规模溶解、洞穴发育和坍塌作用形成的连通孔洞孔隙度的模式图

连通孔洞体的形状受层状蒸发岩岩体、潜水面以及原始断裂分布的控制

8.3.1　对岩石物理性质分布的影响

大规模溶解作用产生的孔隙系统叫做连通孔洞孔隙系统，这一孔隙系统与粒间孔隙度和分散孔洞孔隙度无关。此外，连通孔洞孔隙系统与沉积分布模式也不相关，因此，很难用模型进行模拟。尽管基质的孔隙度可以很高，但由于连通孔洞系统的体积很大且容易输送流体（图 8.12），所以流体的流动都集中发生在连通孔洞系统。得克萨斯 Edward 水层的研究已经说明，在裂隙和洞穴（连通孔洞）中流动流体的数量是基质中流动流体的 10 倍（Hovorka 和 Mace，1998）。由于连通孔洞系统中存在较宽的输导层，进而控制了流体的流动，但它们对储层孔隙度的贡献不足 1%。现代洞穴的研究已经说明，洞穴孔隙空间还不到母（围）岩孔隙空间的 1%（Sassowsky，2004）。储层中的大部分孔隙空间分布在基质中，因此形成了双峰孔隙系统，在储层中，储集空间大多分布在基质中，而大部分流体则在连通孔洞系统中流动。

连通孔洞型储层的岩石物理性质极难描述，这是由于孔洞的大小和形状都大于岩心样品。然而，全岩心数据分析的孔隙度与渗透率交会图，却展示了孔隙度小于 6% 的岩石的渗透率由高到低的分散分布状况（图 8.13）。最有用的数据来自生产的数据，即井测试和产液量与注水量的对数比。这些数据都表明，为了能符合产液量与注水量的比值，所要求的岩石渗透率远高于计算求取的基质渗透率。西得克萨斯科格德尔（Cogdell）宾夕法

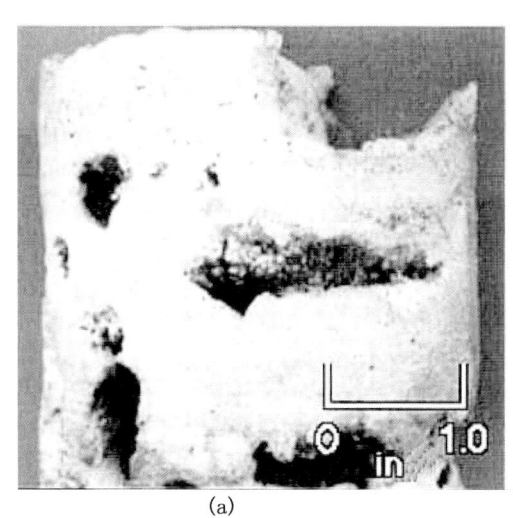

图 8.12 岩心中见到的孔洞孔隙度实例
(a) 迈阿密（佛罗里达州）地区 Miami 水层中的鲕粒灰岩；(b) 密执安塔礁（尼亚加拉统）

尼亚系储层表明，所有的水都注入了厚度为 20ft、平均孔隙度为 7% 的层段，而没有注入更深的、具更高孔隙度的层段（图 8.14）。注水层的估算基质渗透率是 6~0.2mD。但根据注水数据计算求取的渗透率是 50mD，它是估算基质渗透率的 50 倍。在基质渗透率为数十毫达西的储层，根据测试数据计算出的渗透率却能达到达西级，这是常见的现象。由于孔隙较大，过渡带很薄，所以水饱和度通常都很低。尽管连通孔洞型储层的孔隙度低于其他的碳酸盐岩储层，但由于大规模溶解作用，使它有极好的渗透率和很低的原始水饱和度。

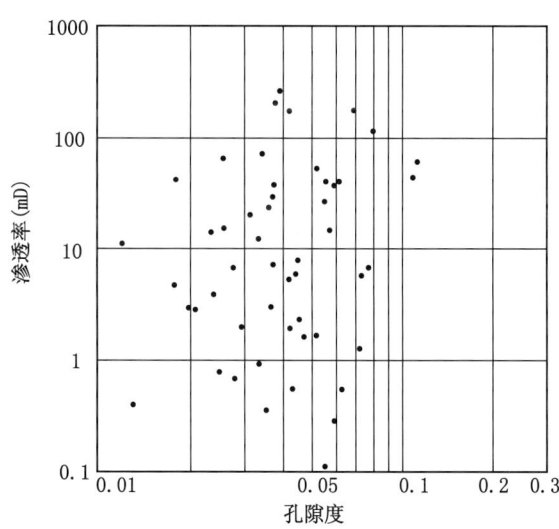

图 8.13 萨克鲁克（上石炭统）油田中发育的连通孔洞系统的孔隙度—渗透率交会图
展示了部分连通孔洞中典型的低孔隙度值和分散分布的高渗透率区和低渗透率区

8.3.2 大型连通孔洞型储层

大规模的溶解作用通常发生在胶结作用、压实作用、选择性溶解作用、回流白云石化、硫酸盐矿化作用之后，属于晚期成岩作用。因此，大型连通孔洞型储层一般都保留部分早期成岩作用事件产生的岩石组构。西得克萨斯两个以 San Andres 为产油层的油田，是沉积作用和角砾岩化、坍塌和破裂作用联合控制储层特性的典型实例。怀俄明州的下

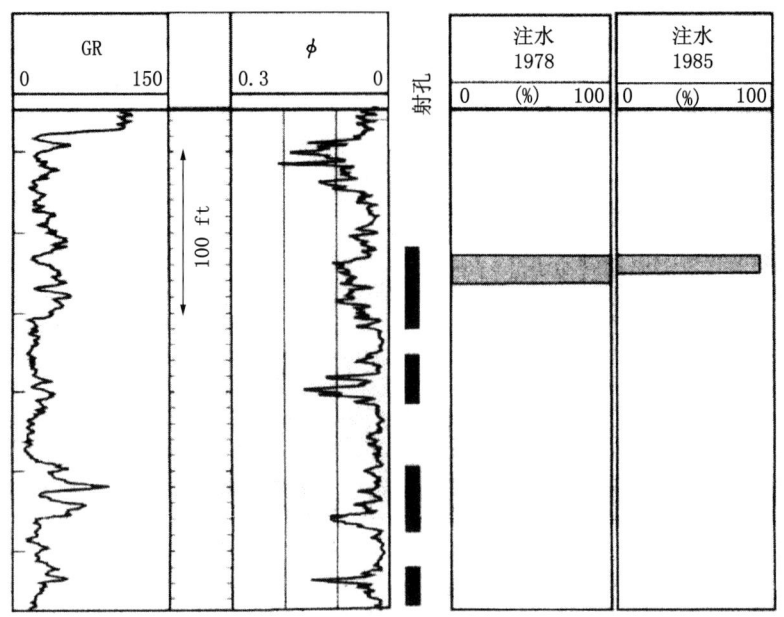

图 8.14　注水剖面，所有流体都注入一 20 ft 厚的低孔隙度
层段，说明该层段是连通孔洞孔隙系统

石炭统储层可以说明储层的岩石物理性质受坍塌—破裂控制的晚期白云石化作用的控制。尽管我们主要对油气藏感兴趣，但是，在密苏里州奥陶系（美国）和加拿大西部的泥盆系"油气藏"中发现了最有价值的铅和锌矿。

8.3.2.1　San Andres 组油田（西得克萨斯）

尽管西得克萨斯 San Andres 组中许多产油层的原油都产自粒间孔隙度和分散孔洞型孔隙系统，但是，部分重要油田的储层中却存在洞穴和破裂的迹象，洞穴和破裂对流体流动有重要的影响。耶茨（Yates）巨型油田和泰勒林克（Taylor Link）油田就是这类储层的实例。耶茨油田的地质储量为 40×10^8 bbl，泰勒林克油田的地质储量是 0.5×10^8 bbl。两油田相距 15mile，具有同样的沉积和成岩史。耶茨油田有两个产油层段，深部层段是低能广海斜坡岩相，浅部层段由 3～4 个向上变浅的高频层序组成（Tinker 和 Mruk，1995）。上部的 3 个高频层序由 13 个向上变浅的高频旋回组成。San Andres 组的顶是重要的岩溶面。

尽管耶茨油田是白云岩储层，但沉积结构和储层品质之间存在对应关系，储层是具极高基质孔隙度的颗粒为主泥粒灰岩和颗粒灰岩。沉积结构与该地区二叠纪古地形之间存在可预测的关系，颗粒灰岩集中分布在斜坡脊部，而灰泥为主组构和潮缘相岩层集中分布在中斜坡和内斜坡。

基质孔隙中广泛存在裂缝体系的烙印。裂缝对储层性能有重要作用，裂缝在储层存在的早期就已经形成，在 San Andres 组沉积后的岩溶作用中，裂缝是溶蚀扩大的通道。裂缝的延伸方向是 NW—SE 和 NE—SW，两组裂缝正交（图 8.15）。根据钻头下掉和井径测井，已经对许多洞穴成图，这些洞穴都发育在 San Andres 组顶面以下数百英尺处（图 8.16）。一些迹象表明，洞穴的分布与每个高频层序出露期间所发育的淡水层有关。耶茨

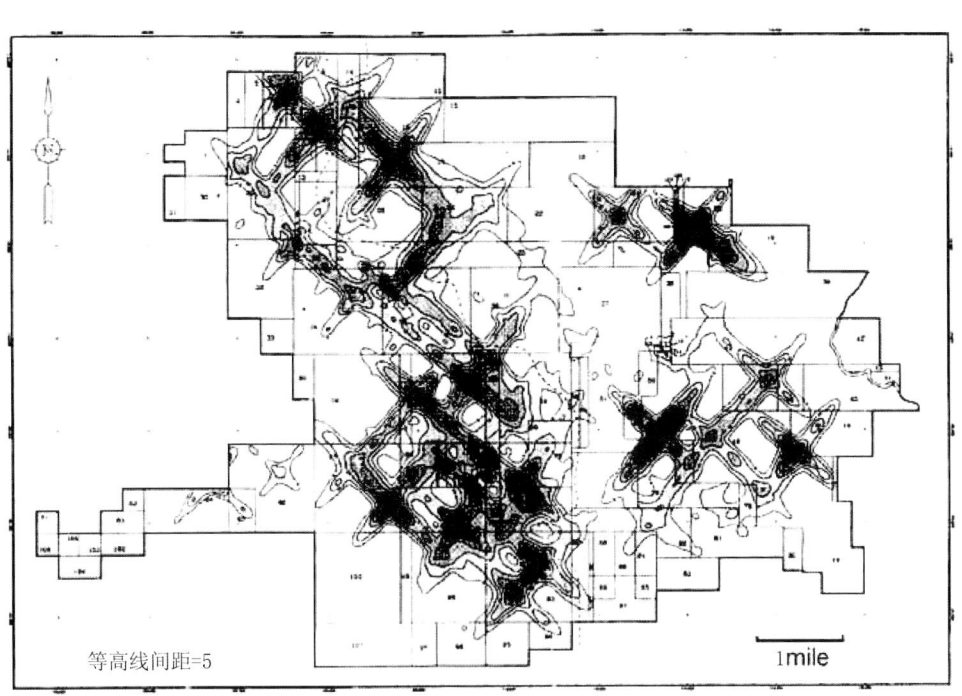

图 8.15 耶茨（San Andres）油田 20 ft 储层段的裂缝数等值线图，展示了叠置的 NW—SE 和 NE—SW 两组正交裂缝（Tinker 和 Mruk，1995）

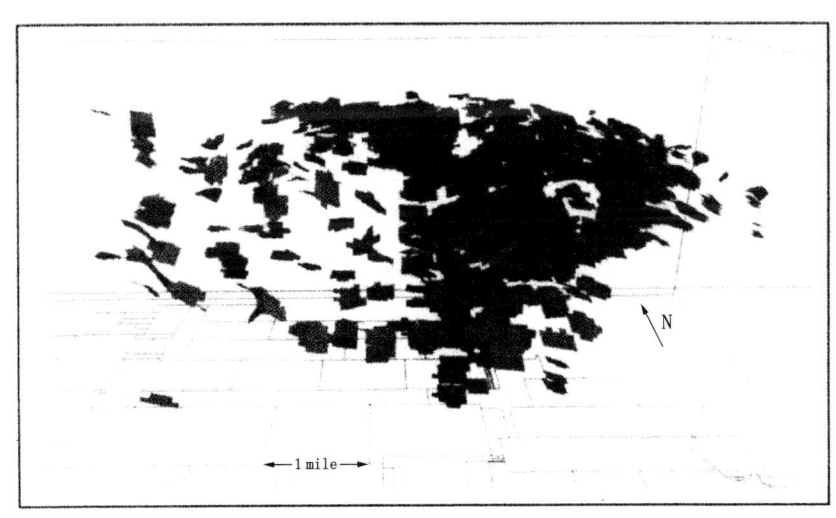

图 8.16 耶茨油田 San Andres 组中洞穴分布的立体图
（Tinker 和 Mruk，1995）

油田的储层埋深较浅，大部分洞穴都没有经历机械坍塌作用。

与耶茨油田一样，泰勒林克储层中，基质的岩石物理性质分布与沉积结构一致，但裂缝的分布特征则不同（Lucia 等，1992）。泰勒林克油田有两个产油层段。浅部产油层段是白云质颗粒灰岩地层，厚度约 60ft，相当于由数个向上变浅的旋回组成的层组。鲕粒颗粒之间存在孔隙空间。这种岩相属于 1 类的孔隙度—渗透率转换关系（Lucia，1995）。深部产层段是纺锤鋋、细晶白云质粒泥灰岩，存在分散的纺锤鋋。白云质颗粒灰岩中发育有裂缝和圆形孔洞。裂缝包括简单裂缝、溶蚀增大裂缝、细角砾岩及伴生裂缝等类型。

岩心分析表明，白云质颗粒灰岩相的孔隙度最高，但白云质粒泥灰岩的渗透率与白云质颗粒灰岩的相同（图 8.17）。这是由于粒泥灰岩中的裂缝孔隙度所致。利用颗粒灰岩的孔隙度与渗透率的转换关系式估算基质渗透率对总渗透率的贡献，再与岩心测定值（包括基质渗透率与裂缝渗透率）进行对比，就可得到裂缝渗透率的估算值。分析表明，颗粒灰岩地层段的全部渗透率（约 20mD）都源自颗粒间孔隙度，而粒泥灰岩的全部渗透率（约 20mD）则都源自裂缝孔隙度。裂缝孔隙度大致是 1%。

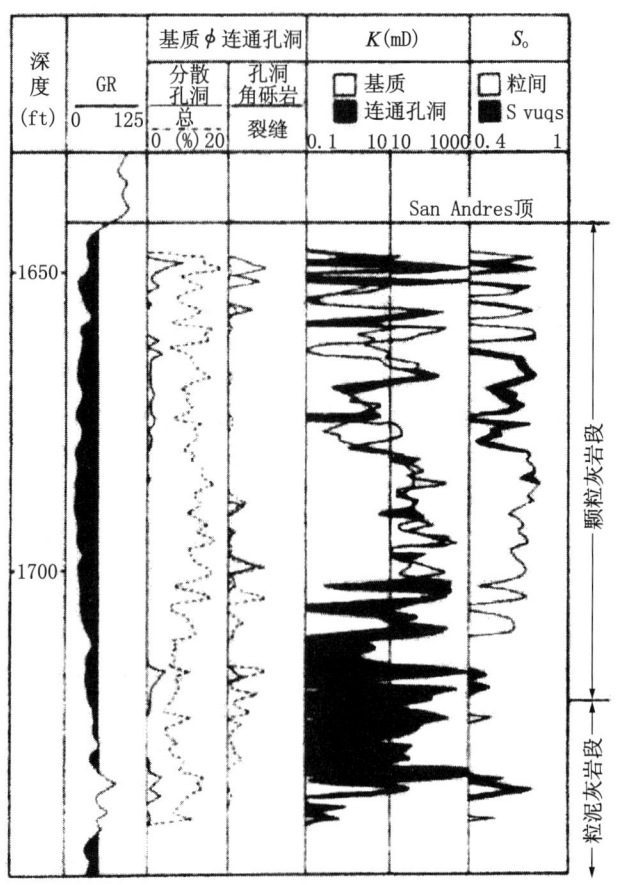

图 8.17　泰勒林克油田某井深度图，展示了 San Andres 组的基质和裂缝的渗透率（Lucia 等，1992）

黑色表示裂缝渗透率，它等于总渗透率（岩心测量）与基质渗透率（岩石组构分析估算获得）的差

泰勒林克油田的储层模型（图 8.18）表明，浅部产油层段由孔隙性和渗透性的颗粒灰岩相组成，颗粒灰岩横向逐渐过渡变成低孔隙的裂缝型粒泥灰岩。深部层段全部由低孔隙性裂缝粒泥灰岩组成。该层段几乎无孔隙或不含油，但具有裂缝渗透性，是一个漏失层。

8.3.2.2　埃尔克贝森油田（下石炭统）（怀俄明—蒙大拿州）

埃尔克贝森（ELK Basin）油田位于比格霍恩盆地（怀俄明州与蒙大拿州的交界部分）的北端。油田的产油层是下石炭统的 Madison 组。储层是浅海台地相沉积，是向上变浅的

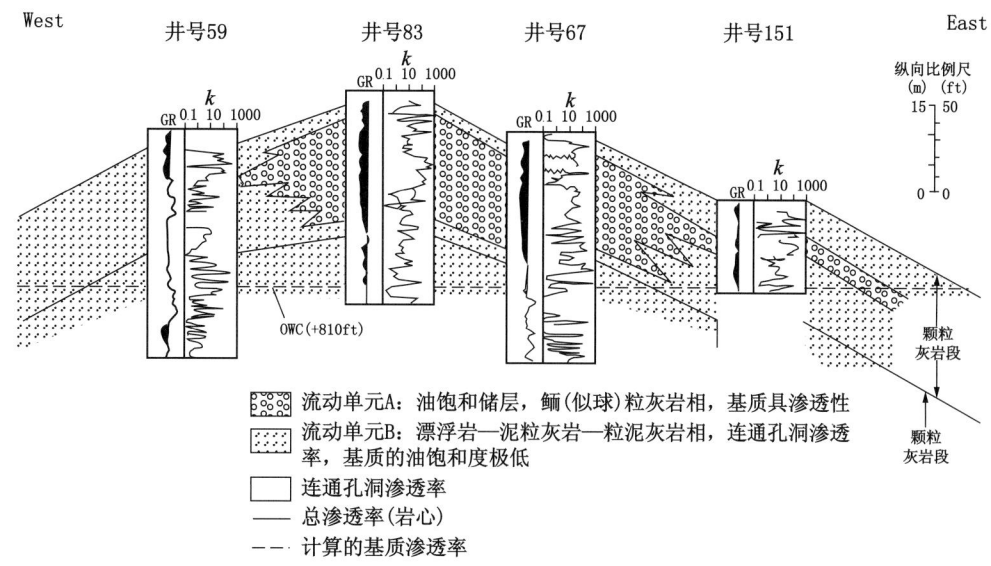

图 8.18 泰勒林克油田的横剖面（NW—SE），展示了 San Andres 组储层中鲕粒灰岩组构岩相和裂缝型纺锤鎚粒泥灰岩相的分布（Lucia 等，1992）

层序，层序底部是灰泥为主岩相，上部为颗粒为主岩相。这些旋回层的顶部是蒸发岩层。在 Madison 组沉积结束后，该地层曾经出露地表，并在早石炭世晚期和晚石炭世早期形成广泛分布的岩溶面。蒸发岩岩层被溶解并形成层状角砾岩和洞穴，沿断裂面形成垂向溶洞（图 8.19）。在上石炭统沉积期间，洞穴已经部分被泥砂混合物充填。由于深埋导致洞穴坍塌。洞穴充填和坍塌，使大面积的埃尔克贝森油田被分隔。

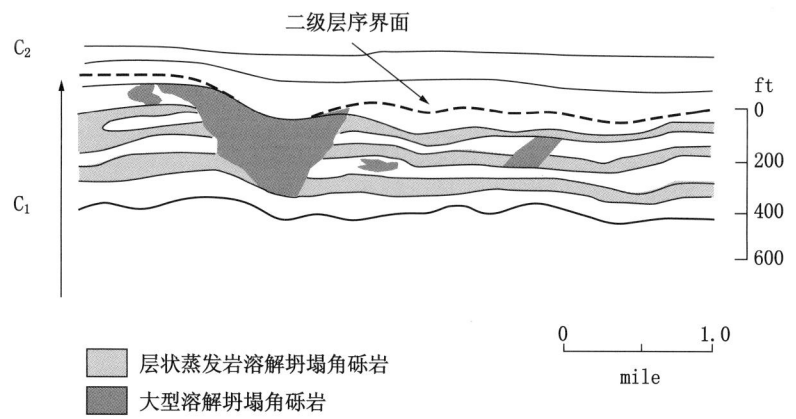

图 8.19 埃克尔贝森油田的横剖面图（据 McCaleb 和 Waynam，1969）

展示了下石炭统厚层角砾岩的分布，角砾岩横切地层，层状坍塌角砾岩的形成是蒸发岩溶解所致

Sonnenfeld（1996）对同类露头区作了描述，并与埃尔克贝森油田进行了对比。地层面出露地表面的时间 10~20Ma，大致是二级层序的边界。在上部二个高频（三级）层序的顶部见到小规模的岩溶构造。大部分地区都存在硬石膏层，但埃尔克希尔（Elk Hills）油田区缺失硬石膏层。说明埃尔克希尔油田区的未饱和大气淡水溶解了硬石膏。大规模溶解作用导致层状洞穴系统的发育，洞穴系统后期坍塌，形成大量层状坍塌角砾岩，角砾岩组构包括混杂堆积、嵌镶状和裂纹角砾状（图 8.20）。洞穴坍塌触发上覆地层发生

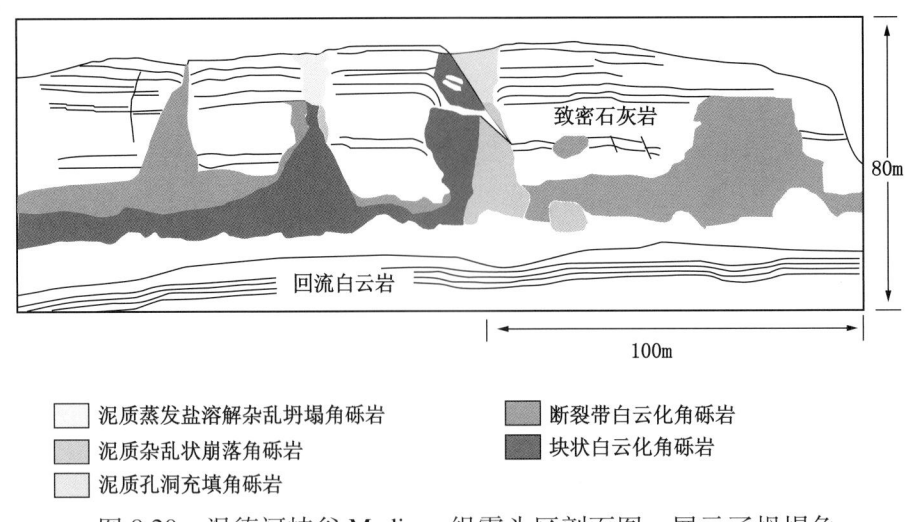

图 8.20 温德河峡谷 Madison 组露头区剖面图，展示了坍塌角砾岩的分布（据 Sonnenfeld，1996）

崩落作用，崩落作用向上可以一直影响到密西西比纪（C_1）不整合面。角砾岩垂向分布遵循原先存在的断裂，它们的空间距离约 200ft。晚期白云石化作用在垂向角砾岩和层状洞穴顶板岩相的嵌镶状和破裂角砾岩中刻上了深深的印记。

高品质储层集中发育在白云岩和洞穴坍塌破裂的顶板岩相中。石灰岩的孔隙度很少能达到 2%，蒸发岩溶解坍塌角砾岩是流体流动的阻隔层，因为它们是灰泥质岩层。潮缘带岩层和同期的回流白云岩层是孔隙性和渗透性地层，成为流体横向流动的地层。受坍塌角砾岩控制的晚期白云石化也可以产生白云岩储层。然而它们的分布模式是非层状的，且横向不连续，这是由于坍塌角砾岩和破裂作用的不规则分布所致。

8.3.2.3 埃伦堡油田（下奥陶统）（西得克萨斯）

二叠盆地（西得克萨斯，新墨西哥州）中的埃伦堡（Ellenburger）储层属于裂缝型储层，裂缝是大规模溶解和坍塌作用的产物。得克萨斯州弗兰克林山脉的露头区见到了类似的储层。主要的坍塌角砾岩的时代与下奥陶统 EI Paso 组和上奥陶统 Montoya 群之间的二级层序界面同期，延续时间约 30Ma。已对 EI Paso 组的延伸区进行野外成图，成图结果说明，大型的洞穴系统形成在 EI Paso 组上部的 300m 地层段中（图 8.21）。在上部的 75m 层段，洞穴呈水平板状，发育在潜流带和渗流带的界面附近。这些洞穴相互之间不连通，但各洞穴可延伸数千英尺。在下部的 225m 层段，洞穴呈垂直向下、线状分布，洞穴沿潜流带中的垂向裂缝发育，洞穴间的距离为 900m。这些洞穴也是互不连通的，横向沿原始断裂延伸，延伸长度可达数千米，倾向方向的延伸长度为数百米（图 8.22）。EI Paso 洞穴坍塌，在上覆层 Montoya 群形成了洞穴顶板裂缝体系，并在 EI Paso 组内形成坍塌角砾岩。坍塌角砾岩化在上覆的奥陶系和志留系中形成裂缝，这些地层成为晚期溶解作用和坍塌角砾岩的发育部位。晚期白云石化作用将大部分破裂和角砾岩化地层转变为白云岩，且白云石胶结物充填了大部分裂缝孔隙空间和角砾岩孔隙空间。

在 Ellenburger 组储层内，坍塌角砾岩发育在出露的 Ellenburger 组顶面之下 1000m 处。顶部 300m 因为大部分已发现储层而备受关注。Kerans（1988，1989）已将它们描述

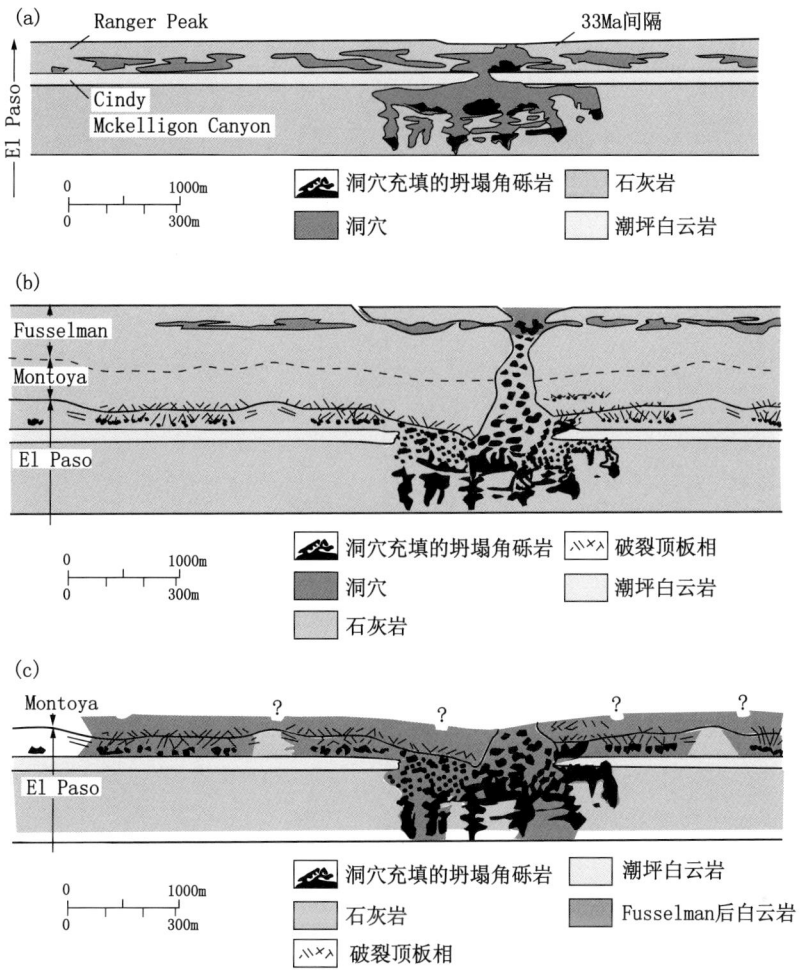

图 8.21 埃尔泊索洞穴的形成过程（Lucia，1995）

(a) Cindy 组准同生白云石化作用，在 Ranger Peak 组中发育了横向连续的板状洞穴，以及在 Mckelligen Canyon 组中发育了垂向和横向不连续的洞穴；(b) 埃尔伯索洞穴的坍塌，展示了 Montoya 组坍塌，管状角砾岩向上延伸至 Fusselman 组，并在该组内形成了洞穴；(c) EL Paso 和 Montoya 组的晚期白云石化作用，白云石化作用受流经坍塌角砾岩、裂缝，并流入相邻碳酸盐岩中的流体的控制

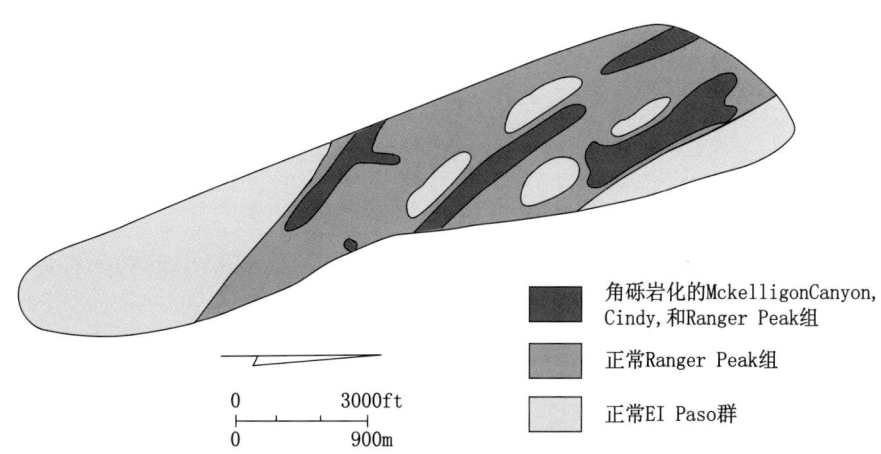

图 8.22 得克萨斯州南弗兰克林山坍塌角砾岩的复原图（Lucia，1995）

为具裂缝顶板相、洞穴充填相、洞底角砾岩相的储层。横向延伸稳定的洞穴中发育有底部砾岩（形成于洞穴发育期），洞穴的上覆层是 Simpson 组碎屑岩地层，海侵期间，这些碎屑被冲进已形成的洞穴（图 8.23，8.24，8.25）。后期坍塌导致广泛的破裂作用和角砾岩化，形成由洞穴底、洞穴底部角砾岩、洞穴充填角砾岩和洞穴顶板角砾岩组成的完整的垂向序列。

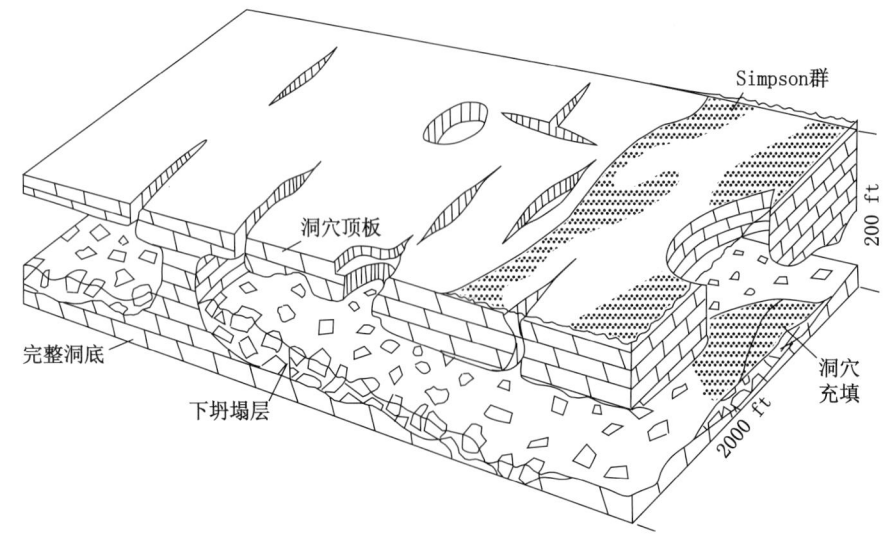

图 8.23　表示洞穴体系横向延伸及分布的立体图，各洞穴坍塌砾岩的底是相连的（Kerans，1989）

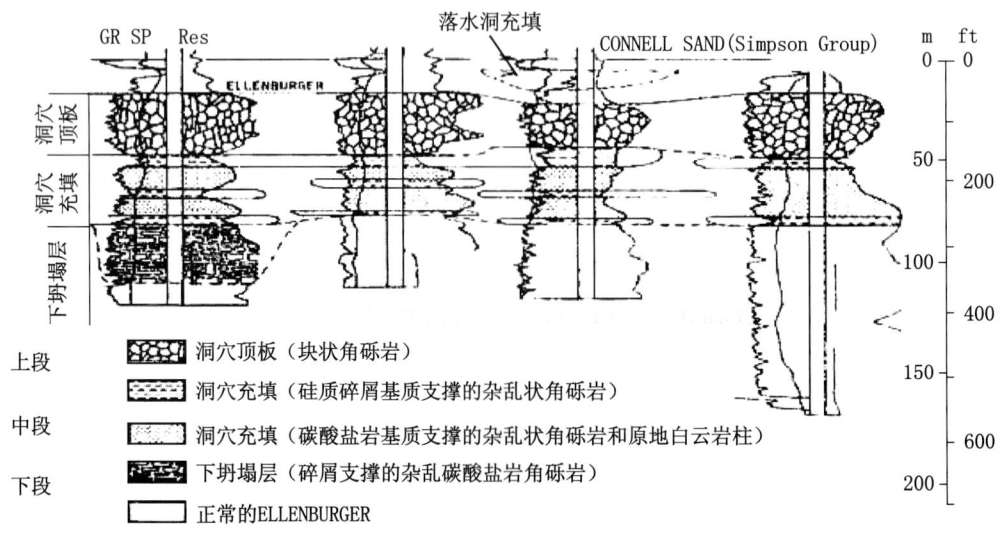

图 8.24　西得克萨斯埃马埃伦堡油田的横剖面图，说明破裂洞穴顶板相、横向连续的洞穴充填相以及不连续的坍塌角砾岩相的分布（Kerans，1989）

洞穴充填角砾岩成为分隔上部储层段和下部储层段的阻隔层。可用自然电位和伽马测井资料识别洞穴充填碎屑岩层，并对上、下储层段成图。这些油田都是底水驱动，初期的开发井都在上储层段完井以便控制水锥。然而，当认识到存在洞穴充填阻隔层以及涌水是边水而不是底水之后（Ader，1980），启动了加深井再开发工程，以回采深部储层

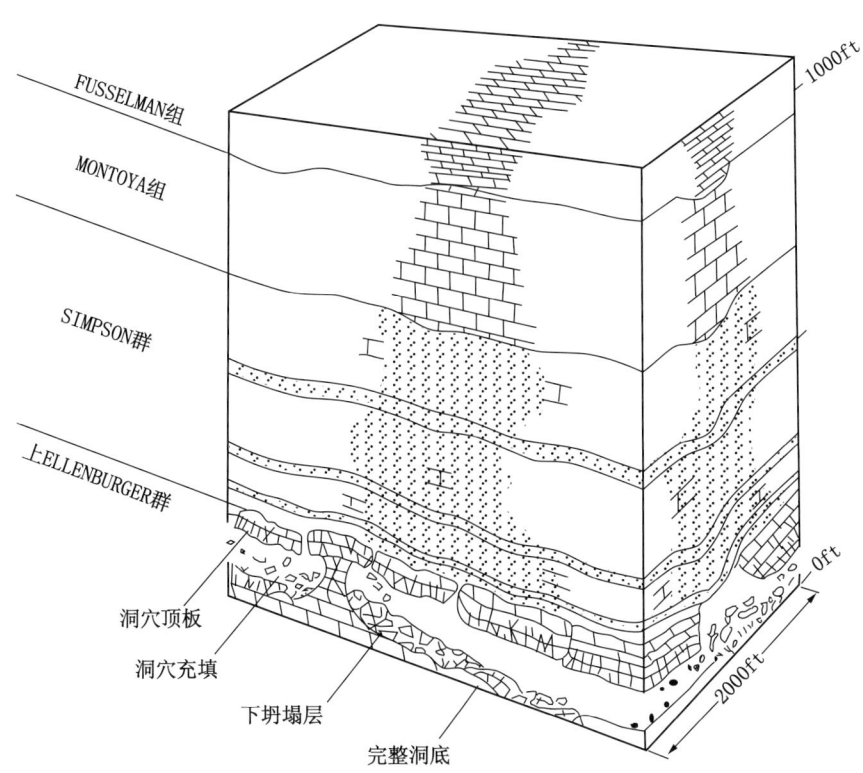

图 8.25 西得克萨斯埃马埃伦堡油田下奥陶统中的洞穴发育和坍塌图，展示了洞穴岩相的分布（Kerans，1989）

中的原油。

8.3.2.4 志留纪礁体油田

北密执安礁带中的原油产自志留纪塔礁。这些礁发育在陆架边缘区大型礁复合体的盆地一侧，平行于礁复合体。礁带中每 1.5mile^2 分布一个礁，单个礁的平均面积为 80acre，高 400 ft。礁在初始期是深水泥丘相沉积，向上生长进入浅水。在浅水部分，珊瑚和层孔虫是主要的堆积相。向海一侧存在侧缘的海百合相，封闭海藻相发育在珊瑚—层孔虫相发育区的后方。礁体形成后，一旦出露地表，就发生大规模溶解作用（图 8.26）。礁附近的厚盐层沉积后，盆地恢复到正常海状态，在礁的侧缘和上方沉积了碳酸盐潮坪相层序。在这一期间发生白云石化。埋藏过程中，由于压实作用，饱和盐水受压实作用流出盐盆并流入礁，礁的盆地一侧的大部分孔隙都被石盐充填（Caughlin 等，1976；Sears 和 Lucia，1980）。

大规模溶解作用是小型生物岩丘和海平面强烈变化的典型代表。海平面变化可能与蒸发作用使封闭的密执安盆地的海平面下降有关，与全球海平面升降的关系不大。在每个生物丘内发育局部的地下水系统（而不是区域地下水系统），相应的大规模溶解作用形成洞穴，并使裂缝增大，后期被白云化。开发这些储层时出现的钻头下掉现象，可以证明储层段存在小型洞穴。

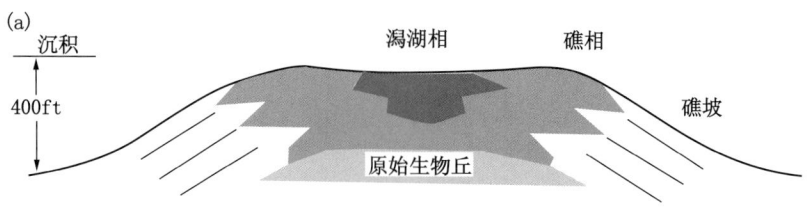

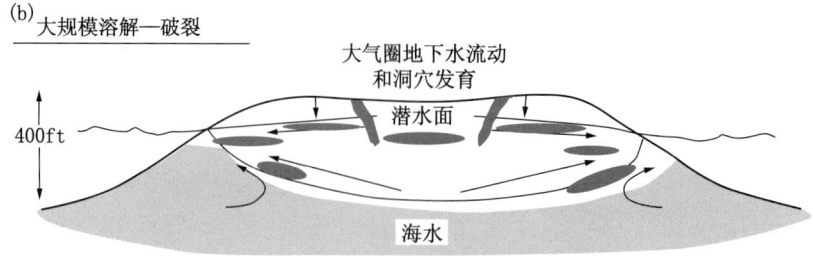

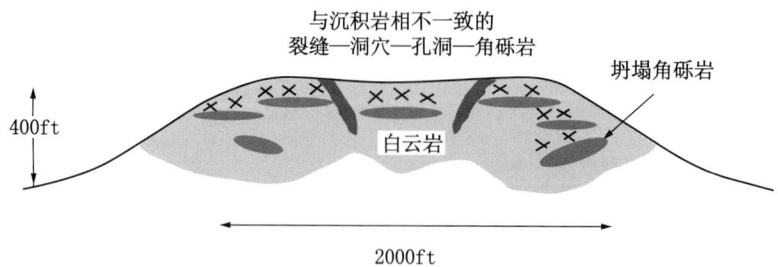

图 8.26 密执安志留纪塔礁的大规模溶解作用

(a) 礁最初生长在海相胶结的生物岩丘，岩丘之上生长珊瑚、层孔虫等，并发育为礁的边缘、斜坡和礁内潟湖；(b) 出露地表时发育的淡水层，使大量碳酸盐岩溶解，并形成洞穴和溶蚀加大的裂缝；(c) 深埋时，洞穴体系坍塌，并产生坍塌角砾岩和裂缝（Sears 和 Lucia，1980）

参 考 文 献

Adjer J C. 1980. Stratification testing results in revised concept of reservoir drive mechanism, University Block 13 Ellenburger Field. J Pet Technol 32, 8：1452-1458

Aguilera R. 1979. Naturally fractured reservoir. Petroleum Publishing, Tulsa, Okla Back W. 1963. Preliminary results of a study of calcium carbonate saturation of a ground water in Central Florida：Int Assoc Sci Hydrol Ⅷ e, Annee 3, PP43-51

Budd D A, Saller A H, Harris P A (eds). 1995. Unconformities and porosity in carbonate strata. AAPG Mem 63, 313 pp

Caughlin W G, Lucia F J, McIver N L. 1976. The detection and development of Silurian reefs in Northern Michigan. Geophysics 41, 4：646-658

Choquette P W, James N P. 1984. Introduction. In：James N P, Choquette P W, (eds).

Paleokarst. Springer-verlag, Berlin, Heidelberg, New York, pp 1-24

Davies R D, Smith L B. 2006. Structurally controlled hydrothermal dolomite reservoir facies: an overview. AAPG Bull 90, 11: 1641-1690

Dehghani K, Harris P M, Edwards K A, Dees H T. 1999. Modeling a Vuggy carbonate reservoir, McElroy Field, West Texas. AAPG Bull 83, 1: 19-43

Davis J J, Muir I D. 1993. Deep-burial brecciation in Devonian Upper Elk Point Group, Rainbow Basin, Alberta, Western Canada. In: Friz R D, Wilson J L, Yurewicz D A, (eds). Paleokarst related hydrocarbon reservoirs. SEPM Core Workshop 18: pp 119-167

Heydari E, Moore C H. 1989. Burial diagenesis and thermochemical sulfate reduction, Smackover Formation, southeastern Mississippi salt basin. Geology 17, 12: 1080-1084

Hovorka S D, Mace R E. 1998. Permeability structure of the Edwards aquifer, South Texas-Implications for aquifer management. The University of Texas, Bureau of Economic Geology, Report of Investigations No.250, 55pp

Kaufman J, Meyers W J, Hanson G N. 1990. Burial cementation in the Swan Hills Formation (Devonian), Rosevear Field, Alberta, Canada. J Sediment Petrol 60, 6: 918-939

Kerans C. 1988. Karst controlled reservoir heterogeneity in Ellenburger Group carbonates of West Texas. AAPG Bull 72, 10: 1160-1183

Kerans C. 1989. Karst-controlled reservoir heterogeneity and an example from the Ellenburger Group (Lower Ordovician) of West Texas. University of Texas at Austin, Bureau of Economic Geology, Report of Investigations No. 186, 40pp

Kerans C, Lucia F J, Senger R K. 1994. Integrated characterization of carbonate ramp reservoirs using outcrop analogs. AAPG Bull 78, 2: 181-216

Loucks R G. 1999. Paleocave carbonate reservoirs: Origins, burial-depth modifications, spatial complexity, and reservoir implications. AAPG Bull 83, 11: 1795-1834

Loucks R G, Handford C R. 1992. Origin and recognition of fractures, breccias, and sediment fills in paleocave-reservoir networks. In: Candelaria MP, Reed CL, (eds) Paleokarst, karst-related diagenesis and reservoir development: examples from Ordovician-Devonian age strata of West Texas and the Mid-Continent. Permian Basin Section-SEPM Publ 92-33, Midland, Texas, pp31-44

Lucia F J. 1970. Lower Paleozoic history of the western Diablo Platform of West Texas and south central New Mexico. Geologic Framework of the Chihuahua Tectonic Belt, West Texas Geol Soc Publ, Midland, Texas

Lucia F J, Ruppel S C. 1996. Characterization of diagenetically altered carbonate reservoirs, South Cowden Grayburg reservoir, West Texas. SPE paper 36650

Lucia F J, Kerans C, Vander Stoep G W. 1992. Characterization of a karsted, high-energy, ramp-margin carbonate reservoir: Taylor-link West San Andres Unit, Pecos County, Texas. The University of Texas at Austin, Bureau of Economic Geology, Report of

Investigations No, 208, 46 pp

Lucia F J. 1995. Lower Paleozoic development, collapse, and dolomitization, Franklin Mountains, El Paso, Texas. In: Budd D A, Saller A H, Harris P A, (eds). Unconformities and porosity in carbonate strata. AAPG Mem 63: 279-300

Maiklem W R. 1971. Evaporative drawdown - a mechanism for water-level lowering and diagenesis in the Elk Point Basin. Bull Can Petrol Geol 19, 2: 487-503

McCaleb J A, Wayhan D A. 1969. Geologic reservoir analysis, Mississippian Madison Formation, Elk Basin Field, Wyoming, Montana. AAPG Bull 51: 2122-2132

Plummer F N. 1975. Mixing of sea water and calcium carbonate ground water: In: Whitten EHT (ed) Quantitative Studies in Geological Sciences. GSA Mem 112: 219-236

Saller A H, Henderson N. 1998. Distribution of porosity and permeability in platform Carbonates: Insights from the Permian of West Texas. AAPG Bull 82, 8: 1528-1551

Sassowsky I D. 2004. Detailed analogs for Paleokarst reservoirs: Promise and problems (abs). AAPG Annual Convention Abstracts Volume, v. 13, p. A123

Sears S O, Lucia F J. 1980. Dolomitization of northern Michigan Niagaran reefs by brine refluxion and freshwater/seawater mixing. In: Zenger D H, Dunham J B, Ethington R L, (eds). Concepts and models of dolomitization. SEPM Spec Publ 28: 215-236

Sonnenfeld M D. 1996. An integrated sequence stratigraphic approach to reservoir characterization of the Lower Mississippian Madison Limestone, emphasizing Elk Basin Field, Bighorn Basin, Montana. Unpubl PhD Dissertation, Colorado School of Mines, Golden, Colorado, 438pp

Stoessell R K, Ward W C, Ford B H, Schuffert J D. 1989. Water chemistry and $CaCO_3$ dissolution in the saline part of an open-flow mixing zone, coastal Yucatan Peninsula, Mexico. GSA Bull 101, 2: 159-169

Tinker S W, Mruk D H. 1995. Reservoir characterization of a Permian giant: Yates field, West Texas. In: Stoudt E L, Harris P M, (eds). Hydrocarbon reservoir characterization: Geologic framework and flow unit modeling. SEPM ShortCourse 35: 51-128

Warren J K, Havholm K G, Rosen M R, Parsley M J. 1990. Evolution of gypsum karst in the Kirshberg Evaporite member near Fredericksburg, Texas. J Sedimentary Petrology 60, 5: 721-734

Wierzbicke R, Dravis J J. 2006. Burial dolomitization and dissolution of Upper Jurassic Abenaki platform carbonates, Deep Panuke reservoir, Nova Scotia, Canada.AAPG Bull 90, 11: 1843-1861